"十二五"高职高专规划教材·案例实训教程系列

AutoCAD 2010 辅助设计案例实训教程

兰 巍 编

西北工業大學出版社

【内容简介】本书为“十二五”高职高专规划教材。主要内容包括 AutoCAD 2010 概述，绘制与编辑二维图形，图层与设计中心，文本标注与表格，块与外部参照，尺寸标注，绘制与编辑三维实体，综合案例以及案例实训，各章后附有本章小结及课堂实训，便于读者在学习时更加得心应手，做到学以致用。

本书结构合理，内容系统全面，讲解由浅入深，案例丰富实用，体现了高职高专教育的特色，既可作为各高职高专院校 AutoCAD 基础课程的首选教材，也可作为各成人院校、民办高校及社会培训班的 AutoCAD 基础课程教材，同时还可供计算机辅助设计专业人士自学参考。

图书在版编目（CIP）数据

AutoCAD 2010 辅助设计案例实训教程/兰巍编．—西安：西北工业大学出版社，2012.1
“十二五”高职高专规划教材·案例实训教程系列
ISBN 978-7-5612-3294-1

Ⅰ．①A…　Ⅱ．①兰…　Ⅲ．①AutoCAD 软件—高等职业教育—教材
Ⅳ．①TP391.72

中国版本图书馆 CIP 数据核字（2012）第 005838 号

出版发行：西北工业大学出版社
通信地址：西安市友谊西路 127 号　　邮编：710072
电　　话：（029）88493844　88491757
网　　址：www.nwpup.com
电子邮箱：computer@nwpup.com
印 刷 者：陕西兴平报社印刷厂
开　　本：787 mm×1 092 mm　1/16
印　　张：16
字　　数：423 千字
版　　次：2012 年 1 月第 1 版　　2012 年 1 月第 1 次印刷
定　　价：32.00 元

序 言

高职高专教育是我国高等教育的重要组成部分，担负着为国家培养并输送生产、建设、管理、服务第一线高素质、技术应用型人才的重任。

进入 21 世纪以来，高等职业教育呈现出快速发展的趋势。高等职业教育的发展，丰富了高等教育的体系结构，突出了高等职业教育的特色，满足了人民群众接受高等教育的强烈需求，为国家建设培养了大量高素质、技能型专业人才，对高等教育大众化作出了重要贡献。

在教育部下发的《关于全面提高高等职业教育教学质量的若干意见》中，提出了深化教育教学改革，重视内涵建设，促进“工学结合”人才培养模式的改革；推进整体办学水平提升，形成结构合理、功能完善、质量优良、特色鲜明的高等职业教育体系的任务要求。

根据新的发展要求，高等职业院校积极与各行业企业合作开发课程，配合高职高专院校的教学改革和教材建设，建立突出职业能力培养的课程标准，规范课程教学的基本要求，进一步提高我国高职高专教育教材质量。为了符合高等职业院校的教学需求，我们新近组织出版了“‘十二五’高职高专规划教材·案例实训教程系列”。本套教材旨在“以满足职业岗位需求为目标，以学生的就业为导向”，在教材的编写中结合任务驱动，项目导向的教学方式，力求在新颖性、实用性、可读性三个方面有所突破，真正体现高职高专教材的特色。

主要特色

中文版本、易教易学

本系列教材选取市场上最普遍、最易掌握的应用软件的中文版本，突出“易教学、易操作”，结构合理、内容丰富、讲解清晰。

结构合理、图文并茂

本系列教材围绕培养学生的职业技能为主线来设计体系结构、内容和形式，符合高职高专学生的学习特点和认知规律，对基本理论和方法的论述清晰简洁，便于理解，通过相关技术在生产中的实际应用引导学生主动学习。

内容全面、案例典型

本系列教材合理安排基础知识和实践知识的比例，基础知识以“必需，够用”为度，以案例带动知识点，诠释实际项目的设计理念，案例典型，切合实际应用，并配有课堂实训与案例实训。

体现教与学的互动性

本系列教材从“教”与“学”的角度出发，重点体现教师和学生的互动交流。将精练的理论和实用的行业范例相结合，使学生在课堂上就能掌握行业技术应用，做到理论和实践并重。

具备实用性和前瞻性，与就业市场结合紧密

本系列教材的教学内容紧随技术和经济的发展而更新，及时将新知识、新技术、新工艺和新案例引入教材，同时注重吸收最新的教学理念，根据行业需求，使教材与相关的职业资格培训紧密结合，努力培养“学术型”与“应用型”相结合的人才。

读者对象

本系列教材的读者对象为高职高专院校师生和需要进行计算机相关知识培训的专业人士，以及需要进一步提高计算机专业知识的各行业工作人员，同时也可供社会上从事其他行业的计算机爱好者自学参考。

针对明确的读者定位，本系列教材涵盖了计算机基础知识及目前常用软件的操作方法和操作技巧，使读者在学习后能够切实掌握实用的技能，最终放下书本就能上岗，真正具备就业本领。

结束语

希望广大师生在使用过程中提出宝贵意见，以便我们在今后的工作中不断地改进和完善，使本套教材成为高等职业教育的精品教材。

西北工业大学出版社

2010 年 11 月

前　言

AutoCAD 2010 是美国 Autodesk 公司开发的目前应用较为广泛的计算机辅助设计软件之一，现已经成为国际上广为流行的绘图工具。AutoCAD 2010 版本继承了 AutoCAD 2009 版本的所有特性，新增了动态输入、线性标注子形式、半径和直径标注子形式、引线标注等功能，并进一步改进和完善了块操作。与传统的手工绘图相比，用 AutoCAD 绘图速度更快、精度更高，而且便于突出个性。目前，AutoCAD 已经在航空航天、造船、建筑、机械、电子、化工、美工、轻纺等很多领域得到了实际应用，并取得了丰硕的成果，产生了巨大的经济效益。

本书以“基础知识+课堂实训+综合案例+案例实训”为主线，对 AutoCAD 2010 软件进行循序渐进的讲解，读者通过学习能够快速直观地了解和掌握 AutoCAD 2010 的基本使用方法、操作技巧和行业实际应用，为步入职业生涯打下良好的基础。

本书内容

全书共分为 11 章。其中前 9 章主要介绍 AutoCAD 2010 的基础知识和基本操作，读者学习后可初步掌握计算机辅助设计的相关知识；第 10 章列举了几个有代表性的综合案例；第 11 章是案例实训，旨在通过理论联系实际，帮助读者举一反三，学以致用，进一步巩固所学的知识。

读者定位

本书结构合理，内容系统全面，讲解由浅入深，案例丰富实用，既可作为各高职高专院校 AutoCAD 基础课程的首选教材，也可作为各成人院校、民办高校及社会培训班的 AutoCAD 基础课程教材，同时还可供计算机辅助设计专业人士自学参考。

本书力求严谨细致，但由于水平有限，书中难免出现疏漏与不妥之处，敬请广大读者批评指正。

编　者

目 录

第 1 章　AutoCAD 2010 概述

AutoCAD 是美国 Autodesk 公司开发的用于计算机辅助绘图和设计的软件，自问世以来，已由简单的二维绘图软件发展成为一个庞大的计算机辅助设计系统，广泛应用于建筑、机械、电子工程设计等领域，极大地提高了设计人员的工作效率。

知识要点

- AutoCAD 简介
- AutoCAD 2010 经典界面
- 图形文件管理
- 配置绘图系统

1.1　AutoCAD 简介

AutoCAD 是一款专门用于绘图设计的计算机辅助软件，由于其功能强大、操作简单等特点，已经成为当今最流行的计算机辅助设计软件之一。

1.1.1　AutoCAD 的发展历史

自 1982 年 12 月 AutoCAD V1.0 问世以来，至今 AutoCAD 已更新了十余次，其间的版本有 AutoCAD V2.6，R9，R10，R11，R12，R13，R14，R2000，R2002 等，经过多次版本的更新和性能的完善，现已发展到 AutoCAD 2010。AutoCAD 从一个功能简单的绘图软件发展为功能强大、性能稳定的 CAD 系统，已成为世界上最流行的计算机辅助绘图设计软件。

1.1.2　AutoCAD 的基本功能

利用 AutoCAD 可以绘制各种平面与三维图形，并对绘制的图形进行编辑、尺寸标注、渲染和打印等操作。AutoCAD 的基本功能主要体现在以下几个方面：

1．绘制与编辑图形

绘制与编辑图形是 AutoCAD 最基本的功能。该系统提供了丰富的绘制与编辑图形工具，利用绘图工具可以绘制直线、圆、椭圆、矩形、正多边形、样条曲线等基本图形，利用编辑工具可以对绘制的图形进行复制、移动、旋转、镜像、阵列、修剪、拉伸以及圆角和倒角等操作，进而绘制出各种复杂的平面图形。

在绘制与编辑图形时，还可以使用 AutoCAD 提供的各种辅助绘图功能，如自动捕捉、追踪等，使绘图更加准确、快捷。如图 1.1.1 所示为利用 AutoCAD 绘制的平面图形和三维图形。

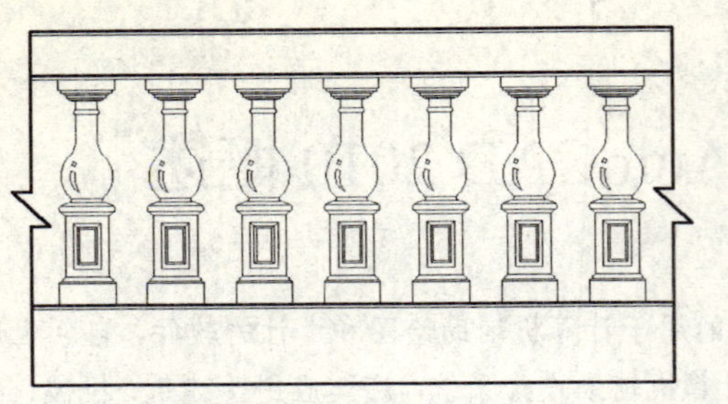
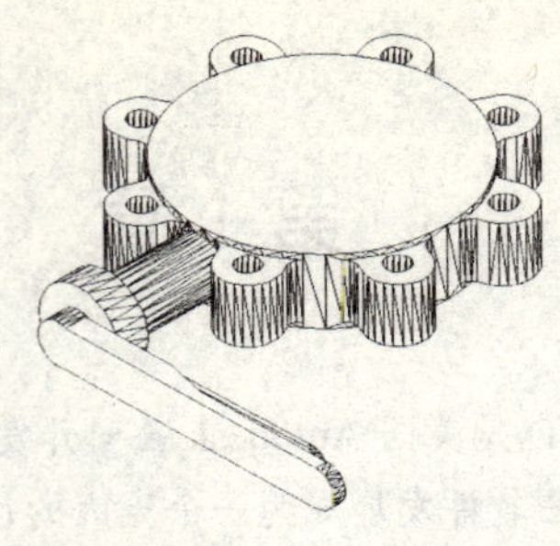

图 1.1.1　利用 AutoCAD 绘制的平面图形和三维图形

2．标注图形尺寸

尺寸标注是绘制图形时不可缺少的过程。AutoCAD 提供了一套完整的尺寸标注与编辑工具，利用尺寸标注工具可以对各种图形进行线性标注、对齐标注、弧长标注、坐标标注、半径标注、折弯标注、直径标注、角度标注、基线标注、连续标注、引线标注、公差标注和圆心标注，并利用尺寸标注命令对图形中标注的尺寸进行编辑，创建出符合行业或项目标准的尺寸标注，如图 1.1.2 所示为利用 AutoCAD 标注的平面图形和三维图形。

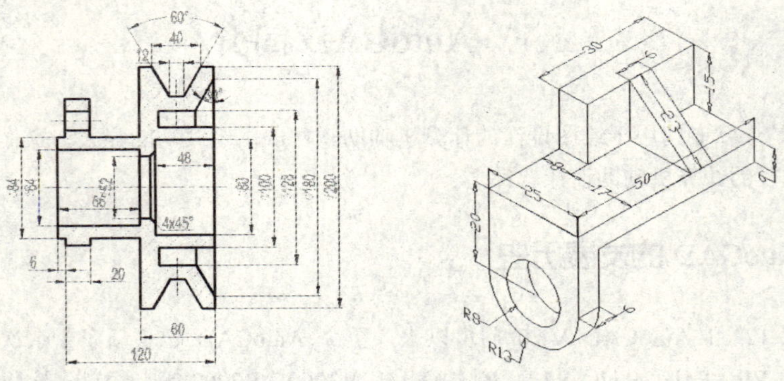

图 1.1.2　利用 AutoCAD 标注的平面图形和三维图形

3．渲染三维图形

在 AutoCAD 中，可以为创建的三维图形设置合适的材质、光源和贴图等，将模型渲染为具有真实感的图像。AutoCAD 2010 在三维绘图方面表现得更为优秀，它不仅可以直观地创建各种基本三维模型，并利用三维编辑工具对创建的基本三维模型进行各种编辑，而且还可以采用多种方式对创建的模型进行渲染，如图 1.1.3 所示为利用 AutoCAD 渲染的三维图形。

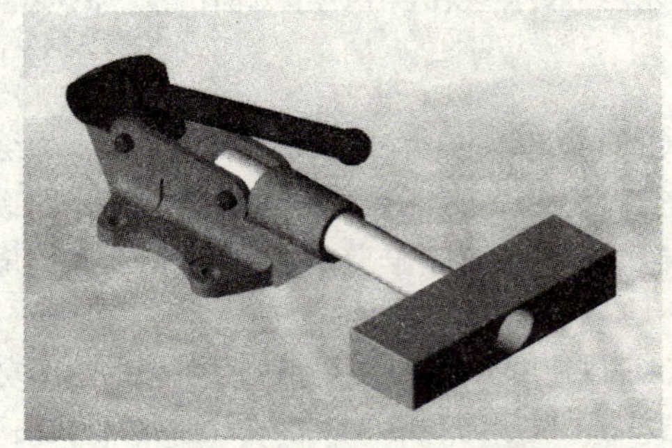

图 1.1.3　利用 AutoCAD 渲染的三维图形

4．打印图形

图形绘制完成后可以使用多种方式将其输出。例如，可以将图形打印在图纸上，或创建成文件以供其他应用程序使用。

1.2　AutoCAD 2010 经典界面

AutoCAD 沿用 Windows 的界面风格，启动 AutoCAD 2010 后选择进入经典界面，如图 1.2.1 所示。中文 AutoCAD 2010 经典界面主要由标题栏、菜单栏、工具栏、绘图窗口、命令栏、坐标系图标、状态栏等组成。

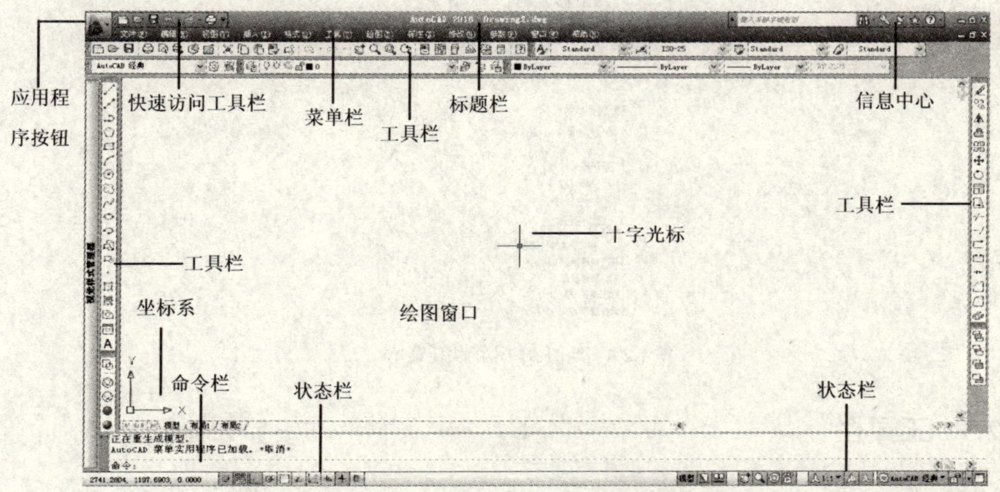

图 1.2.1　AutoCAD 2010 经典界面

1.2.1　标题栏

标题栏位于屏幕的顶部，其中显示的内容有 AutoCAD 的程序图标、软件名称（AutoCAD 2010）、当前打开的文件名等信息。标题栏的右边是 Windows 标准应用程序的控制按钮（▭，▣，☒），用户可以通过单击相应的按钮使 AutoCAD 窗口最小化、最大化/还原或者关闭，如图 1.2.2 所示。

图 1.2.2　标题栏

1.2.2　菜单栏

中文 AutoCAD 2010 的菜单栏由“文件”“编辑”“视图”等 12 个菜单项组成，如图 1.2.3 所示。每个菜单项中又有多个子菜单，其中几乎包括了 AutoCAD 的所有功能和命令。

文件(F)　编辑(E)　视图(V)　插入(I)　格式(O)　工具(T)　绘图(D)　标注(N)　修改(M)　参数(P)　窗口(W)　帮助(H)

图 1.2.3　菜单栏

单击某个菜单项，就会弹出相应的下拉菜单，部分下拉菜单还包含有子菜单，在使用这些子菜单时应注意以下几点：

（1）命令后跟有右三角符号，表示该命令下还有子命令。

（2）命令后跟有快捷键，表示按下该快捷键即可执行该命令。

（3）命令后跟有组合键，表示直接按组合键即可执行该命令。

（4）命令后跟有省略号，表示选择该命令后会弹出相应的对话框。

（5）命令呈现灰色，表示该命令在当前状态下不可用。

中文 AutoCAD 2010 的另一种菜单是快捷菜单。在 AutoCAD 命令文本框中单击鼠标右键，在光标处弹出快捷菜单，如图 1.2.4 所示。该菜单中的命令与 AutoCAD 当前状态有关，使用快捷菜单可以更快、更方便地完成某些操作。

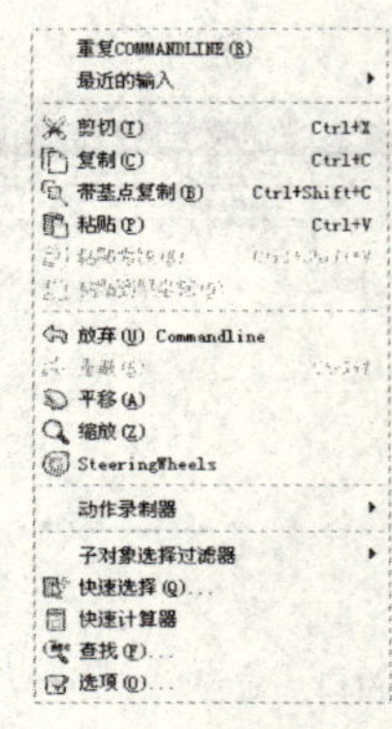

图 1.2.4　绘图窗口中的快捷菜单

1.2.3　工具栏

工具栏是由图标命令按钮组成的 AutoCAD 命令的快捷方式，单击这些按钮可以实现直观操作。中文 AutoCAD 2010 提供了 30 种标准工具栏，在默认情况下，系统打开“标准”“属性”“绘图”和“修改”等工具栏，并且将其固定在绘图窗口周围，用户可以使用鼠标拖动这些工具栏，使其处于浮动状态，如图 1.2.5 所示。

要显示隐藏的工具栏，可以在任意工具栏中单击鼠标右键，通过在弹出的快捷菜单中选择相应的命令即可显示或关闭工具栏，如图 1.2.6 所示。

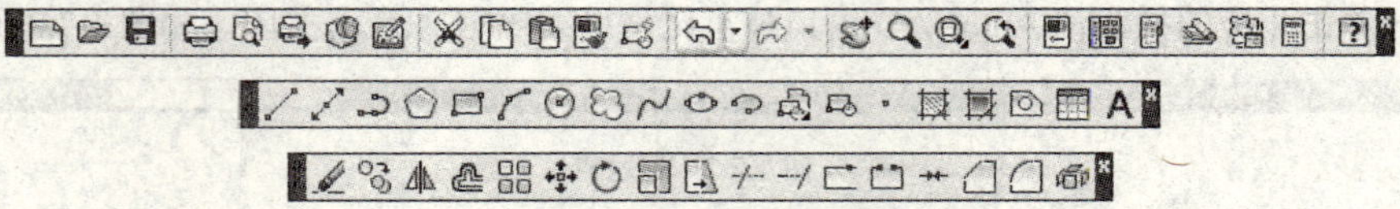

图 1.2.5　“标准”“绘图”和“修改”工具栏

1.2.4　绘图窗口

绘图窗口类似于手工绘图时的图纸，是用户绘制与编辑图形的主要场所。用户可以根据需要隐藏或关闭绘图窗口周围的选项板和工具栏来扩大绘图区域，也可以按“Ctrl+0”键切换到“专家模式”，在该模式下只显示菜单栏、绘图窗口、命令栏和状态栏，最大限度地扩大了绘图区域，如图 1.2.7 所示。“专家模式”只适用于对 AutoCAD 非常熟悉的高级用户。

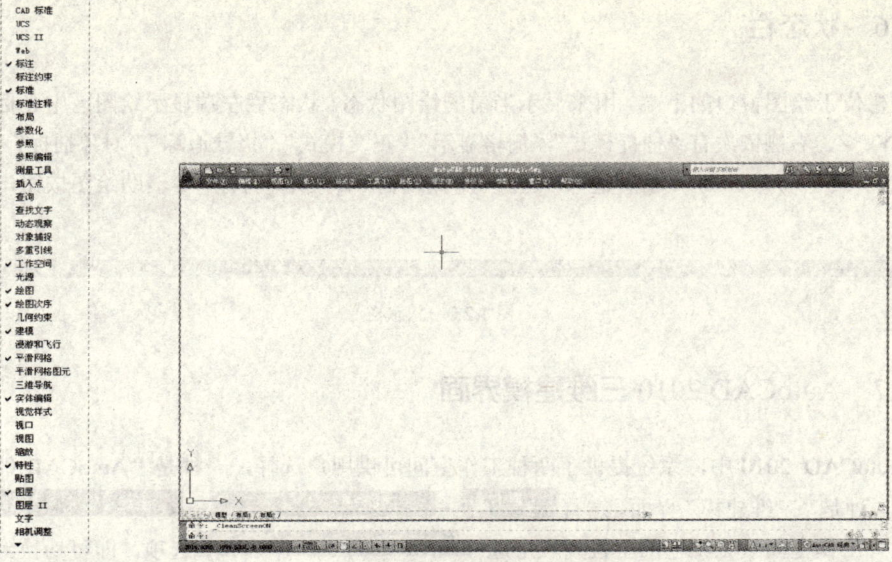

图 1.2.6　工具栏快捷菜单　　　　图 1.2.7　绘图窗口的专家模式

在绘图窗口中有一个类似光标的十字线，称为十字光标，其交点反映了光标在当前坐标系中的位置，十字光标的方向与当前用户坐标系的 X 轴、Y 轴方向平行。绘图窗口的左下角显示了当前使用的坐标系类型，坐标原点和 X 轴、Y 轴、Z 轴的方向等。在默认情况下，坐标系为世界坐标系（WCS）。窗口的下方还有“模型”和“布局”选项卡，选择相应的选项卡可以在模型空间和布局空间之间进行切换。

1.2.5　命令栏

命令栏位于绘图窗口的下边，是显示用户输入 AutoCAD 命令和信息提示的地方，它由命令行和命令窗口组成。命令行显示的是用户输入的命令信息，命令窗口显示的是 AutoCAD 2010 启动后的所有命令信息。在默认情况下，命令行固定于绘图窗口的底部，用户可以根据需要用鼠标拖动命令栏的边框来改变命令行的大小，或拖动命令行的标题栏，使其处于浮动状态。另外，用户还可以按“F2”键或选择 视图(V) → 显示(L) → 文本窗口(T) F2 命令，在打开的“AutoCAD 文本窗口”中查看这些信息，如图 1.2.8 所示。

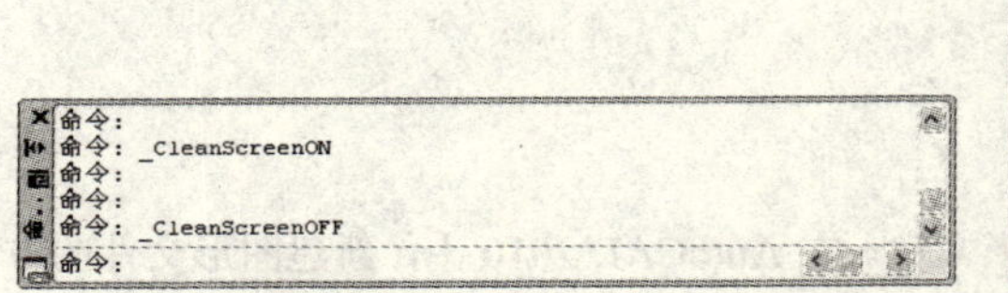

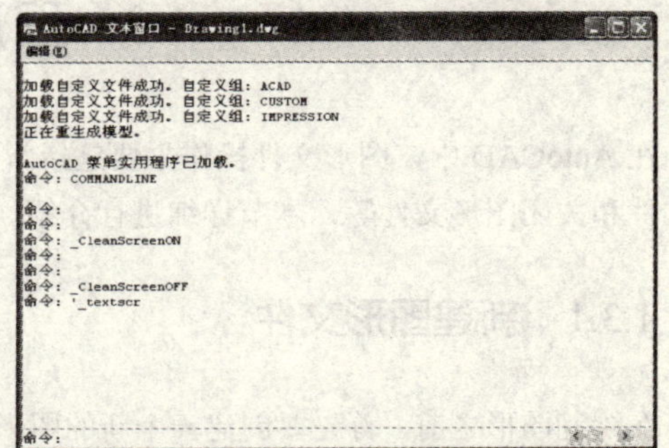

图 1.2.8　浮动的命令行和 AutoCAD 文本窗口

1.2.6 状态栏

状态栏位于绘图窗口的下端，用来显示当前的绘图状态。状态栏左端显示绘图区中光标定位点的坐标 X、Y、Z，右侧依次有“捕捉模式”“栅格显示”“正交模式”“极轴追踪”“对象捕捉”“对象捕捉追踪”“允许/禁止动态 UCS”“动态输入”“显示/隐藏线宽”和“快捷特性”等辅助绘图按钮，如图 1.2.9 所示。

图 1.2.9 状态栏

1.2.7 AutoCAD 2010 三维建模界面

在 AutoCAD 2010 中，系统提供了两种工作空间可供用户选择，一种是“AutoCAD 经典”工作界面；另一种是“三维建模”界面。选择 工具(T) → 工作空间(O) → 三维建模 命令，或在“工作空间”工具栏的下拉列表中选择 三维建模 选项，即可切换到“三维建模”界面，如图 1.2.10 所示。

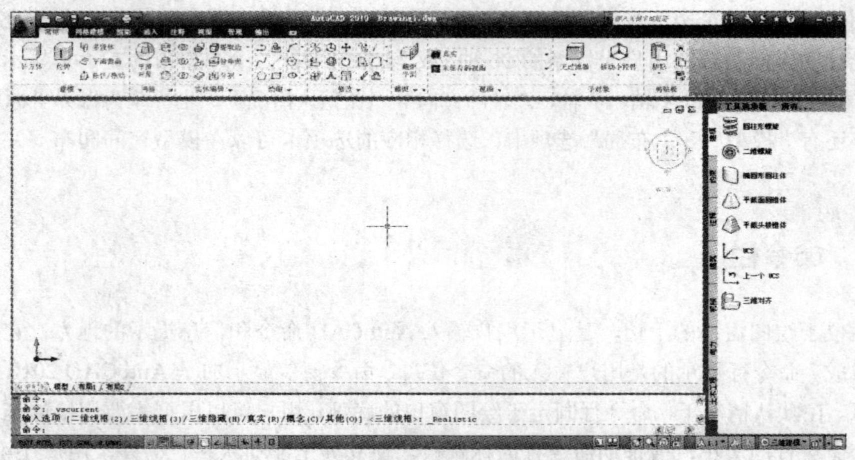

图 1.2.10 AutoCAD 2010 三维建模界面

1.3 图形文件管理

在 AutoCAD 中，图形文件操作主要包括新建图形文件、打开图形文件、保存图形文件、加密图形文件和关闭图形文件等，本节详细进行介绍。

1.3.1 新建图形文件

在绘制图形之前，首先要创建一个新的图形文件。在 AutoCAD 2010 中，新建图形文件的方法有以下 5 种：

（1）选择 文件(F) → 新建(N)... Ctrl+N 命令。

（2）单击“标准”工具栏中的“新建”按钮。

（3）单击快速启动栏中的“新建”按钮。

（4）在命令行中输入 new。

（5）按“Ctrl+N”组合键。

执行新建命令后，打开选择样板对话框，如图 1.3.1 所示。用户可以在样板列表中选择某一个样板文件，这时在右侧的预览框中将显示出该样板文件的预览图像。AutoCAD 样板文件的格式为.dwt（文件类型(T):下拉列表框中的提示信息可说明）。

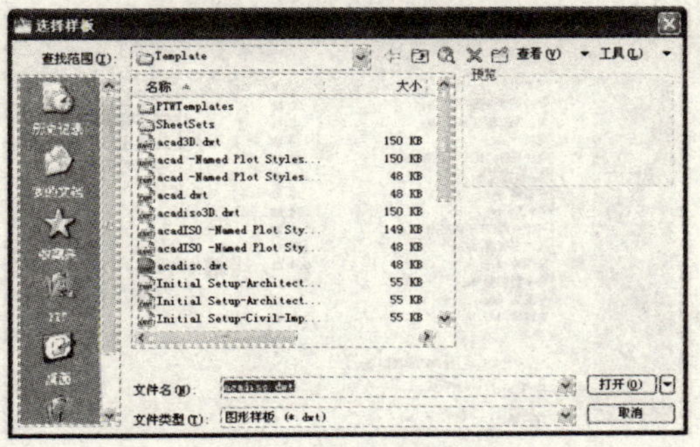

图 1.3.1 “选择样板”对话框

样板文件中通常有与绘图有关的一些通用设置，如图层、线型、文字样式和尺寸标注样式等设置。此外，还包括一些通用图形对象，如标题栏和图幅框等。利用样板创建新图形，可以避免绘图设置和绘制相同图形对象这样的重复操作，不仅可以提高绘图的效率，而且还保证了图形的一致性。

AutoCAD 2010 支持多文档设计环境，即可以同时打开多个图形文件，如图 1.3.2 所示。

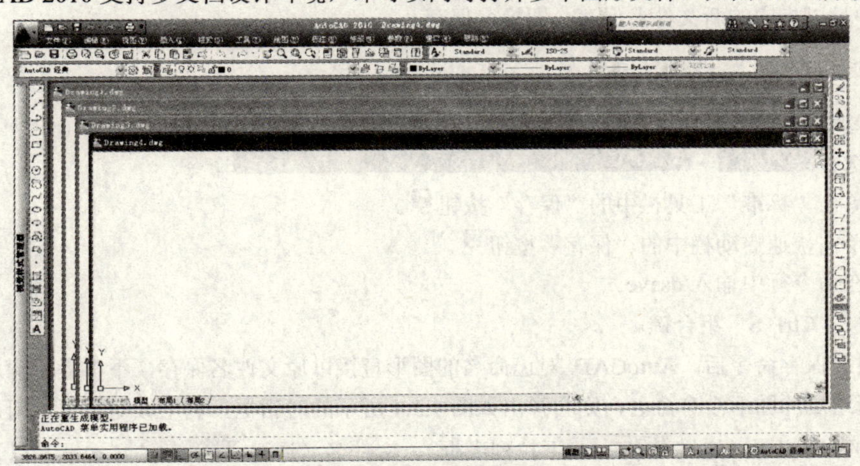

图 1.3.2 多文档设计环境

1.3.2 打开图形文件

打开一个图形文件有以下 5 种方法：

（1）选择 文件(F) → 打开(O)... Ctrl+O 命令。

（2）单击“标准”工具栏中的“打开”按钮。

（3）单击快速启动栏中的“打开”按钮

（4）在命令行中输入 open。

（5）按“Ctrl+O”组合键。

执行打开命令后，打开 选择文件 对话框，如图 1.3.3 所示。默认情况下，系统弹出的对话框文件列表中显示用户以前曾经操作的图形文件。另外，用户还可通过鼠标拖动的方法，利用 Windows 资源管理器打开图形。如果将一个或多个选定图形直接拖至 AutoCAD 绘图区以外的任何位置，AutoCAD 将打开这些图形。但是，如果将一个图形拖至已打开的绘图区，新图形将被作为外部参照插入到当前图形中。

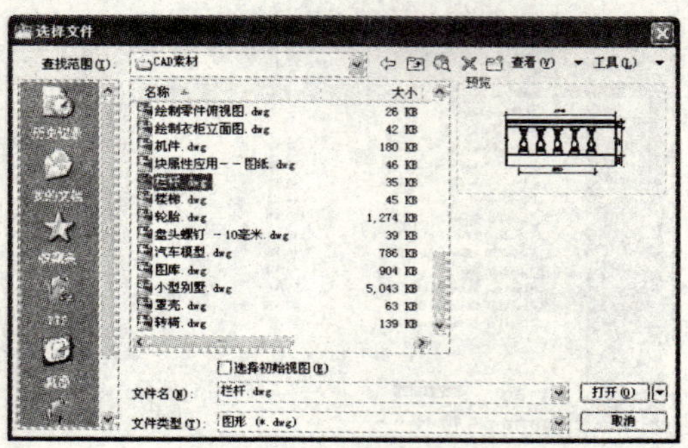

图 1.3.3 “选择文件”对话框

1.3.3 保存图形文件

AutoCAD 一般采用两种方式对绘制完成的图形进行保存。一种是以当前文件名保存，即快速保存；另一种是以指定的新文件名保存，即换名保存。

1. 快速保存

启动快速保存命令有如下 5 种方法：

（1）选择 文件(F) → 保存(S) Ctrl+S 命令。

（2）单击“标准”工具栏中的“保存”按钮。

（3）单击快速启动栏中的“保存”按钮。

（4）在命令行中输入 qsave。

（5）按“Ctrl+S”组合键。

执行快速保存命令后，AutoCAD 对已命名的图形直接以原文件名保存，不再提示输入文件名。如果当前所绘制的图形没有命名，则会弹出如图 1.3.4 所示的对话框。利用该对话框，用户可以确定图形文件的存放位置（通过 保存于(I): 下拉列表框）、文件名（通过 文件名(N): 文本框）以及存放类型（通过 文件类型(T): 下拉列表框）等并保存它。

除了可以将图形以“AutoCAD 2010 图形”类型（即与 AutoCAD 2010 对应的图形类型）保存外，还可以通过文件类型下拉列表在其他类型之间选择。

2. 换名保存

启动换名保存命令有如下两种方法：

（1）选择 文件(F) → 另存为(A)... Ctrl+Shift+S 命令。

（2）在命令行中输入 save as。

执行赋名存盘命令后，系统将弹出如图 1.3.4 所示的对话框。在该对话框中用户可以在文件名(N):文本框中输入新的文件名，并指定文件存储位置以及文件类型。

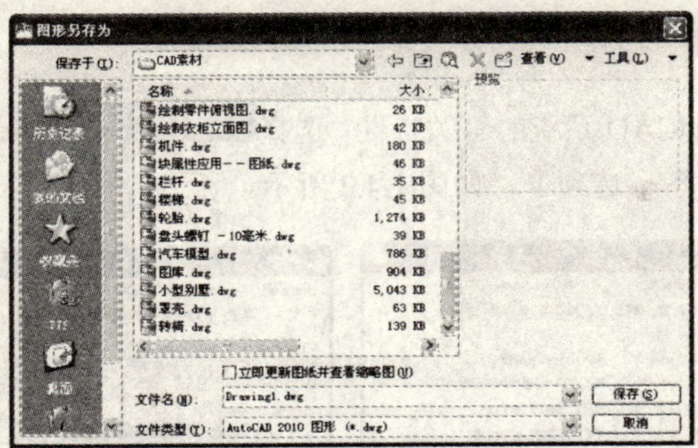

图 1.3.4　“图形另存为”对话框

1.3.4　加密图形文件

在保存图形文件时，还可以对图形文件设置密码。用户可以在图形另存为对话框中单击工具(L)按钮，在弹出的下拉菜单中选择安全选项(S)...命令，系统弹出安全选项对话框，如图 1.3.5 所示，利用该对话框用户可以设置密码。

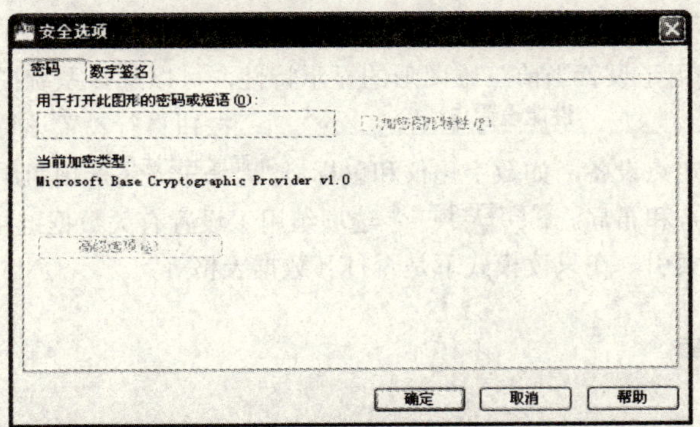

图 1.3.5　“安全选项”对话框

1.4　配置绘图系统

一般来讲，使用 AutoCAD 2010 的默认配置即可绘制图形，但为了使用一些专业设备或提高绘图效率，用户在开始绘图前需要进行一些必要的设置。

1.4.1　显示配置

显示配置用于控制 AutoCAD 窗口的外观，选择工具(T)→选项(N)...命令，在弹出的选项对话框中选择显示选项卡，如图 1.4.1 所示。该选项卡用于设置窗口元素、布局元素、十字光标的大小、显示精度和性能以及参照编辑的褪色度等。

在设置显示精度时，如果设置的精度越高，即分辨率越高，计算机计算的时间也越长，显示图形的速度也就越慢，所以千万不要将显示精度值设置得太高。

1.4.2 系统配置

系统配置用于控制 AutoCAD 系统的有关特性。选择工具(T)→选项(N)...命令，在弹出的选项对话框中选择系统选项卡，如图 1.4.2 所示。

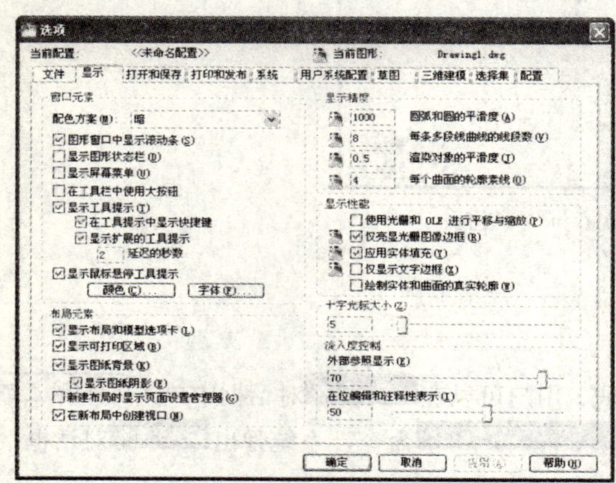

图 1.4.1 “显示”选项卡

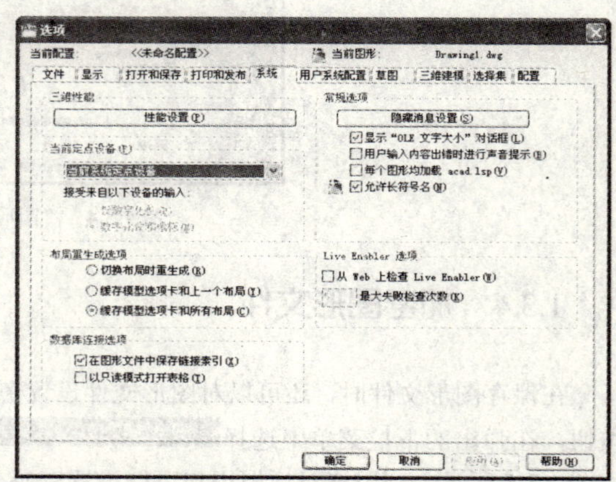

图 1.4.2 “系统”选项卡

其中三维性能选项组用于设置当前三维图形的显示特性，可以选择系统提供的三维图形显示特性配置，也可以单击性能设置(P)按钮自行设置该特性。当前系统定点设备选项组用于安装及配置定点设备，如数字化仪和鼠标。布局重生成选项选项组用于确定切换布局时是否重生成或缓存模型选项卡和布局。数据库连接选项选项组用于设置有关数据链接的特性，包括设置是否在图形文件中保存链接索引，在只读模式下是否打开数据表格等。

1.4.3 草图配置

草图配置用于设置对象草图的有关参数。选择工具(T)→选项(N)...命令，在弹出的选项对话框中选择草图选项卡，如图 1.4.3 所示。

在该选项卡中，自动捕捉设置选项组用于设置对象自动捕捉的有关特性，其中包括 4 个复选框和一个“颜色”按钮，分别用于设置标记、磁吸、显示自动捕捉工具提示和显示自动捕捉靶框以及自动捕捉标记的颜色。自动捕捉标记大小(S)选项组用于设置自动捕捉标记的尺寸。对象捕捉选项选项组用于指定对象捕捉的选项，其中包括 3 个复选框，分别用于设置忽略图案填充对象、使用当前标高替换 Z 值和对动态 UCS 忽略 Z 轴负方向的对象捕捉。此外，用户还可以在该对话框中设置对齐点获取方式、靶框大小、设计工具栏提示设置、光线轮廓设置和相机轮廓设置等。

1.4.4 选择配置

选择配置用于设置对象选择的有关特性。选择工具(T)→选项(N)...命令，在弹出的选项对话框中选择选择集选项卡，如图 1.4.4 所示。

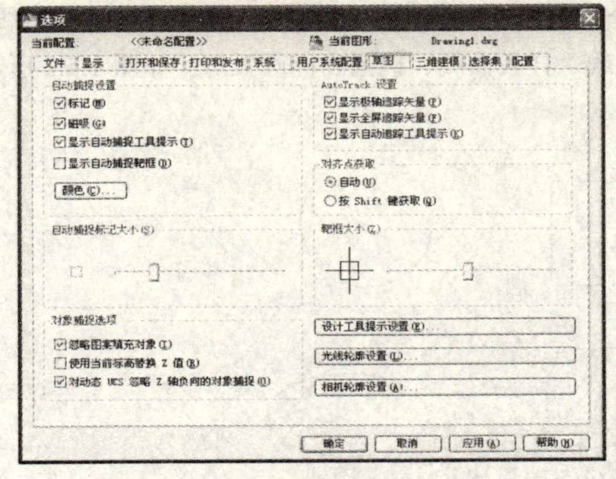

图 1.4.3 “草图”选项卡

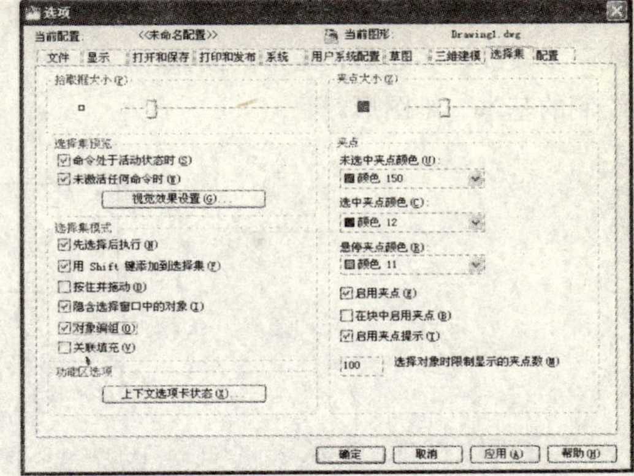

图 1.4.4 “选择集”选项卡

在该选项卡中，拾取框大小(P)选项组用于设置拾取框的大小，用户可以拖动滑块改变拾取框大小，拾取框大小显示在左边的显示窗口中。选择集预览选项组用于当拾取框光标滚动过对象时，亮显对象的方式。选择集模式选项组用于控制与对象选择方法相关的设置，夹点大小(Z)选项组用于设置对象夹点的大小，拖动滑块可以改变夹点的大小，夹点大小显示在左边的窗口中。夹点选项组用于设置对象夹点的有关特性，可以选择是否启用夹点和在块中选择夹点。

1.5 课堂实训——初识 AutoCAD

本节主要通过该实训，帮助读者熟悉 AutoCAD 2010 经典界面的组成，并绘制基本二维图形。

操作步骤

（1）启动 AutoCAD 2010 应用程序，如果你看到的 AutoCAD 2010 界面不是如图 1.5.1 所示的界面，请在界面的右下角找到 AutoCAD 经典▼ 图标，单击该图标的下三角按钮，在弹出的选项中选择“AutoCAD 经典”选项，将 AutoCAD 2010 工作界面设置为 AutoCAD 经典。

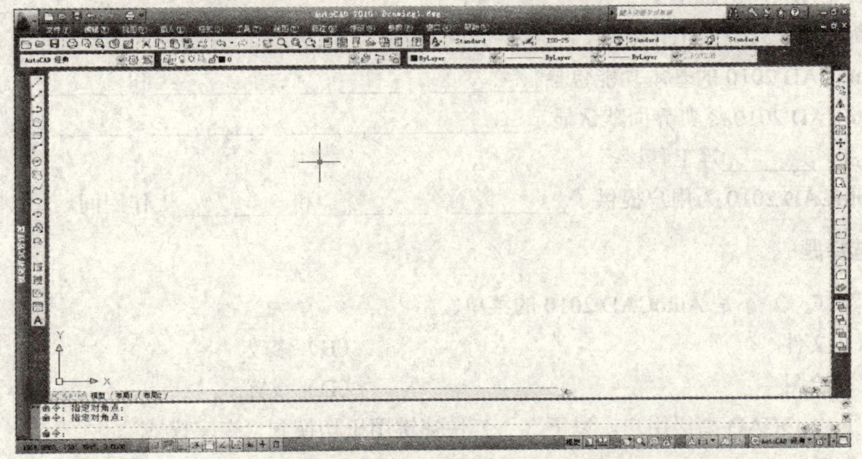

图 1.5.1 “AutoCAD 经典”工作界面

（2）参照本章 1.2 节内容，熟悉 AutoCAD 2010 经典界面中标题栏、菜单栏、工具栏、绘图窗口、命令栏和状态栏。

（3）默认情况下，在绘图窗口左边有一排命令按钮，这些按钮用于绘制基本二维图形，如直线、射线、多段线、多边形、矩形、圆弧、圆、修订云线、样条曲线、椭圆和椭圆弧等。如图 1.5.2 所示为绘制的基本二维图形。

图 1.5.2　绘制的基本二维图形

（4）在执行绘制与编辑图形命令时，命令行中都会有相应的操作提示，请在命令行提示下，尝试绘制图 1.5.2 所示的直线、矩形、圆、圆弧、修订云线和椭圆。

本 章 小 结

本章主要介绍了 AutoCAD 2010 的基本功能、经典界面、图形文件管理和配置绘图系统等知识，通过本章的学习，读者应该对 AutoCAD 2010 有一个初步的认识。

操 作 练 习

一、填空题

1．AutoCAD 广泛应用于________、________、________、________、________等领域，极大地提高了设计人员的工作效率。

2．AutoCAD 2010 的基本功能包括________、________、________和________。

3. AutoCAD 2010 经典界面默认显示________、________、________、________、________、________和________等工具栏。

4．AutoCAD 2010 为用户提供了________、________和________工作空间。

二、选择题

1．以下（　）不是 AutoCAD 2010 的菜单。

（A）文件　　（B）修改

（C）绘图　　（D）设置

2．对于 AutoCAD 高级用户，以下（　）快捷键用于切换到“专家模式”。

（A）Ctrl+0　　（B）Ctrl+1

（C）Ctrl+2　　（D）Ctrl+3

3．十字光标大小可以在 选项 对话框中的（　）选项卡中进行设置。

（A）草图　　（B）选项

（C）系统　　（D）选择集

三、简答题

1．AutoCAD 基本功能有哪些？

2．AutoCAD 2010 经典界面由哪些基本元素组成？

3．保存 AutoCAD 2010 图形文件时，如何设置口令？

4．如何设置 AutoCAD 十字光标的大小？

四、上机操作题

新建一个 AutoCAD 2010 图形文件，尝试从工具栏和菜单栏启动基本二维图形绘图命令，并在命令行提示下绘制基本二维图形。

第 2 章　绘制二维图形

绘制与编辑图形是 AutoCAD 的基本功能之一，AutoCAD 2010 为用户提供了多种基本二维图形的绘制命令，使用这些命令可以绘制各种二维图形。

知识要点

- 基本绘图方法
- 点的绘制
- 线的绘制
- 矩形和正多边形的绘制
- 圆、圆弧和椭圆的绘制
- 绘制圆环
- 徒手画线
- 面域

2.1　基本绘图方法

在 AutoCAD 2010 中，调用基本绘图命令的方法有如下 3 种：

（1）单击“绘图”工具栏中的命令按钮，如图 2.1.1 所示。

（2）选择 绘图(D) 菜单中的子菜单命令，如图 2.1.2 所示。

（3）直接在命令行中输入绘图命令。

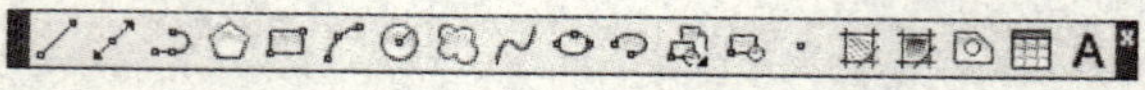

图 2.1.1　“绘图”工具栏

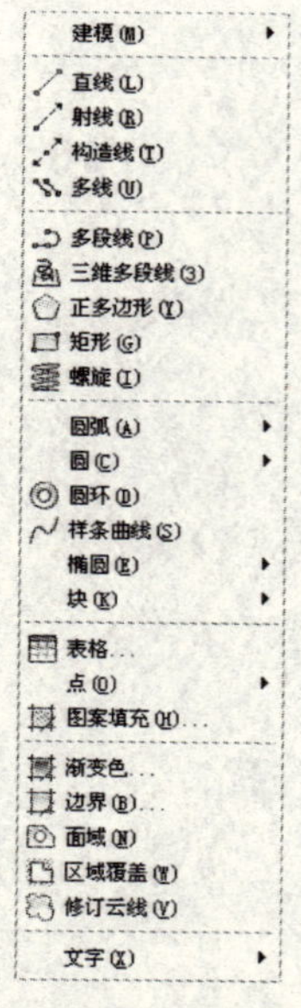

图 2.1.2　“绘图”菜单中的子菜单

在绘图过程中，用户可以采用以上 3 种方法中的一种进行绘图，也可以灵活地使用这 3 种方法进行绘图。

另外，在绘图过程中，当执行完一个命令后，如果还需要执行相同的命令，这时只需要按回车键即可，而不必再通过以上的方法启动该命令。

2.2 点 的 绘 制

在 AutoCAD 2010 中，点的绘制方法有 4 种，分别为绘制单点、绘制多点、绘制定数等分点和绘制定距等分点。启动绘制点命令有以下 3 种方法：

（1）单击“绘图”工具栏中的“点”按钮 ，绘制多点。

（2）选择 绘图(D) → 点(O) 命令，在其子命令中选择绘制点的方法，如图 2.2.1 所示。

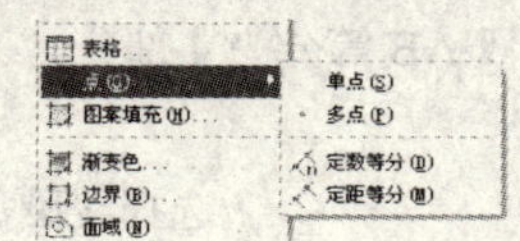

图 2.2.1 “点”子命令

（3）在命令行中输入命令 point（绘制单点或多点），divide（绘制定数等分点），measure（绘制定距等分点）。

绘制点的类型不同，其操作方式也不相同，以下分别介绍。

2.2.1 绘制单点

启动绘制单点命令后，命令行提示如下：

命令: _point

当前点模式: PDMODE=0 PDSIZE=0.0000

指定点: //在屏幕上指定一点

绘制单点命令一次只能绘制一个点，用户可以选择 格式(O) → 点样式(P)... 命令，在弹出的 点样式 对话框中选择要绘制的点的样式，如图 2.2.2 所示。

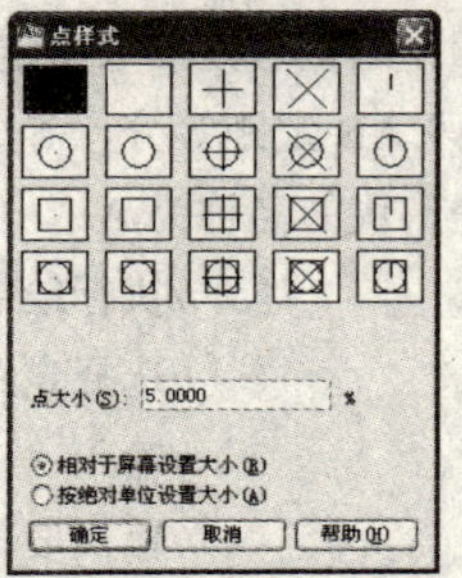

图 2.2.2 “点样式”对话框

2.2.2 绘制多点

启动绘制多点命令后，命令行提示如下：

命令: _point

当前点模式: PDMODE=0 PDSIZE=0.0000

指定点: //在屏幕上指定多个点

按“Esc”键结束操作

2.2.3 绘制定数等分点

启动绘制定数等分点命令后，命令行提示如下：

命令: _divide

选择要定数等分的对象: //选择定数等分的对象

输入线段数目或 [块(B)]: //输入等分数，按回车键结束操作

如果选择“块（B）”选项，则表示在等分点处插入指定的块。

例如，将如图 2.2.3（a）所示的线段 AB 等分为 4 部分。

命令: _divide

选择要定数等分的对象: //选择线段 AB

输入线段数目或 [块(B)]: 4 //输入等分数，按回车键

定数等分后的线段如图 2.2.3（b）所示。

A B

（a）

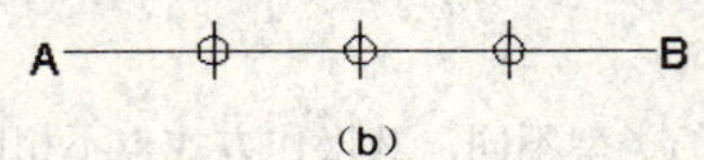

（b）

图 2.2.3 绘制定数等分点

（a）原始对象；（b）定数等分后的对象

2.2.4 绘制定距等分点

启动绘制定距等分点命令后，命令行提示如下：

命令: _measure

选择要定距等分的对象: //选择定距等分的对象

指定线段长度或 [块(B)]: //指定等分线段的长度或选择插入块命令选项

如果选择“块（B）”选项，则表示在测量点处插入指定的块。

例如，将如图 2.2.4（a）所示的线段 AB 定距等分，等分线段的长度为线段 DE 的长度，并将已经定义为块的同心圆 C 插入到等分点处，块的名称为 A。

命令: _measure //执行绘制定距等分点命令

选择要定距等分的对象: //选择定距等分的对象

指定线段长度或 [块(B)]: B //输入“B”选择“块（B）”命令选项

输入要插入的块名: A //输入要插入的块的名称

是否对齐块和对象？[是(Y)/否(N)] <Y>: //直接按回车键选择对齐对象

指定线段长度: //捕捉端点 D

指定第二点: //捕捉端点 E

定距等分后的线段如图 2.2.4（b）所示。

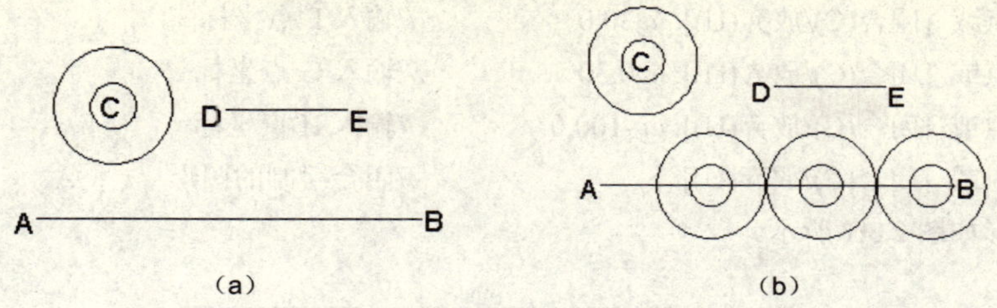

图 2.2.4　绘制定距等分点

(a) 原始对象；(b) 定距等分后的对象

2.3　线的绘制

在 AutoCAD 2010 中线的绘制包括很多种，比如直线、射线、构造线、多段线、多线、样条曲线、修订云线等，根据每种线的特性不同，它们都有不同的用途。

2.3.1　绘制直线

直线在图形的绘制中是最常见的基本二维图形对象之一，常用于表示一些简单的图形对象以及图形对象的轮廓线等。启动绘制直线命令的方法有以下 3 种：

(1) 单击“绘图”工具栏中的“直线”按钮。

(2) 选择 绘图(D) → 直线(L) 命令。

(3) 在命令行中输入命令 line。

执行该命令后，命令行提示如下：

```
命令: _line                                 //执行绘制直线命令
指定第一点:                                 //指定直线的起点
指定下一点或 [放弃(U)]:                     //指定直线的端点
指定下一点或 [放弃(U)]:                     //指定直线的下一个端点
指定下一点或 [闭合(C)/放弃(U)]:             //指定直线的下一个端点或选择其他命令选
                                              项，按回车键结束命令
```

如果选择“闭合(C)”命令选项，系统会将直线的最后一个端点与第一个端点用直线进行连接。当然，只有绘制两条线段后才会显示此命令选项。如果选择“放弃(U)”命令选项，将会放弃最近的上一次操作。

例如，用直线命令绘制如图 2.3.1 所示的图形。

执行绘制直线命令后，命令行提示如下：

```
命令: _line                                 //执行绘制直线命令
指定第一点:                                 //在绘图窗口中任意指定一点 A
指定下一点或 [放弃(U)]: @30,0               //输入 B 点坐标
指定下一点或 [放弃(U)]: @20<60              //输入 C 点坐标
指定下一点或 [闭合(C)/放弃(U)]: @20,0       //输入 D 点坐标
指定下一点或 [闭合(C)/放弃(U)]: @20<-60     //输入 E 点坐标
```

指定下一点或 [闭合(C)/放弃(U)]: @30,0　　　　//输入 F 点坐标
指定下一点或 [闭合(C)/放弃(U)]: @0,30　　　　//输入 G 点坐标
指定下一点或 [闭合(C)/放弃(U)]: @-100,0　　　//输入 H 点坐标
指定下一点或 [闭合(C)/放弃(U)]: c　　　　　　//闭合绘制的图形

绘制的图形如图 2.3.1 所示。

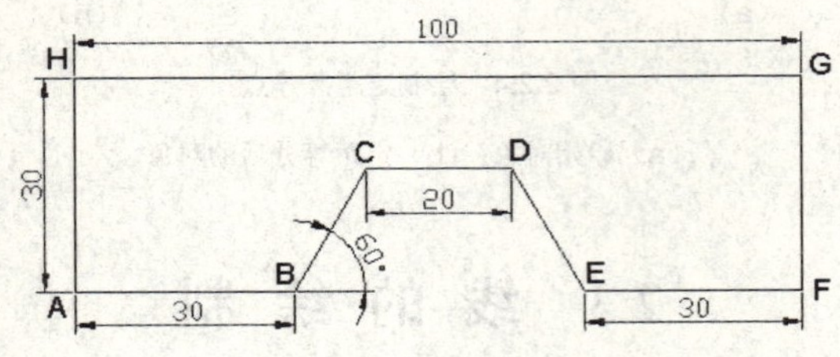

图 2.3.1　用直线绘制的图形

2.3.2　绘制射线

射线是三维空间中起始于指定点并且无限延伸的直线，可用作创建其他对象的参照。射线不会改变图形的总面积。因此，射线标注对缩放或视点没有影响，并被显示图形范围的命令所忽略。和其他对象一样，射线也可以移动、旋转和复制。在打印之前，可能需要在可以冻结或关闭的构造线图层上创建射线。启动绘制射线命令的方法有以下 3 种：

（1）单击“绘图”工具栏中的“射线”按钮。

（2）选择 绘图(D) → 射线(R) 命令。

（3）在命令行中输入命令 ray。

执行绘制射线命令后，命令行提示如下：

命令: _ray　　　　　　//执行绘制射线命令
指定起点:　　　　　　//指定射线的起点
指定通过点:　　　　　//指定射线通过的点
指定通过点:　　　　　//按回车键结束命令

绘制射线效果如图 2.3.2 所示。

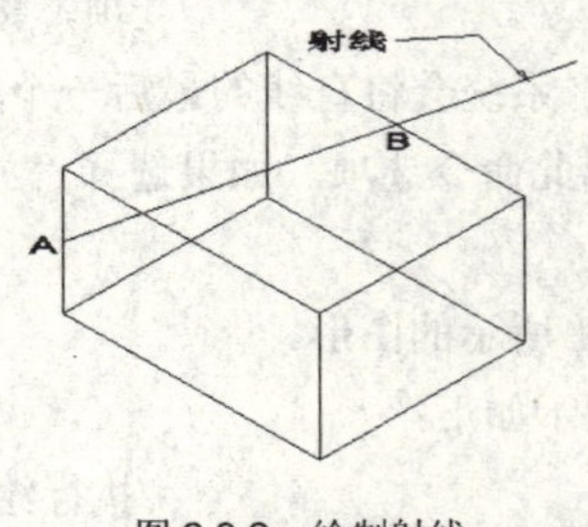

图 2.3.2　绘制射线

2.3.3　绘制构造线

构造线与射线一样是无限延伸的直线，但构造线是向两边无限延伸的直线。构造线可以放置在三

维空间的任何地方，可以使用多种方法指定它的方向。绘制构造线时，第一个点（根）是构造线的中点，即通过捕捉对象“中点”得到的点。启动绘制构造线命令的方法有以下 3 种：

（1）单击“绘图”工具栏中的“构造线”按钮。

（2）选择 绘图(D) → 构造线(T) 命令。

（3）在命令行中输入命令 xline。

执行绘制构造线命令后，命令行提示如下：

命令: _xline　　//执行绘制构造线命令

指定点或 [水平(H)/垂直(V)/角度(A)/二等分(B)/偏移(O)]:　　//指定构造线的起点或选择其他命令选项

指定通过点:　　//指定构造线通过的点

指定通过点:　　//按回车键结束命令

其中各命令选项功能介绍如下：

1）水平(H)：创建一条通过选定点的水平参照线。

2）垂直(V)：创建一条通过选定点的垂直参照线。

3）角度(A)：以指定的角度创建一条参照线。

4）二等分(B)：创建一条参照线，它经过选定的角顶点，并且将选定的两条线之间的夹角平分。

5）偏移(O)：创建平行于另一个对象的参照线。

绘制的构造线如图 2.3.3 所示，使射线 OA，OB 和 OC 分别位于不同的方向上。

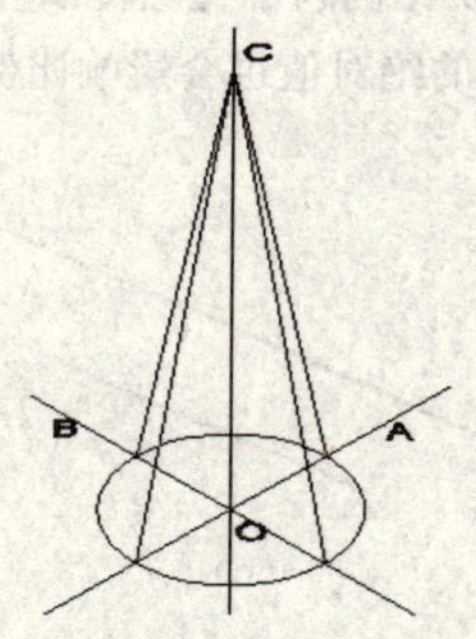

图 2.3.3　绘制构造线

2.3.4　绘制多线

绘制多线即创建多条平行线。多线常用于表示建筑图形中的墙体。启动绘制多线命令的方法有以下两种：

（1）选择 绘图(D) → 多线(U) 命令。

（2）在命令行中输入命令 mline。

执行绘制多线命令后，命令行提示如下：

命令: _mline　　//执行绘制多线命令

当前设置: 对正 = 上，比例 = 20.00，样式 = STANDARD　　//系统提示

指定起点或 [对正(J)/比例(S)/样式(ST)]:　　//指定多线的起点，或选择其他命令选项

指定下一点:　　//指定多线的下一点

指定下一点或 [放弃(U)]:　　　　　　　　　　//按回车键结束命令

其命令选项的功能介绍如下：

1）对正(J)：确定如何在指定的点之间绘制多线。选择此命令选项后，命令行提示如下：

输入对正类型 [上(T)/无(Z)/下(B)] <上>:

其中“上(T)”表示在光标下方绘制多线，因此在指定点处将会出现具有最大正偏移值的直线；“无(Z)”表示将光标作为原点绘制多线；“下(B)”表示在光标上方绘制多线，如图 2.3.4 所示。

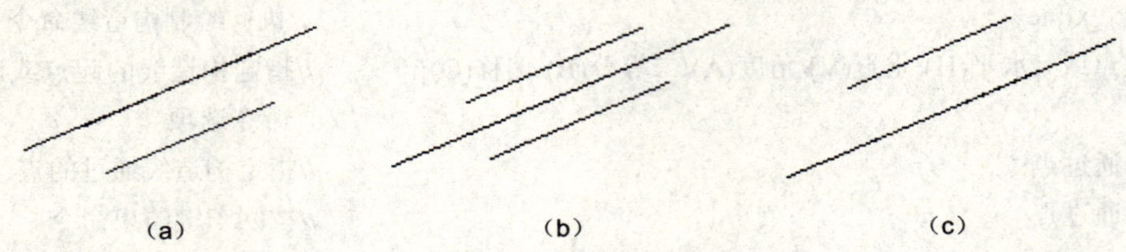

图 2.3.4　按对正类型绘制多线

（a）对正类型：上；（b）对正类型：无；（c）对正类型：下

2）比例(S)：控制多线的全局宽度。该比例不影响线型比例。选择此命令选项后，命令行提示如下：

输入多线比例 <20.00>:

这个比例是基于在多线样式定义中建立的宽度。当比例因子为样式定义比例因子的两倍时绘制多线，其宽度是样式定义的宽度的两倍；负比例因子将翻转偏移线的次序；当从左至右绘制多线时，偏移最小的多线绘制在顶部。负比例因子的绝对值也会影响比例。比例因子为 0 将使多线变为单一的直线，如图 2.3.5 所示。

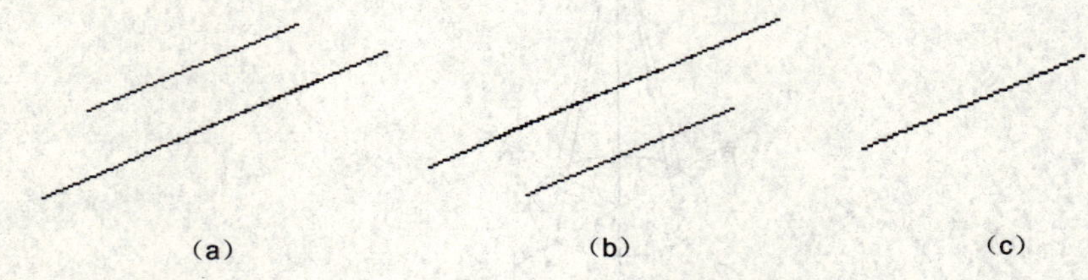

图 2.3.5　按比例因子绘制多线

（a）多线比例为 20；（b）多线比例为-20；（c）多线比例为 0

3）样式(ST)：指定多线的样式。在命令行中输入命令“mlstyle”，将弹出多线样式对话框，如图 2.3.6 所示，在该对话框中可创建新的多线样式或修改已经创建的多线样式。

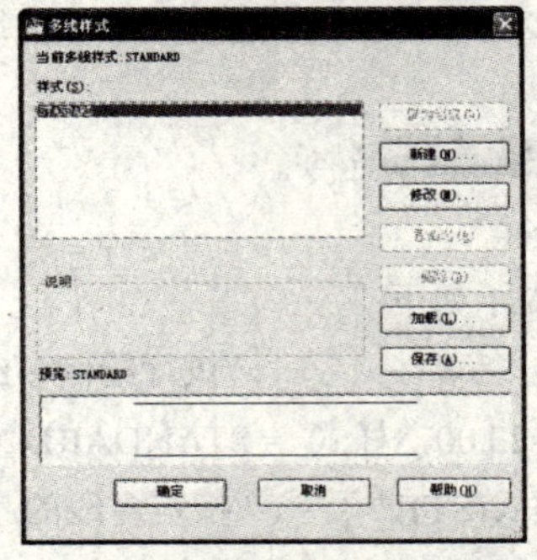

图 2.3.6　“多线样式”对话框

例如：沿着如图2.3.7所示图形中的直线，用多线命令绘制如图2.3.8所示图形。具体操作如下：

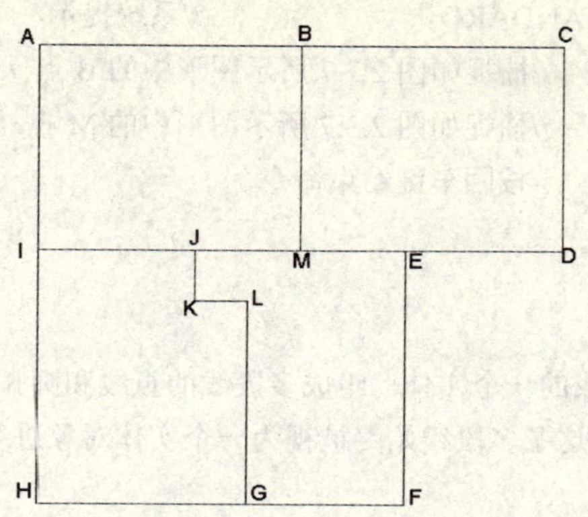

图2.3.7 框架图形

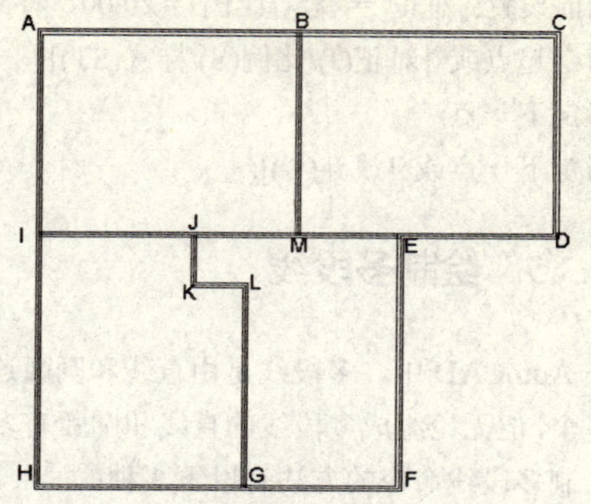

图2.3.8 利用多线命令绘制的图形

```
命令: _mline                                        //执行绘制多线命令
当前设置: 对正 = 上，比例 =20.00，样式 =STANDARD     //系统提示
指定起点或 [对正(J)/比例(S)/样式(ST)]: j             //选择“对正”命令选项
输入对正类型 [上(T)/无(Z)/下(B)] <上>: z             //选择对正类型为“无”
当前设置: 对正 = 无，比例 =20.00，样式 =STANDARD     //系统提示
指定起点或 [对正(J)/比例(S)/样式(ST)]: s             //选择“比例”命令选项
输入多线比例 <20.00>:                                //直接按回车键默认多线比例为20
当前设置: 对正 = 无，比例 =20.00，样式 =STANDARD     //系统提示
指定起点或 [对正(J)/比例(S)/样式(ST)]:               //捕捉如图2.3.7所示图形中的A点
指定下一点:                                          //捕捉如图2.3.7所示图形中的C点
指定下一点或 [放弃(U)]:                              //捕捉如图2.3.7所示图形中的D点
指定下一点或 [闭合(C)/放弃(U)]:                      //捕捉如图2.3.7所示图形中的E点
指定下一点或 [闭合(C)/放弃(U)]:                      //捕捉如图2.3.7所示图形中的F点
指定下一点或 [闭合(C)/放弃(U)]:                      //捕捉如图2.3.7所示图形中的H点
指定下一点或 [闭合(C)/放弃(U)]: c                    //闭合绘制的多线
命令: MLINE                                          //按回车键继续执行绘制多线命令
当前设置: 对正 = 无，比例 =20.00，样式 =STANDARD     //系统提示
指定起点或 [对正(J)/比例(S)/样式(ST)]:               //捕捉如图2.3.7所示图形中的I点
指定下一点:                                          //捕捉如图2.3.7所示图形中的E点
指定下一点或 [放弃(U)]:                              //按回车键结束命令
命令: MLINE                                          //按回车键继续执行绘制多线命令
当前设置: 对正 = 无，比例 =20.00，样式 =STANDARD     //系统提示
指定起点或 [对正(J)/比例(S)/样式(ST)]:               //捕捉如图2.3.7所示图形中的J点
指定下一点:                                          //捕捉如图2.3.7所示图形中的K点
指定下一点或 [放弃(U)]:                              //捕捉如图2.3.7所示图形中的L点
指定下一点或 [闭合(C)/放弃(U)]:                      //捕捉如图2.3.7所示图形中的G点
指定下一点或 [闭合(C)/放弃(U)]:                      //按回车键结束命令
```

命令: MLINE //按回车键继续执行绘制多线命令

当前设置: 对正 = 无，比例 = 20.00，样式 = STANDARD //系统提示

指定起点或 [对正(J)/比例(S)/样式(ST)]: //捕捉如图 2.3.7 所示图形中的 B 点

指定下一点: //捕捉如图 2.3.7 所示图形中的 M 点

指定下一点或 [放弃(U)]: //按回车键结束命令

2.3.5 绘制多段线

在 AutoCAD 中，多段线是由直线和圆弧连接而成的一个实体。组成多段线的直线和圆弧可以是任意多个，但无论组成多段线的直线和圆弧有多少个，这条多段线始终被视为一个实体对象进行编辑。启动绘制多段线命令的方法有以下 3 种：

（1）单击“绘图”工具栏中的“多段线”按钮。

（2）选择 绘图(D) → 多段线(P) 命令。

（3）在命令行中输入命令 pline。

执行绘制多段线命令后，命令行提示如下：

命令: _pline //执行绘制多段线命令

指定起点: //指定多段线的起点

当前线宽为 0.0000 //系统提示

指定下一个点或 [圆弧(A)/半宽(H)/长度(L)/放弃(U)/宽度(W)]: //指定多段线的下一个端点或选择其他命令选项

指定下一点或 [圆弧(A)/闭合(C)/半宽(H)/长度(L)/放弃(U)/宽度(W)]: //按回车键结束命令

其中各命令选项功能介绍如下：

1）圆弧(A)：将弧线段添加到多段线中。选择此命令选项，命令行提示如下：

指定圆弧的端点或[角度(A)/圆心(CE)/闭合(CL)/方向(D)/半宽(H)/直线(L)/半径(R)/第二个点(S)/放弃(U)/宽度(W)]:

其中各命令选项功能介绍如下：

圆弧的端点：绘制弧线段。弧线段从多段线上一段的最后一点开始并与多段线相切。

角度(A)：指定弧线段从起点开始的包含角。输入正数将按逆时针方向创建弧线段，输入负数将按顺时针方向创建弧线段，如图 2.3.9 所示。

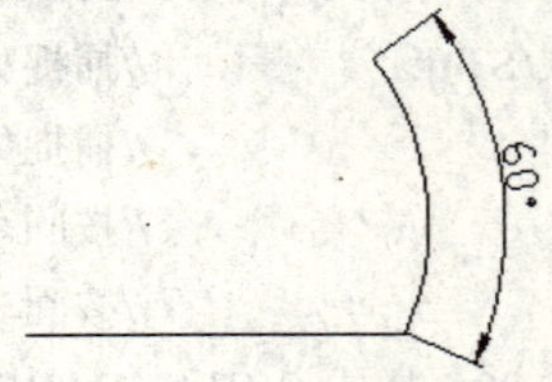

图 2.3.9 利用多段线命令绘制指定角度的圆弧

圆心(CE)：指定弧线段的圆心。

闭合(CL)：用弧线段将多段线闭合。

方向(D)：指定弧线段的起始方向。

半宽(H)：指定多段线线段的中心到其一边的宽度，如图 2.3.10 所示。

直线(L)：退出“圆弧”选项并返回 PLINE 命令的初始提示。

半径(R)：指定弧线段的半径。

第二个点(S)：指定三点圆弧的第二点和端点。

放弃(U)：删除最近一次添加到多段线上的弧线段。

宽度(W)：指定下一弧线段的宽度，如图 2.3.11 所示。

图 2.3.10　绘制半宽圆弧段

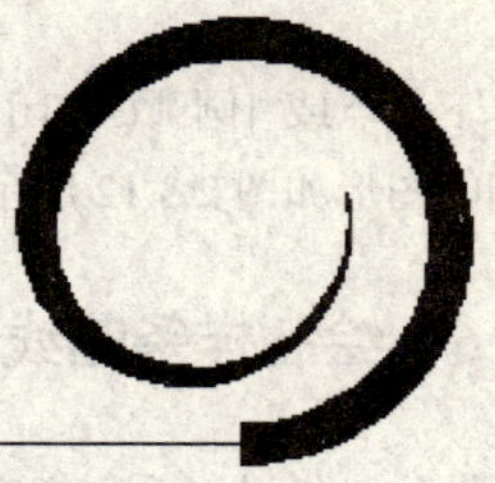

图 2.3.11　绘制带有宽度的圆弧段

2）闭合(C)：绘制一条直线段（从当前位置到多段线起点）以闭合多段线。

3）半宽(H)：指定具有宽度的多段线的线段中心到其一边的宽度。

4）长度(L)：在与前一线段相同的角度方向上绘制指定长度的直线段。如果前一线段是圆弧，程序将绘制与该弧线段相切的新直线段。

5）放弃(U)：删除最近一次添加到多段线上的直线段。

6）宽度(W)：指定下一条直线段的宽度。起点宽度将成为默认的端点宽度。端点宽度在再次修改宽度之前将作为所有后续线段的统一宽度。宽线线段的起点和端点位于宽线的中心。

例如，用多段线绘制如图 2.3.12 所示的图形。

图 2.3.12　利用多段线绘制双向箭头

打开正交功能，具体操作步骤如下：

命令: _pline　　　　//执行绘制多段线命令

指定起点:　　　　//指定多段线的起点

当前线宽为 0.0000　　　　//系统提示

指定下一个点或 [圆弧(A)/半宽(H)/长度(L)/放弃(U)/宽度(W)]: w　　//选择“宽度”命令选项

指定起点宽度 <0.0000>:　　　　//按回车键默认起点宽度为 0

指定端点宽度 <0.0000>: 5　　　　//指定端点宽度为 5

指定下一个点或 [圆弧(A)/半宽(H)/长度(L)/放弃(U)/宽度(W)]: 10

　　　　//鼠标右移，指定多段线的端点

指定下一点或 [圆弧(A)/闭合(C)/半宽(H)/长度(L)/放弃(U)/宽度(W)]: w

　　　　//选择“宽度”命令选项

指定起点宽度 <5.0000>: 0　　　　//指定起点宽度为 0

指定端点宽度 <0.0000>:　　　　//按回车键默认端点宽度也为 0

指定下一点或 [圆弧(A)/闭合(C)/半宽(H)/长度(L)/放弃(U)/宽度(W)]: 20

　　　　//鼠标右移，指定多段线的下一个端点

指定下一点或 [圆弧(A)/闭合(C)/半宽(H)/长度(L)/放弃(U)/宽度(W)]: w

//选择“宽度”命令选项

指定起点宽度 <0.0000>: 5　　//指定起点宽度为 5

指定端点宽度 <5.0000>: 0　　//指定端点宽度为 0

指定下一点或 [圆弧(A)/闭合(C)/半宽(H)/长度(L)/放弃(U)/宽度(W)]: 10

//鼠标右移，指定多段线的下一个端点

指定下一点或 [圆弧(A)/闭合(C)/半宽(H)/长度(L)/放弃(U)/宽度(W)]:　　//按回车键结束命令

绘制的图形如图 2.3.12 所示。

2.3.6　绘制样条曲线

样条曲线是经过一系列指定点的光滑曲线。比如平面图形中的断面处就是用样条曲线表示的。启动样条曲线命令的方法有以下 3 种：

（1）单击“绘图”工具栏中的“样条曲线”按钮。

（2）选择 绘图(D) → 样条曲线(S) 命令。

（3）在命令行中输入命令 spline。

执行绘制样条曲线命令后，命令行提示如下：

命令: _spline　　//执行绘制样条曲线命令

指定第一个点或 [对象(O)]:　　//指定样条曲线的第一个点

指定下一点:　　//指定样条曲线的下一点

指定下一点或 [闭合(C)/拟合公差(F)] <起点切向>:　　//指定样条曲线的下一点

指定下一点或 [闭合(C)/拟合公差(F)] <起点切向>:　　//按回车键结束指定下一点

指定起点切向:　　//拖动鼠标指定起点切向

指定端点切向:　　//拖动鼠标指定端点切向

其中各命令选项功能介绍如下：

1）对象：将二维或三维的二次或三次样条拟合多段线转换成等价的样条曲线并删除多段线。

2）闭合(C)：将最后一点定义为与第一点一致并使它在连接处相切，这样可以闭合样条曲线。

3）拟合公差(F)：修改拟合当前样条曲线的公差。

例如，用样条曲线绘制如图 2.3.13 所示图形中的断面。

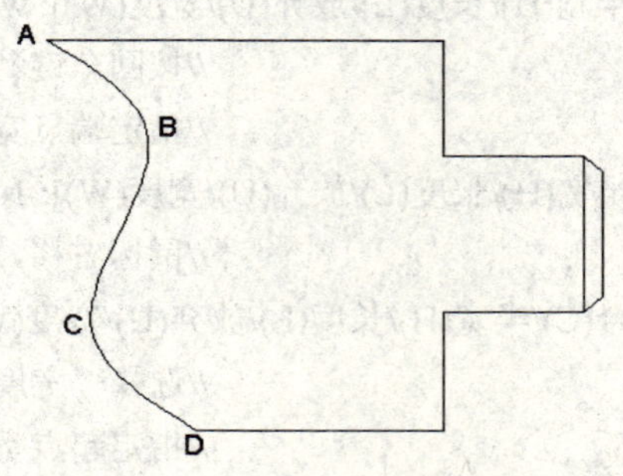

图 2.3.13　绘制样条曲线

具体操作步骤如下：

命令: _spline　　//执行绘制样条曲线命令

指定第一个点或 [对象(O)]:　　//捕捉如图 2.3.13 所示图形中的 A 点

指定下一点:　　//指定如图 2.3.13 所示图形中的 B 点

指定下一点或 [闭合(C)/拟合公差(F)] <起点切向>:　　//指定如图 2.3.13 所示图形中的 C 点

指定下一点或 [闭合(C)/拟合公差(F)] <起点切向>:　　//指定如图 2.3.13 所示图形中的 D 点

指定下一点或 [闭合(C)/拟合公差(F)] <起点切向>:　　//按回车键结束指定下一点

指定起点切向:　　//直接按回车键默认起点切向方向

指定端点切向:　　//直接按回车键默认端点切向方向

绘制的图形如图 2.3.13 所示。

2.3.7　绘制修订云线

修订云线是由连续圆弧组成的多段线，用于在检查阶段提醒用户注意图形的某个部分。启动绘制修订云线的命令方法有以下 3 种：

（1）单击“绘图”工具栏中的“修订云线”按钮。

（2）选择 绘图(D) → 修订云线(V) 命令。

（3）在命令行中输入命令 revcloud。

执行此命令后，命令行提示如下：

命令: _revcloud　　//执行绘制修订云线命令

最小弧长: 15　最大弧长: 15　样式: 普通　　//系统提示

指定起点或 [弧长(A)/对象(O)/样式(S)] <对象>:　　//指定修订云线的起点或选择其他命令选项

沿云线路径引导十字光标...　　//拖动鼠标绘制修订云线

修订云线完成　　//系统提示

其中各命令选项功能介绍如下：

1）弧长(A)：指定云线中弧线的长度。选择此命令选项后，命令行提示如下：

指定最小弧长 <0.5000>:　　//指定最小弧长的值

指定最大弧长 <0.5000>:　　//指定最大弧长的值

沿云线路径引导十字光标...　　//系统提示

修订云线完成　　//系统提示

最大弧长不能大于最小弧长的三倍。

2）对象(O)：指定要转换为云线的对象。选择此命令选项后，命令行提示如下：

选择对象:　　//选择要转换为修订云线的闭合对象

反转方向 [是(Y)/否(N)]:　　//输入 Y 以反转修订云线中的弧线方向，或按回车键保留弧线的原样

修订云线完成　　//系统提示

3）样式(S)：指定修订云线的样式。选择此命令选项后，命令行提示如下：

选择圆弧样式 [普通(N)/手绘(C)] <默认/上一个>:　　//选择修订云线的样式

当拖动鼠标绘制修订云线时，一旦形成闭合区域，绘制修订云线命令即结束，如图 2.3.14 所示。

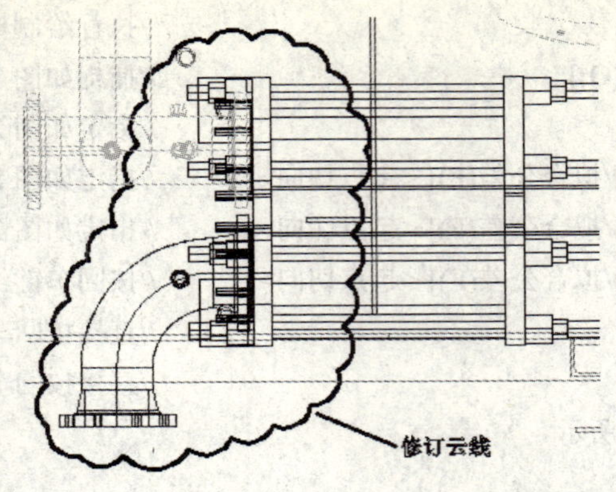

图 2.3.14 绘制修订云线

2.4 矩形和正多边形的绘制

矩形和正多边形都是绘图中使用最频繁的基本图形，尤其是在工程制图中用得更多。本节将介绍矩形和正多边形的绘制方法。

2.4.1 绘制矩形

AutoCAD 2010 中执行绘制矩形命令的方法有以下几种：

（1）单击“绘图”工具栏中的“矩形”按钮□。

（2）选择 绘图(D) → 矩形(G) 命令。

（3）在命令行中输入命令 rectang。

执行绘制矩形命令后，命令行提示如下：

命令: _rectang //执行绘制矩形命令

指定第一个角点或 [倒角(C)/标高(E)/圆角(F)/厚度(T)/宽度(W)]: //指定矩形的第一个角点

指定另一个角点或 [面积(A)/尺寸(D)/旋转(R)]: //指定矩形的另一个角点

其中各命令选项功能介绍如下：

1）倒角(C)：设置矩形的倒角距离。选择此命令选项后，命令行提示如下：

指定矩形的第一个倒角距离 <0.0000>: //指定距离或按回车键

指定矩形的第二个倒角距离 <0.0000>: //指定距离或按回车键

绘制的倒角矩形如图 2.4.1 所示。

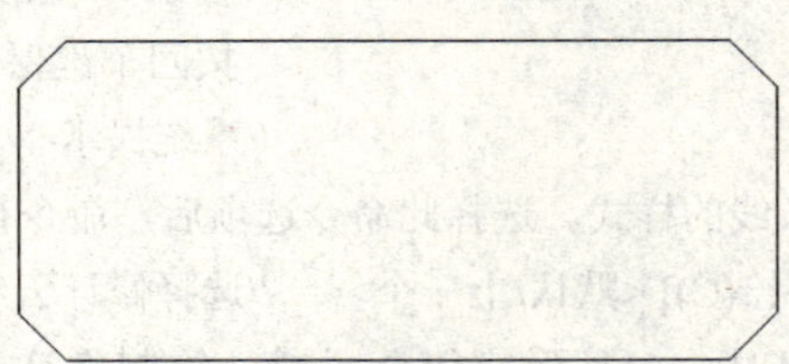

图 2.4.1 绘制倒角矩形

设置矩形的倒角距离后，系统将保留当前设置的倒角距离，直到用户再次改变此值。当倒角距离大于矩形的边长时，绘制的矩形将不进行倒角。

2）标高(E)：指定矩形的标高。标高是指当前图形相对于另一个平面的高度。选择此命令选项，命令行提示如下：

指定矩形的标高 <0.0000>:　　　　　　　　　//指定矩形的标高值或按回车键

由于标高表现方式的特殊性，所以标高只有在三维空间中才能观察到，如图 2.4.2 所示。

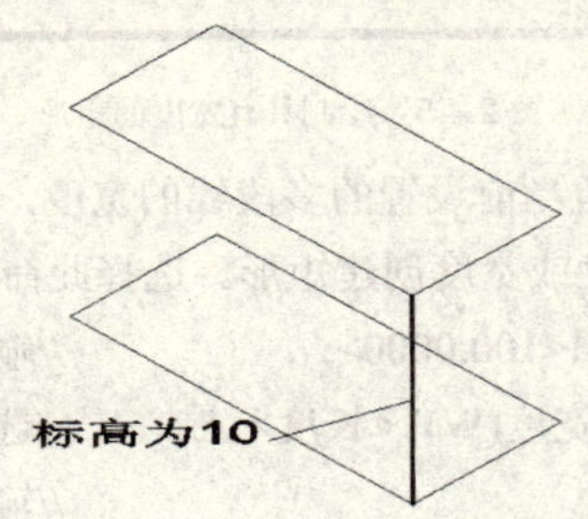

图 2.4.2　绘制标高为 10 的矩形

3）圆角(F)：指定矩形的圆角半径。选择此命令选项后，命令行提示如下：

指定矩形的圆角半径 <0.0000>:　　　　　　　　//指定矩形的圆角半径值或按回车键

绘制的圆角矩形如图 2.4.3 所示。

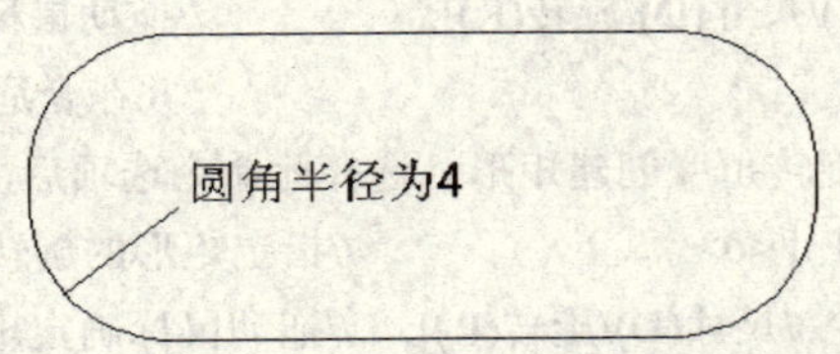

图 2.4.3　绘制圆角半径为 4 的矩形

设置矩形的圆角半径后，系统将保留当前设置的圆角半径值，直到用户再次改变设置。如果设置的圆角半径大于矩形的边长，绘制的矩形将不进行圆角操作。

4）厚度(T)：指定矩形的厚度。选择此命令选项后，命令行提示如下：

指定矩形的厚度 <0.0000>:　　　　　　　　　//指定矩形的厚度值或按回车键

如果输入的厚度值为正数，则矩形将沿着 Z 轴正方向增长；如果输入的厚度值为负值，则矩形将沿着 Z 轴负方向增长。矩形的厚度只有在三维空间才能显示，如图 2.4.4 所示。

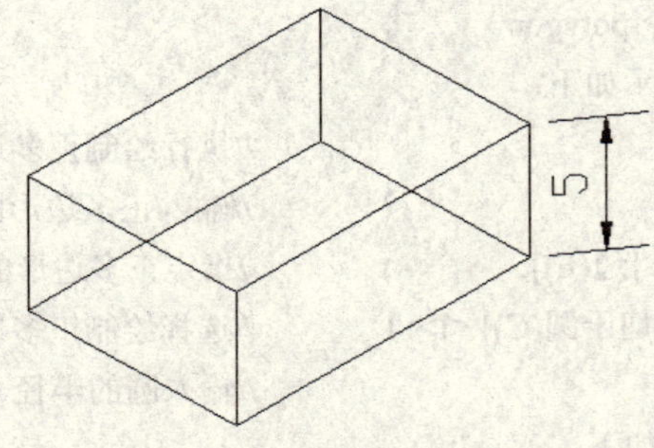

图 2.4.4　绘制具有厚度的矩形

5）宽度(W)：为绘制的矩形指定多段线的宽度。选择此命令选项后，命令行提示如下：

指定矩形的线宽 <0.0000>:　　　　　　　　　//指定矩形的线宽或按回车键

绘制的具有宽度的矩形如图 2.4.5 所示。

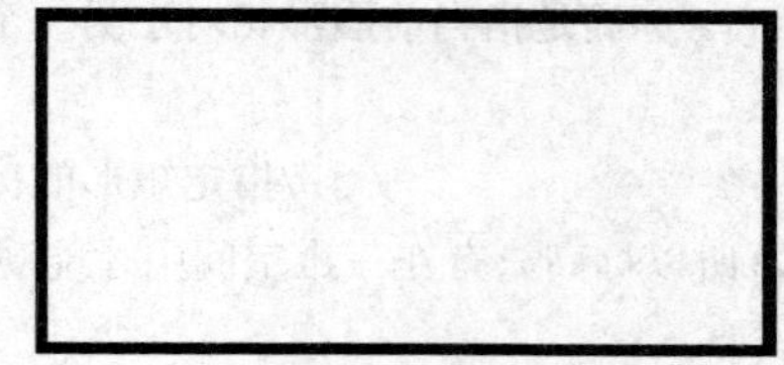

图 2.4.5　绘制具有宽度的矩形

设置矩形的宽度后，系统将保留当前设置的多段线的宽度，直到用户再次改变宽度。

6）面积(A)：使用面积与长度或宽度创建矩形。选择此命令选项后，命令行提示如下：

输入以当前单位计算的矩形面积<100.0000>:　　//输入矩形的面积或按回车键
计算矩形标注时依据 [长度(L)/宽度(W)] <长度>: L　　//选择计算矩形面积的依据或按回车键
输入矩形长度 <10.0000>:　　//输入矩形的长度

如果“倒角”或“圆角”选项被激活，则区域将包括倒角或圆角在矩形角点上产生的效果。

7）尺寸(D)：使用长和宽创建矩形。选择此命令选项后，命令行提示如下：

指定矩形的长度 <10.0000>:　　//指定矩形的长度或按回车键
指定矩形的宽度 <10.0000>:　　//指定矩形的宽度或按回车键
指定另一个角点或[面积(A)/尺寸(D)/旋转(R)]:　　//拖动鼠标确定矩形另一个角点的位置，并在合适的位置单击鼠标左键

8）旋转(R)：按指定的旋转角度创建矩形。选择此命令选项后，命令行提示如下：

指定旋转角度或 [拾取点(P)] <0>:　　//指定矩形的旋转角度或选择拾取点命令选项
指定另一个角点或 [面积(A)/尺寸(D)/旋转(R)]:　　//拖动鼠标确定矩形另一个角点的位置，并在合适的位置单击鼠标左键

如果选择“拾取点”命令选项，则通过指定两个点来确定矩形的旋转角度。

2.4.2　绘制正多边形

AutoCAD 2010 中执行绘制正多边形命令的方法有以下几种：

（1）单击“绘图”工具栏中的“正多边形”按钮。

（2）选择 绘图(D) → 正多边形(Y) 命令。

（3）在命令行中输入命令 polygon。

执行此命令后，命令行提示如下：

命令: _polygon　　//执行绘制正多边形命令
输入边的数目 <4>:　　//输入正多边形的边数或按回车键
指定正多边形的中心点或 [边(E)]:　　//指定正多边形的中心点或选择其他命令选项
输入选项 [内接于圆(I)/外切于圆(C)] <I>: I　　//选择绘制正多边形的方式
指定圆的半径:　　//输入圆的半径

其中各命令选项功能介绍如下：

1）边(E)：通过指定第一条边的端点来定义正多边形。选择此命令选项后，命令行提示如下：

指定边的第一个端点:　　//指定正多边形边的第一个端点

指定边的第二个端点: //指定正多边形边的第二个端点

指定正多边形边的端点时，可以通过在绘图窗口中单击鼠标指定该点，也可以在命令行中输入端点的坐标指定该点，如图 2.4.6 所示。

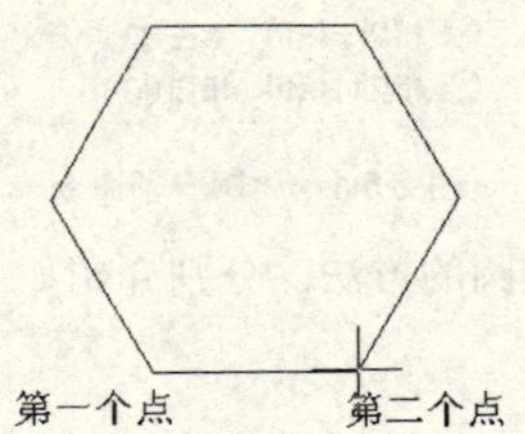

图 2.4.6 通过指定边绘制正多边形

2）内接于圆(I)：指定外接圆的半径，正多边形的所有顶点都在此圆周上。选择此命令选项后，命令行提示如下：

指定圆的半径: //指定圆的半径

如果通过拖动鼠标指定圆的半径，此时还可以调整正多边形的旋转角度，如图 2.4.7 所示。

3）外切于圆(C)：指定从正多边形中心点到各边中点的距离。选择此命令选项后，命令行提示如下：

指定圆的半径: //指定圆的半径

此方法绘制的正多边形如图 2.4.8 所示。

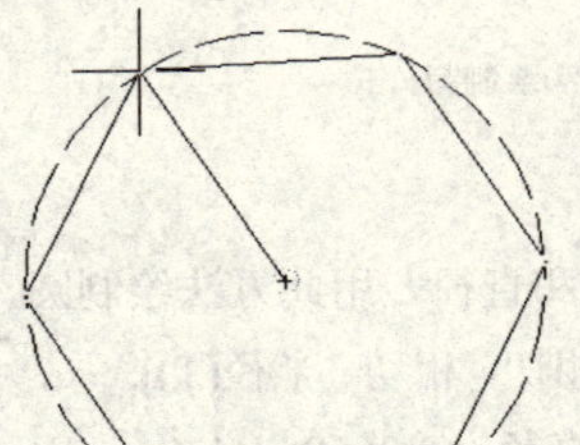

图 2.4.7 内接圆法绘制正多边形

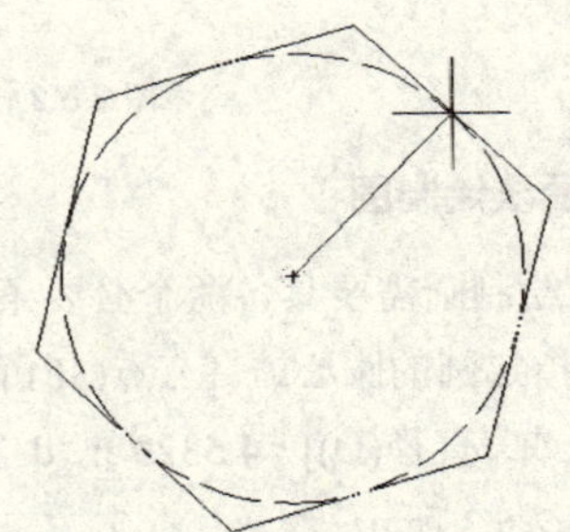

图 2.4.8 外切圆法绘制正多边形

2.5 圆、圆弧和椭圆的绘制

圆、圆弧和椭圆也是绘图中经常会用到的基本图形。本节主要介绍这些图形的绘制方法。

2.5.1 绘制圆

圆在绘图中应用非常广泛，例如平面图中各种圆柱体的底面、圆形机件的剖面、孔等，圆是工程绘图中一种常用的基本实体。执行绘制圆命令的方法有以下几种：

（1）单击“绘图”工具栏中的“圆”按钮。

（2）选择 绘图(D) → 圆(C) 命令的子命令，如图 2.5.1 所示。

（3）在命令行中输入命令 circle。

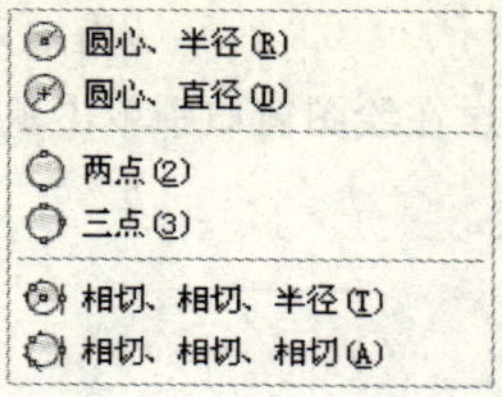

圆心、半径(R)
圆心、直径(D)
两点(2)
三点(3)
相切、相切、半径(T)
相切、相切、相切(A)

图 2.5.1 “圆”子命令

AutoCAD 2010 中提供了 6 种绘制圆的方法，分别介绍如下：

1. 圆心、半径法绘制圆

圆心、半径法绘制圆需要具备两个必要条件：圆心和半径。用此方法绘制圆，命令行提示如下：

命令: _circle 指定圆的圆心或 [三点(3P)/两点(2P)/相切、相切、半径(T)]: //指定圆的圆心
指定圆的半径或 [直径(D)] <2.5870>: //指定圆的半径

绘制的圆如图 2.5.2 所示。

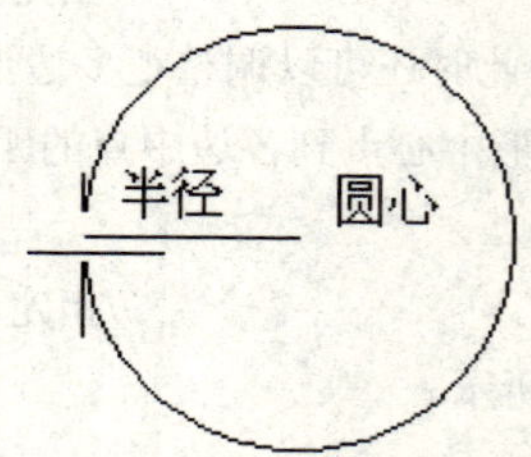

图 2.5.2 圆心、半径法绘制圆

2. 圆心、直径法绘制圆

圆心、直径法绘制圆需要具备两个必要条件：圆心和直径。用此方法绘制圆，命令行提示如下：

命令: _circle 指定圆的圆心或 [三点(3P)/两点(2P)/相切、相切、半径(T)]: //指定圆的圆心
指定圆的半径或 [直径(D)] <4.5329>: _d 指定圆的直径 <9.0658>: //指定圆的直径

绘制的圆如图 2.5.3 所示。

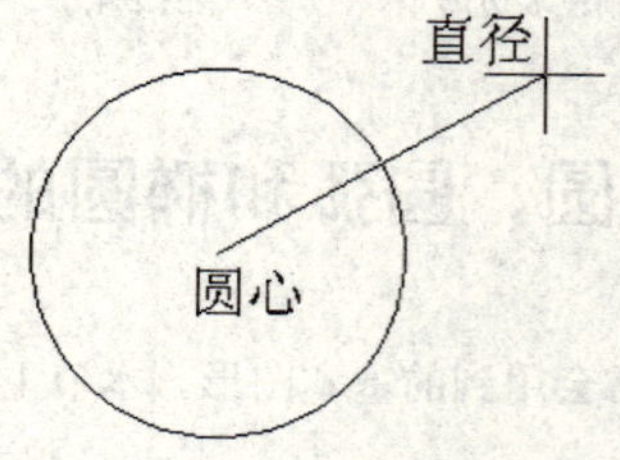

图 2.5.3 圆心、直径法绘制圆

3. 两点法绘制圆

两点法绘制圆是指通过指定圆直径的两个端点来确定圆的位置和大小。用此方法绘制圆，命令行提示如下：

命令: _circle 指定圆的圆心或 [三点(3P)/两点(2P)/相切、相切、半径(T)]: _2p //系统提示
指定圆直径的第一个端点: //指定圆直径的第一个端点
指定圆直径的第二个端点: //指定圆直径的第二个端点

绘制的圆如图 2.5.4 所示。

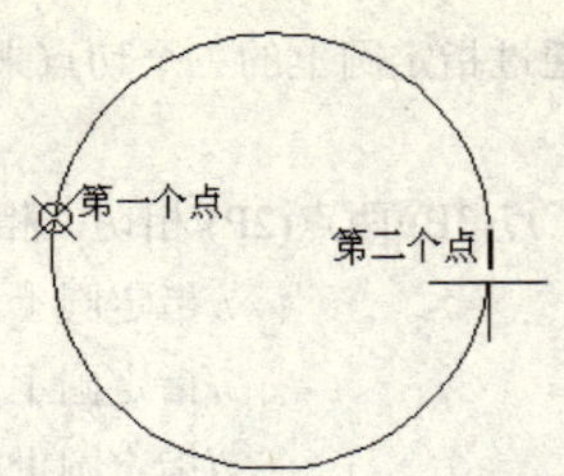

图 2.5.4　两点法绘制圆

4．三点法绘制圆

三点法绘制圆是指通过确定圆周上的三个点来确定圆的位置和大小。用此方法绘制圆，命令行提示如下：

命令: _circle 指定圆的圆心或 [三点(3P)/两点(2P)/相切、相切、半径(T)]: _3p　　//系统提示
指定圆上的第一个点:　　//指定圆上的第一个点
指定圆上的第二个点:　　//指定圆上的第二个点
指定圆上的第三个点:　　//指定圆上的第三个点
绘制的圆如图 2.5.5 所示。

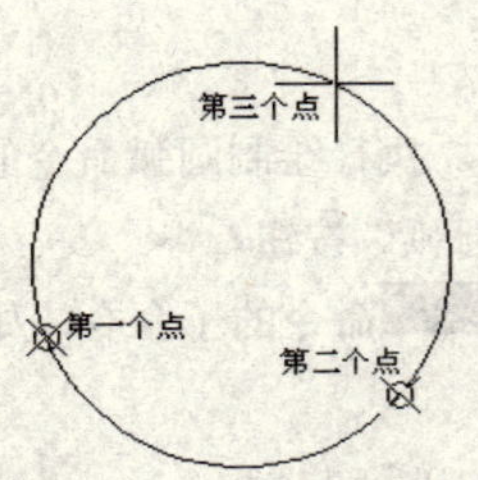

图 2.5.5　三点法绘制圆

5．相切、相切、半径法绘制圆

相切、相切、半径法绘制圆是指通过指定圆的两个切点和圆的半径来确定圆的位置和大小。用此方法绘制圆，命令行提示如下：

命令: _circle 指定圆的圆心或 [三点(3P)/两点(2P)/相切、相切、半径(T)]: _ttr　　//系统提示
指定对象与圆的第一个切点:　　//指定第一个切点
指定对象与圆的第二个切点:　　//指定第二个切点
指定圆的半径 <8.0000>: 5　　//指定圆的半径
绘制的圆如图 2.5.6 所示。

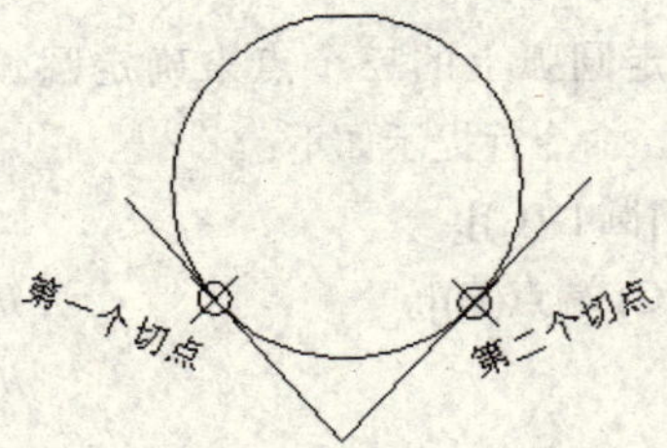

图 2.5.6　相切、相切、半径法绘制圆

6．相切、相切、相切法绘制圆

相切、相切、相切法绘制圆是指通过指定圆上的三个切点来确定圆的位置和大小。用此方法绘制圆，命令行提示如下：

命令: _circle 指定圆的圆心或 [三点(3P)/两点(2P)/相切、相切、半径(T)]: _3p //系统提示
指定圆上的第一个点: _tan 到 //指定圆上的第一个切点
指定圆上的第二个点: _tan 到 //指定圆上的第二个切点
指定圆上的第三个点: _tan 到 //指定圆上的第三个切点
绘制的圆如图 2.5.7 所示。

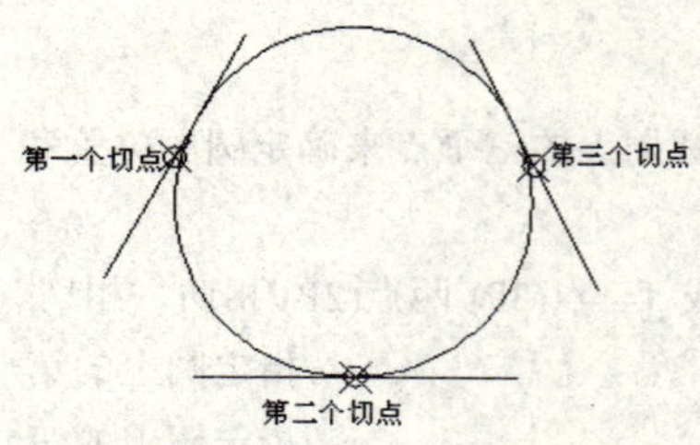

图 2.5.7　相切、相切、相切法绘制圆

2.5.2　绘制圆弧

圆弧是绘图过程中一个重要的实体。执行绘制圆弧命令的方法有以下几种：

（1）单击“绘图”工具栏中的“圆弧”按钮。
（2）选择 绘图(D) → 圆弧(A) 命令的子命令，如图 2.5.8 所示。
（3）在命令行中输入命令 arc。

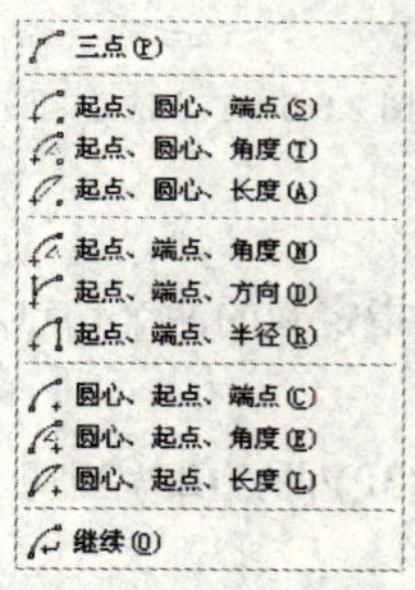

图 2.5.8　“圆弧”子命令

绘制圆弧的方法有很多种，这里将其分为 5 种，分别介绍如下：

1．三点法绘制圆弧

三点法绘制圆弧是指通过指定圆弧上的三个点来确定圆弧的位置和大小。选择 绘图(D) → 圆弧(A) → 三点(P) 命令，命令行提示如下：

命令: _arc 指定圆弧的起点或 [圆心(C)]: //指定圆弧上的第一个点
指定圆弧的第二个点或 [圆心(C)/端点(E)]: //指定圆弧上的第二个点
指定圆弧的端点: //指定圆弧上的第三个点
绘制的圆弧如图 2.5.9 所示。

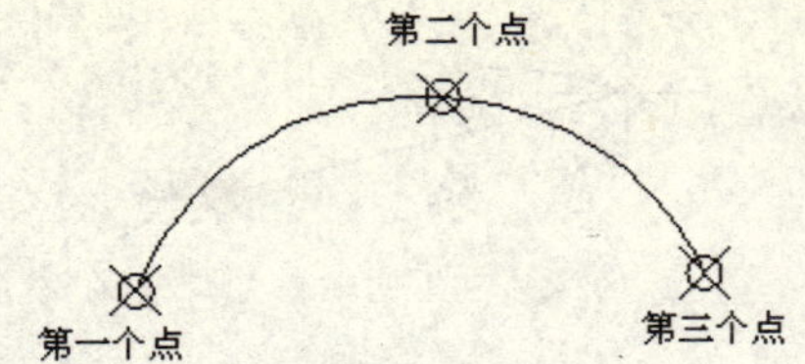

图 2.5.9 三点法绘制圆弧

2．起点、圆心、端点/角度/长度法绘制圆弧

（1）起点、圆心、端点（S）法。此方法通过指定圆弧的起点、圆心和端点来确定圆弧的位置和大小。选择 绘图(D) → 圆弧(A) → 起点、圆心、端点(S) 命令，命令行提示如下：

命令: _arc 指定圆弧的起点或 [圆心(C)]: //指定圆弧的起点

指定圆弧的第二个点或 [圆心(C)/端点(E)]: _c 指定圆弧的圆心: //指定圆弧的圆心

指定圆弧的端点或 [角度(A)/弦长(L)]: //指定圆弧的端点

绘制的圆弧如图 2.5.10 所示。

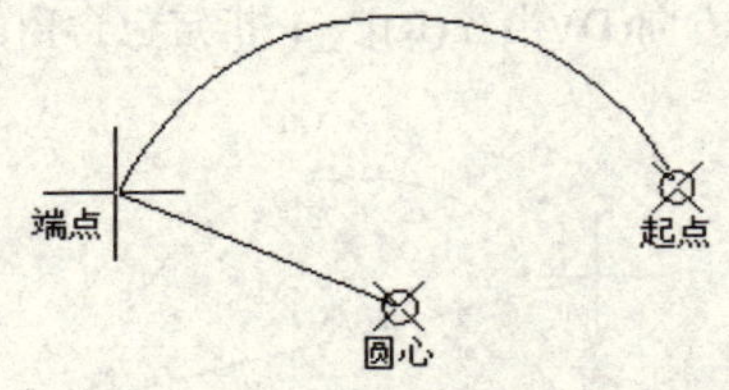

图 2.5.10 起点、圆心、端点法绘制圆弧

（2）起点、圆心、角度（T）法。此方法通过确定圆弧的起点、圆心和角度来确定圆弧的位置和大小。选择 绘图(D) → 圆弧(A) → 起点、圆心、角度(T) 命令，命令行提示如下：

命令: _arc 指定圆弧的起点或 [圆心(C)]: //指定圆弧的起点

指定圆弧的第二个点或 [圆心(C)/端点(E)]: _c 指定圆弧的圆心: //指定圆弧的圆心

指定圆弧的端点或 [角度(A)/弦长(L)]: _a 指定包含角: //指定圆弧包含的角度

绘制的圆弧如图 2.5.11 所示。

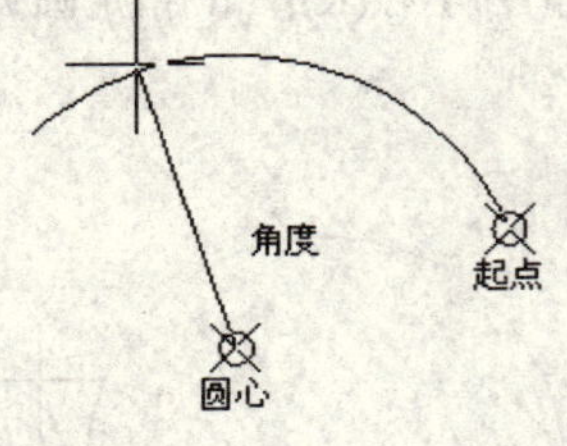

图 2.5.11 起点、圆心、角度法绘制圆弧

（3）起点、圆心、长度（A）法。此方法通过确定圆弧的起点、圆心和弦长来确定圆弧的位置和大小。选择 绘图(D) → 圆弧(A) → 起点、圆心、长度(A) 命令，命令行提示如下：

命令: _arc 指定圆弧的起点或 [圆心(C)]: //指定圆弧的起点

指定圆弧的第二个点或 [圆心(C)/端点(E)]: _c 指定圆弧的圆心: //指定圆弧的圆心

指定圆弧的端点或 [角度(A)/弦长(L)]: _l 指定弦长: //指定圆弧的弧长

绘制的圆弧如图 2.5.12 所示。

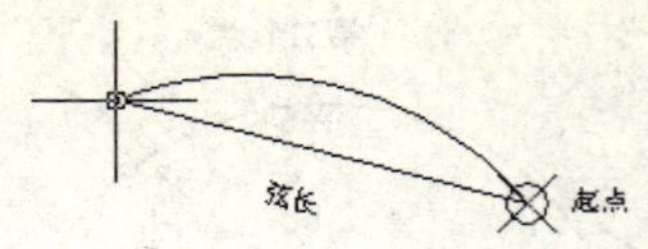

图 2.5.12　起点、圆心、长度法绘制圆弧

3. 起点、端点、角度/方向/半径法绘制圆弧

（1）起点、端点、角度（N）法。此方法通过指定圆弧的起点、端点和角度来确定圆弧的位置和大小。选择 绘图(D) → 圆弧(A) → 起点、端点、角度(N) 命令，命令行提示如下：

命令: _arc 指定圆弧的起点或 [圆心(C)]: //指定圆弧的起点

指定圆弧的第二个点或 [圆心(C)/端点(E)]: _e //系统提示

指定圆弧的端点: //指定圆弧的端点

指定圆弧的圆心或 [角度(A)/方向(D)/半径(R)]: _a 指定包含角: //指定圆弧包含的角度

绘制的圆弧如图 2.5.13 所示。

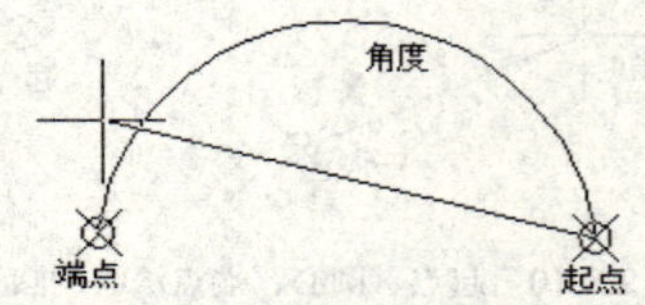

图 2.5.13　起点、端点、角度法绘制圆弧

（2）起点、端点、方向（D）法。此方法通过指定圆弧的起点、端点和方向来确定圆弧的位置和大小。选择 绘图(D) → 圆弧(A) → 起点、端点、方向(D) 命令，命令行提示如下：

命令: _arc 指定圆弧的起点或 [圆心(C)]: //指定圆弧的起点

指定圆弧的第二个点或 [圆心(C)/端点(E)]: _e //系统提示

指定圆弧的端点: //指定圆弧的端点

指定圆弧的圆心或 [角度(A)/方向(D)/半径(R)]: _d 指定圆弧的起点切向:

//拖动鼠标指定圆弧的方向

绘制的圆弧如图 2.5.14 所示。

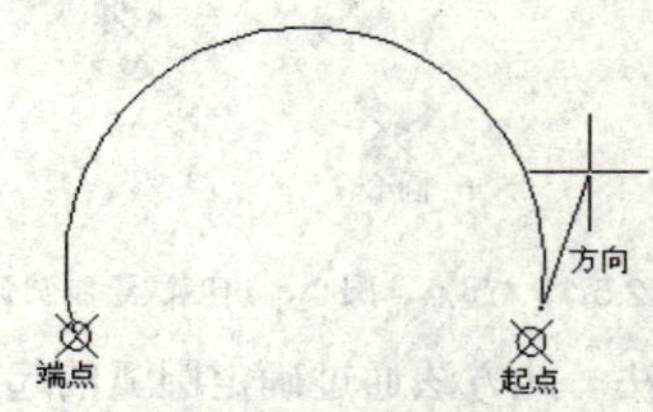

图 2.5.14　起点、端点、方向法绘制圆弧

（3）起点、端点、半径（R）法。此方法通过指定圆弧的起点、端点和半径来确定圆弧的位置和大小。选择 绘图(D) → 圆弧(A) → 起点、端点、半径(R) 命令，命令行提示如下：

命令: _arc 指定圆弧的起点或 [圆心(C)]: //指定圆弧的起点

指定圆弧的第二个点或 [圆心(C)/端点(E)]: _e //系统提示

指定圆弧的端点: //指定圆弧的端点

指定圆弧的圆心或 [角度(A)/方向(D)/半径(R)]: _r 指定圆弧的半径: //指定圆弧的半径

绘制的圆弧如图 2.5.15 所示。

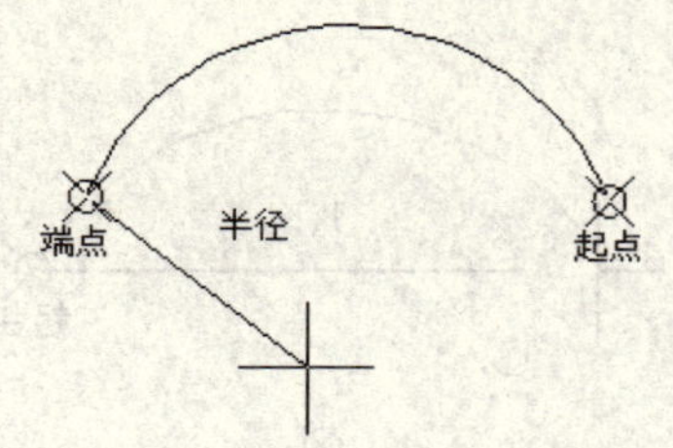

图 2.5.15 起点、端点、半径法绘制圆弧

4. 圆心、起点、端点/角度/长度法绘制圆弧

（1）圆心、起点、端点（C）法。此方法通过指定圆弧的圆心、起点和端点来确定圆弧的位置和大小。选择 绘图(D) → 圆弧(A) → 圆心、起点、端点(C) 命令，命令行提示如下：

命令: _arc 指定圆弧的起点或 [圆心(C)]: _c 指定圆弧的圆心: //指定圆弧的圆心

指定圆弧的起点: //指定圆弧的起点

指定圆弧的端点或 [角度(A)/弦长(L)]: //指定圆弧的端点

绘制的圆弧如图 2.5.16 所示。

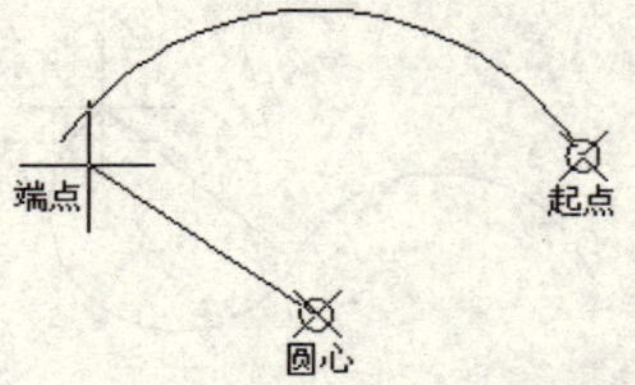

图 2.5.16 圆心、起点、端点法绘制圆弧

（2）圆心、起点、角度（E）法。此方法通过指定圆弧的圆心、起点和角度来确定圆弧的位置和大小。选择 绘图(D) → 圆弧(A) → 圆心、起点、角度(E) 命令，命令行提示如下：

命令: _arc 指定圆弧的起点或 [圆心(C)]: _c 指定圆弧的圆心: //指定圆弧的圆心

指定圆弧的起点: //指定圆弧的起点

指定圆弧的端点或 [角度(A)/弦长(L)]: _a 指定包含角: //指定圆弧包含的角度

绘制的圆弧如图 2.5.17 所示。

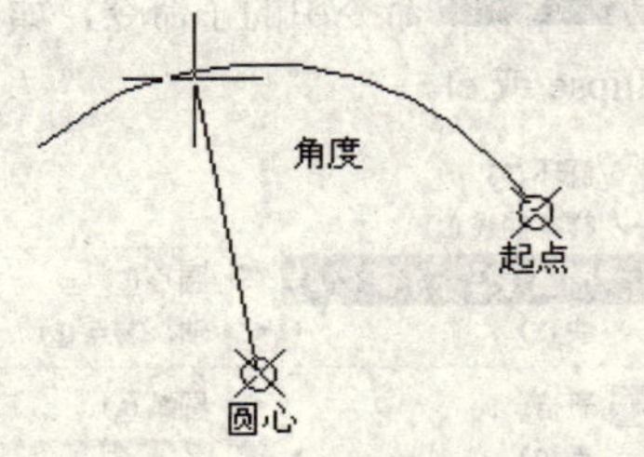

图 2.5.17 圆心、起点、角度法绘制圆弧

（3）圆心、起点、长度（L）法。此方法通过指定圆弧的圆心、起点和弦长来确定圆弧的位置和大小。选择 绘图(D) → 圆弧(A) → 圆心、起点、长度(L) 命令，命令行提示如下：

命令: _arc 指定圆弧的起点或 [圆心(C)]: _c 指定圆弧的圆心: //指定圆弧的圆心
指定圆弧的起点: //指定圆弧的起点
指定圆弧的端点或 [角度(A)/弦长(L)]: _l 指定弦长: //指定圆弧的弦长

绘制的圆弧如图 2.5.18 所示。

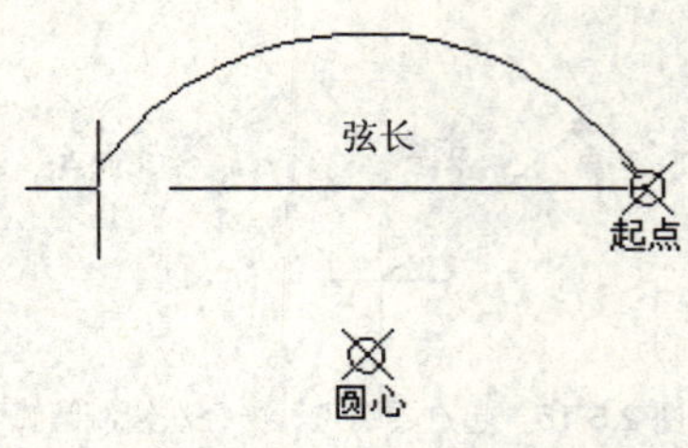

图 2.5.18 “圆心、起点、长度”法绘制圆弧

5. 继续（O）法

此命令用于衔接上一步操作，不能单独使用。

选择 绘图(D) → 圆弧(A) → 继续(O) 命令，命令行提示如下：

命令: _arc 指定圆弧的起点或 [圆心(C)]: //指定圆弧的起点
指定圆弧的端点: //指定圆弧的端点

绘制的圆弧如图 2.5.19 所示。

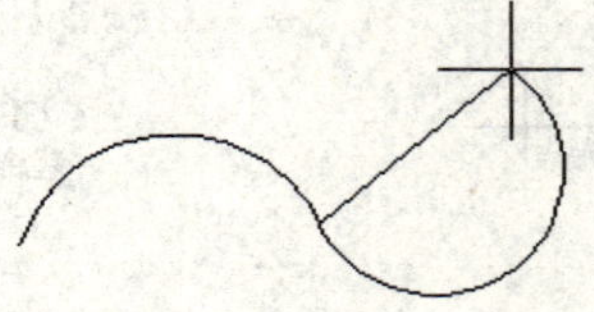

图 2.5.19 继续法绘制圆弧

2.5.3 绘制椭圆

椭圆是绘图中的另一个重要的实体。决定椭圆形状的因素有 3 个，分别是中心点、长轴和短轴。执行绘制椭圆命令的方法有以下 3 种：

（1）单击“绘图”工具栏中的“椭圆”按钮。

（2）选择 绘图(D) → 椭圆(E) 命令中的子命令，如图 2.5.20 所示。

（3）在命令行中输入命令 ellipse 或 el。

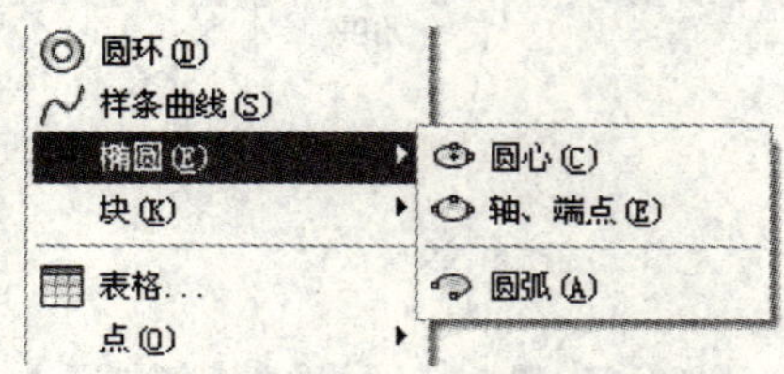

图 2.5.20 “椭圆”子命令

在 AutoCAD 2010 中，椭圆的绘制方法有两种，分别为中心点法和轴、端点法，以下分别介绍。

1．中心点法绘制椭圆

中心点法绘制椭圆命令的启动方式为：选择 绘图(D) → 椭圆(E) → 圆心(C) 命令。执行该命令后，命令行提示如下：

命令: _ellipse　　//执行绘制椭圆命令
指定椭圆的轴端点或 [圆弧(A)/中心点(C)]: _c　　//系统提示
指定椭圆的中心点:　　//指定椭圆的中心点
指定轴的端点:　　//指定椭圆一条轴的端点
指定另一条半轴长度或 [旋转(R)]:　　//指定另一条半轴的长度

使用此方法绘制的椭圆如图 2.5.21 所示。

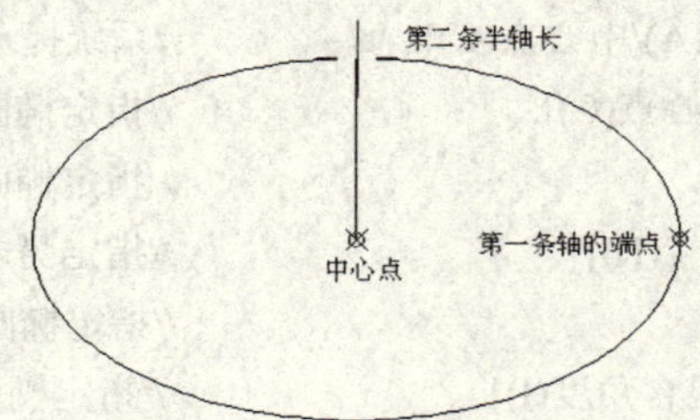

图 2.5.21　中心点法绘制椭圆

如果选择“旋转（R）”命令选项绘制椭圆，则绘制的椭圆是由一个经过椭圆长轴两个端点的圆，绕这个长轴旋转后得到的投影，即所要绘制的椭圆。选择此命令选项后，命令行提示如下：

指定绕长轴旋转的角度:　　//输入旋转的角度

输入角度后，按回车键，椭圆的形状就确定了。

2．轴、端点法绘制椭圆

轴、端点法绘制椭圆命令的启动方式为：选择 绘图(D) → 椭圆(E) → 轴、端点(E) 命令。执行该命令后，命令行提示如下：

命令: _ellipse　　//执行绘制椭圆命令
指定椭圆的轴端点或 [圆弧(A)/中心点(C)]:　　//指定椭圆轴的一个端点
指定轴的另一个端点:　　//指定椭圆轴的另一个端点
指定另一条半轴长度或 [旋转(R)]:　　//指定椭圆另一条半轴的长度

使用此方法绘制的椭圆如图 2.5.22 所示。

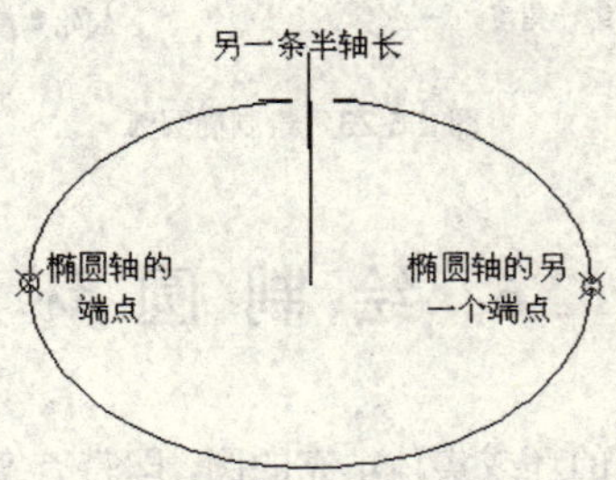

图 2.5.22　轴、端点法绘制椭圆

轴、端点法是系统默认的绘制椭圆的方法。单击“绘图”工具栏中的“椭圆”按钮，可以直接启动这种绘制椭圆的方法。

2.5.4 绘制椭圆弧

在 AutoCAD 2010 中，绘制椭圆弧的方法与绘制椭圆的方法类似。用户先用绘制椭圆的方法绘制一个椭圆，然后在命令行的提示下确定椭圆弧的起点和终点即可。执行绘制椭圆弧命令的方法有以下两种：

（1）单击“绘图”工具栏中的“椭圆弧”按钮。

（2）选择 绘图(D) → 椭圆(E) → 圆弧(A) 命令。

执行此命令后，命令行提示如下：

命令: _ellipse //执行绘制椭圆弧命令

指定椭圆的轴端点或 [圆弧(A)/中心点(C)]: _a //系统提示

指定椭圆弧的轴端点或 [中心点(C)]: //指定椭圆弧的轴端点

指定轴的另一个端点: //指定椭圆弧的另一个轴端点

指定另一条半轴长度或 [旋转(R)]: //指定另一条半轴长度

指定起始角度或 [参数(P)]: //指定椭圆弧的起始角度

指定终止角度或 [参数(P)/包含角度(I)]: //指定椭圆弧的终止角度

部分命令选项的功能介绍如下：

1）参数(P)：此选项是 AutoCAD 绘制椭圆弧的另一种模式。选择此项后，命令行提示如下：

指定起始参数或[角度(A)]: //指定起始参数

指定终止参数或[角度(A)/包含角度(I)]: //指定终止参数

使用“起始参数”选项可以从“角度”模式切换到“参数”模式。

2）包含角度(I)：定义从起始角度开始的包含角度。选择此项后，命令行提示如下：

指定弧的包含角度<180>: //输入椭圆弧包含的角度值

绘制的椭圆弧如图 2.5.23 所示。

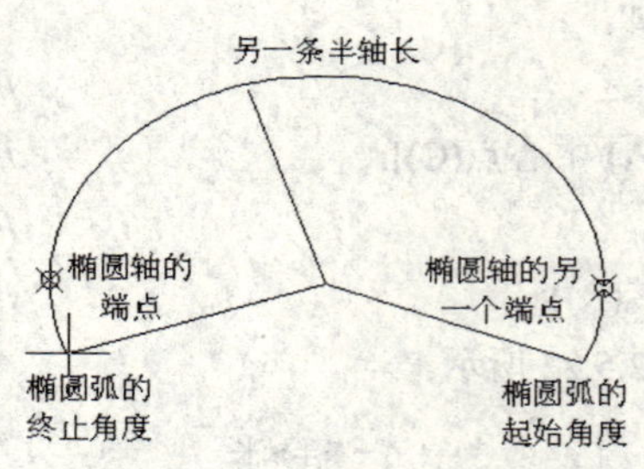

图 2.5.23 绘制椭圆弧

2.6 绘制圆环

圆环可以认为是具有填充效果的环或实体填充的圆，即带有宽度的闭合多段线。执行绘制圆环命令的方法有以下两种：

（1）选择 绘图(D) → 圆环(D) 命令。

（2）在命令行中输入命令 donut。

执行该命令后，命令行提示如下：

命令: _donut　　　　//执行绘制圆环命令
指定圆环的内径 <0.5000>:　　　　//指定圆环的内径
指定圆环的外径 <1.0000>:　　　　//指定圆环的外径
指定圆环的中心点或 <退出>:　　　　//指定圆环的中心点
指定圆环的中心点或 <退出>:　　　　//按回车键结束命令

绘制的圆环如图 2.6.1 所示。

如果圆环的内径为 0，则绘制出的圆环是实心圆，如图 2.6.2 所示。

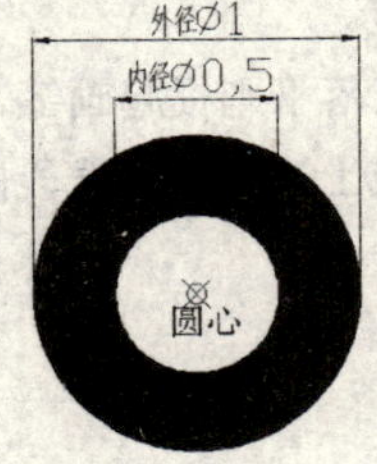

图 2.6.1　绘制圆环

图 2.6.2　绘制内径为 0 的圆环

在 AutoCAD 2010 中，用 fill 命令来控制圆环是否填充。执行 fill 命令后，命令行提示如下：

命令: fill　　　　//执行 fill 命令
输入模式 [开(ON)/关(OFF)] <关>:　　　　//选择填充模式

如果选择“开”命令选项，则表示填充；如果选择“关”命令选项，则表示不填充。

如图 2.6.3 所示的图形是未填充的圆环。

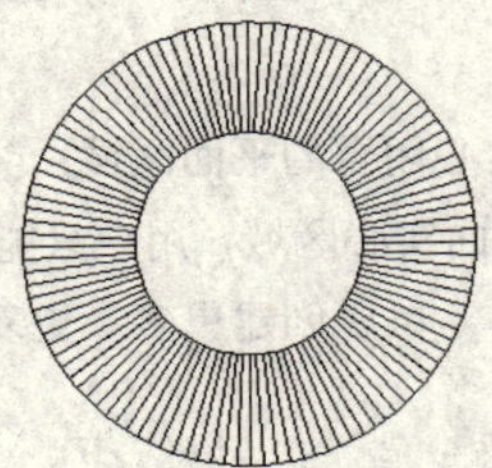

图 2.6.3　绘制未填充圆环

2.7　徒 手 画 线

虽然 AutoCAD 2010 为用户提供了丰富的基本二维图形，但当用户需要绘制一些无规则的图形时，这些基本图形仍然不能完全满足用户的需求，所以，AutoCAD 2010 为用户提供了徒手画线命令（sketch）来弥补这些不足。徒手绘制对于创建不规则边界或使用数字化仪追踪非常有用。

用 sketch 命令绘制的图形是一些线段的组合，这些线段的长度通过记录增量来控制。在命令行中输入命令 sketch，按回车键后，命令行提示如下：

命令: sketch
记录增量 <0.7528>:　　　　//指定增量的长度
徒手画.　画笔(P)/退出(X)/结束(Q)/记录(R)/删除(E)/连接(C):　　　　//指定画线的起点

<笔 落> //拖动鼠标绘制图形

<笔 提> //按回车键结束命令

已记录 2 条直线 //系统提示

其中各命令选项功能介绍如下：

（1）画笔(P)：提笔和落笔。在用定点设备选取菜单项前必须提笔。

（2）退出(X)：记录及报告临时徒手画线段数并结束命令。

（3）结束(Q)：放弃从开始调用 SKETCH 命令或上一次使用“记录”选项时所有临时的徒手画线段，并结束命令。

（4）记录(R)：永久记录临时线段且不改变画笔的位置。

（5）删除(E)：删除临时线段的所有部分，如果画笔已落下则提起画笔。

（6）连接(C)：落笔，继续从上次所画的线段的端点或上次删除的线段的端点开始画线。

如图 2.7.1 所示为用徒手画线绘制的图形。

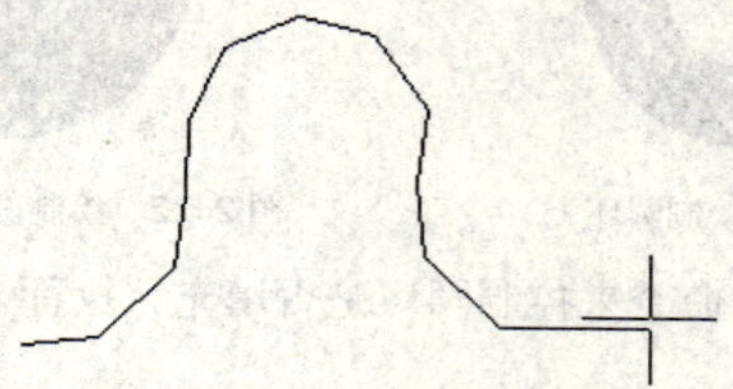

图 2.7.1 利用徒手画线命令绘制的图形

2.8 面 域

面域是一个由闭合对象所创建的实心闭合的平面区域，它不仅包含边的信息，还包含边界以内的信息，如面积、质心等。面域是一个平面实心区域，用户只能对其执行移动、复制、填充图案等一些常见的操作。通过对面域进行布尔运算，可以创建更多、更复杂的面域对象。

2.8.1 创建面域

在 AutoCAD 2010 中，创建面域的方式有两种：一种是将现有的二维图形转换为面域；另一种是用边界定义面域。两种方法分别介绍如下：

1. 通过二维图形创建面域

用这种方法创建面域的方法有以下 3 种：

（1）单击“绘图”工具栏中的“面域”按钮。

（2）选择 绘图(D) → 面域(N) 命令。

（3）在命令行中输入命令 region。

执行该命令后，命令行提示如下：

命令: _region //执行创建面域命令

选择对象: 找到 1 个 //选择封闭的二维图形

选择对象: //按回车键结束对象选择

已提取 1 个环。　　　　　　　　　　　　　　　　　　　//系统提示

已创建 1 个面域。　　　　　　　　　　　　　　　　　　//系统提示

创建面域图形需要注意以下 3 点：

（1）闭合多段线、直线和曲线都是有效的选择对象。曲线包括圆弧、圆、椭圆弧、椭圆和样条曲线，但自相交或端点不连接的对象都不能转换为面域，如图 2.8.1 所示。

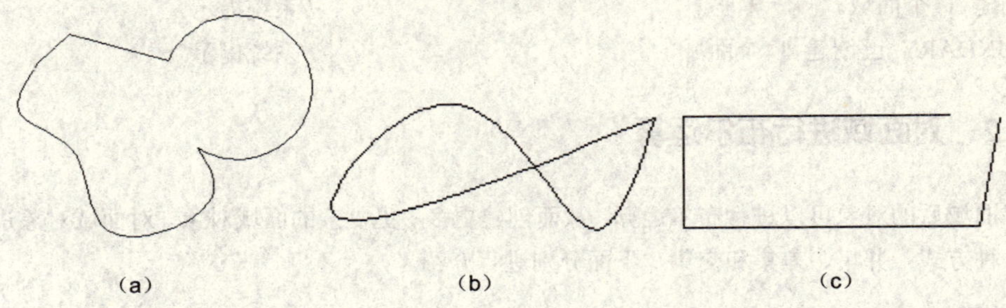

图 2.8.1　创建面域

（a）有效的选择对象；（b）自相交图形；（c）不连接对象

（2）AutoCAD 默认在创建面域的同时删除原对象，如果原始对象是图案填充对象，那么图案填充的关联性将丢失。要恢复图案填充关联性，需要重新填充此面域。如果将系统变量 delobj 值设置为 0，AutoCAD 将在原始对象转换为面域之后保留这些对象。

（3）单击“修改”工具栏中的“分解”按钮，或选择 修改(M) → 分解(X) 命令，可以将面域还原为原对象。

2．用边界创建面域

用边界创建面域的方法有以下 3 种：

（1）选择 绘图(D) → 边界(B)... 命令。

（2）在命令行输入命令 boundary 或 bo。

执行此命令后，弹出 边界创建 对话框，如图 2.8.2 所示。

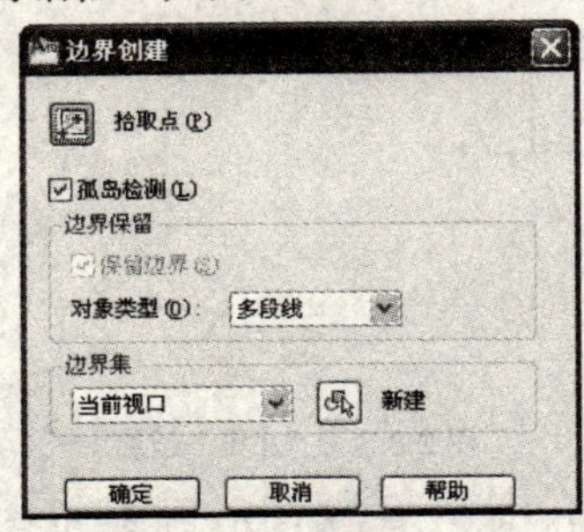

图 2.8.2　“边界创建”对话框

在该对话框中，单击 对象类型(O): 下拉列表框右边的按钮，在弹出的下拉列表中选择 面域 选项，然后单击“拾取点”按钮，或单击 确定 按钮，系统自动切换到绘图窗口，同时命令行提示如下：

命令: _boundary　　　　　　　　　　　　　　　　　　//执行边界创建面域命令

拾取内部点:　　　　　　　　　　　　　　　　　　　　//在边界图形内部指定点

正在选择所有对象...　　　　　　　　　　　　　　　　//系统提示

正在选择所有可见对象... //系统提示
正在分析所选数据... //系统提示
正在分析内部孤岛... //系统提示
拾取内部点: //按回车键结束命令
已提取 1 个环。 //系统提示
已创建 1 个面域。 //系统提示
BOUNDARY 已创建 1 个面域 //系统提示

2.8.2 对面域进行布尔运算

创建面域后的对象可以进行布尔运算，从而创建更多、更复杂的面域对象。对面域对象进行布尔运算有 3 种方式：并集、差集和交集，下面分别进行介绍。

1. 并集

并集是将两个或多个面域对象合并成一个面域对象。执行并集命令的方法有以下 3 种：

（1）单击“实体编辑”工具栏中的“并集”按钮。

（2）选择 修改(M) → 实体编辑(N) → 并集(U) 命令。

（3）在命令行输入命令 union 或 uni。

执行并集命令后，命令行提示如下：

命令: _union //执行并集命令
选择对象: //指定交叉窗口的右下角点
指定对角点: 找到 2 个 //指定交叉窗口的左上角点
选择对象: //按回车键结束命令

对面域图形进行并集运算，如图 2.8.3 所示。

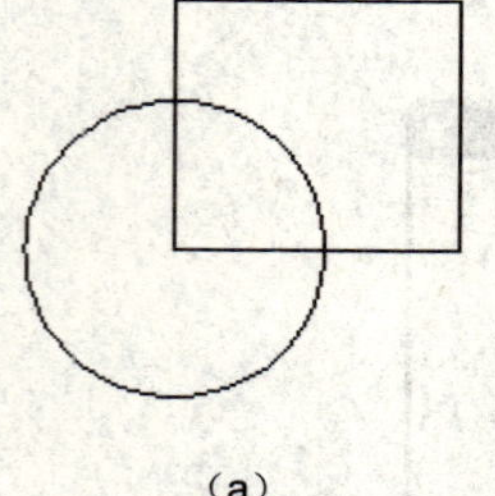
(a)

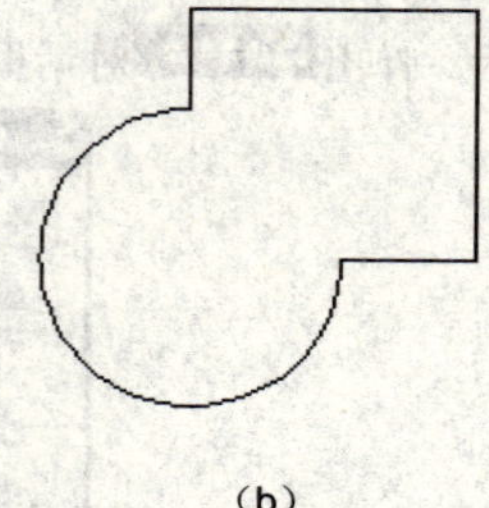
(b)

图 2.8.3 “并集”运算

(a)“并集”运算前；(b)“并集”运算后

2. 差集

差集是从一个面域对象中减去另一个面域。执行差集命令的方法有以下 3 种：

（1）单击“实体编辑”工具栏中的“差集”按钮。

（2）选择 修改(M) → 实体编辑(N) → 差集(S) 命令。

（3）在命令行输入命令 subtract 或 su。

执行差集命令后，命令行提示如下：

命令: _subtract　　//执行差集命令
选择要从中减去的实体或面域...　　//系统提示
选择对象: 找到 1 个　　//选择作为减数的面域对象
选择对象:　　//按回车键结束对象选择
选择要减去的实体或面域...　　//系统提示
选择对象: 找到 1 个　　//选择被减去的面域
选择对象　　//按回车键结束命令

对面域图形进行差集运算，如图 2.8.4 所示。

如果求差的面域不相交，则将删除被减去的面域。

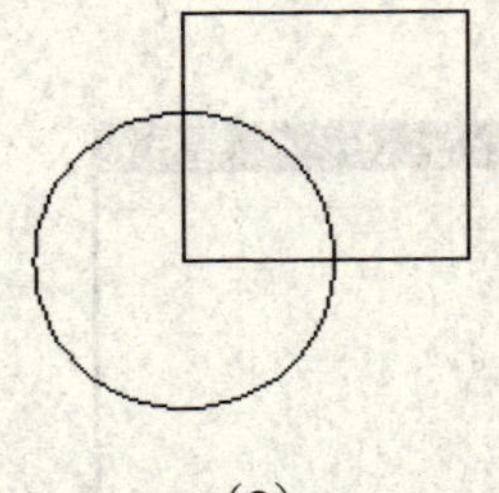

(a)

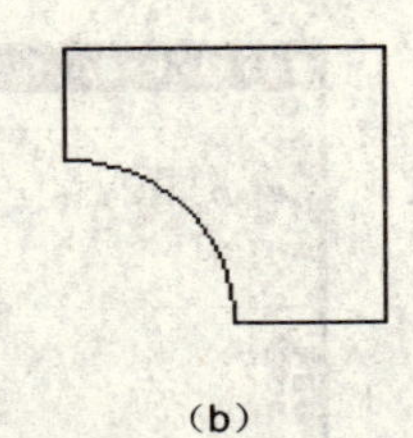

(b)

图 2.8.4　“差集”运算

(a)“差集”运算前；(b)“差集”运算后

3. 交集

交集是指保留相交面域的重叠部分，并删除不重叠的部分。执行交集命令的方法有以下 3 种：

(1) 单击“实体编辑”工具栏中的“交集”按钮。

(2) 选择 修改(M) → 实体编辑(N) → 交集(I) 命令。

(3) 在命令行输入命令 intersect 或 in。

执行交集命令后，命令行提示如下：

命令: _intersect　　//执行交集运算
选择对象:　　//指定交叉窗口的右下角点
指定对角点: 找到 2 个　　//指定交叉窗口的左上角点
选择对象:　　//按回车键结束命令

对面域图形进行交集运算，如图 2.8.5 所示。

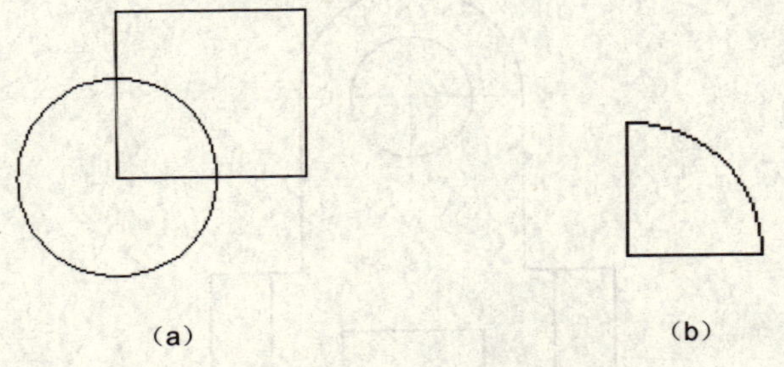

(a)　　(b)

图 2.8.5　“交集”运算

(a)“交集”运算前；(b)“交集”运算后

如果执行交集操作的面域对象不相交，则删除所有选择的面域。

2.8.3 从面域中提取数据

面域对象除了具有一般图形对象的属性外，还包括其自身特有的一些属性，例如面积、质心等数据，这些数据对于精确绘制图形有很大的帮助。

选择 工具(T) → 查询(Q) → 面域/质量特性(M) 命令，命令行提示如下：

命令: _massprop　　　　//执行面域/质量特性命令

选择对象: 找到 1 个　　　　//选择面域对象

选择对象:　　　　//按回车键

弹出 AutoCAD 文本窗口，如图 2.8.6 所示。

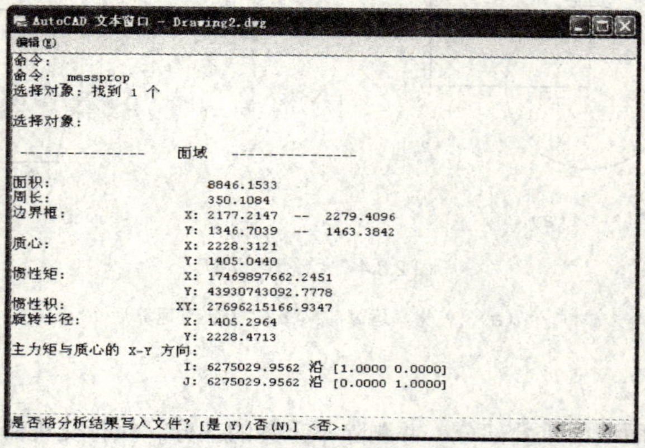

```
AutoCAD 文本窗口 - Drawing2.dwg
编辑(E)
命令:
命令: massprop
选择对象: 找到 1 个

选择对象:

 ----------------    面域    ----------------

面积:                     8846.1533
周长:                     350.1084
边界框:                X: 2177.2147  --  2279.4096
                       Y: 1346.7039  --  1463.3842
质心:                  X: 2228.3121
                       Y: 1405.0440
惯性矩:                X: 17469897662.2451
                       Y: 43930743092.7778
惯性积:               XY: 27696215166.9347
旋转半径:              X: 1405.2964
                       Y: 2228.4713
主力矩与质心的 X-Y 方向:
                       I: 6275029.9562 沿 [1.0000 0.0000]
                       J: 6275029.9562 沿 [0.0000 1.0000]

是否将分析结果写入文件? [是(Y)/否(N)] <否>:
```

图 2.8.6　AutoCAD 文本窗口

该文本窗口中显示了面域对象的详细信息。在命令行中，系统提示“是否将分析结果写入文件？[是(Y)/否(N)] <否>:”，如果用户需要这些信息，则选择“是”命令选项；如果用户不需要这些信息，直接按回车键选择默认的“否”命令选项。

2.9 课堂实训——绘制简单二维图形

使用直线、圆和圆弧绘制如图 2.9.1 所示的简单二维图形。

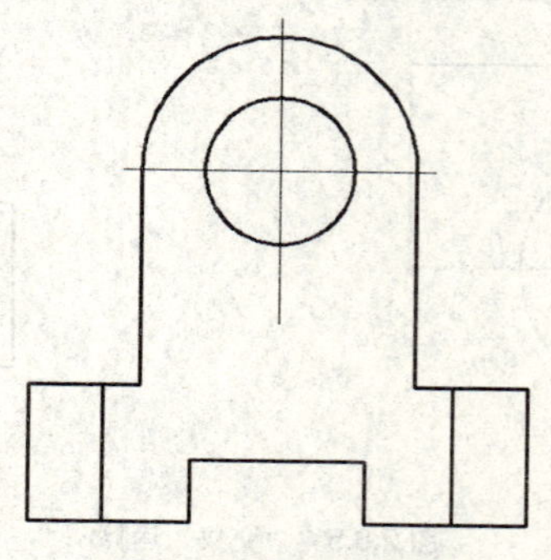

图 2.9.1　简单二维图形

操作步骤

（1）新建一个图形文件。单击“状态栏”中的“正交模式”按钮，打开正交功能。

（2）单击“绘图”工具栏中的“直线”按钮，在绘图窗口中绘制两条相互垂直的直线，直线的长度为50，效果如图2.9.2所示。

（3）单击“绘图”工具栏中的“圆”按钮，以直线的垂足为圆心，绘制一个半径为12的圆，效果如图2.9.3所示。

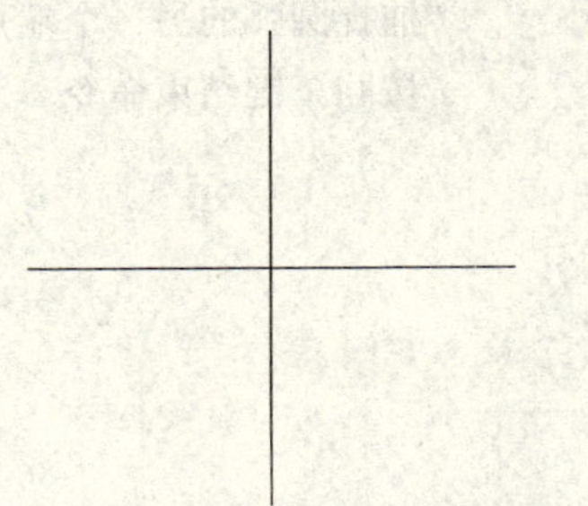
图2.9.2　绘制垂线

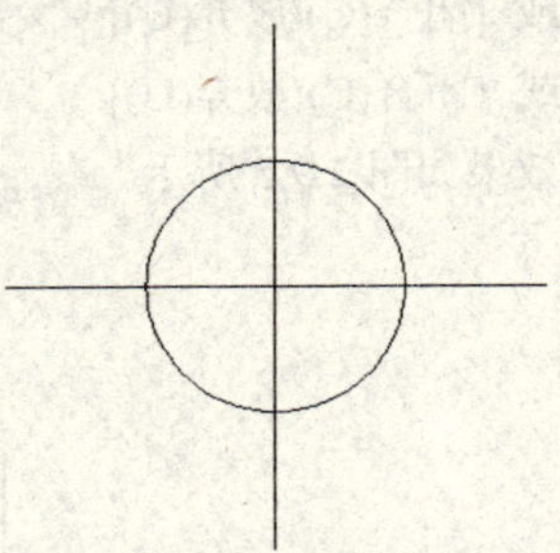
图2.9.3　绘制圆

（4）单击“绘图”工具栏中的“圆弧”按钮，用“圆心、起点、角度”命令绘制一个圆弧，命令行提示如下：

```
命令: _arc 指定圆弧的起点或 [圆心(C)]: c           //选择“圆心”选项
指定圆弧的圆心:                                   //捕捉圆的圆心
指定圆弧的起点:  @22,0                            //输入圆弧的起点坐标
指定圆弧的端点或 [角度(A)/弦长(L)]: a              //选择“角度”选项
指定包含角: 180                                   //输入圆弧包含的角度
```

绘制的圆弧效果如图2.9.4所示。

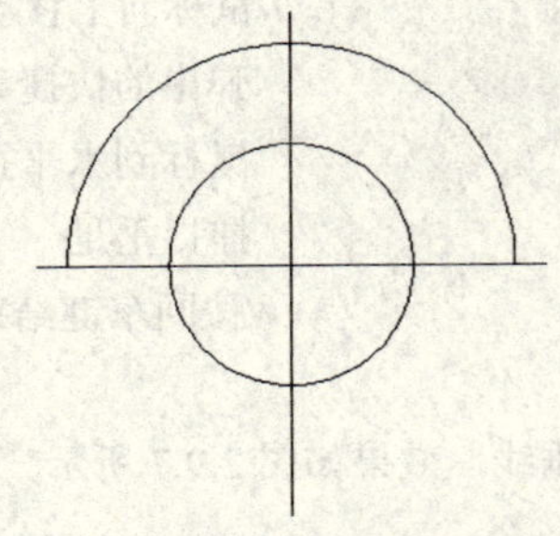
图2.9.4　绘制圆弧

（5）单击“绘图”工具栏中的“直线”按钮，以圆弧的左端点为起点绘制多条直线，命令行提示如下：

```
命令: _line 指定第一点:                           //捕捉圆弧的左端点
指定下一点或 [放弃(U)]: 35                        //鼠标向下移动，输入直线长度
指定下一点或 [放弃(U)]: 18                        //鼠标向左移动，输入直线长度
指定下一点或 [闭合(C)/放弃(U)]: 22                //鼠标向下移动，输入直线长度
指定下一点或 [闭合(C)/放弃(U)]: 12                //鼠标向右移动，输入直线长度
指定下一点或 [闭合(C)/放弃(U)]: 14                //鼠标向右移动，输入直线长度
指定下一点或 [闭合(C)/放弃(U)]: 10                //鼠标向上移动，输入直线长度
```

```
指定下一点或 [闭合(C)/放弃(U)]: 28          //鼠标向右移动，输入直线长度
指定下一点或 [闭合(C)/放弃(U)]: 10          //鼠标向下移动，输入直线长度
指定下一点或 [闭合(C)/放弃(U)]: 14          //鼠标向右移动，输入直线长度
指定下一点或 [闭合(C)/放弃(U)]: 12          //鼠标向右移动，输入直线长度
指定下一点或 [闭合(C)/放弃(U)]: 22          //鼠标向上移动，输入直线长度
指定下一点或 [闭合(C)/放弃(U)]: 18          //鼠标向左移动，输入直线长度
指定下一点或 [闭合(C)/放弃(U)]:             //捕捉圆弧的另一个端点
指定下一点或 [闭合(C)/放弃(U)]:             //按回车键结束命令
```

绘制的图形效果如图 2.9.5 所示。

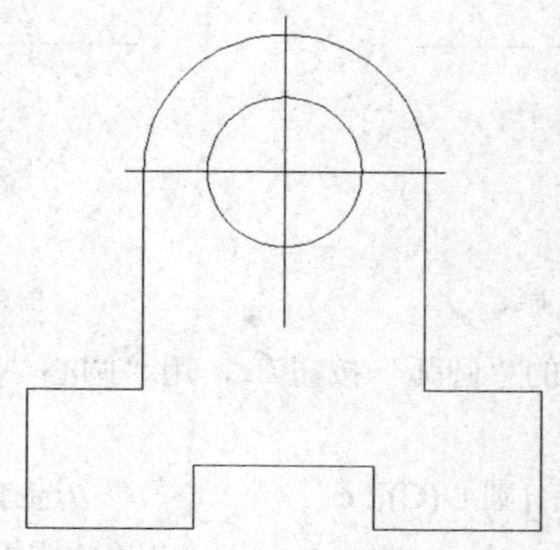

图 2.9.5 绘制直线

（6）执行绘制直线命令，以下边线长度为 12 的直线右端点为起点，向上绘制一条垂线，命令行提示如下：

```
命令: _line 指定第一点:                    //捕捉长度为 12 的直线的右端点
指定下一点或 [放弃(U)]: _per 到            //鼠标向上移动，按住 Shift 键，单击鼠标右键，在
                                             弹出的快捷菜单中选择“垂足”命令选项，移动
                                             鼠标到水平直线附近，当出现“垂足”提示时，
                                             捕捉垂足
指定下一点或 [放弃(U)]:                    //按回车键结束命令
```

绘制的垂线效果如图 2.9.6 所示。

（7）用同样的方法绘制另一条垂线，效果如图 2.9.7 所示。

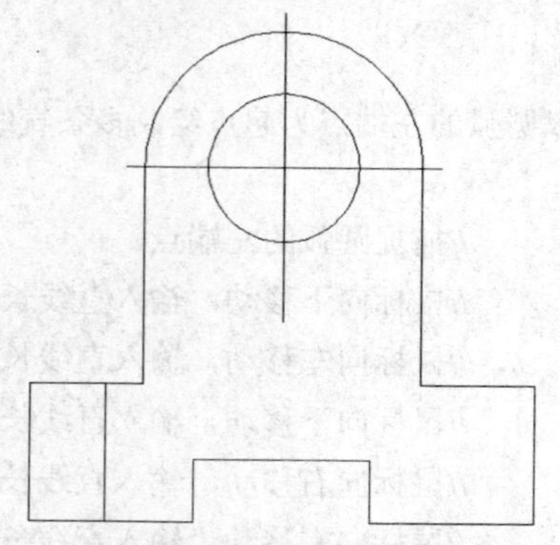

图 2.9.6 绘制垂线

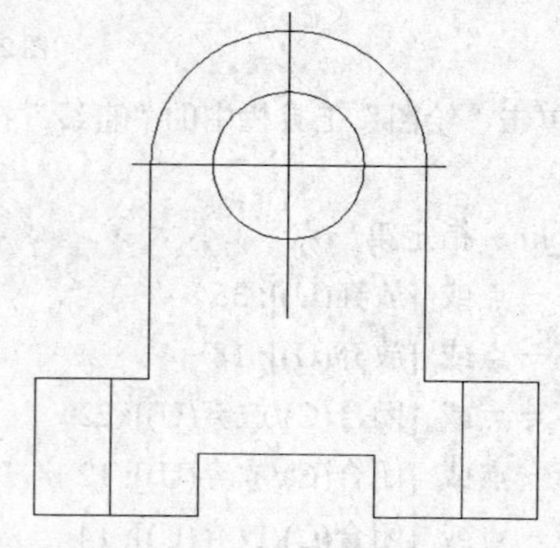

图 2.9.7 绘制另一条垂线

（8）选中绘制的图形，单击“标准”工具栏中的“特性”按钮，打开选项面板，如图 2.9.8 所示，在该选项面板中设置线宽为 0.3mm。

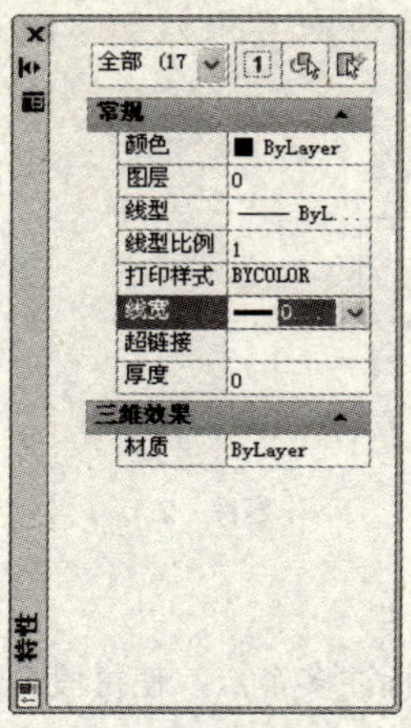

图 2.9.8 “特性”选项面板

（9）单击“状态栏”中的“显示/隐藏线宽显示”按钮，打开线宽显示，最终效果如图 2.9.1 所示。

本 章 小 结

本章主要介绍了 AutoCAD 2010 二维图形的绘制方法，包括点、线、矩形和正多边形、圆、圆弧和椭圆、圆环、徒手画线和面域等，通过本章的学习，读者应该熟练掌握 AutoCAD 2010 基本二维图形的绘制方法。

操 作 练 习

一、填空题

1．点的绘制方法有 4 种，分别为_________、_________、_________和_________。

2．_________线和_________线常用作创建其他对象的参照。

3．AutoCAD 2010 中提供了_________种绘制圆的方法，试举出两种：_________和_________。

4．面域是一个由_________所创建的实心闭合的平面区域，它不仅包含_________，还包含_________，如面积、质心等。

二、选择题

1．以下按钮中（ ）是绘制多段线按钮。

（A） （B）

（C） （D）

2．以下命令中（ ）是绘制圆命令。

（A）circle （B）polygon

（C）ellipse　　　　（D）pline

3．如题图 2.1（a）所示的图形经过（　）运算后得到如题图 2.1（b）所示图形。

（A）并集　　　　（B）差集

（C）交集　　　　（D）合集

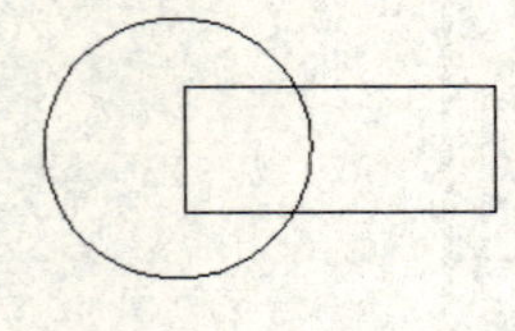

（a）

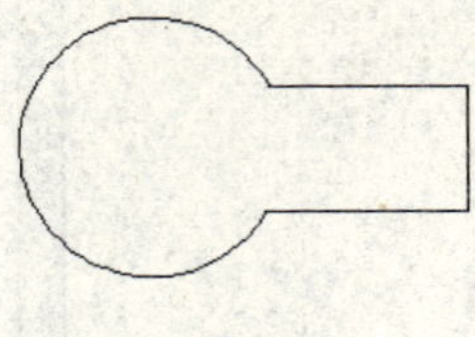

（b）

题图　2.1

三、简答题

1．如何在一条固定长度的直线上标注多个点，使每段直线的长度相等？

2．两条直线相交，如何绘制一个过直线切点的圆？

3．在绘制圆弧时，命令行提示中有一个“继续”选项，使用此选项的前提是什么？

4．在 AutoCAD 中，可以对面域对象进行哪些布尔运算，如何操作？

四、上机操作题

用基本二维图形绘制命令创建如题图 2.2 所示图形。

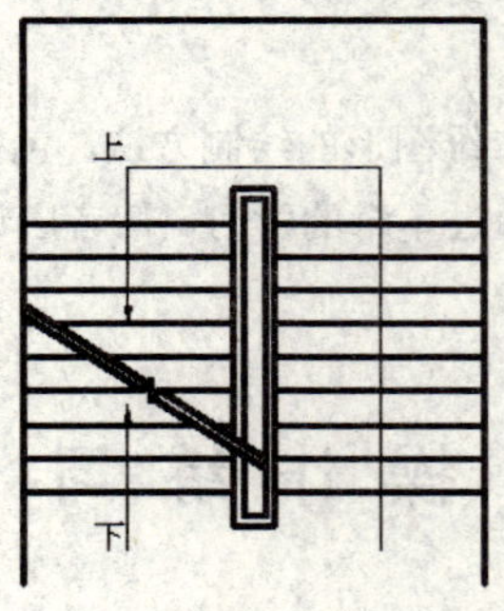

题图　2.2

第 3 章　编辑二维图形

在 AutoCAD 2010 中，单纯地使用绘图命令和工具只能创建一些基本图形对象，要绘制复杂的图形，就必须使用各种编辑命令对绘制的图形进行修改。AutoCAD 2010 提供了丰富的编辑工具，使用这些编辑工具可以创建出各种复杂的图形。

知识要点

- 选择对象
- 复制对象
- 图形的位移
- 对象变形
- 修改对象
- 倒角和圆角
- 线的编辑
- 草图设置
- 等轴测绘图
- 夹点编辑功能

3.1　对 象 选 择

要对图形对象进行编辑，首先必须选中要编辑的对象。在 AutoCAD 2010 中，用户可以通过多种方法选中需要编辑的对象。

（1）移动鼠标到要选择的对象上时单击鼠标左键，即可选中对象。

（2）在命令行中输入命令 select 按回车键，十字光标变成 ▫ 形状，此时单击对象即可将其选中。

（3）利用快速选择创建选择集。

执行编辑命令后，命令行会提示用户选择需要编辑的对象。

此时光标由 ┼ 形状变成 ▫ 形状，用户可以拖动鼠标点取目标对象并选中，也可以通过拖动鼠标将需要选择的对象框在一个矩形框中并将其选中，下面分别进行介绍。

3.1.1　直接点取法创建选择集

利用直接点取法可以依次选中一个或多个目标对象。拖动鼠标，当十字光标或拾取框与目标对象的某一部分接触时，单击鼠标左键即可选中对象，被选中的对象显示为虚线，如图 3.1.1 所示。

系统变量 Pickadd 可以控制最新选中的对象替换当前选择集或是添加到其中。当系统变量 Pickadd 的值为 0 时，最新选中的对象将替换前一次选中的对象作为选择集，如果要选择多个对象，可以按住“Shift”键选择多个对象到同一个选择集；当系统变量 Pickadd 的值为 1 时，最新选中的对象将添加到当前的选择集中。用户可以在命令行中输入系统变量 Pickadd 后按回车键改变其值，也可以单击“标准”工具栏中的“对象”按钮，在弹出的“特性”面板中单击“切换 Pickadd 系统变量的值”按钮/，当按钮为时表示系统变量为 0，当按钮为时表示系统变量为 1，如图 3.1.2 所示。

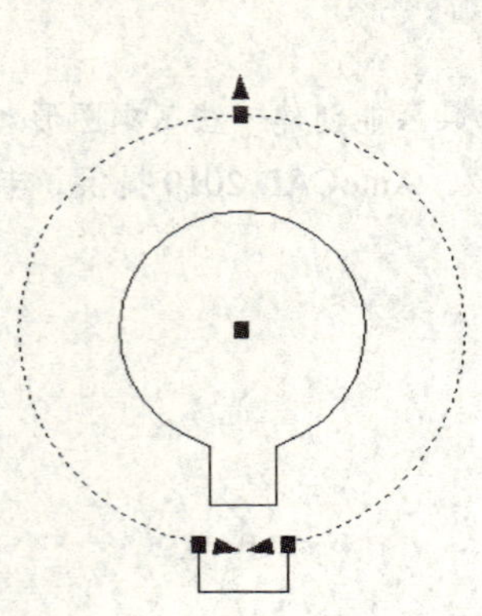

图 3.1.1　直接点取法选择对象

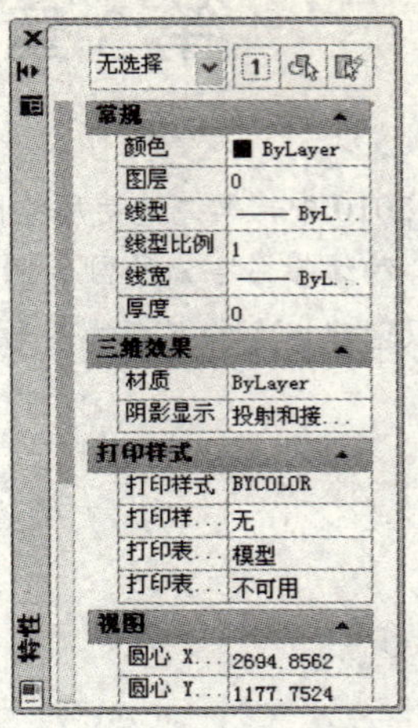

图 3.1.2　“特性”面板

3.1.2　使用选项法创建选择集

执行编辑命令后，系统会提示用户选择对象，此时用户可以在命令行中输入“？”后按回车键，命令行提示如下：

需要点或窗口(W)/上一个(L)/窗交(C)/框(BOX)/全部(ALL)/栏选(F)/圈围(WP)/圈交(CP)/编组(G)/添加(A)/删除(R)/多个(M)/前一个(P)/放弃(U)/自动(AU)/单个(SI)选择对象:

其中各命令选项功能介绍如下：

（1）窗口(W)：选择矩形（由两点定义）中的所有对象。从左到右指定角点创建窗口选择，如图 3.1.3 所示。从右到左指定角点则创建窗交选择。

（2）上一个(L)：选择最近一次创建的可见对象。

（3）窗交(C)：选择区域（由两点确定）内部或与之相交的所有对象。窗交显示的方框为虚线或高亮度方框，这与窗口选择框不同。从左到右指定角点创建窗交选择，如图 3.1.4 所示。从右到左指定角点则创建窗口选择。

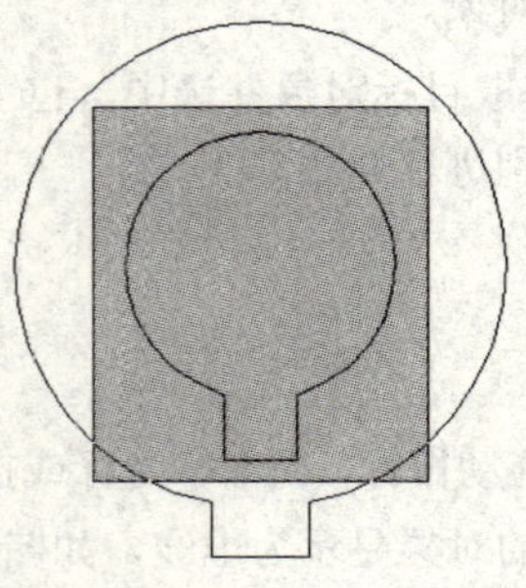

图 3.1.3　“窗口”选择对象

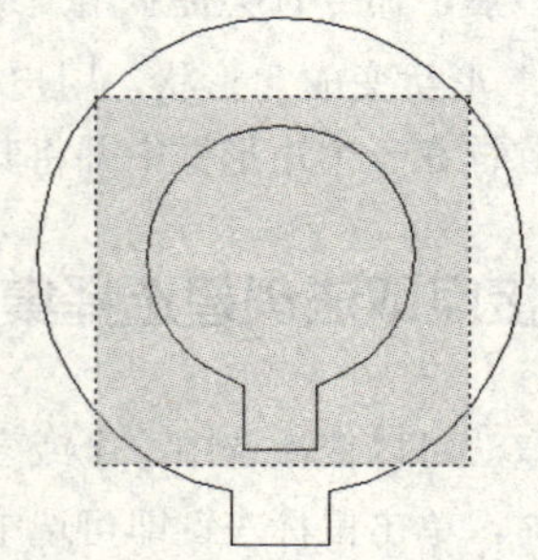

图 3.1.4　“窗交”选择对象

（4）框(BOX)：选择矩形（由两点确定）内部或与之相交的所有对象。如果矩形的点是从右至左指定的，框选与窗交选择等价。否则，框选与窗口选择等价。

（5）全部(ALL)：选择解冻的图层上的所有对象。

（6）栏选(F)：选择与选择栏相交的所有对象。栏选方法与圈交方法相似，只是栏选不闭合，并且栏选可以与自己相交，如图 3.1.5 所示。

（7）圈围(WP)：选择多边形（通过待选对象周围的点定义）中的所有对象。该多边形可以为任意形状，但不能与自身相交或相切，且该多边形在任何时候都是闭合的，如图 3.1.6 所示。

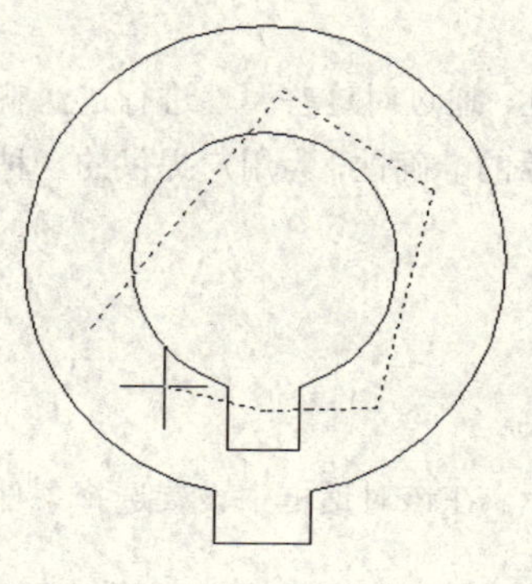

图 3.1.5　“栏选”选择对象

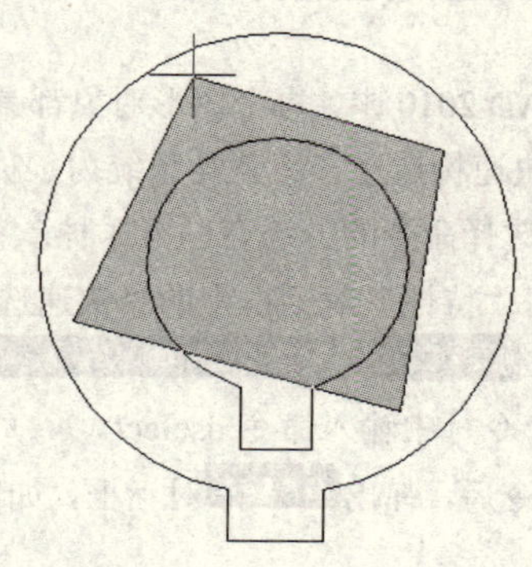

图 3.1.6　“圈围”选择对象

（8）圈交(CP)：选择多边形（通过在待选对象周围指定点来定义）内部或与之相交的所有对象。该多边形可以为任意形状，但不能与自身相交或相切，且该多边形在任何时候都是闭合的，如图 3.1.7 所示。

（9）编组(G)：选择指定组中的全部对象。

（10）添加(A)：切换到“添加”模式，可以使用任何对象选择方法将选定对象添加到选择集。“自动”和“添加”为默认模式。

（11）删除(R)：切换到“删除”模式，可以使用任何对象选择方法从当前选择集中删除对象。“删除”模式的替换模式是在选择单个对象时按下“Shift”键，或者是使用“自动”选项。

（12）多个(M)：指定多次选择而不高亮显示对象，从而加快对复杂对象的选择过程。如果两次指定相交对象的交点，选择“多个”选项也将选中这两个相交对象，如图 3.1.8 所示。

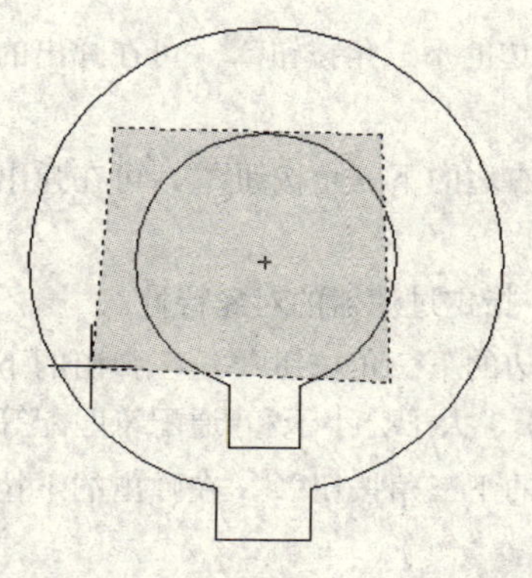

图 3.1.7　“圈交”选择对象

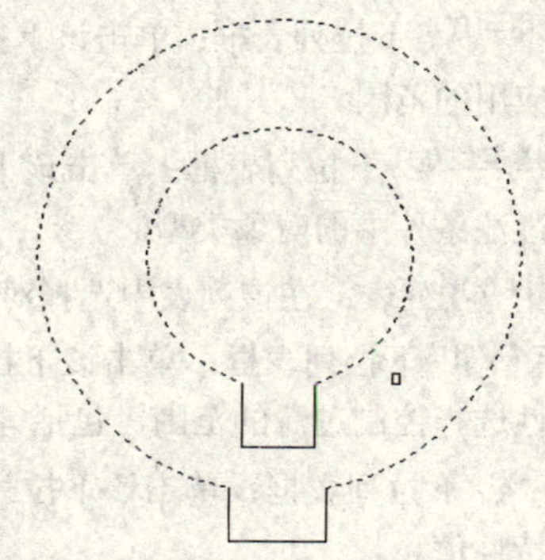

图 3.1.8　“多个”选择对象

（13）前一个(P)：选择最近创建的选择集。

（14）放弃(U)：放弃选择最近添加到选择集中的对象。

（15）自动(AU)：切换到“自动”模式，指向一个对象即可选择该对象。指向对象内部或外部的空白区，将形成框选方法定义的选择框的第一个角点。

（16）单个(SI)：切换到“单个”模式，选择指定的第一个或第一组对象而不继续提示进一步选择对象。

3.1.3 快速构造选择集

在 AutoCAD 2010 中，每个图形对象都具有多种属性，通过对这些属性进行过滤就可以快速选择需要的对象。快速构造选择集就是系统为了提高选择对象的准确性，为用户提供的一种选择对象的方法。执行快速选择命令的方法有以下 3 种：

（1）单击“特性”对话框中的“快速选择”按钮。

（2）选择 工具(T) → 快速选择(K)... 命令。

（3）在命令行中输入命令 qselect。

执行该命令后，弹出 快速选择 对话框，如图 3.1.9 所示。在该对话框中设置选择条件后即可快速创建选择集。

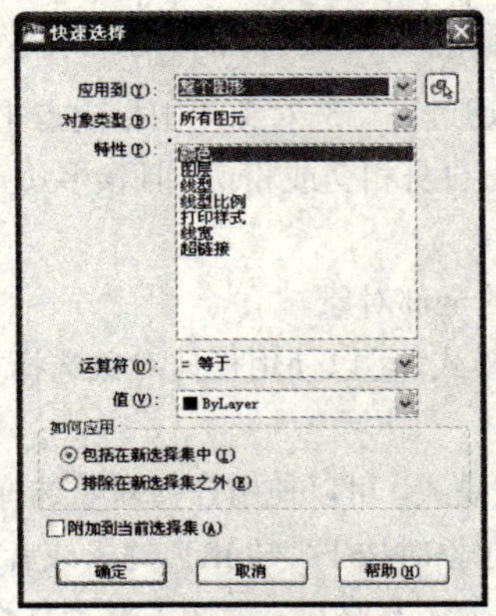

图 3.1.9 “快速选择”对话框

该对话框中各选项的含义如下：

（1）应用到(Y): 下拉列表框：单击该下拉列表框右边的下三角按钮，可在弹出的下拉列表中选择过滤条件应用的范围。

（2）对象类型(B): 下拉列表框：单击该下拉列表框右边的下三角按钮，可在弹出的下拉列表中选择包含在过滤条件中的对象类型。

（3）特性(P): 列表：在该列表中选择对象的特性，指定过滤器的对象特性。

（4）运算符(O): 下拉列表框：单击该下拉列表框右边的下三角按钮，在弹出的下拉列表中，根据选定的特性选择控制过滤的范围，包括等于、不等于、大于、小于和*通配符匹配等选项。

（5）值(V): 下拉列表框：单击该下拉列表框右边的下三角按钮，在弹出的下拉列表中选择指定过滤器的特性值。

（6）如何应用 选项组：指定将符合给定过滤条件的对象包括在新选择集之内还是排除在新选择集之外。选中 包括在新选择集中(I) 单选按钮，将创建其中只包含符合过滤条件的对象的新选择集；选中 排除在新选择集之外(E) 单选按钮，将创建其中只包含不符合过滤条件的对象的新选择集。

（7）☑附加到当前选择集(A)复选框：选中此复选框，将 qselect 命令创建的选择集附加到当前选择集。

例如，选择如图 3.1.10 所示图形中所有 0 图层上的直线，具体操作步骤如下：

（1）单击“特性”对话框中的“快速选择”按钮。

（2）在弹出的快速选择对话框中单击应用到(Y):下拉列表框右侧的下三角按钮，在弹出的下拉列表中选择整个图形选项。

（3）在弹出的快速选择对话框中单击对象类型(B):下拉列表框右侧的下三角按钮，在弹出的下拉列表中选择直线选项。

（4）在特性(P):列表框中选择图层选项。

（5）在弹出的快速选择对话框中单击运算符(O):下拉列表框右侧的下三角按钮，在弹出的下拉列表中选择= 等于选项。

（6）在弹出的快速选择对话框中单击值(V):下拉列表框右侧的下三角按钮，在弹出的下拉列表中选择0选项。

（7）单击该对话框中的确定按钮后完成对象的选择，效果如图 3.1.11 所示。

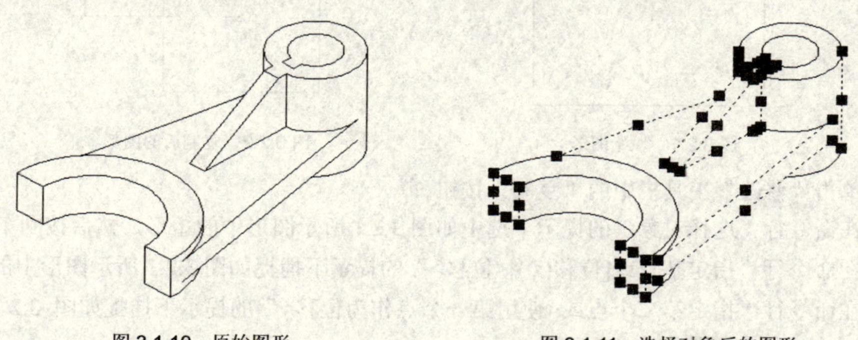

图 3.1.10 原始图形　　图 3.1.11 选择对象后的图形

3.2 复制对象

在 AutoCAD 中绘制图形时，经常需要重复绘制一些相同的图形，如果用户每次都将这些相同的图形重新绘制，必定会降低绘制效率，但如果用复制命令绘制这些相同的图形，就会大大地提高绘图效率。在 AutoCAD 2010 中，复制对象的方法主要有 4 种：直接复制对象、镜像复制对象、偏移复制对象和阵列复制对象，以下将分别进行介绍。

3.2.1 直接复制对象

直接复制对象就是利用 AutoCAD 2010 中的 copy 命令复制对象，这样可以在保持原有图形对象不变的情况下在绘图窗口的其他位置创建相同的图形对象。在 AutoCAD 2010 中，执行复制命令的方法有以下 3 种：

（1）单击“修改”工具栏中的“复制”按钮。

（2）选择修改(M)→复制(Y)命令。

（3）在命令行中输入命令 copy。

执行该命令后，命令行提示如下：

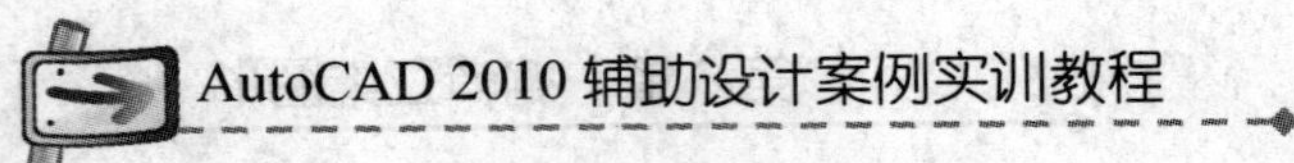

命令: _copy

选择对象: //选择要复制的对象

选择对象: //按回车键结束对象选择

指定基点或 [位移(D)] <位移>: //指定复制对象的基点

指定第二个点或 <使用第一个点作为位移>: //指定复制对象的目标点

指定第二个点或[退出(E)/放弃(U)]<退出>: //按回车键结束命令

如果要复制多个对象，则需要继续指定对象的新位置，否则单击鼠标右键或按回车键结束操作。

例如，使用直接复制命令，参照如图 3.2.1 所示图形绘制如图 3.2.2 所示的图形，具体操作步骤如下：

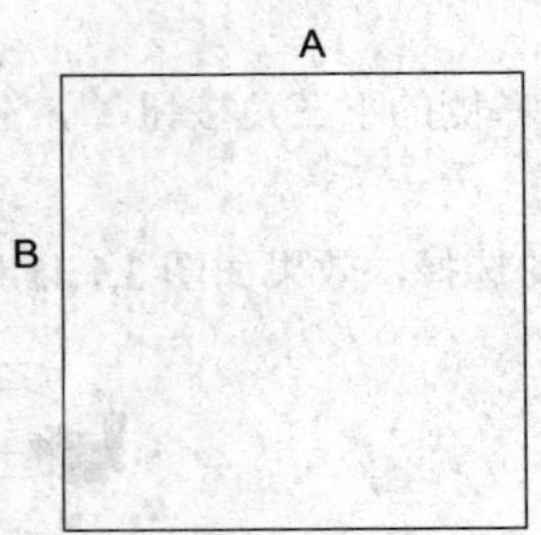

图 3.2.1 原始图形

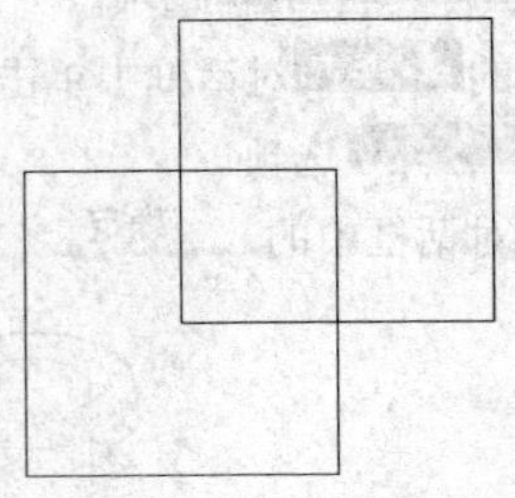

图 3.2.2 复制后的图形

（1）单击“修改”工具栏中的“复制”按钮。

（2）在命令行“选择对象”的提示下选中如图 3.2.1 所示图形中的矩形，然后按回车键。

（3）在命令行“指定基点或[位移(D)]<位移>”的提示下捕捉如图 3.2.1 所示图形中的 A 点。

（4）在命令行“指定第二个点或<使用第一个点作为位移>”的提示下捕捉如图 3.2.1 所示图形中的 B 点。

（5）在命令行“指定第二个点或[退出(E)/放弃(U)]<退出>”的提示下按回车键结束命令，复制后的效果如图 3.2.2 所示。

3.2.2 镜像复制对象

绘制图形的过程中，经常需要绘制一些具有对称性的图形，在 AutoCAD 2010 中，用户可以使用镜像命令非常方便地绘制这些图形。用户只需要沿着图形的对称轴绘制一半图形，然后利用镜像命令沿着对称轴将其镜像，这样就轻松地绘制出了另一半图形。

在 AutoCAD 2010 中，执行镜像命令的方法有以下 3 种：

（1）单击“修改”工具栏中的“镜像”按钮。

（2）选择 修改(M) → 镜像(I) 命令。

（3）在命令行中输入命令 mirror。

执行该命令后，命令行提示如下：

命令: _mirror //执行镜像命令

选择对象: //选择镜像的源对象

选择对象: //继续选择对象或按回车键结束对象选择

指定镜像线的第一点: //指定一点作为镜像线上的一点

指定镜像线的第二点: //指定镜像线上的另一点

是否删除源对象？[是(Y)/否(N)] <N>: //直接按回车键，在镜像后保留源对象；输入 Y 后按回车键，在镜像后删除源对象，同时结束镜像命令

例如，使用镜像命令，参照如图 3.2.3 所示的图形绘制如图 3.2.4 所示的图形，具体操作步骤如下：

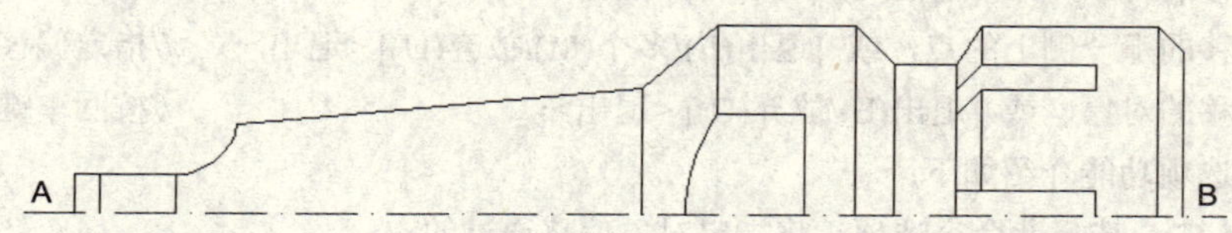

图 3.2.3 原始图形

(1) 单击“修改”工具栏中的“镜像”按钮。

(2) 在命令行“选择对象”的提示下选择如图 3.2.3 所示图形中的直线 AB 上边的图形对象。

(3) 在命令行“指定镜像线的第一点”的提示下捕捉如图 3.2.3 所示直线 AB 的一个端点。

(4) 在命令行“指定镜像线的第二点”的提示下捕捉如图 3.2.3 所示直线 AB 的另一个端点。

(5) 在命令行“是否删除源对象？[是(Y)/否(N)]<N>”的提示下直接按回车键结束命令，绘制的图形如图 3.2.4 所示。

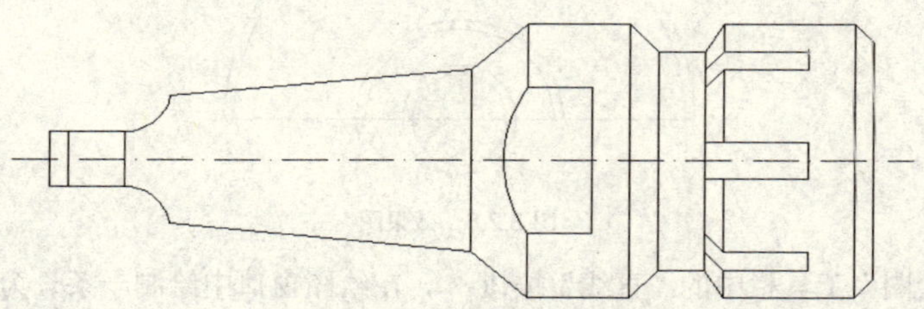

图 3.2.4 镜像后的效果

使用镜像命令镜像文本对象时，如果系统变量 mirrtext 的值为 0，则选择集中文本对象的相对位置不会发生改变；如果系统变量 mirrtext 的值为 1，则选择集中文本对象的方向和位置都会发生变化，效果如图 3.2.5 所示。

AutoCAD 2010　AutoCAD 2010　AutoCAD 2010（镜像）

镜像前的文字　mirrtext 变量值为 0 的镜像效果　mirrtext 变量值为 1 的镜像效果

图 3.2.5 镜像文字

3.2.3 偏移复制对象

利用 AutoCAD 绘制图形时，用户可以使用偏移命令创建相对于已有对象的平行线、曲线或同心圆。在执行平移命令后，保持原有图形对象不变，偏移后的图形的大小和比例有可能发生变化。

在 AutoCAD 2010 中，执行偏移命令的方法有以下 3 种：

(1) 单击“修改”工具栏中的“偏移”按钮。

(2) 选择 修改(M) → 偏移(S) 命令。

（3）在命令行中输入命令 offset。

执行该命令后，命令行提示如下：

命令: _ offset

当前设置: 删除源=否　图层=源　OFFSETGAPTYPE=0　　//系统提示

指定偏移距离或[通过(T)/删除(E)/图层(L)]<通过>:　　//指定偏移距离

选择要偏移的对象，或 [退出(E)/放弃(U)] <退出>:　　//选择要偏移的对象

指定要偏移的那一侧上的点，或 [退出(E)/多个(M)/放弃(U)] <退出>:　　//指定偏移的方向

选择要偏移的对象，或 [退出(E)/放弃(U)] <退出>:　　//按回车键结束命令

部分命令选项功能介绍如下：

（1）通过(T)：选择此命令选项，将指定对象偏移通过的点。

（2）删除(E)：选择此命令选项，偏移后将删除源对象。

（3）图层(L)：选择此命令选项，将确定偏移对象是创建在当前图层上还是源对象所在的图层上。

不是所有的图形对象都可以进行偏移，偏移命令只适用于直线、圆弧、圆、样条曲线以及二维多段线，并且这些对象还必须与当前坐标系在同一个平面上。

例如，用偏移命令创建如图 3.2.6 所示的图形，具体操作步骤如下：

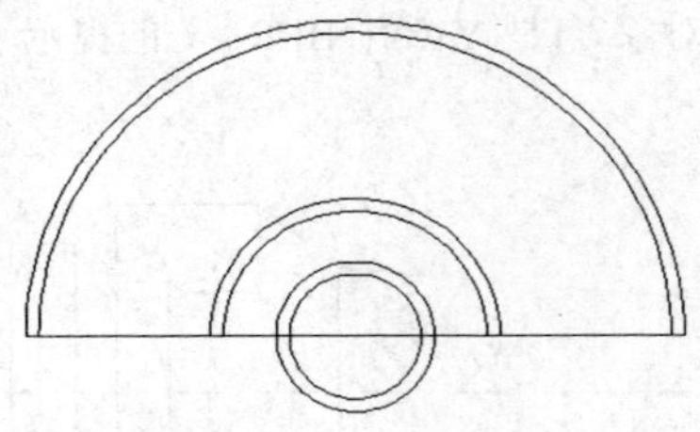

图 3.2.6　效果图

（1）单击“绘图”工具栏中的“直线”按钮，在绘图窗口中绘制一条长为 1 000 的水平直线。

（2）单击“绘图”工具栏中的“圆”按钮，以步骤（1）中绘制的直线的中点为圆心，绘制一个半径为 100 的圆。

（3）选择 绘图(D) → 圆弧(A) → 圆心、起点、角度(E) 命令，命令行提示如下：

命令: _arc

指定圆弧的起点或 [圆心(C)]: _c 指定圆弧的圆心:　　//捕捉步骤（1）中绘制的直线的中点

指定圆弧的起点: @200,0　　//输入圆弧的起点坐标

指定圆弧的端点或 [角度(A)/弦长(L)]: _a

指定包含角: 180　　//输入圆弧的包含角度

绘制的圆弧如图 3.2.7 所示。

（4）单击“修改”工具栏中的“偏移”按钮，命令行提示如下：

命令: _offset

当前设置: 删除源=否　图层=源　OFFSETGAPTYPE=0　　//系统提示

指定偏移距离或 [通过(T)/删除(E)/图层(L)] <800.0000>:　300　　//输入偏移距离

选择要偏移的对象或 [退出(E)/放弃(U)] <退出>:　　//选择步骤（3）中绘制的圆弧

指定要偏移的那一侧上的点，或[退出(E)/多个(M)/放弃(U)] <退出>:　　//在圆弧的外侧指定一点

选择要偏移的对象，或 [退出(E)/放弃(U)] <退出>:　　//按回车键结束命令

偏移后的效果如图 3.2.8 所示。

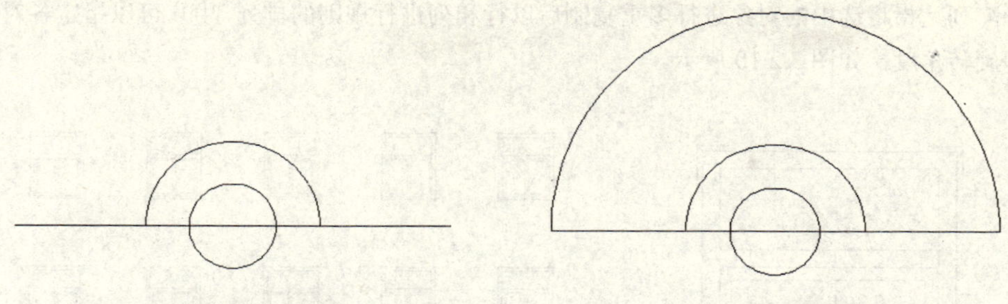

图 3.2.7　绘制图形　　　　图 3.2.8　偏移圆弧

（5）再次单击“修改”工具栏中的“偏移”按钮，设置偏移距离为 20，将如图 3.2.8 所示图形中的圆和小圆弧向外偏移，将大圆弧向内偏移，偏移后的效果如图 3.2.6 所示。

3.2.4　阵列复制对象

绘制图形时，利用复制命令可以在绘图窗口中的任何位置创建任意多个相同的图形对象，但如果要创建等间距分布或围绕同一中心旋转的图形时，使用复制命令就会显得非常麻烦。此时用户可以使用 AutoCAD 提供的阵列命令，利用阵列命令，用户可以创建等间距分布或围绕某一中心旋转的图形对象。在 AutoCAD 2010 中，执行阵列命令的方法有以下 3 种：

（1）单击“修改”工具栏中的“阵列”按钮。

（2）选择 修改(M) → 阵列(A)... 命令。

（3）在命令行中输入命令 array。

执行阵列命令后，弹出 阵列 对话框，如图 3.2.9 所示。

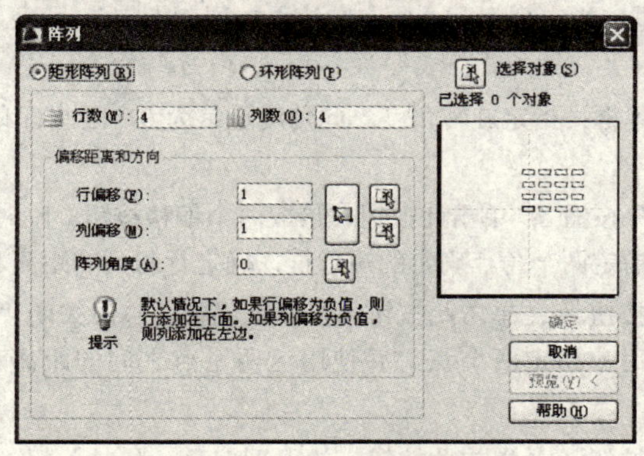

图 3.2.9　“阵列”对话框

阵列的方式有两种：

（1）矩形阵列：使用矩形阵列时，用户需要指定阵列的行数、列数、行间距、列间距和阵列角度，行间距和列间距可以不等。

（2）环形阵列：使用环形阵列时，用户需要指定阵列的中心点、阵列图形的个数和阵列的角度，在阵列对象的同时，还可以使阵列的对象绕中心旋转。

以下分别介绍这两种阵列方式。

1．矩形阵列

矩形阵列是指将选中的对象进行多重复制后以行和列进行规则的排列，用户可以指定各对象之间的间距和旋转角度，如图 3.2.10 所示。

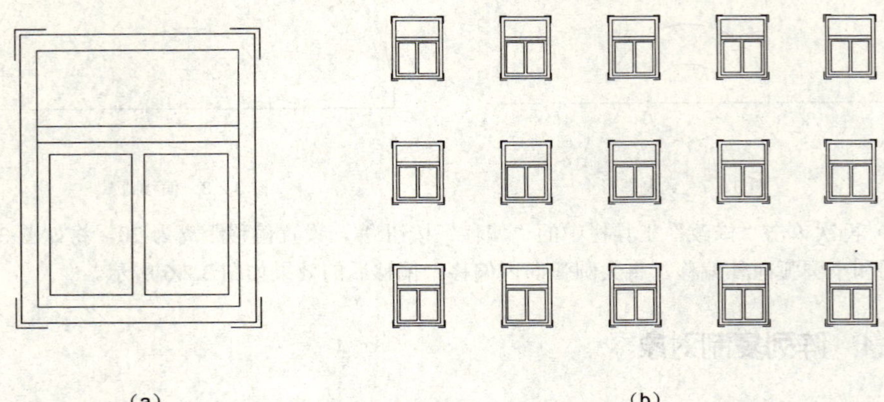

（a）　　　　（b）

图 3.2.10　矩形阵列

（a）原始图形；（b）矩形阵列后的图形

在阵列对话框中选中◎矩形阵列(R)单选按钮，如图 3.2.9 所示。该对话框中各选项功能介绍如下：

（1）行数(W)：文本框：指定阵列的行数。

（2）列数(O)：文本框：指定阵列的列数。

（3）偏移距离和方向选项组：指定偏移的距离和方向。该选项组中各选项功能如下：

1）行偏移(F)：文本框：指定行间距。要向上添加行，指定正值；要向下添加行，指定负值。

2）列偏移(M)：文本框：指定列间距。要向右边添加列，指定值为正；要向左边添加列，指定值为负。

3）阵列角度(A)：文本框：指定旋转角度。此角度通常为 0，因此行和列与当前 UCS 的 X 和 Y 坐标轴正交。

4）“拾取两个偏移”按钮：单击此按钮，拾取两个偏移按钮。临时关闭“阵列”对话框，切换到绘图窗口，在图形中指定两个角点确定的矩形框，确定行与列的距离和方向。

5）“拾取行偏移”按钮：单击此按钮，拾取行偏移。临时关闭“阵列”对话框，切换到绘图窗口，AutoCAD 提示用户指定两个点，并使用这两个点之间的距离和方向来指定“行偏移”中的值。

6）“拾取列偏移”按钮：单击此按钮，拾取列偏移。临时关闭“阵列”对话框，切换到绘图窗口，AutoCAD 提示用户指定两个点，并使用这两个点之间的距离和方向来指定“列偏移”中的值。

7）“拾取阵列的角度”按钮：单击此按钮，拾取阵列的角度。临时关闭“阵列”对话框，切换到绘图窗口，即可通过输入值或使用定点设备指定两个点，从而指定旋转角度。

（4）“选择对象”按钮：单击此按钮，指定用于构造阵列的对象。可以在“阵列”对话框显示之前或之后选择对象。

（5）预览(V) <按钮：单击此按钮，显示当前设置下的预览图形对象。“阵列”对话框切换到绘图窗口，显示当前阵列复制的图形效果。

2．环形阵列

环形阵列是指将选中的对象绕某一中心点进行旋转，在旋转的同时创建其副本，用户可以指定创建副本的个数和旋转的角度，如图3.2.11所示。

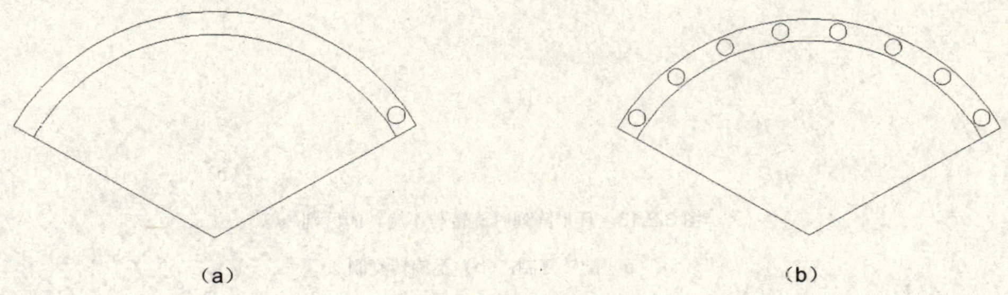

图3.2.11　环形阵列

（a）原始图形；（b）环形阵列后的图形

在阵列对话框中选中⊙环形阵列(P)单选按钮，如图3.2.12所示。

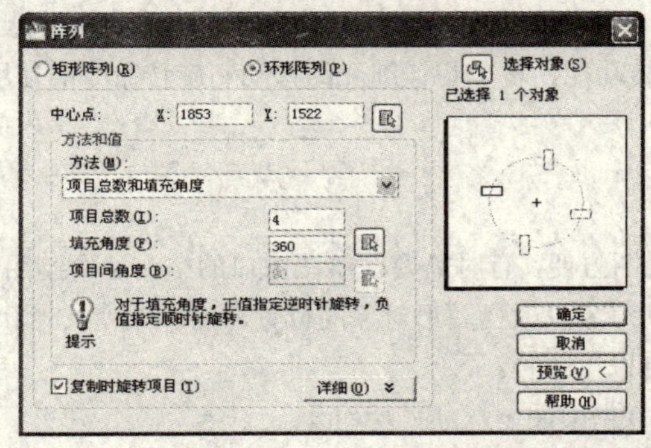

图3.2.12　“环形阵列”选项卡

该对话框中各选项功能介绍如下：

（1）中心点: X: 1853 Y: 1522 文本框：指定环形阵列的中心点。输入X和Y坐标值，或单击此文本框右边的“拾取中心点”按钮，在绘图窗口中指定中心点。

（2）方法和值选项组：用于设置环形阵列的排列方式。该选项组中各选项功能介绍如下：

1）方法(M)下拉列表框：单击该下拉列表框右边的按钮，在弹出的下拉列表中选择定位对象的方法。

2）项目总数(I):文本框：设置在结果阵列中显示的对象数目，默认值为4。

3）填充角度(F):文本框：通过定义阵列中第一个和最后一个元素的基点之间的包含角来设置阵列大小，正值指定逆时针旋转，负值指定顺时针旋转。默认值为360，值不允许为0。

4）项目间角度(B):文本框：设置阵列对象的基点和阵列中心之间的包含角。输入的值必须为正值，默认的方向值为90。

（3）☑复制时旋转项目(T)复选框：选中此复选框，阵列时每个对象都朝向中心点，如图3.2.13（a）所示；若不选中此复选框，阵列时每个对象都保持原方向，如图3.2.13（b）所示。

（4）详细(O) 按钮：单击此按钮，打开或关闭“阵列”对话框中附加选项的显示，其中的附加选项为设置对象基点的默认值。

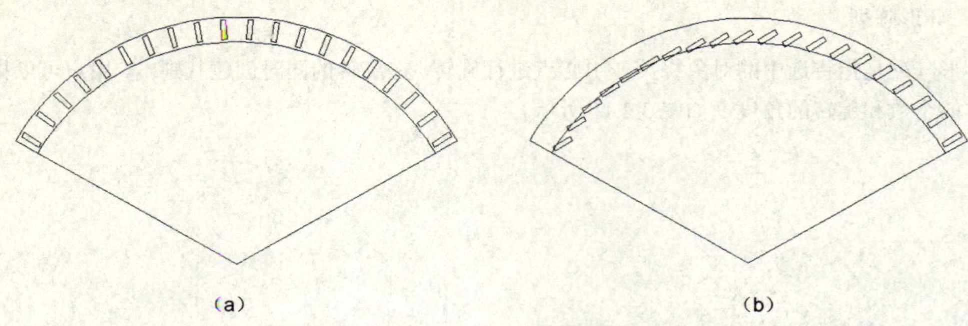

（a）　　　　（b）

图 3.2.13　环形阵列时旋转与不旋转的区别

（a）旋转复制；（b）不旋转复制

3.3　图形的位移

在编辑图形对象时，经常需要移动或旋转某些图形，使其摆放得更加合理，此时就可以使用 AutoCAD 提供的移动和旋转功能，本节将详细介绍移动和旋转命令的使用方法。

3.3.1　移动对象

在绘制图形时，为了绘图方便，有时需要在绘图窗口的空白处绘制图形，然后再将其移动到合适的位置。使用移动命令移动对象只改变图形对象的位置，而不改变其形状或大小。在 AutoCAD 2010 中，执行移动命令的方法有以下 3 种：

（1）单击“修改”工具栏中的“移动”按钮✥。

（2）选择 修改(M) → 移动(V) 命令。

（3）在命令行中输入命令 move。

执行移动命令后，命令行提示如下：

```
命令: _move                                        //执行移动命令
选择对象:                                          //选择要移动的对象
选择对象:                                          //按回车键结束对象选择
指定基点或 [位移(D)] <位移>:                       //指定移动对象的基点
指定第二个点或 <使用第一个点作为位移>:             //指定对象移动的具体位置
```

例如，使用移动命令将如图 3.3.1 所示图形移动到如图 3.3.2 所示的位置。

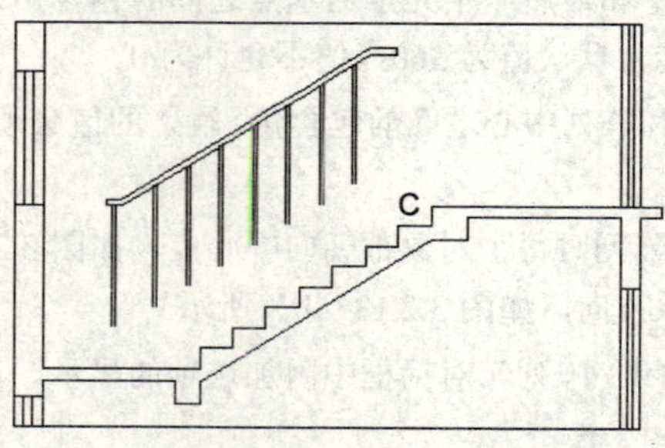

图 3.3.1　原始图形

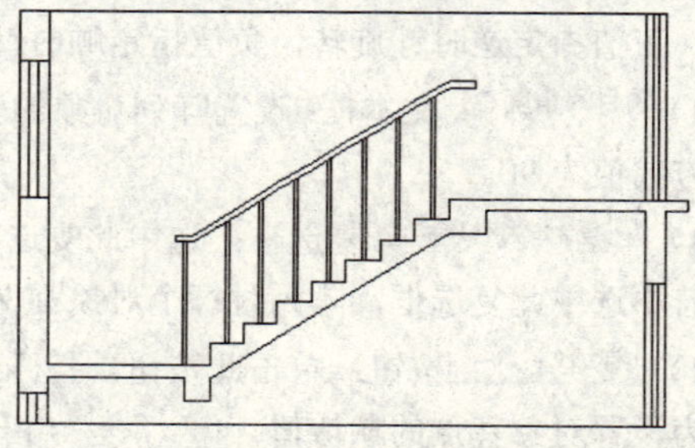

图 3.3.2　移动后的图形

具体操作步骤如下：

（1）单击“修改”工具栏中的“移动”按钮。

（2）在命令行“选择对象”的提示下选择如图 3.3.1 所示的楼梯扶手，然后按回车键。

（3）在命令行“指定基点或 [位移(D)] <位移>”的提示下按住 Shift 键，单击鼠标右键，在弹出的快捷菜单中选择 两点之间的中点(T) 命令，如图 3.3.3 所示。

（4）在命令行“_m2p 中点的第一点”的提示下捕捉如图 3.3.4 所示图形中的 A 点。

（5）在命令行“中点的第二点”的提示下捕捉如图 3.3.4 所示图形中的 B 点。

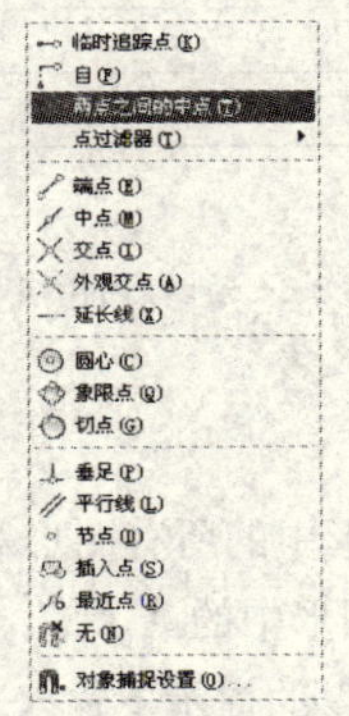

图 3.3.3　右键快捷菜单

A B

图 3.3.4　捕捉两点之间的中点

（6）在命令行“指定第二个点或 <使用第一个点作为位移>”的提示下捕捉如图 3.3.1 所示图形中的中点 C，按回车键后结束命令，移动后的效果如图 3.3.2 所示。

3.3.2　旋转对象

在绘制图形时，有时需要绘制一些具有倾斜角度的图形，如果直接绘制这些图形会比较麻烦，此时用户可以先绘制垂直或水平的图形，然后利用旋转命令将其旋转一定的角度，这样就可以得到符合要求的图形。使用旋转命令只改变图形对象的放置方式，而不改变其大小。在 AutoCAD 2010 中，执行旋转命令的方法有以下 3 种：

（1）单击“修改”工具栏中的“旋转”按钮。

（2）选择 修改(M) → 旋转(R) 命令。

（3）在命令行中输入命令 rotate。

执行旋转命令后，命令行提示如下：

命令: _ rotate

UCS 当前的正角方向:　ANGDIR=逆时针　ANGBASE=0　　//系统提示

选择对象:　　//选择要旋转的对象

选择对象:　　//按回车键结束对象选择

指定基点:　　//捕捉对象的旋转基点

指定旋转角度，或 [复制(C)/参照(R)] <0>:　　//指定旋转角度

其中各命令选项功能介绍如下：

（1）复制(C)：选择该命令选项，在旋转对象的同时创建对象的副本。

（2）参照(R)：选择该命令选项，指定参照确定旋转角度，命令行提示如下：

指定参照角 <0>: //输入参照角，也可以用鼠标指定两点确定参照角
指定新角度或 [点(P)] <0>: //输入新的角度

例如，使用旋转命令旋转如图 3.3.5 所示的图形，旋转后的效果如图 3.3.6 所示。

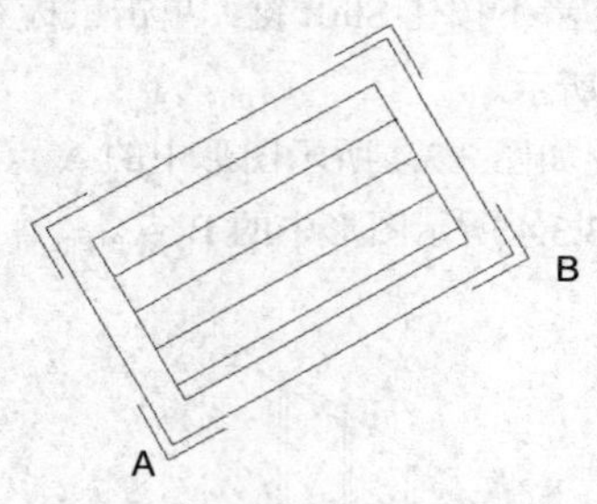

图 3.3.5 原始图形

图 3.3.6 旋转后的图形

具体操作步骤如下：

（1）单击“修改”工具栏中的“旋转”按钮。

（2）在命令行“选择对象”的提示下选择如图 3.3.5 所示图形中的所有图形对象，然后按回车键。

（3）在命令行“指定基点”的提示下捕捉如图 3.3.5 所示图形中的 A 点。

（4）在命令行“指定旋转角度，或 [复制(C)/参照(R)] <0>”的提示下输入 R 后按回车键。

（5）在命令行“指定参照角 <0>”的提示下捕捉如图 3.3.5 所示图形中的 A 点。

（6）在命令行“指定第二点”的提示下捕捉如图 3.3.5 所示图形中的 B 点。

（7）在命令行“指定新角度或 [点(P)] <0>”的提示下直接按回车键结束命令，旋转后的效果如图 3.3.6 所示。

3.4 对 象 变 形

图形的位移不会改变图形对象的尺寸大小，而在 AutoCAD 中编辑图形时，有时需要改变图形对象的尺寸，此时就需要用到 AutoCAD 中的拉伸、拉长和缩放命令。使用这些命令编辑图形对象，可以非常方便地改变图形的尺寸和比例。本节将详细介绍这些命令的使用方法。

3.4.1 拉伸对象

使用拉伸命令可以对图形对象的局部进行拉伸，被选中的部分会随着选择窗口的移动而移动，没有选中的部分则保持不变，只有与选择窗口相交的部分才被拉伸。如果将图形对象全部选中，则该命令相当于移动命令。

在 AutoCAD 2010 中，执行拉伸命令的方法有以下 3 种：

（1）单击“修改”工具栏中的“拉伸”按钮。

（2）选择 修改(M) → 拉伸(H) 命令。

（3）在命令行中输入命令 stretch。

执行拉伸命令后，命令行提示如下：

命令: _stretch //执行拉伸命令
以交叉窗口或交叉多边形选择要拉伸的对象... //系统提示

选择对象:　　　　　　　　　　　　　　　　　　　//选择要拉伸的对象
选择对象:　　　　　　　　　　　　　　　　　　　//按回车键结束对象选择
指定基点或 [位移(D)] <位移>:　　　　　　　　　//指定拉伸对象的基点
指定第二个点或 <使用第一个点作为位移>:　　　　//指定位移点

拉伸的效果如图 3.3.1 所示。

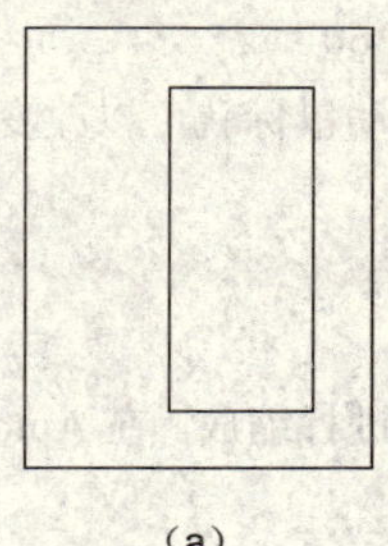
(a)

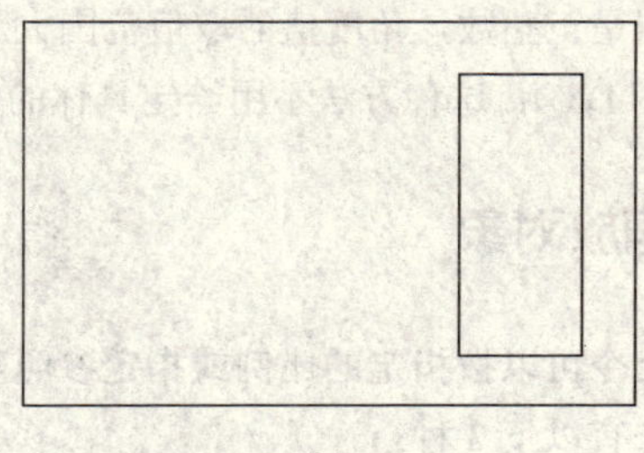
(b)

图 3.3.1　拉伸操作

(a) 原始图形；(b) 拉伸后的图形

选择图形对象时，如果选择图形对象的一部分，则拉伸规则如下：

(1) 直线：选择窗口内的端点进行拉伸，另一端点不动。

(2) 多段线：选择窗口内的部分被拉伸，选择窗口外的部分保持不变。

(3) 圆弧：选择窗口内的端点进行拉伸，另一端点不动。但与直线不同的是，圆弧在拉伸过程中弦高保持不变，改变的是圆弧的圆心位置、圆弧起始角和终止角的值。

(4) 区域填充：选择窗口内的端点进行拉伸，窗口外的端点不动。

(5) 其他对象：如果定义点位于选择窗口内，则进行拉伸；如果定义点位于窗口外，则不进行拉伸。

3.4.2　拉长对象

使用拉长命令可以延长或缩短直线以及圆弧等对象的长度。在 AutoCAD 2010 中，拉长命令可用于修改的对象包括直线、圆弧、开放的多段线、椭圆弧以及开放的样条曲线等非闭合的对象。执行该命令的方法有两种：

(1) 选择 修改(M) → 拉长(G) 命令。

(2) 在命令行中输入命令 lengthen。

执行拉长命令后，命令行提示如下：

命令: _lengthen
选择对象或 [增量(DE)/百分数(P)/全部(T)/动态(DY)]:　　　//选择对象
当前长度: 478.1357　　　　　　　　　　　　　　　　//系统提示选中对象的属性
选择对象或 [增量(DE)/百分数(P)/全部(T)/动态(DY)]:　　　//选择一个命令选项
输入长度增量或 [角度(A)] <20.0000>:　　　　　　　　//指定改变量
选择要修改的对象或 [放弃(U)]:　　　　　　　　　　//选择要修改的对象
选择要修改的对象或 [放弃(U)]:　　　　　　　　　　//按回车键结束命令

其中各命令选项功能介绍如下：

（1）增量（DE）：用户给定一个长度或角度增量值，值为正则增加，值为负则减少。对象总是从距离选择点最近的端点开始增加或减少增量值。

（2）百分数（P）：用户给定一个百分数，AutoCAD 以对象的总长度或总角度乘以这个百分数得到的值来改变对象的长度或角度。

（3）全部（T）：用户给定一个长度或角度，AutoCAD 以当前值改变对象的长度或角度。此时长度值的取值范围是正整数，角度值的取值范围大于 0° 而小于 360° 。

（4）动态（DY）：这种方法不用给定具体的值，只需要拖动鼠标就可以改变对象的长度或角度。

3.4.3 缩放对象

使用缩放命令可以按指定的比例或指定参照对选中的图形进行缩放。在 AutoCAD 2010 中，执行缩放命令的方法有以下 3 种：

（1）单击“修改”工具栏中的“缩放”按钮。

（2）选择 修改(M) → 缩放(L) 命令。

（3）在命令行中输入命令 scale。

执行缩放命令后，命令行提示如下：

```
命令: _scale                                    //执行缩放命令
选择对象:                                       //选择要缩放的对象
选择对象:                                       //按回车键结束对象选择
指定基点:                                       //指定对象的基点
指定比例因子或 [复制(C)/参照(R)] <1.0000>:      //指定缩放的比例因子或选择其他命令选项
```

其中各命令选项功能介绍如下：

（1）复制(C)：选择此命令选项，在缩放对象的同时创建对象的副本。

（2）参照(R)：选择此命令选项，指定参照对图形进行缩放。

缩放图形的效果如图 3.3.2 所示。

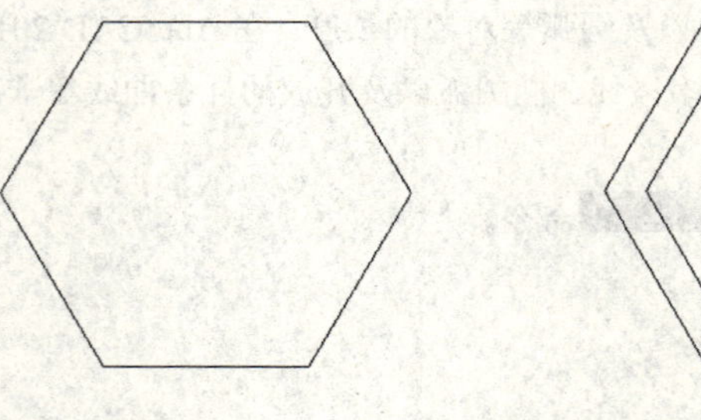

（a）　　（b）

图 3.3.2　缩放图形

（a）原始图形；（b）缩放后的图形

3.5 修 改 对 象

前面已经介绍了基本二维图形的绘制方法，利用编辑命令对基本二维图形进行修改，可以得到更多的二维图形。本节主要介绍用于修改对象的编辑命令，包括修剪、延伸和打断。

3.5.1 修剪对象

使用修剪命令可以非常准确地修剪指定边界外的对象。在 AutoCAD 2010 中，可修剪的对象包括直线、多段线、矩形、圆、圆弧、椭圆、椭圆弧、构造线、样条曲线、块、图纸空间的布局视口等，甚至三维对象也可以进行修剪。执行修剪命令的方法有 3 种：

（1）单击“修改”工具栏中的“修剪”按钮。

（2）选择 修改(M) → 修剪(T) 命令。

（3）在命令行中输入命令 trim。

执行修剪命令后，命令行提示如下：

命令: _ trim

当前设置:投影=UCS，边=无　　　　//系统提示

选择剪切边...　　　　//系统提示

选择对象或 <全部选择>:　　　　//选择作为剪切边的对象

选择对象:　　　　//按回车键结束对象选择

选择要修剪的对象，或按住“Shift”键选择要延伸的对象，或[栏选(F)/窗交(C)/投影(P)/边(E)/删除(R)/放弃(U)]:　　　　//选择要修剪的对象

选择要修剪的对象，或按住“Shift”键选择要延伸的对象，或[栏选(F)/窗交(C)/投影(P)/边(E)/删除(R)/放弃(U)]:　　　　//按回车键结束命令

其中各命令选项功能介绍如下：

（1）按住 Shift 键选择要延伸的对象：延伸选定对象而不是修剪它们。此选项提供了一种在修剪和延伸之间切换的简便方法。

（2）栏选(F)：选择与选择栏相交的所有对象。选择栏是一系列临时线段，它们是用两个或多个栏选点指定的，选择栏不构成闭合环。

（3）窗交(C)：选择矩形区域（由两点确定）内部或与之相交的对象。

（4）投影(P)：指定修剪对象时使用的投影方法。

（5）边(E)：确定对象是在另一对象的延长边处进行修剪，还是仅在三维空间中与该对象相交的对象处进行修剪。

（6）删除(R)：删除选定的对象。

（7）放弃(U)：撤销由 trim 命令所做的最近一次修改。

如图 3.5.1 和图 3.5.2 所示为修剪前和修剪后的效果。

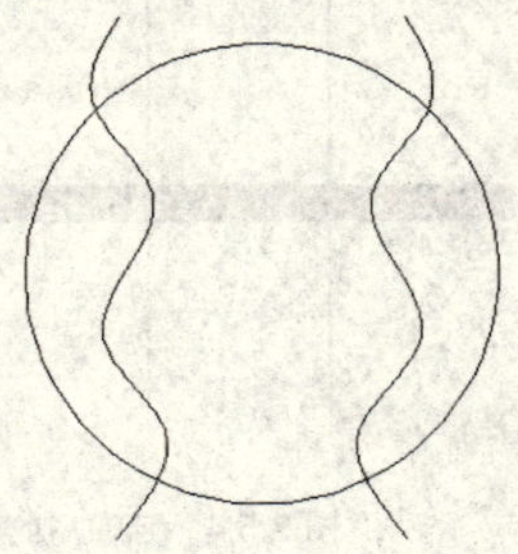

图 3.5.1　原始图形

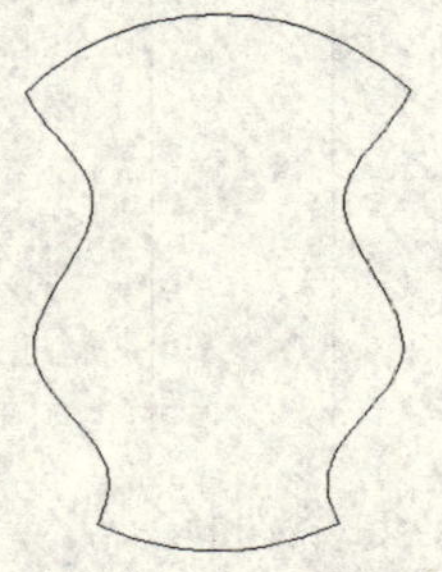

图 3.5.2　修剪后的效果

在修剪对象时，用户可以选择所有图形对象作为剪切边，这样图形中的对象就互为剪切边，又互为修剪对象。另外，在 AutoCAD 2010 中，系统允许用户一次修剪多个对象，这样就大大提高了工作效率。

3.5.2 延伸对象

使用延伸命令可以将选中的对象延伸到指定的边界上，在 AutoCAD 2010 中，可以延伸的对象包括直线、射线、圆弧、椭圆弧、非闭合二维或三维多段线。执行延伸命令的方法有以下 3 种：

（1）单击“修改”工具栏中的“延伸”按钮。

（2）选择 修改(M) → 延伸(D) 命令。

（3）在命令行中输入命令 extend。

执行延伸命令后，命令行提示如下：

命令: _extend //执行延伸命令

当前设置:投影=UCS，边=无 //系统提示

选择边界的边... //系统提示

选择对象或 <全部选择>: //选择作为边界的边

选择对象: //按回车键结束对象选择

选择要延伸的对象，或按住“Shift”键选择要修剪的对象，或[栏选(F)/窗交(C)/投影(P)/边(E)/放弃(U)]: //选择要延伸的对象

选择要延伸的对象，或按住“Shift”键选择要修剪的对象，或[栏选(F)/窗交(C)/投影(P)/边(E)/放弃(U)]: //按回车键结束命令

其中各命令选项功能介绍如下：

（1）按住 Shift 键选择要修剪的对象：将选定对象修剪到最近的边界而不是将其延伸。这是在修剪和延伸之间切换的简便方法。

（2）栏选(F)：选择与选择栏相交的所有对象。选择栏是以两个或多个栏选点指定的一系列临时直线段。选择栏不能构成闭合的环。

（3）窗交(C)：选择由两点定义的矩形区域内部或与之相交的对象。

（4）投影(P)：指定延伸对象时使用的投影方法。

（5）边(E)：将对象延伸到另一个对象的隐含边，或仅延伸到三维空间中与其实际相交的对象。

（6）放弃(U)：放弃最近由 extend 所做的修改。

如图 3.5.3 和图 3.5.4 所示为延伸前和延伸后的效果。

图 3.5.3 原始图形　　图 3.5.4 延伸后的效果

3.5.3 打断对象

打断命令用于将选中的对象分成两部分，在 AutoCAD 2010 中，可用于打断的对象有直线、射线、圆弧、椭圆弧、二维或三维多段线、构造线等。执行打断命令的方法有以下 3 种：

（1）单击“修改”工具栏中的“打断”按钮。

（2）选择 修改(M) → 打断(K) 命令。

（3）在命令行中输入命令 break。

执行打断命令后，命令行提示如下：

命令: _ break

选择对象: //选择要打断的对象

指定第二个打断点 或 [第一点(F)]: //指定第二个打断点

如果选择“第一点(F)”命令选项，则系统将提示用户重新指定第一个打断点和第二个打断点。

使用打断命令时，会删除第一点和第二点之间的部分。如果第二点在对象上选取，则会删除第二点和选取对象时的点之间的部分；如果第二点不在对象上，则会删除第一点到对象距第二点最近的点之间的部分。

如图 3.5.5 和图 3.5.6 所示为打断前和打断后的效果。

图 3.5.5 原始图形

图 3.5.6 打断后的图形

3.6 倒角和圆角

在 AutoCAD 中使用倒角和圆角命令可以在两个相邻的对象之间创建直线段或圆弧。在 AutoCAD 2010 中，可用于倒角和圆角的对象有直线、圆、圆弧、椭圆弧、多段线、构造线以及样条曲线，本节将详细介绍倒角和圆角命令的使用方法。

3.6.1 倒角

倒角是指在两个相邻的对象之间用直线段进行连接。在 AutoCAD 2010 中，执行倒角命令的方法有 3 种：

（1）单击“修改”工具栏中的“倒角”按钮。

（2）选择 修改(M) → 倒角(C) 命令。

（3）在命令行中输入命令 chamfer。

执行倒角命令后，命令行提示如下：

命令: _ chamfer

(“修剪”模式) 当前倒角距离 1 = 0.0000，距离 2 = 0.0000（系统提示）

选择第一条直线或 [放弃(U)/多段线(P)/距离(D)/角度(A)/修剪(T)/方式(E)/多个(M)]:

//选择倒角的方式

选择第二条直线，或按住“Shift”键选择要应用角点的直线: //选择倒角对象的第二条边其中各命令选项功能介绍如下：

（1）放弃(U)：选择此命令选项，恢复在命令中执行的上一步操作。

（2）多段线(P)：选择此命令选项，对整个二维多段线倒角。

（3）距离(D)：选择此命令选项，设置倒角至选定边端点的距离。

（4）角度(A)：选择此命令选项，用第一条线的倒角距离和第二条线的角度设置倒角。

（5）修剪(T)：选择此命令选项，控制倒角是否将选定的边修剪到倒角直线的端点。

（6）方式(E)：选择此命令选项，控制使用两个距离还是一个距离一个角度来创建倒角。

（7）多个(M)：选择此命令选项，为多组对象的边倒角。

例如，对如图 3.6.1 所示的图形进行倒角，结果如图 3.6.2 所示。

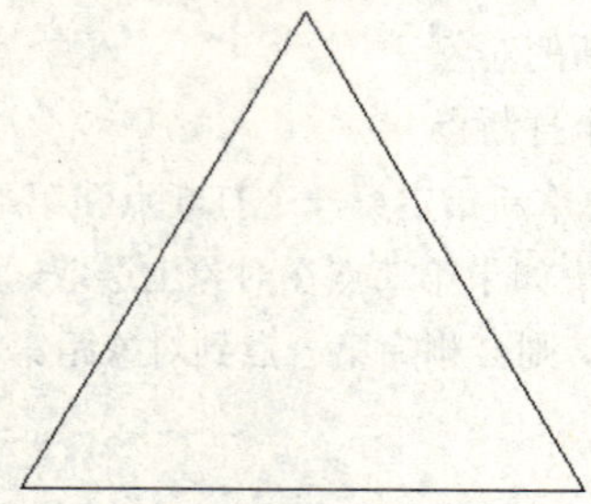

图 3.6.1　原始图形

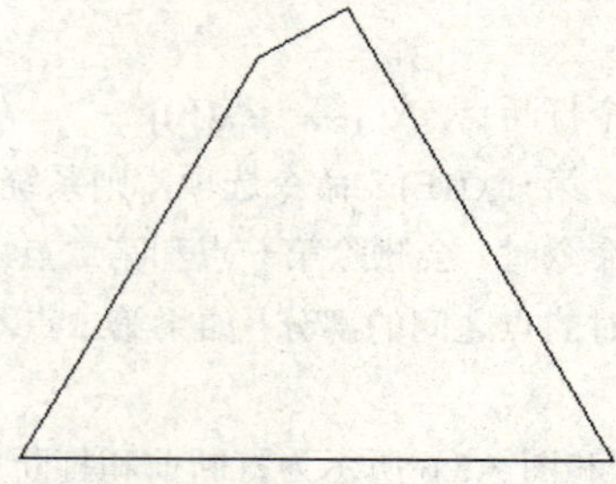

图 3.6.2　倒角后的图形

其具体操作步骤如下：

（1）单击“修改”工具栏中的“倒角”按钮。

（2）在命令行“选择第一条直线或 [放弃(U)/多段线(P)/距离(D)/角度(A)/修剪(T)/方式(E)/多个(M)]”的提示下输入 D 后按回车键。

（3）在命令行“指定第一个倒角距离 <0.0000>”的提示下输入 10 后按回车键。

（4）在命令行“指定第二个倒角距离 <10.0000>”的提示下输入 20 后按回车键。

（5）在命令行“选择第一条直线或 [放弃(U)/多段线(P)/距离(D)/角度(A)/修剪(T)/方式(E)/多个(M)]”的提示下捕捉如图 3.6.1 所示三角形的一条边。

（6）在命令行“选择第二条直线，或按住 Shift 键选择要应用角点的直线”的提示下捕捉如图 3.6.1 所示三角形的另一条边，倒角后的效果如图 3.6.2 所示。

当倒角值大于倒角边长时，不进行倒角；当倒角值为 0 时，将延伸倒角边相交，但不进行倒角，如图 3.6.3 所示。

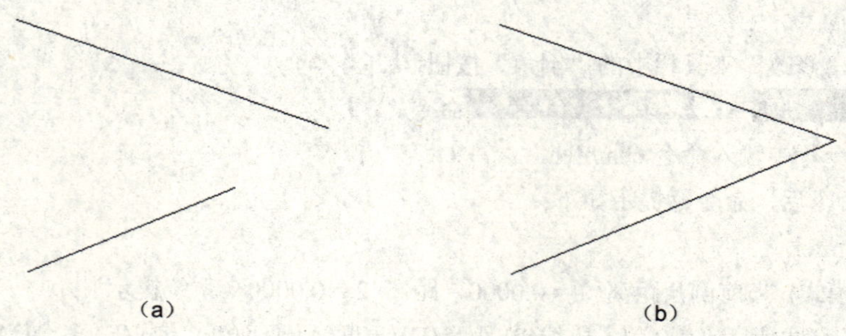

图 3.6.3　倒角值为 0

（a）原始图形；（b）倒角后的效果

3.6.2 圆角

圆角是指在两个相邻对象之间用圆弧进行连接。在 AutoCAD 2010 中，执行圆角命令的方法有 3 种：

（1）单击“修改”工具栏中的“圆角”按钮。

（2）选择 修改(M) → 圆角(F) 命令。

（3）在命令行中输入命令 fillet。

执行圆角命令后，命令行提示如下：

命令: _fillet　//执行倒圆角命令
当前设置: 模式 = 修剪，半径 = 0.0000　//系统提示
选择第一个对象或 [放弃(U)/多段线(P)/半径(R)/修剪(T)/多个(M)]: r　//选择“半径”命令选项
指定圆角半径 <0.0000>:　//指定圆角半径
选择第一个对象或 [放弃(U)/多段线(P)/半径(R)/修剪(T)/多个(M)]:　//选择第一个圆角边
选择第二个对象，或按住“Shift”键选择要应用角点的对象:　//选择第二个圆角边

其中各命令选项功能介绍如下：

（1）放弃(U)：选择此命令选项，恢复在命令中执行的上一个操作。

（2）多段线(P)：选择此命令选项，在二维多段线中两条线段相交的每个顶点处插入圆角弧。

（3）半径(R)：选择此命令选项，定义圆角弧的半径。

（4）修剪(T)：选择此命令选项，控制圆角是否将选定的边修剪到圆角弧的端点。

（5）多个(M)：选择此命令选项，给多个对象集添加圆角。

例如，对如图 3.6.4 所示的图形进行圆角操作，结果如图 3.6.5 所示。

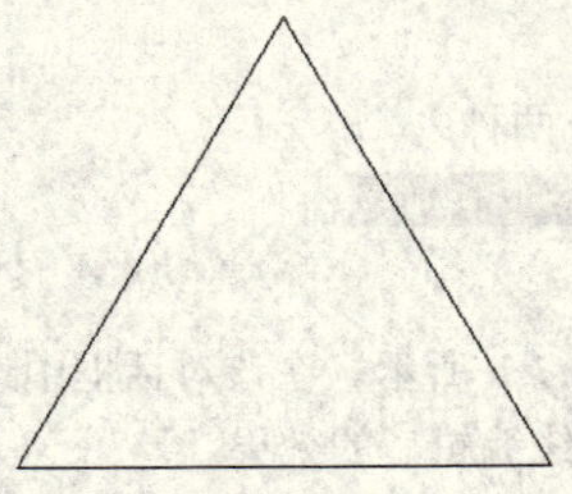

图 3.6.4　原始图形

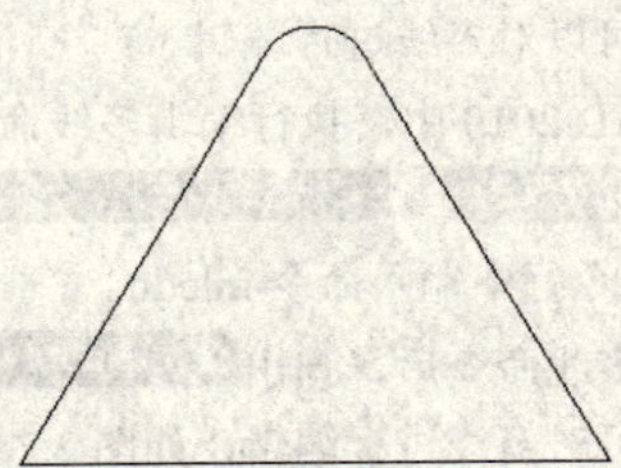

图 3.6.5　圆角后的图形

具体操作步骤如下：

（1）单击“修改”工具栏中的“圆角”按钮。

（2）在命令行“选择第一个对象或 [放弃(U)/多段线(P)/半径(R)/修剪(T)/多个(M)]”的提示下输入 r 后按回车键。

（3）在命令行“指定圆角半径 <0.0000>”的提示下输入 100 后按回车键。

（4）在命令行“选择第一个对象或 [放弃(U)/多段线(P)/半径(R)/修剪(T)/多个(M)]”的提示下捕捉如图 3.6.4 所示三角形的一条边。

（5）在命令行“选择第二个对象，或按住 Shift 键选择要应用角点的对象”的提示下捕捉如图 3.6.4 所示三角形的另一条边，圆角后的效果如图 3.6.5 所示。

用圆角命令对圆弧、直线以及圆进行圆角，根据选择点的不同会出现不同的效果，如图 3.6.6 和图 3.6.7 所示。

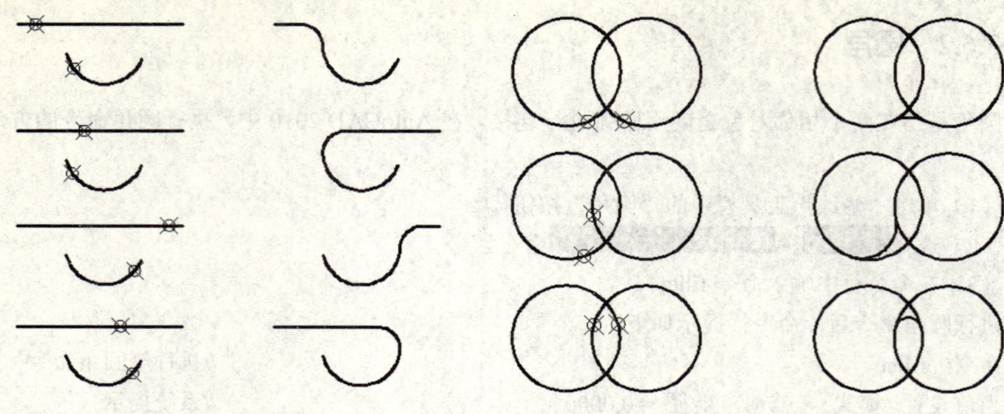

图 3.6.6　对圆弧和直线进行圆角　　　　图 3.6.7　对圆进行圆角

3.7　线的编辑

在基本二维图形的绘制中介绍了几种比较特殊的线的绘制方法，如多线、多段线和样条曲线等，本节将详细介绍这几种线的编辑方法。

3.7.1　编辑多线

多线是 AutoCAD 中比较特殊的一种线，一般的编辑命令如圆角、倒角、偏移、打断等都不能对其进行编辑，在 AutoCAD 2010 中，用户可以对多线进行修剪和延伸操作。另外，利用系统提供的多线编辑命令也可以对多线进行编辑。

在 AutoCAD 2010 中，执行编辑多线命令的方法有以下两种：

（1）选择 修改(M) → 对象(O) → 多线(M)... 命令。

（2）在命令行中输入命令 mledit。

执行编辑多线命令后，弹出 多线编辑工具 对话框，如图 3.7.1 所示。在该对话框中选择相应的多线编辑工具，即可对多线进行编辑，如图 3.7.2 所示为各种多线编辑后的效果。

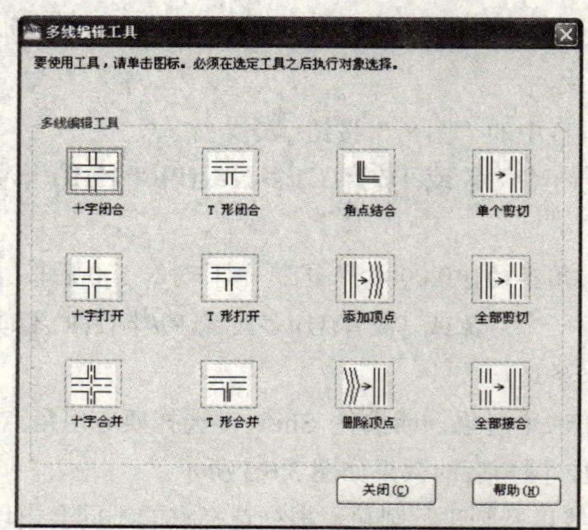

图 3.7.1　“多线编辑工具”对话框

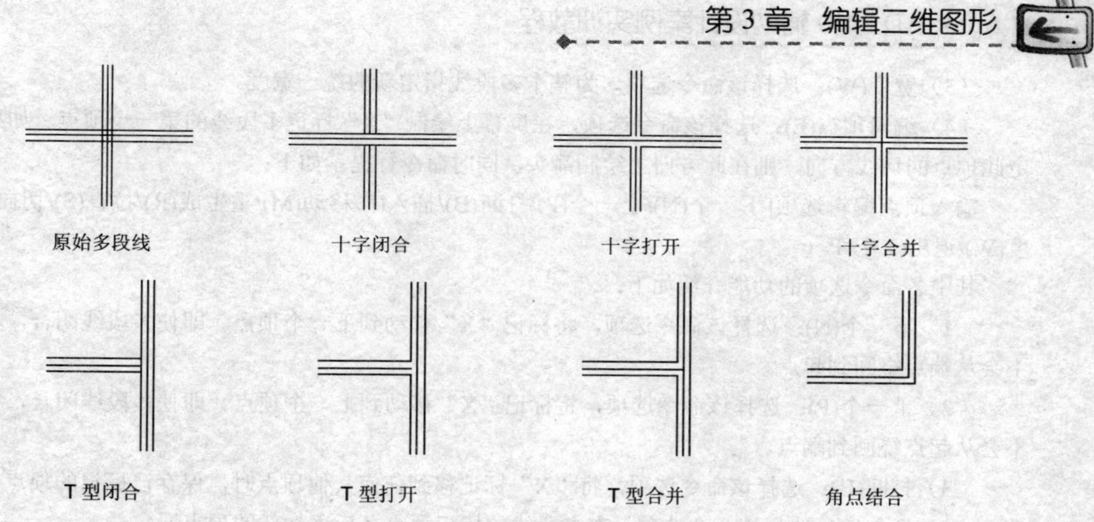

图 3.7.2 编辑多线的种类

如图 3.7.3 和图 3.7.4 所示为对多线编辑前和编辑后的效果。

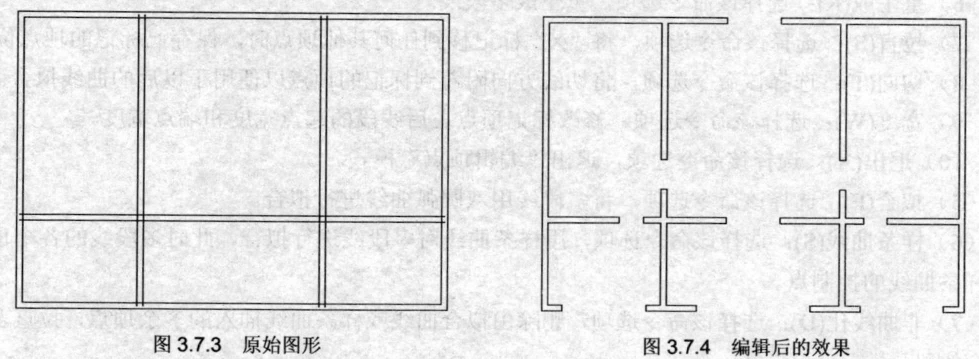

图 3.7.3 原始图形　　图 3.7.4 编辑后的效果

3.7.2 编辑多段线

在 AutoCAD 2010 中，用户可以用多段线编辑命令对已经绘制的二维多段线、三维多段线和三维多边形网格进行编辑。这里主要介绍对二维多段线的编辑方法，对三维多段线和三维多边形网格的编辑将在后面的章节中介绍。执行编辑二维多段线命令的方法有两种：

（1）选择 修改(M) → 对象(O) → 多段线(P) 命令。

（2）在命令行中输入命令 pedit。

执行编辑多段线命令后，命令行提示如下：

命令: _pedit

输入选项[闭合(C)/合并(J)/宽度(W)/编辑顶点(E)/拟合(F)/样条曲线(S)/非曲线化(D)/线型生成(L)/放弃(U)]:（选择对多段线编辑的方式）

其中各命令选项的功能介绍如下：

（1）闭合(C)：选择该命令选项，创建多段线的闭合线，将首尾连接。除非使用“闭合”选项闭合多段线，否则将会认为多段线是开放的。

（2）合并(J)：选择该命令选项，在开放的多段线的尾端点添加直线、圆弧或多段线和从曲线拟合多段线中删除曲线拟合。

（3）宽度(W)：选择该命令选项，为整个多段线指定新的统一宽度。

（4）编辑顶点(E)：选择该命令选项，在屏幕上绘制“X”标记多段线的第一个顶点。如果已指定此顶点的切线方向，则在此方向上绘制箭头，同时命令行提示如下：

输入顶点编辑选项[下一个(N)/上一个(P)/打断(B)/插入(I)/移动(M)/重生成(R)/拉直(S)/切向(T)/宽度(W)/退出(X)] <P>:

其中各命令选项的功能介绍如下：

1）下一个(N)：选择该命令选项，将标记“X”移动到下一个顶点。即使多段线闭合，标记也不会从端点绕回到起点。

2）上一个(P)：选择该命令选项，将标记“X”移动到上一个顶点。即使多段线闭合，标记也不会从起点绕回到端点。

3）打断(B)：选择该命令选项，将“X”标记移到任何其他顶点时，保存已标记的顶点位置。

4）插入(I)：选择该命令选项，在多段线的标记顶点之后添加新的顶点。

5）移动(M)：选择该命令选项，移动标记的顶点。

6）重生成(R)：选择该命令选项，重生成多段线。

7）拉直(S)：选择该命令选项，将“X”标记移到任何其他顶点时，保存已标记的顶点位置。

8）切向(T)：选择该命令选项，将切线方向附着到标记的顶点以便用于以后的曲线拟合。

9）宽度(W)：选择该命令选项，修改标记顶点之后线段的起点宽度和端点宽度。

10）退出(X)：选择该命令选项，退出“编辑顶点”模式。

（5）拟合(F)：选择该命令选项，将多段线用双圆弧曲线进行拟合。

（6）样条曲线(S)：选择该命令选项，用样条曲线对多段线进行拟合，此时多段线的各个顶点将作为样条曲线的控制点。

（7）非曲线化(D)：选择该命令选项，删除由拟合曲线或样条曲线插入的多余顶点，拉直多段线的所有线段。

（8）线型生成(L)：选择该命令选项，生成经过多段线顶点的连续图案线型。关闭此选项，将在每个顶点处以点画线开始和结束生成线型。“线型生成”不能用于具有多段线宽的多段线。

（9）放弃(U)：选择该命令选项，撤销操作，可一直返回到编辑多段线任务的开始状态。

如图 3.7.5 和图 3.7.6 所示为对多段线编辑前和编辑后的效果。

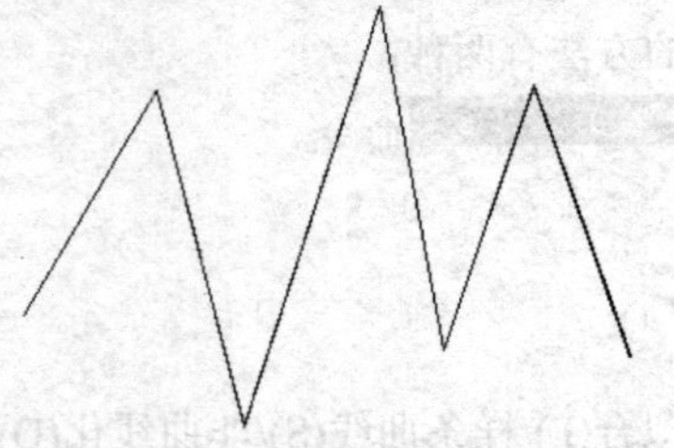

图 3.7.5　原始图形

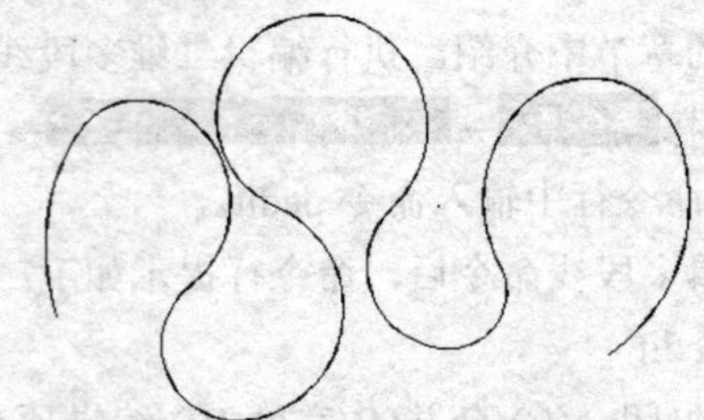

图 3.7.6　编辑后的多段线

3.7.3　编辑样条曲线

使用样条曲线编辑命令可以对已经绘制好的样条曲线进行调整和修改，以下将详细介绍样条曲线编辑命令的使用方法。执行样条曲线编辑命令的方法有以下两种：

（1）选择 修改(M) → 对象(O) → 样条曲线(S) 命令。

（2）在命令行中输入命令 splinedit。

执行编辑样条曲线命令后，命令行提示如下：

命令: _splinedit

输入选项 [拟合数据(F)/闭合(C)/移动顶点(M)/精度(R)/反转(E)/放弃(U)]:（选择命令选项）

其中各命令选项的功能介绍如下：

（1）拟合数据(F)：选择该命令选项，命令行提示“输入拟合数据选项[添加(A)/闭合(C)/删除(D)/移动(M)/清理(P)/相切(T)/公差(L)/退出(X)] <退出>”。在这些命令选项中选择一种命令选项对样条曲线进行编辑，如图 3.7.7 所示。

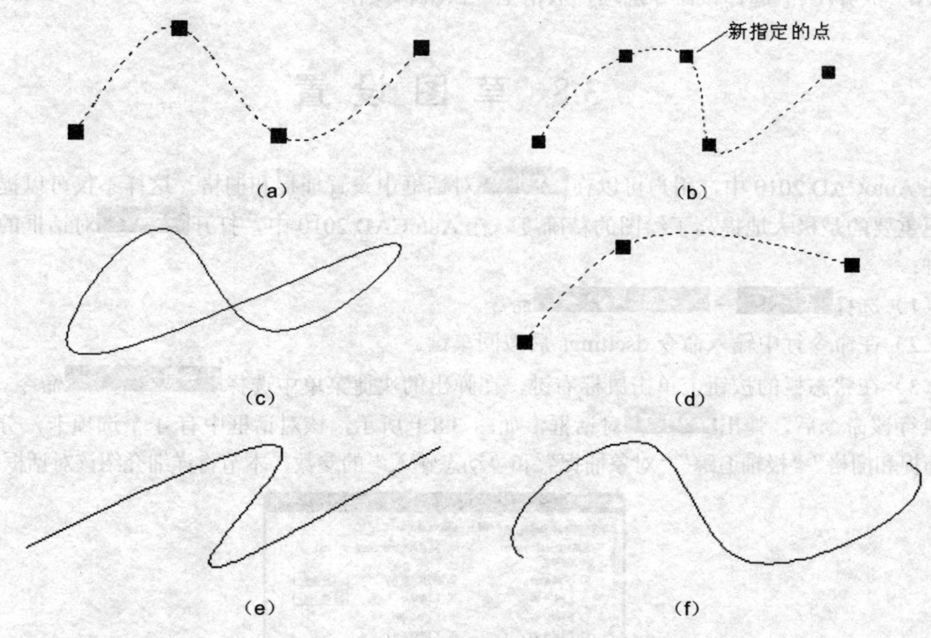

图 3.7.7　拟合数据编辑样条曲线

（a）原始样条曲线；（b）新增控制点；（c）闭合样条曲线；（d）删除控制点；（e）移动控制点；（f）指定端点切向

（2）闭合(C)：选择该命令选项，闭合开放的样条曲线，使其在端点处切向连续。如果选择的样条曲线已经闭合，则该命令选项将变为“打开”。

（3）移动顶点(M)：选择该命令选项，重新定位样条曲线的控制顶点并且清理拟合点。

（4）精度(R)：选择该命令选项，精确调整绘制的样条曲线。选择此命令选项，命令行将提示“输入精度选项 [添加控制点(A)/提高阶数(E)/权值(W)/退出(X)] <退出>”。这些命令选项功能介绍如下：

1）添加控制点(A)：选择该命令选项，增加控制部分样条曲线的控制点数。

2）提高阶数(E)：选择该命令选项，增加样条曲线上控制点的数目。

3）权值(W)：选择该命令选项，修改不同样条曲线控制点的权值。较大的权值将样条曲线拉近其控制点。

4）退出(X)：选择该命令选项，返回到“输入选项 [拟合数据(F)/闭合(C)/移动顶点(M)/精度(R)/反转(E)/放弃(U)]”提示中。

（5）反转(E)：选择该命令选项，反转样条曲线的方向，如图 3.7.8 所示。

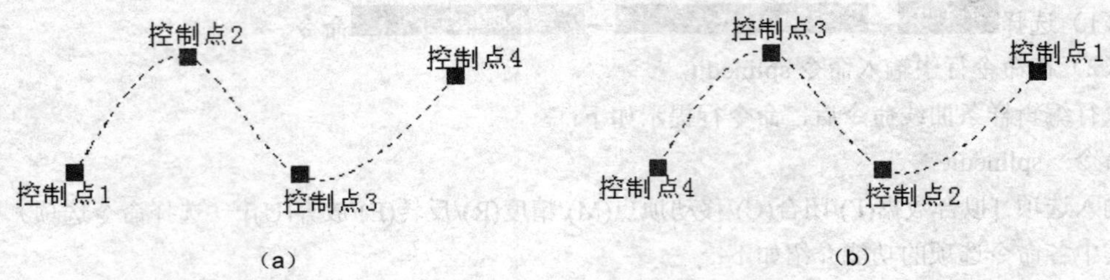

图 3.7.8 反转样条曲线

(a) 反转前；(b) 反转后

(6) 放弃(U)：选择该命令选项，取消上一次编辑操作。

3.8 草图设置

在 AutoCAD 2010 中，用户可以在草图设置对话框中设置捕捉和栅格，这样不仅可以提高绘图速度，更重要的是极大地提高了绘图的精确度。在 AutoCAD 2010 中，打开草图设置对话框的方法有以下 3 种：

(1) 选择工具(T)→草图设置(F)...命令。

(2) 在命令行中输入命令 dsettings 后按回车键。

(3) 在状态栏的按钮上单击鼠标右键，在弹出的快捷菜单中选择设置(S)...命令。

执行该命令后，弹出草图设置对话框，如图 3.8.1 所示，该对话框中有 4 个选项卡，分别用于设置“捕捉和栅格”“极轴追踪”“对象捕捉”和“动态输入”的参数，本节将详细介绍该对话框的功能。

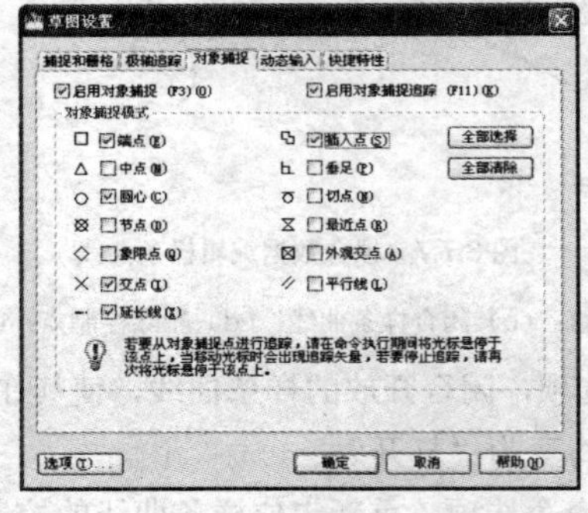

图 3.8.1 “草图设置”对话框

3.8.1 显示栅格

栅格是一些在绘图区域有着特定距离的点所组成的网格，类似于坐标纸。用户可以选择工具(T)→草图设置(F)...命令，在弹出的草图设置对话框中选择捕捉和栅格选项卡设置栅格之间的距离，如图 3.8.2 所示，栅格显示效果如图 3.8.3 所示。

3.8.2 设置捕捉

AutoCAD 2010 提供了两种捕捉模式，一种是栅格捕捉，另一种是对象捕捉。在绘制图形时，根

据实际需要，可以选择合适的捕捉模式，提高绘图精度。

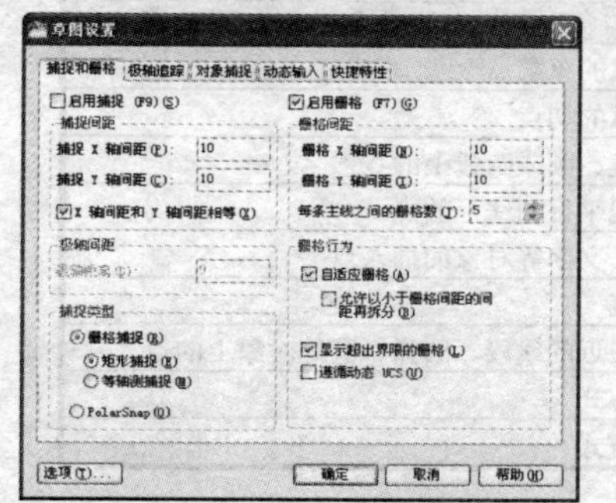

图 3.8.2　“捕捉和栅格”选项卡

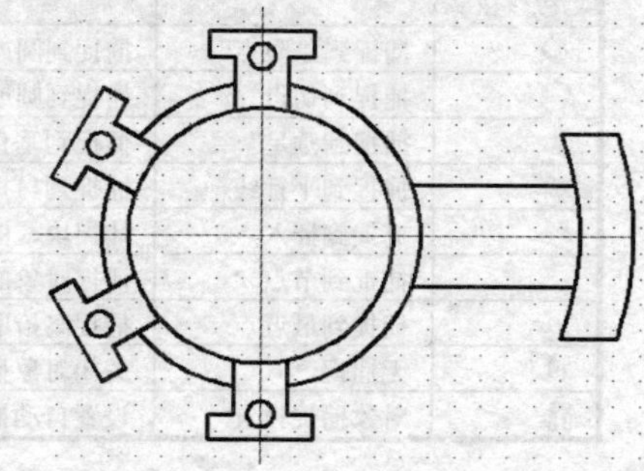

图 3.8.3　显示栅格

在如图 3.8.2 所示的对话框中选中☑启用捕捉 (F9)(S) 复选框，启动栅格捕捉命令后，当光标在栅格区域移动时，十字光标只能停留在栅格点上，这样就可以精确确定光标的移动距离。

对象捕捉的功能更强大，AutoCAD 2010 提供了非常丰富的对象捕捉工具，打开“对象捕捉”工具栏，如图 3.8.4 所示，或在“草图设置”对话框中的 对象捕捉 选项卡中设置对象捕捉模式，如图 3.8.5 所示。另外，绘制图形时，如果命令行提示“选择对象:”，此时单击鼠标右键，可以打开对象捕捉快捷方式，快速执行对象捕捉命令，如图 3.8.6 所示。

图 3.8.4　“对象捕捉”工具栏

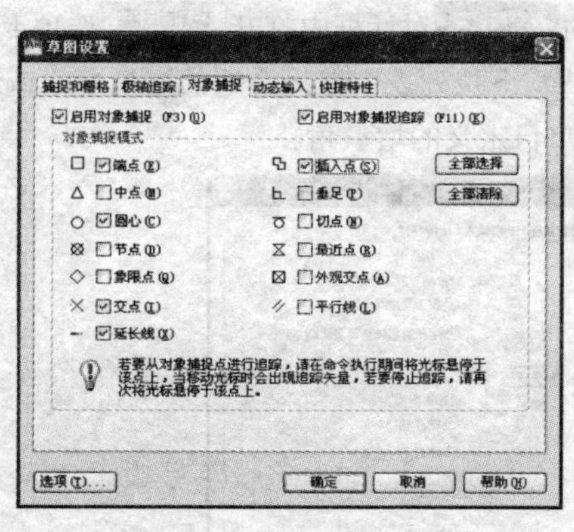

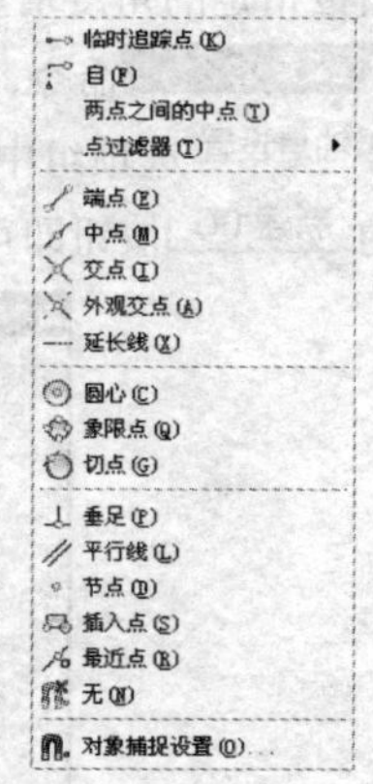

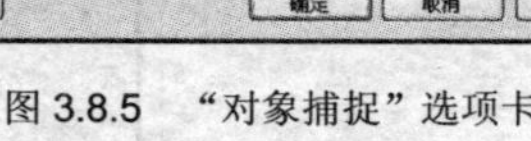

图 3.8.5　“对象捕捉”选项卡　　　图 3.8.6　“对象捕捉”快捷方式

在绘制图形时，可以根据实际绘图需要灵活选择对象捕捉工具，以便提高绘图精度和工作效率。表 3.1 列出了 AutoCAD 2010 中各种对象捕捉工具的名称和功能。

表 3.1　对象捕捉工具的名称及功能

按　钮	名　称	功　能
	临时追踪点	创建对象所使用的临时点
	捕捉自	从临时参照点偏移
	捕捉到端点	捕捉线段或圆弧的最近端点
	捕捉到中点	捕捉线段或圆弧等对象的中点
	捕捉到交点	捕捉线段、圆弧、圆、各种曲线之间的交点
	捕捉到外观交点	捕捉线段、圆弧、圆、各种曲线之间的外观交点
	捕捉到延长线	捕捉到直线或圆弧延长线上的点
	捕捉到圆心	捕捉到圆或圆弧的圆心

续表

按 钮	名 称	功 能
	捕捉到象限点	捕捉到圆或圆弧的象限点
	捕捉到切点	捕捉到圆或圆弧的切点
	捕捉到垂足	捕捉到垂直于线、圆或圆弧上的点
	捕捉到平行线	捕捉到与指定线平行的线上的点
	捕捉到插入点	捕捉块、图形、文字等对象的插入点
	捕捉到节点	捕捉对象的节点
	捕捉到最近点	捕捉离拾取点最近的线段、圆弧、圆等对象上的点
	无捕捉	关闭对象捕捉方式
	对象捕捉设置	设置自动捕捉方式

3.8.3 正交模式

在 AutoCAD 2010 中，使用正交功能可以非常方便地绘制水平或垂直的直线，而且光标也只能在水平或垂直方向上移动。单击状态栏中的按钮或按“F8”键可以执行正交功能。执行正交功能后，光标从一点引出的指向任何方向的直线都显示为水平或垂直的直线，只有当用户确定了直线的两个端点坐标后，该直线的位置和旋转角度才能被确定。

3.8.4 极轴追踪

极轴追踪是指按指定的角度增量来追踪特征点。使用该功能之前，用户必须先设置角度增量。选择 工具(T) → 草图设置(F)... 命令，在弹出的 草图设置 对话框中打开 极轴追踪 选项卡，如图 3.8.7 所示，在该选项卡中的 极轴角设置 选项组中的 增量角(I): 下拉列表中选择合适的增量角，或选中 ☑附加角(D) 复选框，单击右边的 新建(N) 按钮即可创建用户自定义的增量角。

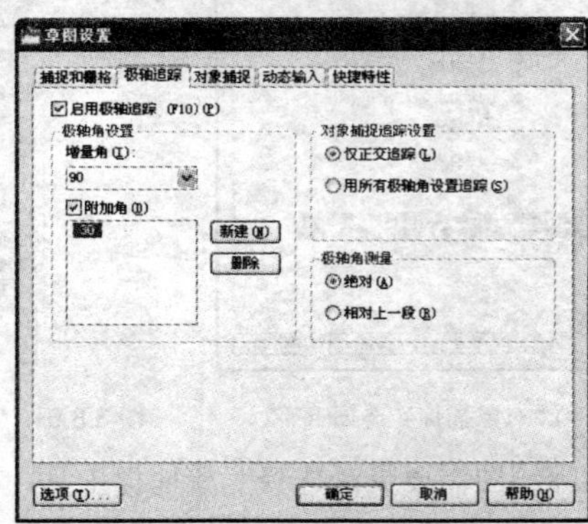

图 3.8.7 “极轴追踪”选项卡

3.8.5 对象追踪

对象追踪必须与对象捕捉配合使用才能起作用，单击状态栏中的按钮或按“F11”功能键启动对象追踪功能。对象捕捉追踪有两种模式，可以在如图 3.8.7 所示的 极轴追踪 选项卡中进行设置，在 对象捕捉追踪设置 选项组中选中 ⊙仅正交追踪(L) 单选按钮，将只在水平或垂直方向上显示追踪辅助线；选中 ⊙用所有极轴角设置追踪(S) 单选按钮，将在水平、垂直和所设定的任意极轴角显示追踪辅助线。

3.8.6 动态输入

在绘制图形时，使用动态输入功能可以在指针位置显示标注输入和命令提示，同时还可以显示输入信息，这样可以极大地方便绘图。

1. 启用指针输入

选择 工具(T) → 草图设置(F)... 命令，在弹出的 草图设置 对话框中打开 动态输入 选项卡，如图 3.8.8 所示，在该选项卡中选中 ☑启用指针输入(P) 复选框，即可启用指针输入功能。

启用指针输入功能后，十字光标附近的工具栏中将显示当前指针的坐标，用户可以直接在该工具栏中输入坐标值。在 动态输入 选项卡中单击 指针输入 选项区中的 设置(S)... 按钮，在弹出的 指针输入设置 对话框中可以设置指针的格式和可见性，如图 3.8.9 所示。

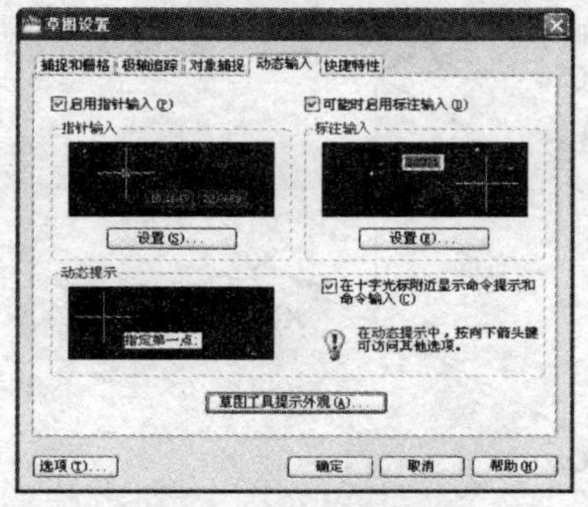

图 3.8.8 “动态输入”选项卡

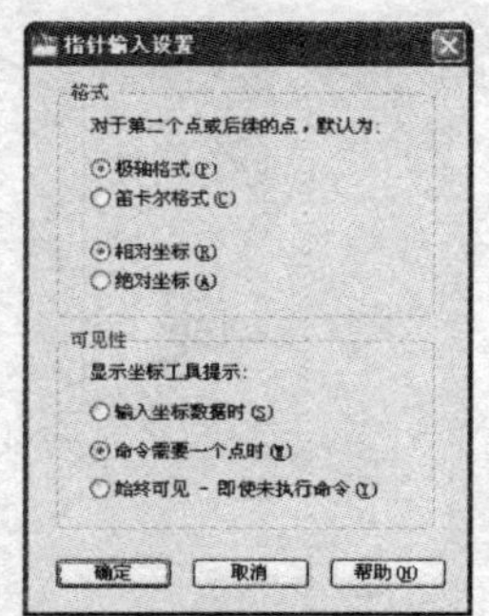

图 3.8.9 “指针输入设置”对话框

2. 启用标注输入

在 动态输入 选项卡中选中 ☑可能时启用标注输入(D) 复选框，即可启用标注输入功能。启用该功能后，当命令提示第二步操作时，工具栏提示将显示距离和角度值。单击 标注输入 选项区中的 设置(S)... 按钮，弹出 标注输入的设置 对话框，如图 3.8.10 所示，使用该对话框可以设置标注的可见性。

3. 显示动态输入

在 动态输入 选项卡中选中 ☑在十字光标附近显示命令提示和命令输入(C) 复选框，即可启用动态输入功能。启用动态输入功能后，可以在光标附近显示命令提示，通过键盘上的方向键可以选择各命令选项，如图 3.8.11 所示。

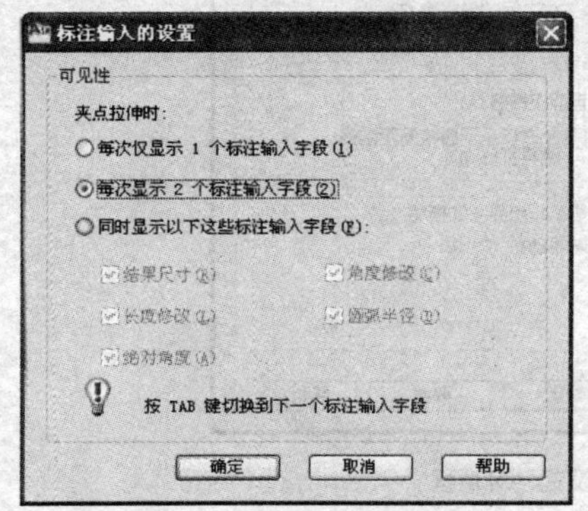

图 3.8.10 “标注输入的设置”选项卡

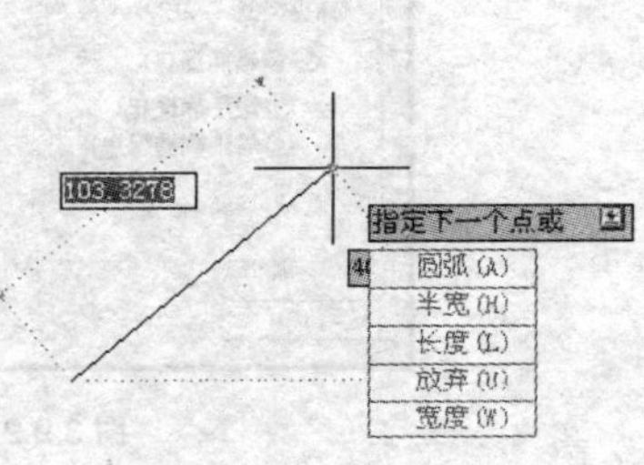

图 3.8.11 显示动态输入

3.9　等轴测绘图

等轴测绘图是绘制具有三维图形效果的二维图形的一种绘图方法。等轴测图是按一定倾斜角度来观察物体的，在普通视图下以正交模型绘制此图是很困难的，但可以利用轴测投影模式辅助绘图，启用该功能后，就可以在正交模式下按一定倾斜角度来绘制图形。

在轴测投影中，坐标轴的轴测投影称为轴测轴；轴测轴之间的夹角称为轴间角。空间坐标轴 OX，OY 和 OZ 的轴测投影即为轴测轴，分别为 O_1X_1，O_1Y_1 和 O_1Z_1，它们与水平方向的夹角分别为 30°，150° 和 90°。其中 $X_1O_1Y_1$ 平面称为上面，$Y_1O_1Z_1$ 平面称为左面，$X_1O_1Z_1$ 平面称为右面。等轴测图的这种关系如图 3.9.1 所示。

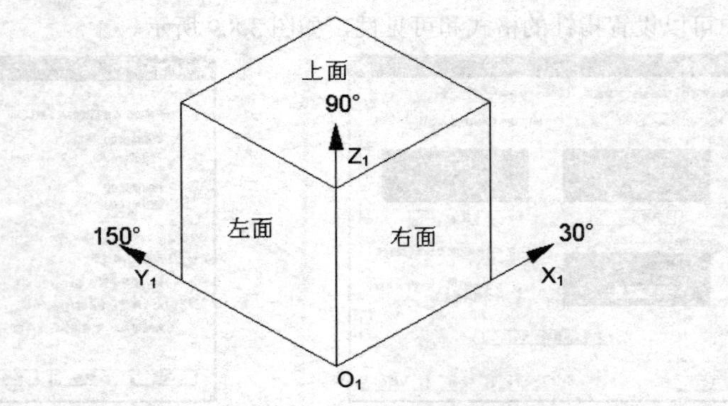

图 3.9.1　等轴测图

在绘制等轴测图之前，首先需要进行一些必要的设置。在 AutoCAD 2010 中，设置等轴测图的步骤如下：

（1）设置等轴测捕捉。选择 工具(T) → 草图设置(F)... 命令，在弹出的 草图设置 对话框中的 捕捉和栅格 选项卡中选中 ⊙等轴测捕捉(M) 单选按钮，如图 3.9.2 所示。

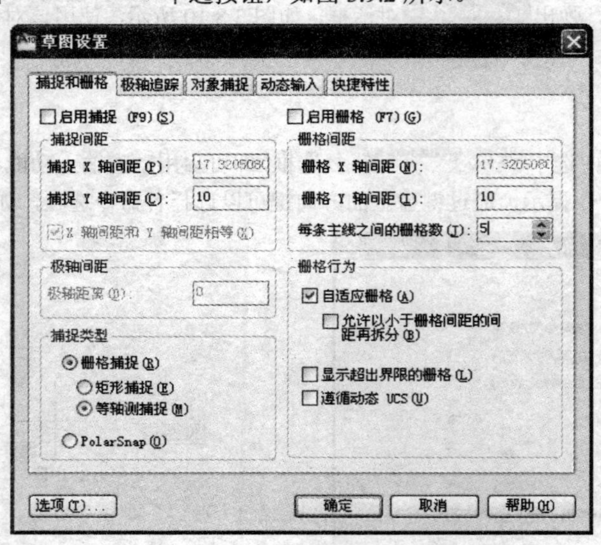

图 3.9.2　“草图设置”对话框

（2）启用“正交”功能。单击状态栏上的按钮，开启“正交”功能，这样就能够很方便地沿着等轴测轴的方向绘制图形。

（3）切换当前轴测面。在二维平面上绘制具有三维效果的图形，首先必须切换到相应的平面上才能进行正确的绘制。切换轴测面的方法有以下两种：

1）按 F5 键或 Ctrl+E 键，可以按顺时针方向在上面、右面和左面 3 个轴测面之间进行切换。

2）在命令行中输入命令 isoplane，命令行提示如下：

命令: isoplane

当前等轴测平面:（系统提示）

输入等轴测平面设置[左(L)/上(T)/右(R)]<左>:　　　　//选择不同的命令选项即可设置相应的等轴测平面

（4）设置栅格捕捉。在命令行中输入命令 snap，命令行提示如下：

命令: snap

指定捕捉间距或 [开(ON)/关(OFF)/旋转(R)/样式(S)/类型(T)] <10.0000>:s

　　　　//选择“样式”命令选项

输入捕捉栅格类型 [标准(S)/等轴测(I)] <S>:I　　　　//选择“等轴测”命令选项

指定垂直间距 <10.0000>:　　　　//指定栅格点的垂直间距

设置完成后，单击状态栏上的按钮或按 F9 键开启对象捕捉功能，这样就能很方便地在等轴测面上绘制图形了。

在等轴测模式下，绘制的圆与在一般模式下绘制的圆有所不同，如图 3.9.3 所示。

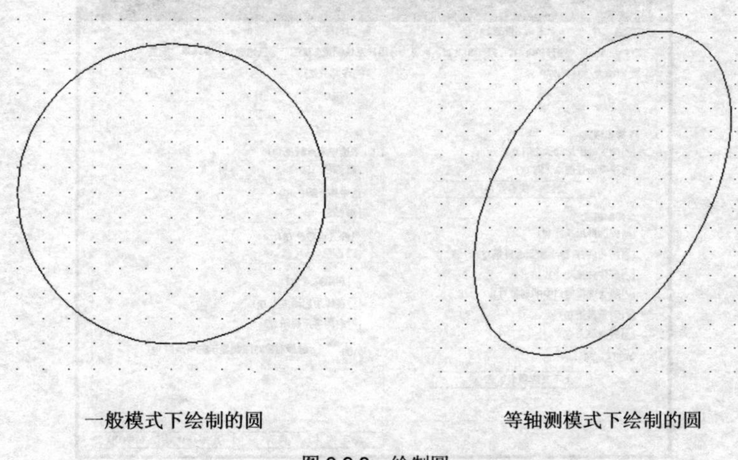

图 3.9.3　绘制圆

3.10　夹点编辑功能

对象的夹点就是指对象本身的一些特殊的点，当对象被选中时夹点便显现出来。不同的对象所具有的夹点数也不同，如图 3.10.1 所示。利用夹点编辑功能可以很方便地对图形进行移动、拉伸、旋转、复制、比例缩放以及镜像等操作，而不用执行 AutoCAD 系统编辑命令就可以对所选择的对象进行这些操作。夹点编辑为用户提供了一种全新的图形编辑方法。

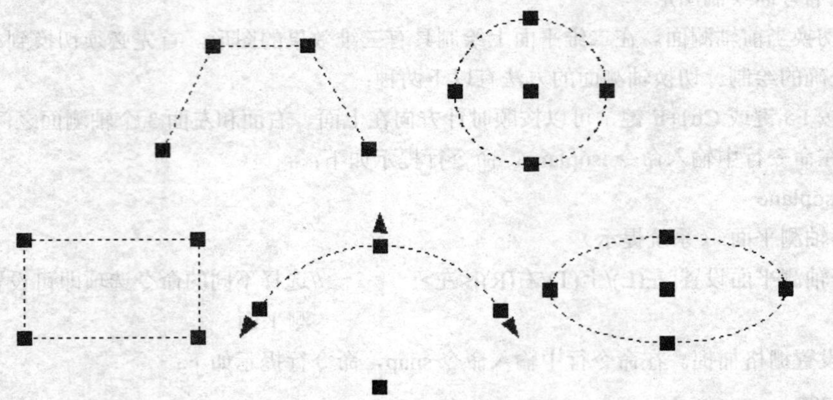

图 3.10.1　不同对象上的夹点

3.10.1　设置夹点特性

在 AutoCAD 2010 中，根据需要用户可以控制夹点大小和颜色有关的参数设置。选择 工具(T) → 选项(N)... 命令，在弹出的 选项 对话框中打开 选择集 选项卡，如图 3.10.2 所示，用户可以在该选项卡中设置夹点的属性。

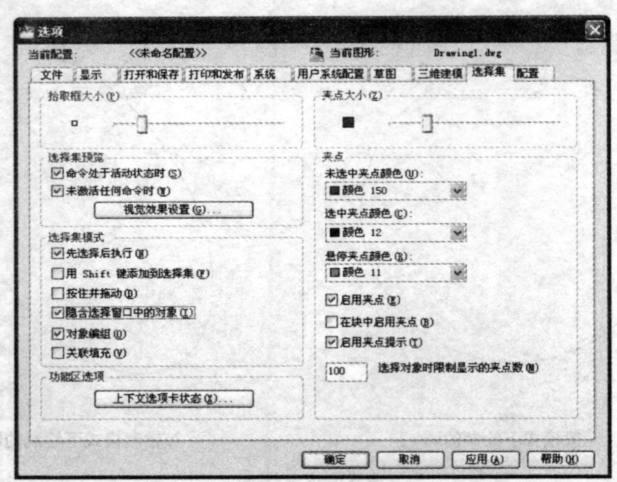

图 3.10.2　“选项”对话框

该对话框中主要选项功能介绍如下：

（1）夹点大小(Z) 选项组：控制夹点的显示尺寸，直接拖动滑块可以改变夹点的大小。

（2）夹点 选项组：设置与夹点相关的其他参数。其中包括以下各选项：

1）未选中夹点颜色(U): 下拉列表框：设置夹点未被选中时的颜色。

2）选中夹点颜色(C): 下拉列表框：设置夹点被选中时的颜色。

3）悬停夹点颜色(R): 下拉列表框：设置当光标悬停在夹点时夹点的颜色。

4）☑启用夹点(E) 复选框：选中此复选框，当选择对象时在对象上显示夹点。

5）☑在块中启用夹点(B) 复选框：控制在选中块后如何在块上显示夹点。选中此复选框，将显示块中每个对象的所有夹点；取消选中该复选框，将在块的插入点处显示一个夹点。

6）☑启用夹点提示(T)复选框：当光标悬停在支持夹点提示的自定义对象的夹点上时，显示夹点的特定提示。

7）选择对象时限制显示的夹点数(M)文本框：当初始选择集包括多于指定数目的对象时，抑制夹点的显示。

3.10.2 夹点编辑操作

在AutoCAD中夹点的状态有3种，根据对象被选中的情况，夹点的状态可以分为热态、冷态和温态。选中对象后，对象上的夹点便显示出来，此时的夹点处于温态，温态下的夹点不能进行夹点编辑操作；选中一个温态夹点，夹点的颜色由蓝色变成红色，此时的夹点处于热态，热态下的夹点可以进行各种夹点编辑操作；所谓冷态夹点是指没有在当前选择集中的对象上的夹点。

在AutoCAD 2010中，夹点的编辑模式共有5种，分别为拉伸、移动、旋转、比例缩放和镜像。当夹点处于热态时，就可以利用夹点对图形进行编辑，此时命令行提示如下：

** 拉伸 **

指定拉伸点或 [基点(B)/复制(C)/放弃(U)/退出(X)]:

此时用户就可以拖动鼠标对图形进行拉伸操作，如果按回车键，就会在5种夹点编辑模式间切换，以下分别介绍。

1. 拉伸

当夹点处于热态时，用户就可以首先对图形进行拉伸操作，此时命令行提示如下：

** 拉伸 **

指定拉伸点或 [基点(B)/复制(C)/放弃(U)/退出(X)]:

指定夹点到新位置或直接输入新坐标即可拉伸对象。但对于某些图形对象上的夹点，如文字、直线中点、圆心等进行夹点拉伸操作，不能拉伸该对象，而是移动该对象。

夹点处于热态时，命令行提示中有5个命令选项。其功能分别如下：

（1）指定拉伸点：选择该选项，确定夹点被拉伸的新位置。

（2）基点(B)：选择该选项，指定新夹点为当前编辑夹点。

（3）复制(C)：选择该选项，可以在拉伸夹点的同时进行多次复制。如果该夹点不能被拉伸，则该选项功能为复制对象。

（4）放弃(U)：选择该选项，将取消最近一次操作。

（5）退出(X)：选择该选项，将退出当前操作。

2. 移动

此模式用于将图形对象从当前位置移动到新位置，而图形对象的大小与方向均不改变。夹点处于热态时，选择该模式，命令行提示如下：

** 移动 **

指定移动点或 [基点(B)/复制(C)/放弃(U)/退出(X)]:

指定夹点到新位置或直接输入新的坐标值即可移动对象，其他命令选项的功能与在“拉伸”模式下相同。

3．旋转

此模式用于以当前夹点为中心旋转图形对象。夹点处于热态时，选择该模式，命令行提示如下：

** 旋转 **

指定旋转角度或 [基点(B)/复制(C)/放弃(U)/参照(R)/退出(X)]:

直接拖动鼠标或输入旋转角度值，或指定参照对象，按回车键后，系统将以当前夹点为中心点，旋转被选择的对象。其他命令选项的功能与在“拉伸”模式下相同。

4．比例缩放

此模式用于以当前夹点为基点按指定比例缩放被选中的对象。夹点处于热态时，选择该模式，命令行提示如下：

** 比例缩放 **

指定比例因子或 [基点(B)/复制(C)/放弃(U)/参照(R)/退出(X)]:

拖动鼠标确定图形缩放比例或直接输入比例因子，或指定参照，系统将以当前夹点为基点缩放被选中的对象。其他命令选项的功能与在“拉伸”模式下相同。

5．镜像

此模式用于以当前夹点为镜像线的第一点，镜像被选中的对象。夹点处于热态时，选择该模式，命令行提示如下：

** 镜像 **

指定第二点或 [基点(B)/复制(C)/放弃(U)/退出(X)]:

拖动鼠标确定镜像线的第二点，或直接输入镜像线第二点的坐标，即可确定镜像线，系统就会以此镜像线镜像被选中的对象，但并不保留原图形。如果要保留原图形对象，就必须选择“复制（C）”命令选项。

当夹点处于热态时，也可以通过单击鼠标右键，在弹出的快捷菜单中直接选择夹点编辑模式，如图 3.10.3 所示。

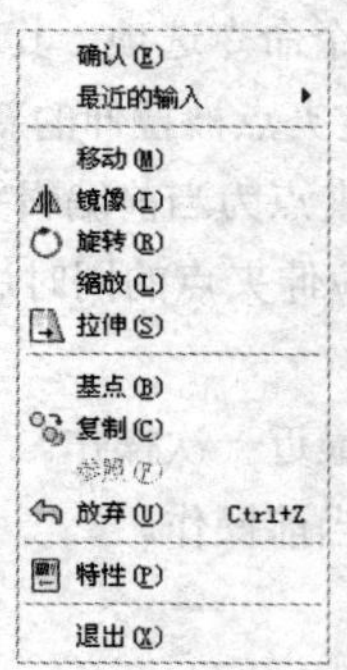

图 3.10.3　右键快捷菜单

3.11　课堂实训——绘制二维图形

使用基本二维图形和各种编辑工具绘制如图 3.11.1 所示的二维图形。

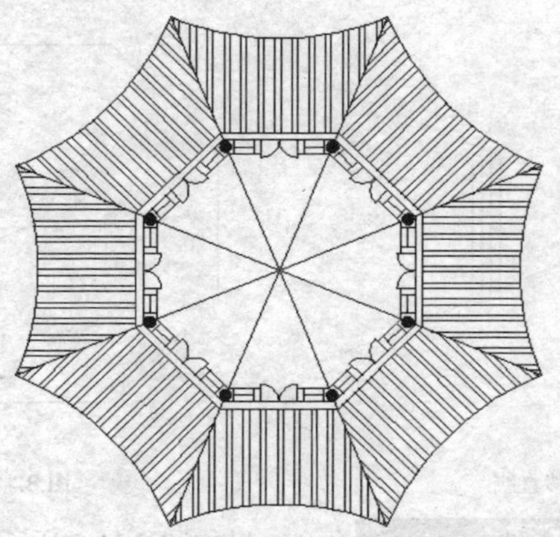

图 3.11.1　二维图形效果图

操作步骤

（1）单击“绘图”工具栏中的“正多边形”按钮，在绘图窗口中绘制一个边长为 100 的正八边形，具体操作步骤如下：

命令: _polygon

输入边的数目 <4>: 8　　//输入正多边形的边数

指定正多边形的中心点或 [边(E)]: e　　//选择“边”命令选项

指定边的第一个端点:　　//在绘图窗口中任意指定一点

指定边的第二个端点: @100,0　　//输入正多边形边的长度

绘制的正八边形如图 3.11.2 所示。

（2）单击“绘图”工具栏中的“直线”按钮，以正多边形的中心为起点，分别绘制长为 240，极轴角为 22.5° 和长为 240，极轴角为-22.5° 的两条直线，结果如图 3.11.3 所示。

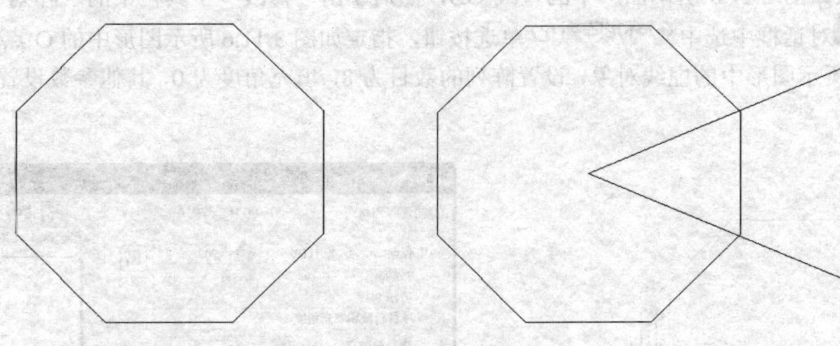

图 3.11.2　绘制正八边形　　　　图 3.11.3　绘制直线

（3）单击“修改”工具栏中的“分解”按钮，将绘制的正八边形分解成直线。单击“修改”工具栏中的“偏移”按钮，将如图 3.11.3 所示图形中的直线依次向左进行偏移，偏移距离分别为 6，12 和 18，结果如图 3.11.4 所示。

（4）利用直线、圆弧和修剪命令绘制如图 3.11.5 所示的图形。

图 3.11.4　偏移直线　　　　图 3.11.5　绘制门框

（5）选择 绘图(D) → 圆环(D) 命令，以如图 3.11.5 所示图形中的 A 点为圆心，绘制一个内径为 0，外径为 10 的实心圆，结果如图 3.11.6 所示。

（6）选择 绘图(D) → 圆弧(A) → 起点、端点、半径(R) 命令，分别以如图 3.11.6 所示图形中的 A 点和 B 点为起点和端点，绘制一个半径为 240 的圆弧，结果如图 3.11.7 所示。

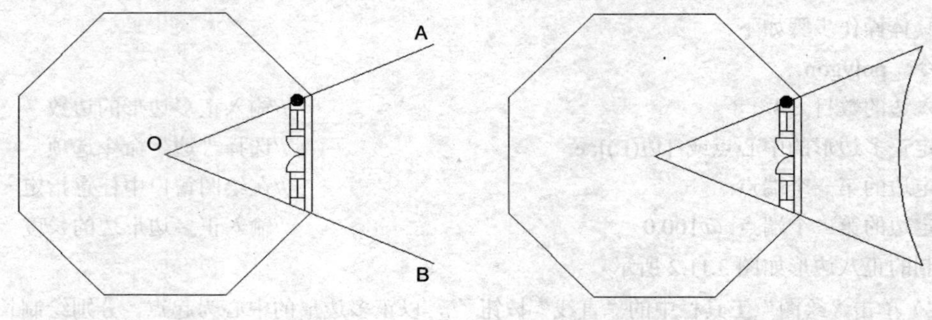

图 3.11.6　绘制实心圆　　　　图 3.11.7　绘制圆弧

（7）删除如图 3.11.6 所示图形中的直线 OB，然后单击“修改”工具栏中的“阵列”按钮，在弹出的 阵列 对话框中选中 环形阵列(P) 单选按钮，指定如图 3.11.6 所示图形中的 O 点为中心，选择如图 3.11.8 所示图形中的虚线对象，设置阵列的数目为 8，填充角度为 0，其他参数设置如图 3.11.9 所示。

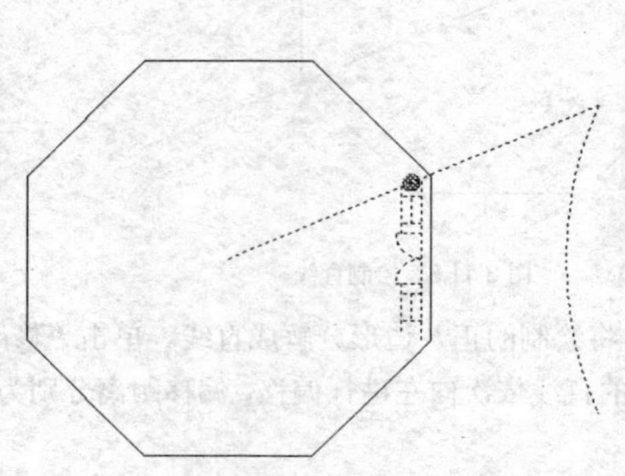

图 3.11.8　选择对象

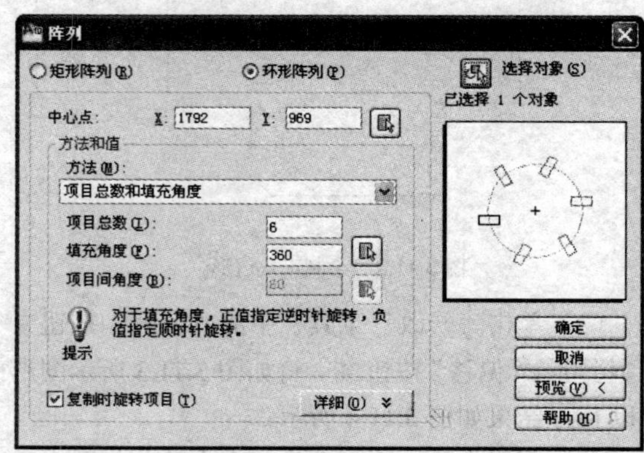

图 3.11.9　“阵列”对话框

（8）参数设置完成后，单击 阵列 对话框中的 确定 按钮，阵列后的效果如图 3.11.10 所示。

（9）单击“绘图”工具栏中的“图案填充”按钮，弹出图案填充和渐变色对话框，如图 3.11.11 所示。

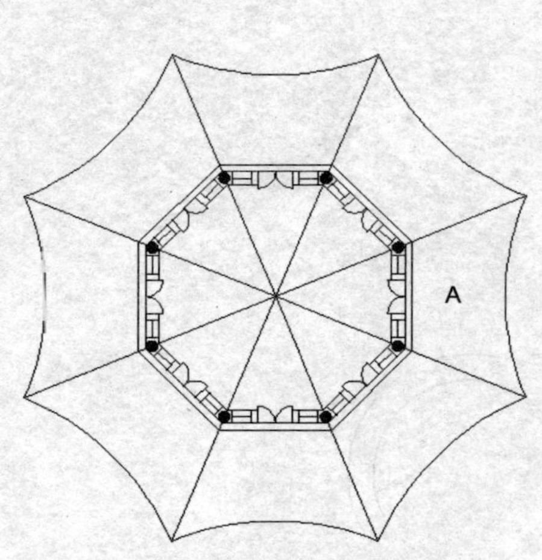

图 3.11.10　阵列图形

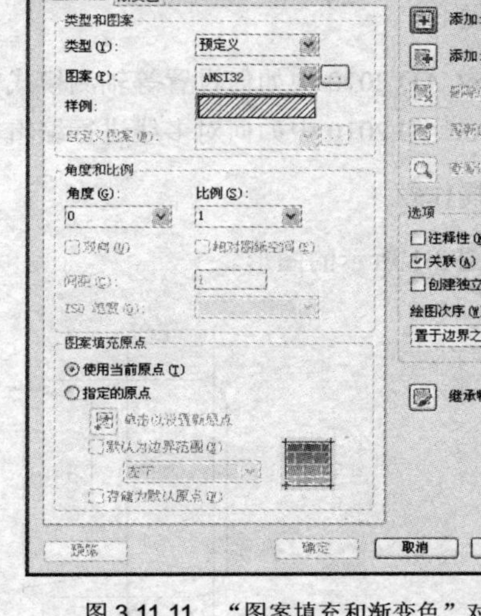

图 3.11.11　“图案填充和渐变色”对话框

（10）单击图案填充和渐变色对话框中的“添加：拾取点”按钮，系统切换到绘图窗口，在如图 3.11.10 所示图形中的区域 A 单击，按回车键后返回到图案填充和渐变色对话框，单击该对话框中的确定按钮后结束图案填充操作。

（11）再次执行图案填充命令，对如图 3.11.10 所示图形中的空白区域进行图案填充，填充后的效果如图 3.11.1 所示。

本 章 小 结

本章主要介绍了 AutoCAD 2010 编辑二维图形的方法，主要包括对象选择、复制对象、图形的位移、对象变形、修改对象、倒角和圆角、线的编辑、草图设置、等轴测绘图和夹点编辑等，通过本章的学习，读者应该熟练掌握 AutoCAD 2010 各种编辑二维图形的方法。

操 作 练 习

一、填空题

1. 在 AutoCAD 2010 中，复制对象的方法主要有 4 种，分别为__________、__________、偏移复制对象和__________。

2. 图形的位移包括对图形进行__________和__________操作。

3. 图形的变形包括对图形进行__________、__________和__________操作。

二、选择题

1. 单击以下（　）按钮可以执行修剪命令。

（A）　　（B）　　（C）　　（D）

2．利用夹点编辑命令不能对图形进行（　）操作。

（A）移动　　（B）旋转　　（C）缩放　　（D）阵列

三、简答题

1．在 AutoCAD 2010 中如何设置等轴测模式？

2．在 AutoCAD 2010 中如何对多线进行编辑？

四、上机操作题

绘制如题图 3.1 所示的图形。

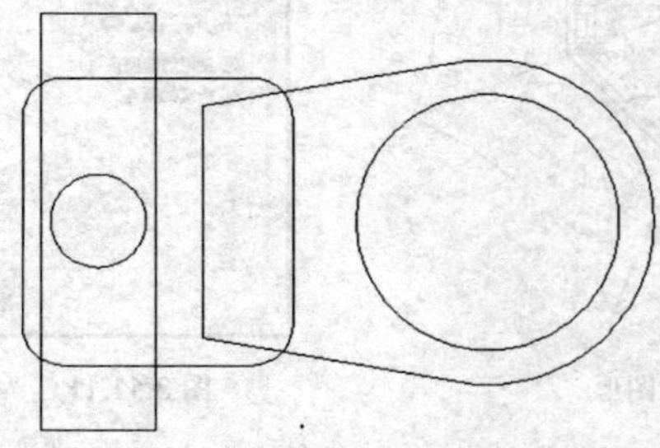

题图　3.1

第 4 章　图层与设计中心

图层是用来组织和管理图形最有效的工具之一，在 AutoCAD 中，任何图形对象都具有图层属性，掌握好图层的使用方法可以极大地提高绘图效率。AutoCAD 设计中心是用来管理共享资源的有效工具，使用设计中心可以充分利用已有的图形资源，提高设计效率。

知识要点

- 图层
- AutoCAD 设计中心

4.1　图　　层

图层就好比多个相同大小的图纸，每张图纸上都有不同的图形对象，如果把这些图纸整齐地叠放起来，就形成了一幅完整的图形。

在 AutoCAD 2010 中，用户可以在图层特性管理器对话框中创建、设置、管理和删除图层，通过以下 3 种方法可以打开图层特性管理器对话框。

（1）单击“图层”工具栏中的“图层特性管理器”按钮。

（2）选择格式(O)→图层(L)命令。

（3）在命令行中输入命令 layer。

执行该命令后，弹出图层特性管理器对话框，如图 4.1.1 所示，用户可以在该对话框中对图层进行各种操作。

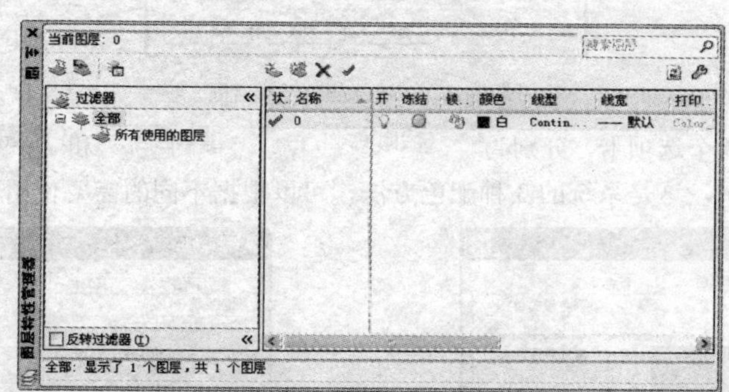

图 4.1.1　“图层特性管理器”对话框

4.1.1　创建新图层

打开图层特性管理器对话框后，系统会自动创建一个“0”层，该图层不能被删除和重命名，但可以设置该图层的颜色、线型、线宽等属性。单击“新建图层”按钮，创建一个名为“图层 1”的图层，用户可以设置该图层的所有属性。继续单击“新建图层”按钮，依次创建名为“图层 2”“图层 3”……

“图层 *n*”的新图层，用户可以设置这些图层的所有属性，如图 4.1.2 所示。

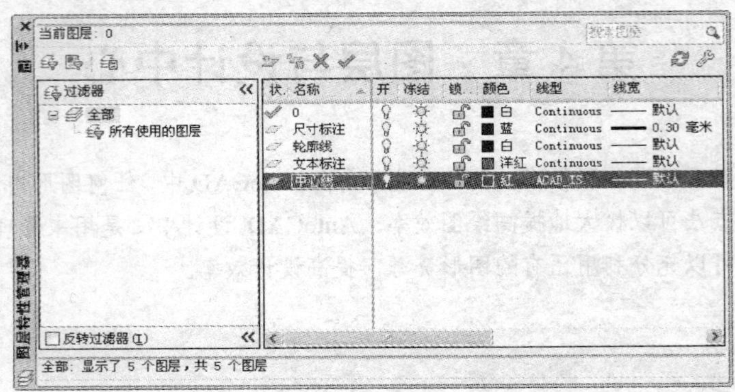

图 4.1.2 设置图层属性

4.1.2 设置图层颜色

为不同的图层设置不同的颜色，可以很方便地区分不同的图层。单击“图层特性管理器”对话框中“颜色”列表下的小方块，弹出“选择颜色”对话框，如图 4.1.3 所示。

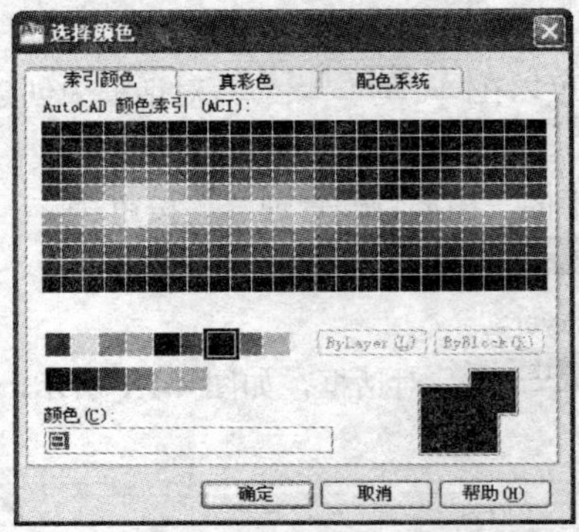

图 4.1.3 “选择颜色”对话框

该对话框中共有 3 个选项卡，分别为“索引颜色”、“真彩色”和“配色系统”，如图 4.1.3、图 4.1.4 和图 4.1.5 所示，这是系统的 3 种配色方法，可以根据不同的需要使用不同的配色方案。

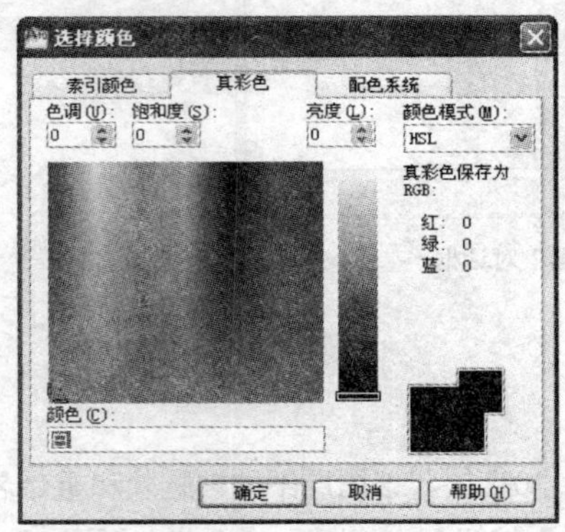

图 4.1.4 “真彩色”选项卡

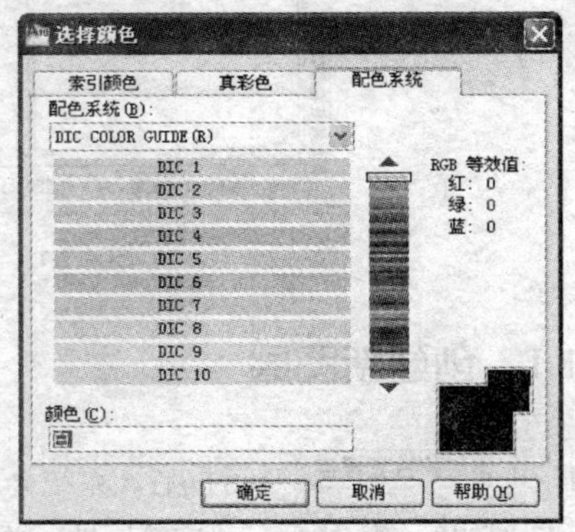

图 4.1.5 “配色系统”选项卡

4.1.3 设置图层线型

为不同的图层设置不同的线型，有利于区分图形中的各种对象。单击图层特性管理器对话框中线型列表中的线型名称，弹出选择线型对话框，如图4.1.6所示，在该对话框中选择需要的线型；如果选择线型对话框中没有需要的线型，可以单击加载(L)...按钮，在弹出的加载或重载线型对话框中选择合适的线型，如图4.1.7所示。

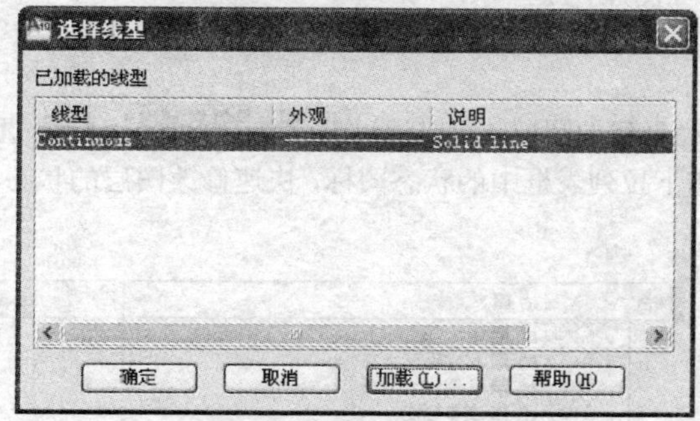

图4.1.6 “选择线型”对话框

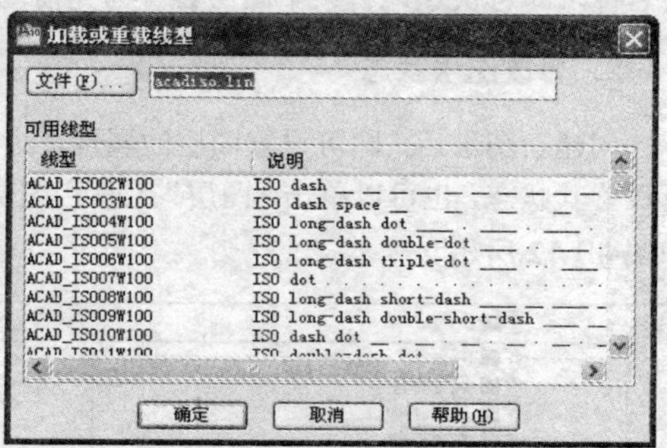

图4.1.7 “加载或重载线型”对话框

4.1.4 设置图层线宽

不同的线宽在工程图中有着不同的意义。单击图层特性管理器对话框线宽列表中的——默认图标，弹出线宽对话框，如图4.1.8所示。通过该对话框，用户可以设置线宽。另外，还可以通过选择格式(O)→线宽(W)...命令，在弹出的线宽设置对话框中设置线宽的显示和显示比例，如图4.1.9所示。

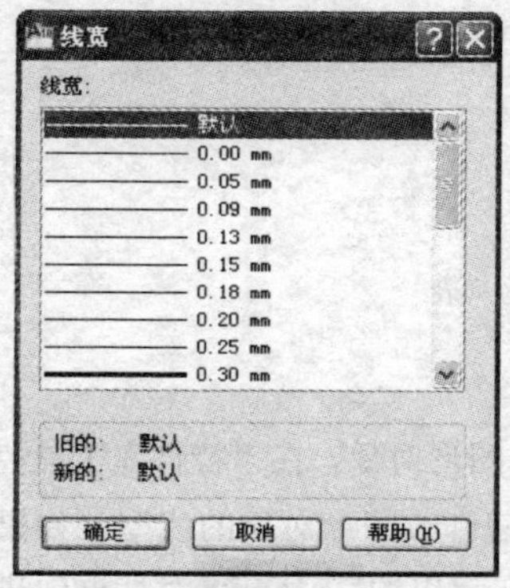

图4.1.8 “线宽”对话框

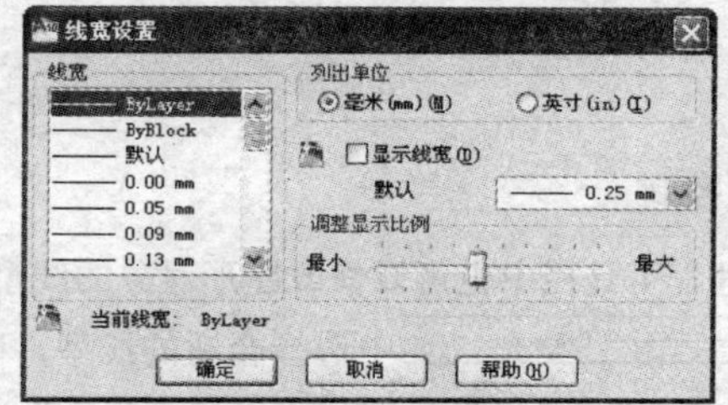

图4.1.9 “线宽设置”对话框

4.1.5 管理图层

在图层特性管理器对话框中列出了当前图形中图层的所有属性，用户可以通过该对话框对这些属性进行重新设置，如“开”“冻结”“锁定”等，从而有效地管理图层。

另外，通过“图层”和“对象特性”工具栏也可以对图层进行管理，而且比用图层特性管理器对话框方便很多，如图4.1.10所示。

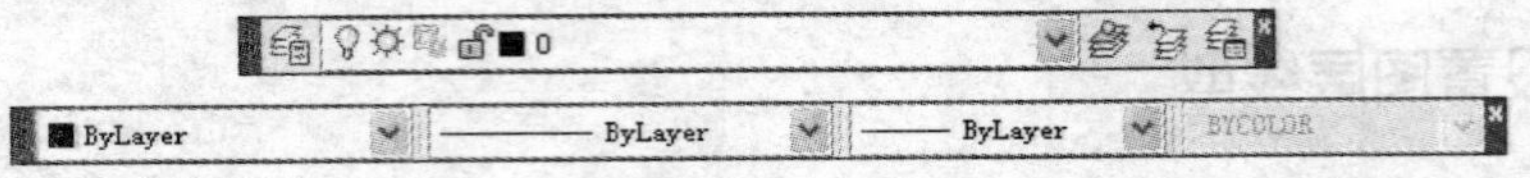

图 4.1.10 “图层”和“对象特性”工具栏

1．切换当前层

单击“图层”工具栏图层状态框右边的按钮，在弹出的下拉列表中选择需要切换到当前层的图层名称，即可快速地将某个图层设置为当前图层，如图 4.1.11 所示。

2．修改图层状态

创建新图层后，即可设置图层的属性，对于已经创建的图层，可以通过“图层特性管理器”对话框重新设置其状态，也可以单击“图层”工具栏图层状态下拉列表框中的状态图标，快速修改图层的状态，如图 4.1.12 所示。

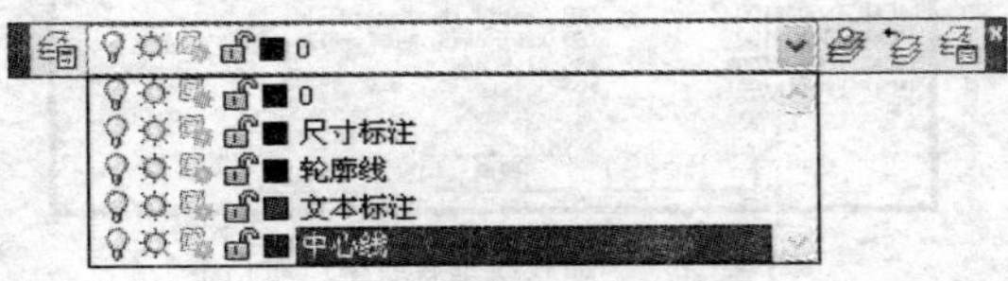

图 4.1.11 “图层状态”下拉列表

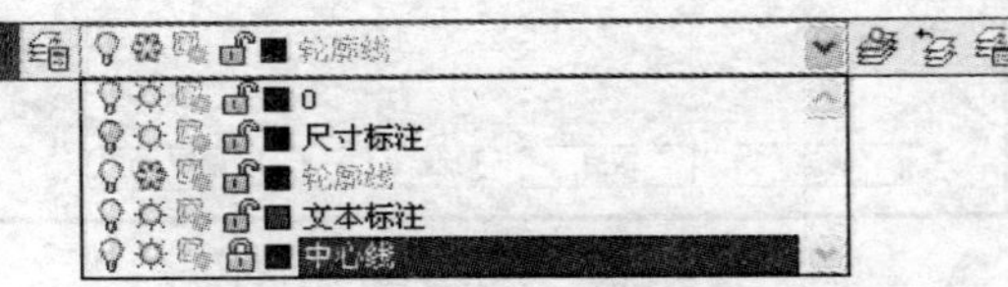

图 4.1.12 修改图层状态

3．颜色控制

选择图形对象后，在“特性”工具栏的颜色控制下拉列表“ByLayer”中选择要更换的颜色，即可快速修改图形对象的颜色，如图 4.1.13 所示。

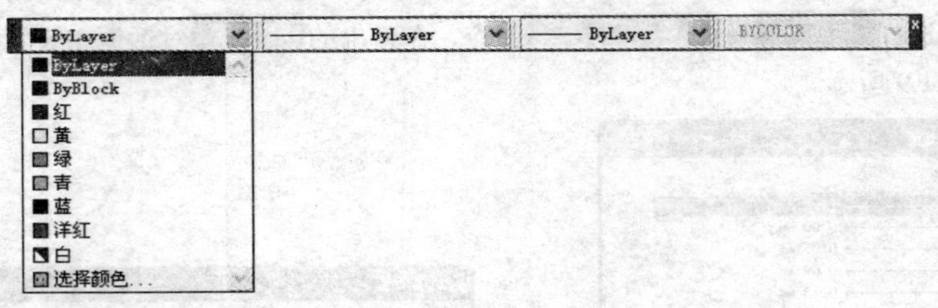

图 4.1.13 “颜色控制”下拉列表

4．线型控制

在“特性”工具栏中也可以修改图形对象的线型。选择图形对象，在“特性”工具栏中的线型控制下拉列表“ByLayer”中选择合适的线型，即可快速修改图形对象的线型。如果该下拉列表中没有合适的线型，可以选择该列表中的“其他”选项，在弹出的“线型管理器”对话框中进行加载，如图 4.1.14 和图 4.1.15 所示。

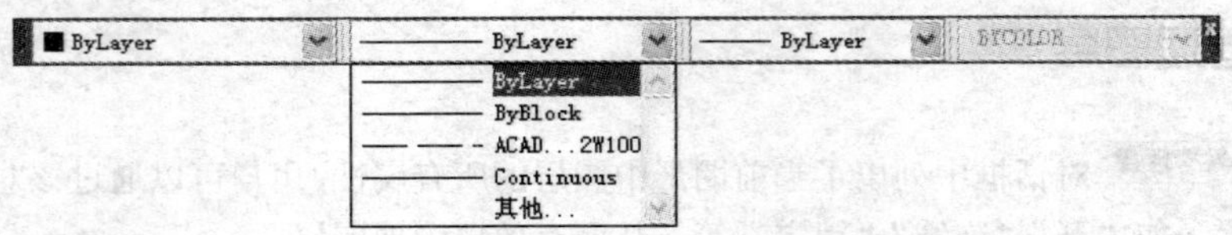

图 4.1.14 “线型控制”下拉列表

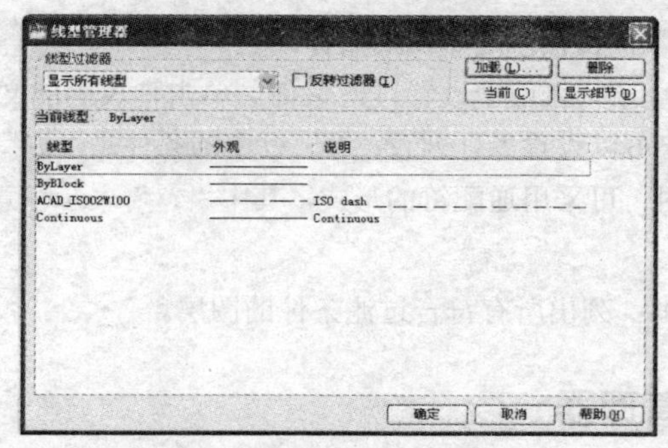

图 4.1.15　“线型管理器”对话框

5．线宽控制

通过“特性”工具栏也可以修改图形对象的线宽。选择图形对象后，在“特性”工具栏中的线宽控制下拉列表——ByLayer中选择合适的线宽即可，如图 4.1.16 所示。只有打开线宽显示后，才能看到设置的线宽效果。

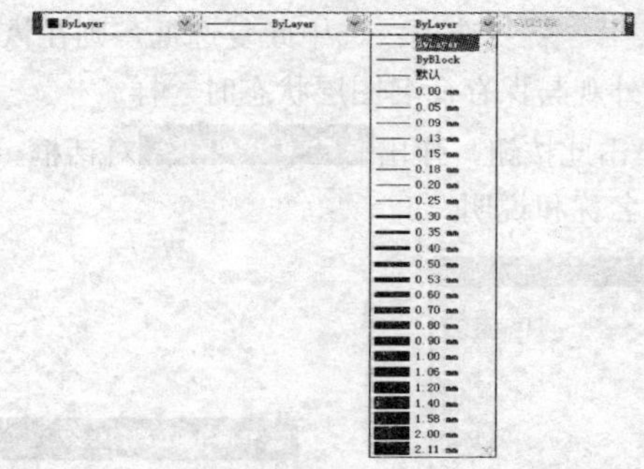

图 4.1.16　“线宽控制”下拉列表

4.1.6　过滤图层

当图形中含有大量图层时，可以使用 AutoCAD 2010 改进的图层过滤功能方便用户操作图层。单击图层特性管理器对话框中的“新特性过滤器”按钮，弹出图层过滤器特性对话框，如图 4.1.17 所示。使用该对话框，用户可以根据图层特性创建图层过滤器。

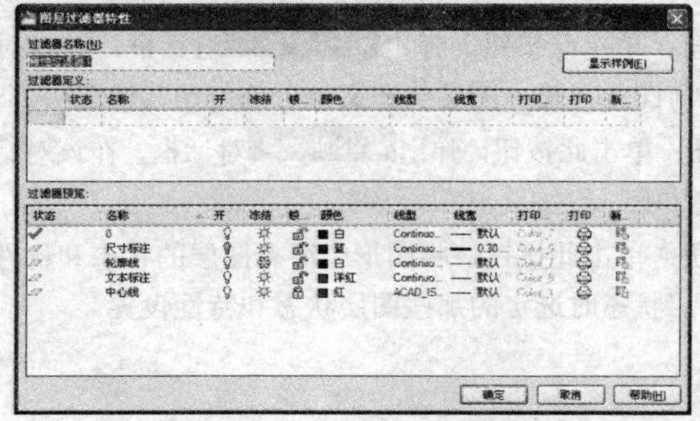

图 4.1.17　“图层过滤器特性”对话框

该对话框中各选项功能介绍如下：

（1）过滤器名称(N):文本框：输入过滤器的名称。

（2）过滤器定义:列表：该列表用于设置过滤条件。单击列表中的文本框，可以在下拉列表或对话框中设置过滤条件。用户可以设置多行列表，每一行中的条件是“与”的关系，行与行之间是“或”的关系。当指定图层名称时，可采用通配符的形式，其中“？”表示任意一个字符，“*”表示任意多个字符。

（3）过滤器预览:列表框：列出所有符合过滤条件的图层。

4.1.7 图层状态管理器

单击图层特性管理器对话框中的“图层状态管理器”按钮，弹出图层状态管理器对话框，如图 4.1.18 所示。

该对话框中各选项功能介绍如下：

（1）图层状态(E)列表框：列出保存在图形中的命名图层状态、保存它们的空间及可选说明。

（2）恢复选项选项组：指定恢复选定命名图层状态时所要恢复的图层状态设置和图层特性。

（3）☑不列出外部参照中的图层状态(F)复选框：选中此复选框，则在恢复命名图层状态时，关闭未保存设置的新图层，以便图形的外观与保存命名图层状态时一样。

（4）新建(N)...按钮：单击此按钮，弹出要保存的新图层状态对话框，如图 4.1.19 所示，在该对话框中可以输入新命名图形状态的名称和说明。

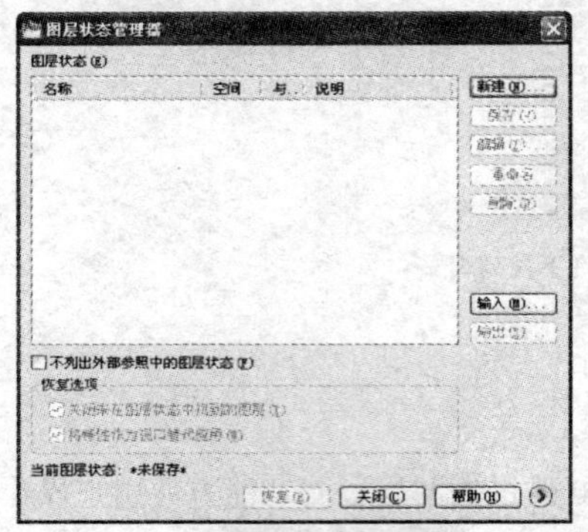

图 4.1.18 “图层状态管理器”对话框

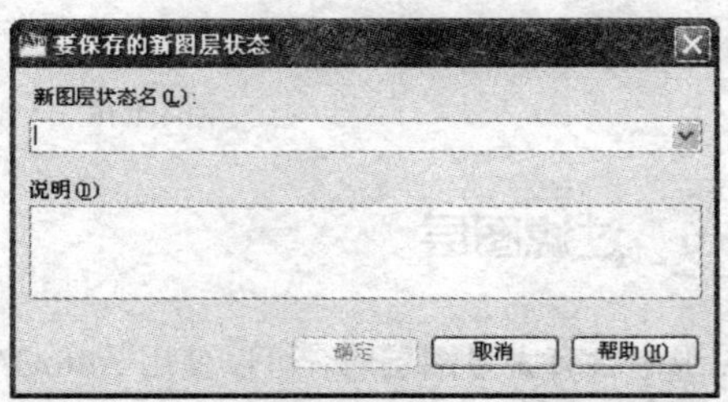

图 4.1.19 “要保存的新图层状态”对话框

（5）删除(D)按钮：单击此按钮，删除选定命名图层状态。

（6）输入(M)...按钮：单击此按钮，弹出输入图层状态对话框，在该对话框中可以将上一次输出的图层状态文件加载到当前图形。输入图层状态文件可能创建其他图层。

（7）输出(X)...按钮：单击此按钮，弹出输出图层状态对话框，在该对话框中可以将选定的命名图层状态保存到图层状态文件中。

（8）恢复(R)按钮：单击此按钮，将图形中所有图层的状态和特性设置恢复为先前保存的设置。仅恢复保存该命名图层状态时选定的那些图层状态和特性设置。

4.1.8 转换图层

使用图层转换器可以修改图形的图层，使其与用户设置的图层标准相匹配。选择工具(T)→CAD 标准(S)→图层转换器(L)...命令，弹出图层转换器对话框，如图 4.1.20 所示。

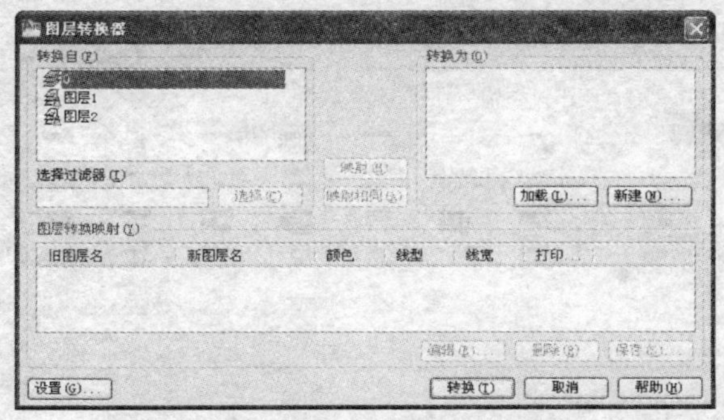

图 4.1.20　“图层转换器”对话框

该对话框中各选项功能介绍如下：

（1）转换自(F) 列表框：显示了当前图形中即将被转换的图层结构，用户可以在列表框中选择，也可以通过选择过滤器来选择。

（2）转换为(O) 列表框：显示将当前图层转换成其他图层的名称。单击 加载(L)... 按钮，弹出 选择图形文件 对话框，在该对话框中可以选择作为图层标准的图形文件，并将该图层结构显示在 转换为(O) 列表框中；单击 新建(N)... 按钮，弹出 新图层 对话框，如图 4.1.21 所示。在该对话框中可创建新的图层作为转换匹配图层，新建的图层也会显示在 转换为(O) 列表框中。

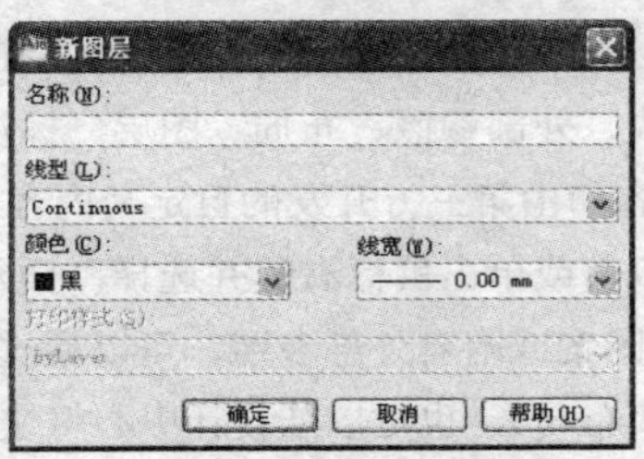

图 4.1.21　“新图层”对话框

（3）映射(M) 按钮：单击该按钮，可以将在 转换自(F) 列表框中选中的图层映射到 转换为(O) 列表框中，并且当图层被映射后，它将从 转换自(F) 列表框中被删除。

（4）转换(T) 按钮：单击该按钮，开始转换图层并关闭 图层转换器 对话框。

4.2　AutoCAD 设计中心

在 AutoCAD 2010 中使用设计中心可以很方便地对块、图层、外部参照、文字和标注样式等内容进行访问，还可以实现不同图形内容的相互利用，可以有效地组织与管理设计内容。

4.2.1　设计中心窗口

打开设计中心窗口的方法有以下 3 种：

（1）单击“标准”工具栏中的“设计中心”按钮。

（2）选择 工具(T) → 选项板 → 设计中心(D) Ctrl+2 命令。

（3）在命令行中输入命令 adcenter。

执行此命令后，打开 设计中心 窗口，如图 4.2.1 所示。

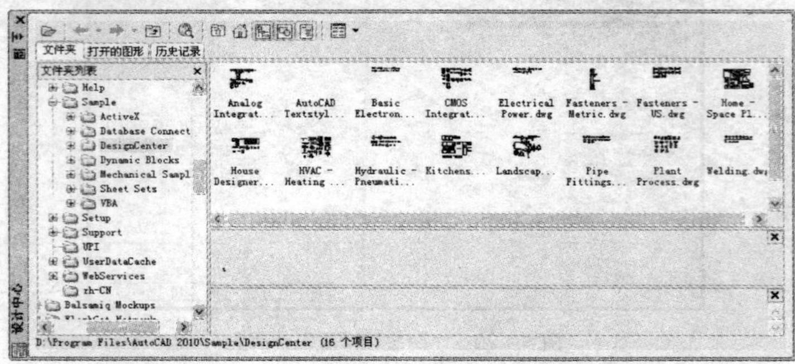

图 4.2.1 AutoCAD 2010 的设计中心窗口

该窗口中各项功能介绍如下：

（1）树状图。设计中心窗口的左侧窗格中显示的内容为树状图，树状图显示了用户计算机和网络驱动器上的文件与文件夹的层次结构、打开图形的列表、自定义内容以及上次访问过的位置的历史记录。选择树状图中的项目以便在内容区域中显示其内容。

（2）内容区域。设计中心窗口的右侧窗格中显示的内容为内容区域。显示树状图中当前选定“容器”的内容。容器是包含设计中心可以访问信息的网络、计算机、磁盘、文件夹、文件或网址（URL）。根据树状图中选定的容器，内容区域显示的内容有含有图形或其他文件的文件夹、图形文件、图形中包含的命名对象（命名对象包括块、外部参照、布局、图层、标注样式和文字样式）、图像或图标表示块或填充图案、基于 Web 的内容和由第三方开发的自定义内容。

在内容区域中，通过拖动、双击或单击鼠标右键并选择“插入为块”“附着为外部参照”或“复制”，可以在图形中插入块、填充图案或附着外部参照，可以通过拖动或单击鼠标右键向图形中添加其他内容（例如图层、标注样式和布局），也可以从设计中心将块和填充图案拖动到工具选项板中。

4.2.2 查找文件

使用 AutoCAD 设计中心可以快速查找图形、填充图案、填充图案文件、图层、块、图形和块、外部参照、文字样式、线型、标注样式和布局等内容。单击设计中心工具栏中的“搜索”按钮，弹出 搜索 对话框，如图 4.2.2 所示。

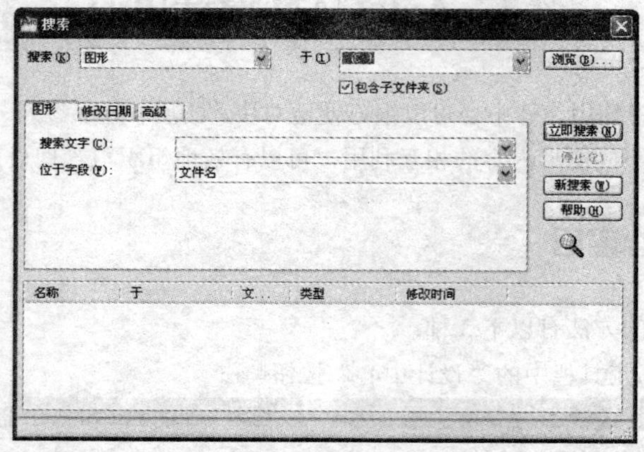

图 4.2.2 “搜索”对话框

在该对话框中的搜索(K)下拉列表中选择搜索文件的类型，在于(I)下拉列表中选择搜索范围，然后在搜索文字(C):文本框中输入要搜索的文件名，单击立即搜索(N)按钮开始进行搜索，搜索的结果将显示在对话框下边的列表框中。如果要进行详细的搜索，可以在该对话框中的修改时间和高级选项卡中设置详细的搜索条件。

4.2.3　在图形文档中插入设计中心内容

利用设计中心可以在图形文档中插入已经创建的块、图片、外部参照、文字样式等内容，这样不仅可以提高绘图效率，还可以统一绘图标准。

1．插入块

从设计中心向当前图形文档中插入块有两种方法：自动换算比例插入块和指定比例插入块。

（1）自动换算比例插入块：在设计中心内容区域中选中要插入的块后，按住鼠标左键拖动图块到绘图窗口中指定的位置后释放鼠标，系统会自动换算比例插入选中的块，如图 4.2.3 所示。

图 4.2.3　自动换算比例插入图块

（2）指定比例插入块：在设计中心内容区域中选中要插入的块后，按住鼠标右键拖动图块到绘图窗口指定的位置后释放鼠标，然后在弹出的快捷菜单中选择“插入块”命令，弹出插入对话框，如图 4.2.4 所示。在该对话框中可以设置块的插入点、缩放比例和旋转角度。

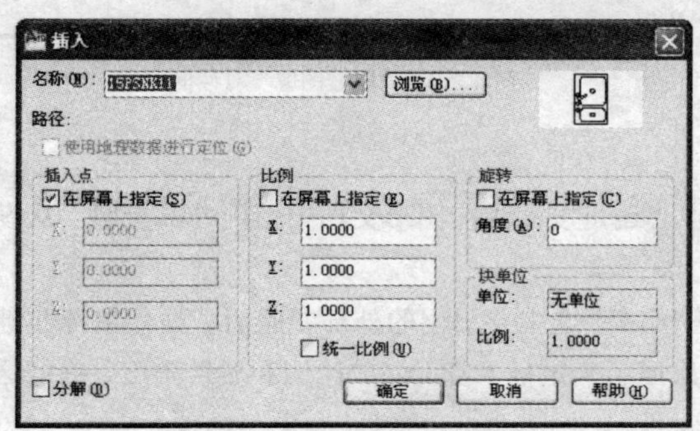

图 4.2.4　“插入”对话框

2．插入图片

利用 AutoCAD 设计中心可以向当前图形文档中插入图片。在插入图片时需要确定插入点、插入比例和旋转角度。插入图片的方法有以下两种：

（1）在设计中心内容区域中选中要插入的图片后，按住鼠标左键拖动图片到绘图窗口中后释放鼠标，系统会依次提示确定插入点、缩放比例和旋转角度，确定这 3 个参数后即可将图片插入到当前图形文档中，如图 4.2.5 所示。

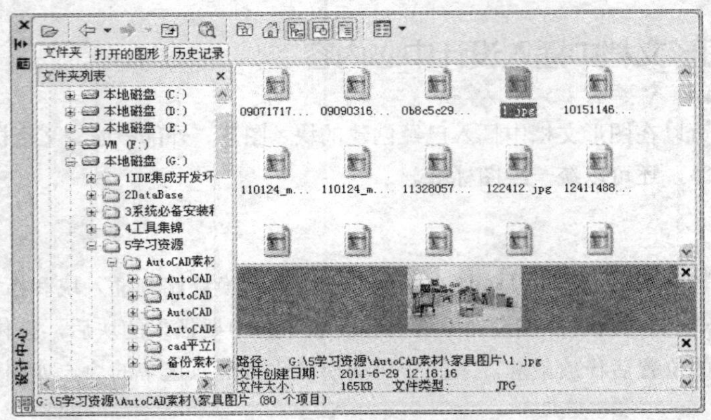

图 4.2.5　拖动图片到当前文档

（2）在设计中心内容区域中选中要插入的块后，按住鼠标右键拖动图片到绘图窗口后释放鼠标，在弹出的快捷菜单中选择“附着图像”命令，弹出附着图像对话框，如图 4.2.6 所示。在该对话框中可以设置图片的插入点、缩放比例和旋转角度。

图 4.2.6　“附着图像”对话框

3．引用外部参照

利用 AutoCAD 设计中心还可以向当前图形文档中引用外部参照。从设计中心引用外部参照的方法有以下两种：

（1）在设计中心内容区域中选中要引用的外部参照后，按住鼠标左键拖动参照对象到绘图窗口中后释放鼠标，系统会依次提示确定插入点、缩放比例和旋转角度，确定这 3 个参数后即可在当前图形文档中引用此参照对象。

（2）在设计中心内容区域中选中要引用的外部参照后，按住鼠标右键拖动参照对象到绘图窗口后释放鼠标，在弹出的快捷菜单中选择“附着为外部参照”命令，弹出附着外部参照对话框，如图 4.2.7 所示。在该对话框中可以设置图片的插入点、缩放比例和旋转角度。

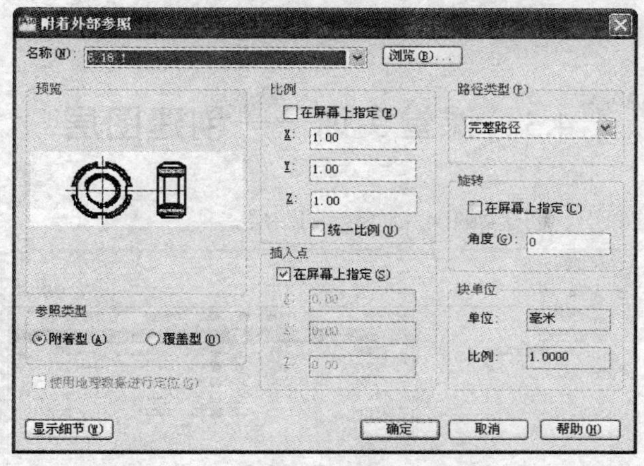

图 4.2.7　“附着外部参照”对话框

4．从设计中心复制其他内容

在 AutoCAD 设计中心左边的树状图中选中一个图形文件后，在右边的内容窗口中会显示该图形文件中的标注样式、表格样式、布局、块、图层、外部参照、文字样式和线型等图标，如图 4.2.8 所示，用鼠标左键拖动相应的图标到当前图形文档中，即可将其复制到该图形中。

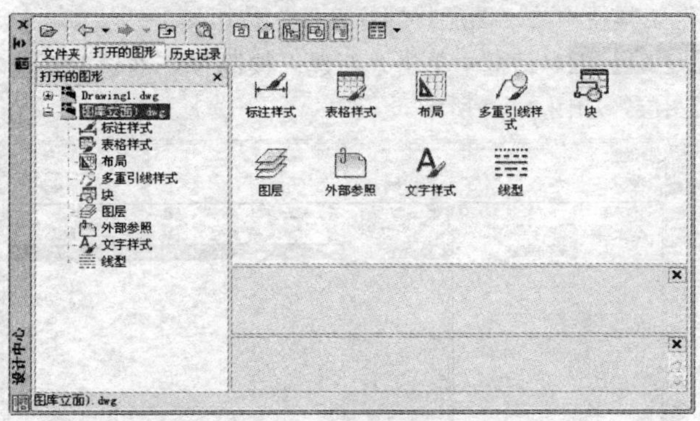

图 4.2.8　设计中心中的其他内容

4.2.4　利用收藏夹功能管理内容

AutoCAD 设计中心提供了收藏夹功能，用户可以将经常访问的内容放到收藏夹中，这样就可以快速访问到需要的内容了。

1．收藏夹添加内容

向收藏夹中添加内容就是在收藏夹中建立访问内容的快捷访问路径。在 AutoCAD 设计中心的树状图或内容区域中选中要添加的内容后，单击鼠标右键，在弹出的快捷菜单中选择“添加到收藏夹”命令即可。

2．组织收藏夹中的内容

对于已经添加到收藏夹中的内容，还可以对其进行移动、复制或删除等操作。在 AutoCAD 设计中心树状图或内容区域空白处单击鼠标右键，在弹出的快捷菜单中选择“组织收藏夹”命令，打开

Autodesk窗口，用户可以在该窗口中组织和管理收藏夹中的内容。

4.3　课堂实训——创建图层

按照本章所学习的知识，创建如图 4.3.1 所示的图层。

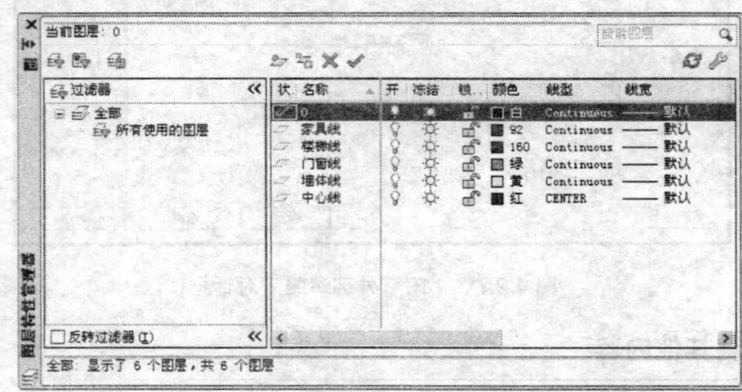

图 4.3.1　创建图层

操作步骤

（1）单击“图层”工具栏中的“图层特性管理器”按钮。

（2）在弹出的图层状态管理器对话框中单击“新建”按钮，在该对话框右边的窗口中会出现一个名为“图层 1”的新图层，如图 4.3.2 所示。

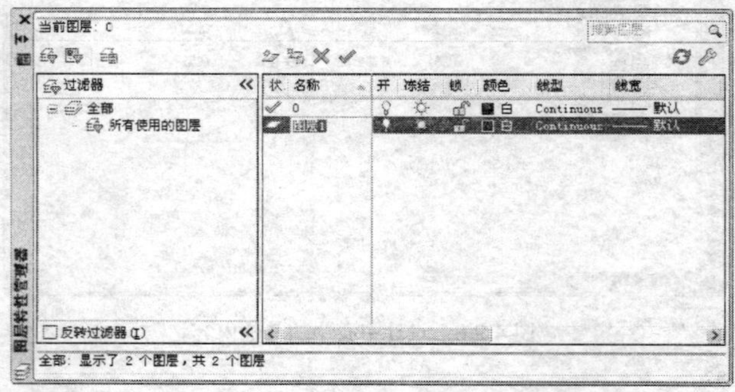

图 4.3.2　“图层特性管理器”对话框

（3）用鼠标左键在该图层的名称列表中的图层1图标上连续单击 3 次，激活名称属性，然后输入文字“中心线”，如图 4.3.3 所示。

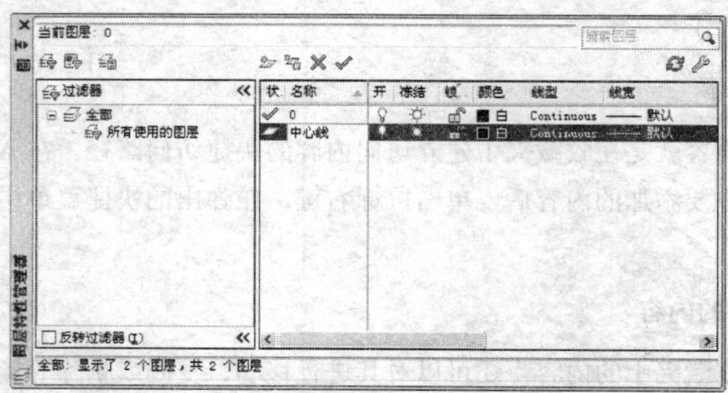

图 4.3.3　设置图层名称

（4）单击该图层颜色列表中的■白图标，在弹出的选择颜色对话框中选择红色后单击确定按钮返回到图层特性管理器对话框，如图 4.3.4 所示。

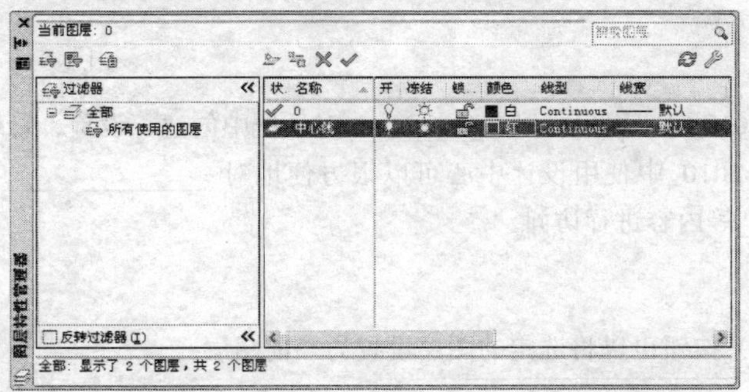

图 4.3.4　设置图层颜色

（5）单击该图层线型列表中的Continuous图标，在弹出的选择线型对话框中单击加载(L)...按钮，然后在弹出的加载或重载线型对话框中的可用线型列表中选择“CENTER”选项，单击确定按钮返回到选择线型对话框。在该对话框中的已加载的线型列表框中选择刚加载的“CENTER”线型，然后单击确定按钮返回到图层特性管理器对话框，如图 4.3.5 所示。

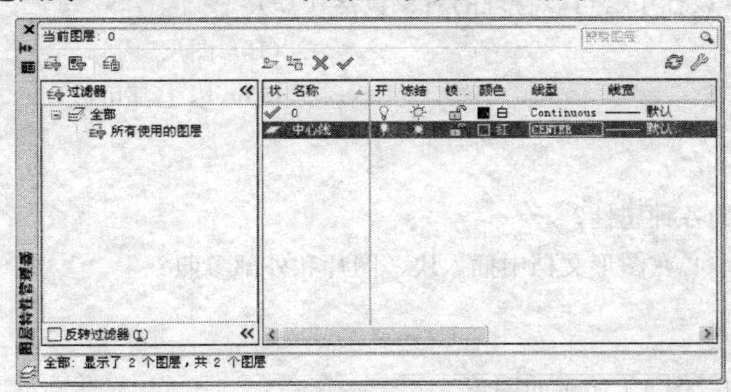

图 4.3.5　设置图层线型

（6）再次单击图层特性管理器对话框中的“新建”按钮，重复步骤（2）～（5）的操作，创建其他几个图层，属性设置如表 4.1 所示。

表 4.1　设置图层属性

图层名称	颜色属性	线型属性
中心线	红色	CENTER
墙体线	黄色	Continuous
门窗线	绿色	Continuous
楼梯线	浅蓝色	Continuous
家具线	墨绿色	Continuous

（7）新建的所有图层如图 4.3.1 所示。

本 章 小 结

本章主要介绍了 AutoCAD 2010 图层和设计中心的使用方法，通过本章的学习，读者应该熟练掌握 AutoCAD 2010 中图层的各种操作和设计中心的使用方法。

操 作 练 习

一、填空题

1．在 AutoCAD 2010 中，用户可以在__________对话框中创建、设置、管理和删除图层。

2．在 AutoCAD 2010 中使用设计中心可以很方便地对__________、__________、__________、__________和__________等内容进行访问。

二、选择题

1．单击以下（　）按钮可以将选定的图层设置为当前图层。

（A）　　　　（B）

（C）　　　　（D）

2．使用“图层特性管理”可以设置图层的（　）属性。

（A）名称　　（B）线型

（C）颜色　　（D）线宽

3．AutoCAD 2010 设计中心可以管理的对象包括（　）。

（A）块　　（B）图层

（C）外部参照　　（D）以上都可以

三、简答题

1．如何设置图层的各种属性？

2．如何利用设计中心在图形文档中插入块、图片和外部参照？

四、上机操作题

新建图层，绘制如题图 4.1 所示的图形。

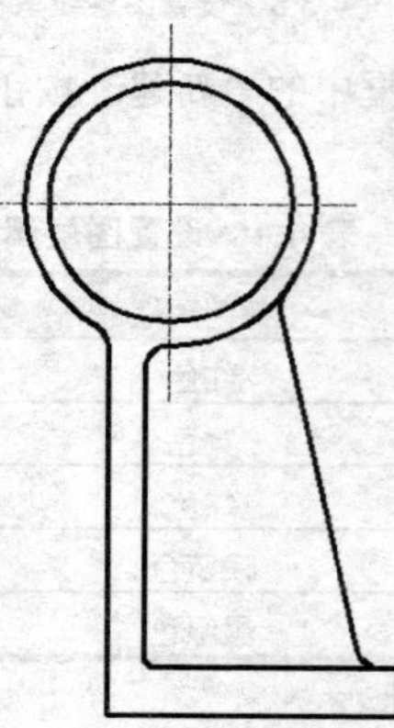

题图　4.1

第 5 章　文本标注与表格

工程图中一般都包含文字，部分工程图中还包含表格，详细的文字说明以及布局合理的表格可以更清楚地表达设计人员的设计思想。本章主要介绍文本标注和表格的创建与编辑。通过本章的学习，读者应能够熟练地向图形中添加文字和表格。

知识要点

- 创建与编辑文字标注
- 创建与编辑表格

5.1　创建文字标注

图形中的文字分为两种：一种是单行文字，另一种是多行文字。单行文字多用于标题栏信息、尺寸标注等简短的说明，多行文字多用于工艺流程、技术说明等段落格式的信息。本节主要介绍单行文字和多行文字的创建与编辑。

5.1.1　设置文字样式

在创建文字标注之前首先要设置文字样式，因为在 AutoCAD 中，所有的文字都与文字样式相关联。使用文字样式可以设置文字的文本文件、字符宽度、文字倾斜角度和高度等属性，以及相反、颠倒效果。执行创建文字样式的方法有以下 3 种：

（1）单击“样式”工具栏中的“文字样式”按钮。

（2）选择 格式(O) → 文字样式(S)... 命令。

（3）在命令行中输入命令 style。

执行此命令后，弹出 文字样式 对话框，如图 5.1.1 所示。

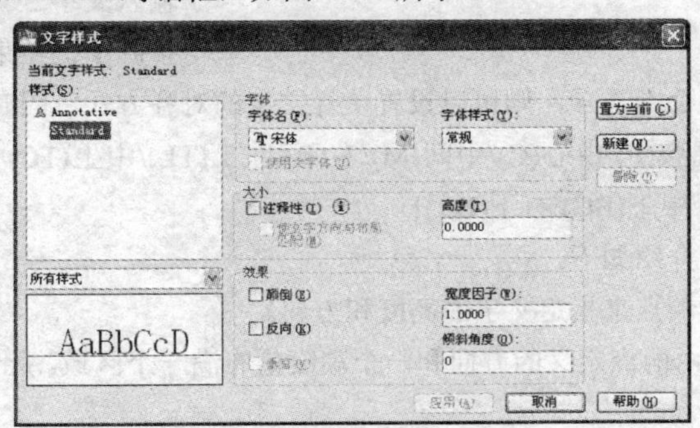

图 5.1.1　“文字样式”对话框

单击该对话框中的 新建(N)... 按钮，打开 新建文字样式 对话框，如图 5.1.2 所示。在该对话框中输入文字样式的名称，单击 确定 按钮后即可创建新的文字样式，并在 文字样式 对话框中设置新建文字样式的字体、字体样式、大小、高度、效果、宽度因子和倾斜角度等参数。

图 5.1.2 “新建文字样式”对话框

在左边的样式列表框中选中一种文字样式，然后在 文字样式 对话框中修改各项参数，最后单击 应用(A) 和 关闭(C) 按钮，保存对文字样式的修改。如果选中左边的文字样式，单击 删除(D) 按钮，即可删除该文字样式。如果选中左边的文字样式，单击 置为当前(C) 按钮，即可将该文字样式设置为当前文字样式。

某些样式设置对单行文字和多行文字的影响效果不同，如修改“颠倒”和“反向”选项对多行文字没有影响，修改“宽度比例”和“倾斜角度”对单行文字没有影响。就是说在创建了文字样式后，对已经标注的文字的样式进行修改后，多行文字的“颠倒”和“反向”效果不会改变，单行文字的“宽度比例”和“倾斜角度”效果不会改变。

5.1.2 创建单行文字

使用单行文字标注图形，一次只能输入一行文字，系统不会自动换行。执行创建单行文字命令的方法有以下 3 种：

（1）单击“文字”工具栏中的“单行文字”按钮 AI。

（2）选择 绘图(D) → 文字(X) → 单行文字(S) 命令。

（3）在命令行中输入命令 dtext。

执行该命令后，命令行提示如下：

命令: _dtext

当前文字样式: Standard 当前文字高度: 184.0202

指定文字的起点或[对正(J)/样式(S)]: //指定单行文字的起点

指定高度 <184.0202>: //输入文字的高度

指定文字的旋转角度 <0>: //输入文字的旋转角度

输入文字: //输入文字

输入文字: //按回车键结束命令

如果选择“对正(J)”命令选项，则可以设置单行文字的对齐方式，同时命令行提示如下：

输入选项[对齐(A)/调整(F)/中心(C)/中间(M)/右(R)/左上(TL)/中上(TC)/右上(TR)/左中(ML)/正中(MC)/右中(MR)/左下(BL)/中下(BC)/右下(BR)]:

其中各命令选项功能介绍如下：

对齐：通过指定基线端点来指定文字的高度和方向。

调整：指定文字按照由两点定义的方向和一个高度值布满一个区域。此选项只适用于水平方向的文字。

中心：从基线的水平中心对齐文字，此基线是由用户给出的点指定的。

中间：文字在基线的水平中点和指定高度的垂直中点上对齐。中间对齐的文字不保持在基线上。

右：在由用户给出的点指定的基线上右对齐文字。

左上：在指定为文字顶点的点上左对齐文字。此选项只适用于水平方向的文字。

中上：以指定为文字顶点的点居中对齐文字。此选项只适用于水平方向的文字。

右上：以指定为文字顶点的点右对齐文字。此选项只适用于水平方向的文字。

左中：在指定为文字中间点的点上靠左对齐文字。此选项只适用于水平方向的文字。

正中：在文字的中央水平和垂直居中对齐文字。此选项只适用于水平方向的文字。

右中：以指定为文字的中间点的点右对齐文字。此选项只适用于水平方向的文字。

左下：以指定为基线的点左对齐文字。此选项只适用于水平方向的文字。

中下：以指定为基线的点居中对齐文字。此选项只适用于水平方向的文字。

右下：以指定为基线的点靠右对齐文字。此选项只适用于水平方向的文字。

单行文字的对齐方式如图 5.1.3 所示。

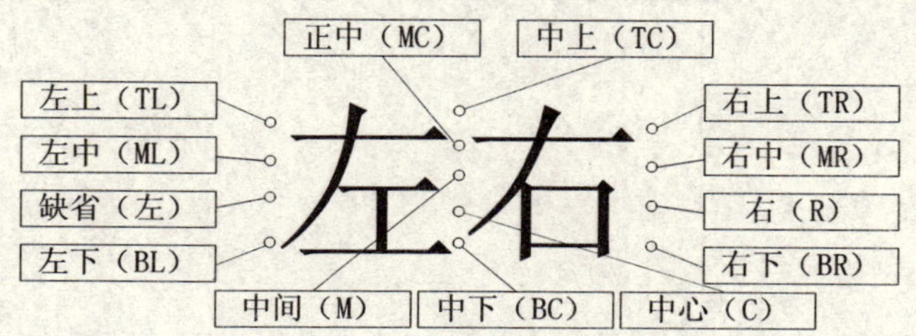

图 5.1.3　单行文字的对齐方式

如果选择“样式(S)”命令选项，则可以设置当前文字使用的文字样式。

创建的单行文字如图 5.1.4 所示。

创建单行文字

图 5.1.4　“创建单行文字”样式

5.1.3　创建多行文字

使用多行文字标注图形时，在多行文字中可以使用不同的字体和字号。执行创建多行文字命令的方法有以下 3 种：

（1）单击“文字”工具栏中的“多行文字”按钮 A。

（2）选择 绘图(D) → 文字(X) → 多行文字(M)... 命令。

（3）在命令行中输入命令 mtext。

执行该命令后，命令行提示如下：

命令: _mtext　//执行创建多行文字命令

当前文字样式:"样式 1"　当前文字高度:30　//系统提示

指定第一角点:　//在绘图窗口中指定多行文本编辑窗口的第一个角点

指定对角点或 [高度(H)/对正(J)/行距(L)/旋转(R)/样式(S)/宽度(W)]: //指定多行文本编辑窗口的第二个角点

其中各命令选项功能介绍如下：

（1）高度(H)：指定用于多行文字字符的文字高度。

（2）对正(J)：根据文字边界确定新文字或选定文字的文字对齐方式和文字走向。

（3）行距(L)：指定多行文字对象的行距。行距是一行文字的底部（或基线）与下一行文字底部之间的垂直距离。

（4）旋转(R)：指定文字边界的旋转角度。

（5）样式(S)：指定用于多行文字的文字样式。

（6）宽度(W)：指定文字边界的宽度。

指定第二个角点后，在绘图窗口中弹出如图 5.1.5 所示的多行文本编辑器。

图 5.1.5　多行文本编辑器

该编辑器用于控制多行文字的样式及文字的显示效果。其中各选项的功能介绍如下：

（1）“文字样式”下拉列表框 Standard ：用于设置多行文字的文字样式。

（2）“字体”下拉列表框 宋体 ：用于设置多行文字的字体。

（3）“文字高度”下拉列表框 2.5 ：用于确定文字的字符高度。在其下拉列表中可选择文字高度或直接在下拉列表框中输入文字高度。

（4）“堆叠/非堆叠文字”按钮 ：单击此按钮，创建堆叠文字。例如，在多行文本编辑器中输入：“%%C10+0.03^-0.03”，然后选中“+0.03^-0.03”，单击此按钮，效果如图 5.1.6 中第一个图所示。如图 5.1.6 所示为文字堆叠的 3 种效果，其中后两种效果的原始输入格式为“%%C10H3/H4”和“53#4”。

$$Ø10^{+0.03}_{-0.03}\quad Ø10\frac{H3}{H4}\quad 5^3\!/\!_4$$

图 5.1.6　文字堆叠效果

（5）“文字颜色”下拉列表框 ByLayer ：用来设置或改变文本的颜色。

如图 5.1.7 所示为创建的多行文字。

技术要求

非加工面涂防锈漆

图 5.1.7　创建的多行文字

5.1.4　特殊字符的输入

AutoCAD 中某些特殊字符不能直接从键盘输入，但可以通过输入控制码来输入这些特殊字符。控制码由两个百分号（%%）和一个字母组成，如表 5.1 所示。另外，通过单击“文字格式”编辑器

中的“选项”按钮，弹出“文字编辑”快捷菜单，选择该快捷菜单中的“符号”命令，弹出如图 5.1.8 所示的快捷菜单，选择该菜单中的相应命令，也可以输入特殊字符。

表 5.1　AutoCAD 控制码

符　号	功　能
%%O	打开或关闭文字上画线
%%U	打开或关闭文字下画线
%%D	标注度（°）符号
%%P	标注正负公差（±）符号
%%C	标注直径（ф）符号

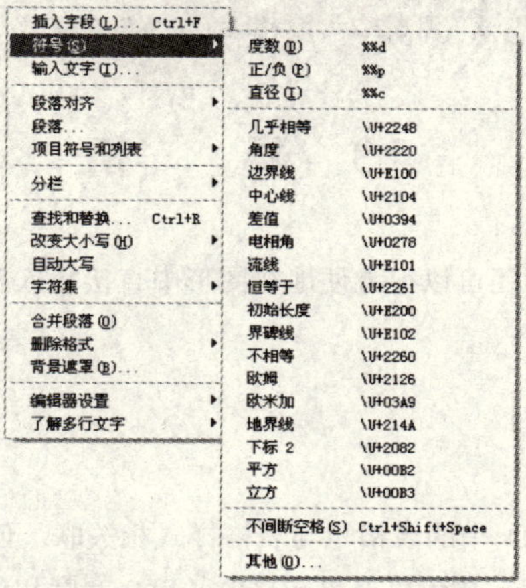

图 5.1.8　“文字编辑”快捷菜单

%%U 和%%O 用于控制打开和关闭文字的上画线和下画线，当第一次出现符号时即为打开，第二次出现符号时即为关闭。

5.2　编辑文字标注

对于图形中已经创建的文字，用户还可以对其进行编辑。执行编辑文字标注命令的方法有以下 3 种：

（1）单击“文字”工具栏中的“编辑文字”按钮。

（2）选择 修改(M) → 对象(O) → 文字(T) → 编辑(E)... 命令。

（3）在命令行中输入命令 ddedit。

双击需要编辑的文字对象可以执行编辑文字标注命令。

执行该命令后，如果选中的对象是单行文字，则被选中的文字效果如图 5.2.1 所示，用户可以对该文本框中的文字进行修改，完成后按回车键结束编辑文字命令。

图 5.2.1　“编辑单行文字”效果

执行命令后如果选中的对象是多行文字，则弹出“文字格式”编辑器，如图 5.2.2 所示，用户可以在该编辑器中对多行文字的样式、字体、文字高度和颜色等属性进行编辑，完成后单击“文字格式”

编辑器中的确定按钮结束编辑文字命令。

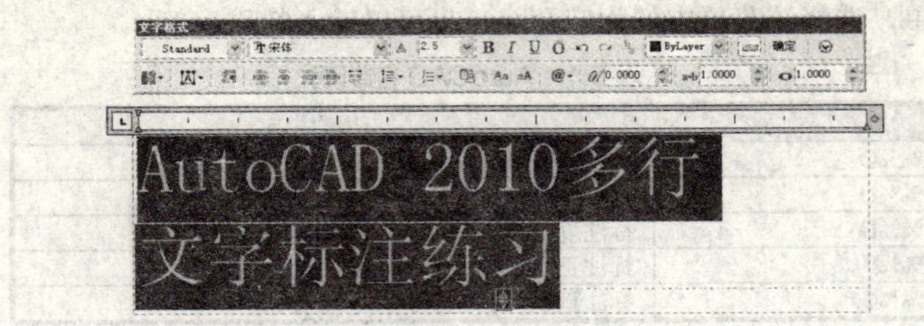

图 5.2.2 “编辑多行文字”效果

5.3 表 格

在 AutoCAD 2010 中，用户还可以很方便地在图形中直接插入表格。本节主要介绍表格的创建与编辑。

5.3.1 创建表格样式

与文字标注一样，AutoCAD 中的表格也与表格样式相关联。创建表格样式可以设置表格的标题栏与数据栏中文字的样式、高度、颜色以及单元格的长度、宽度和边框特性。执行创建表格样式命令的方法有以下 3 种：

（1）单击“绘图”工具栏中的“表格”按钮，在弹出的插入表格对话框中单击“‘表格样式’对话框”按钮。

（2）选择格式(O)→表格样式(B)...命令。

（3）在命令行中输入命令 tablestyle。

执行该命令后，弹出表格样式对话框，如图 5.3.1 所示。

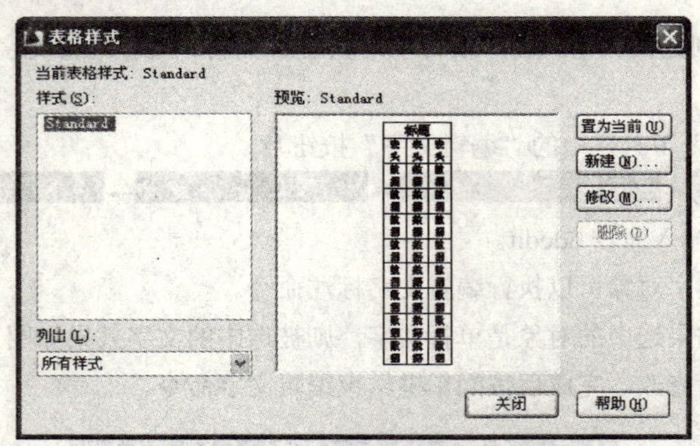

图 5.3.1 “表格样式”对话框

单击该对话框中的新建(N)...按钮，弹出创建新的表格样式对话框，如图 5.3.2 所示。在该对话框中的新样式名(N):文本框中输入新建表格样式的名称，在基础样式(S):下拉列表中选择一个表格样式作为基础样式，然后单击继续按钮，弹出新建表格样式：Standard 副本对话框，如图 5.3.3 所示。在该对话框中有“常规”“文字”和“边框”三个选项卡，利用这 3 个选项卡可以设置表格数据单元格、列标题单元格和标题单元格的属性，以及单元格的长、宽和边框属性。属性设置完成后，单击该对话框中的 确定 按钮即可完成表格样式的设置。

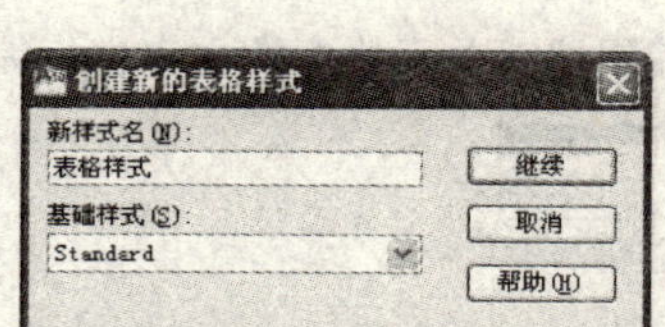

图 5.3.2 “创建新的表格样式”对话框

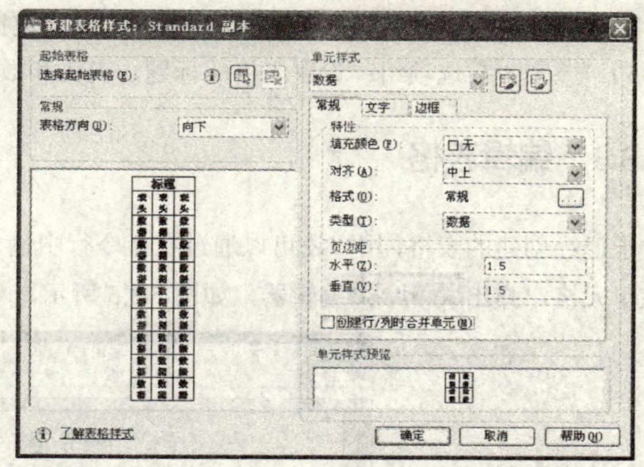

图 5.3.3 “新建表格样式：Standard 副本”对话框

5.3.2 创建表格

执行绘制表格命令的方法有以下 3 种：

（1）单击“绘图”工具栏中的“表格”按钮。

（2）选择 绘图(D) → 表格 命令。

（3）在命令行中输入命令 table。

执行该命令后，弹出 插入表格 对话框，如图 5.3.4 所示。

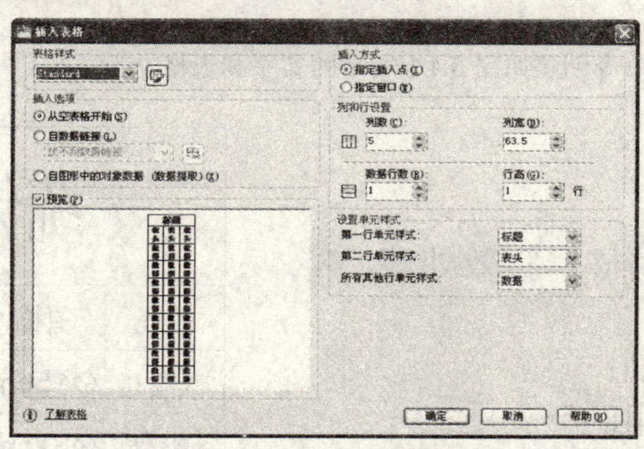

图 5.3.4 “插入表格”对话框

该对话框中各选项功能介绍如下：

（1）表格样式 选项组：在该选项组中的下拉列表框中选择应用新建表格的表格样式。如果需要创建新的表格样式，可以单击右边的“表格样式”按钮，在弹出的 表格样式 对话框中创建新的表格样式，并在下拉列表框中选中新建的样式。

（2）插入选项 选项组：设置新建表格的状态。如果选择 ⊙从空表格开始(S) 单选按钮，则创建一个空表格，用户对表格中的内容进行编辑；如果选择 ⊙自数据链接(L) 单选按钮，则创建由数据项转换来的表格；如果选择 ⊙自图形中的对象数据（数据提取）(X) 选项，则由图形对象提取数据创建表格。

（3）插入方式 选项组：指定表格以何种方式插入到图形中。如果选择 ⊙指定插入点(I) 单选按钮，则在图形对象中指定一点作为表格的插入点插入表格；如果选择 ⊙指定窗口(W) 单选按钮，则插入表格时指定表格的大小和位置。

（4）列和行设置 选项组：设置表格的列数、行数、数据行数和行高。

（5）设置单元样式 选项组：设置表格的标题、表头和数据的单元样式。

5.3.3 编辑表格

对于已经创建的表格，用户还可以通过在命令行中输入命令“tabledit”或直接双击表格的单元格，激活该单元格，弹出 文字格式 编辑器，如图 5.3.5 所示，利用该编辑器对单元格中的文字进行编辑。

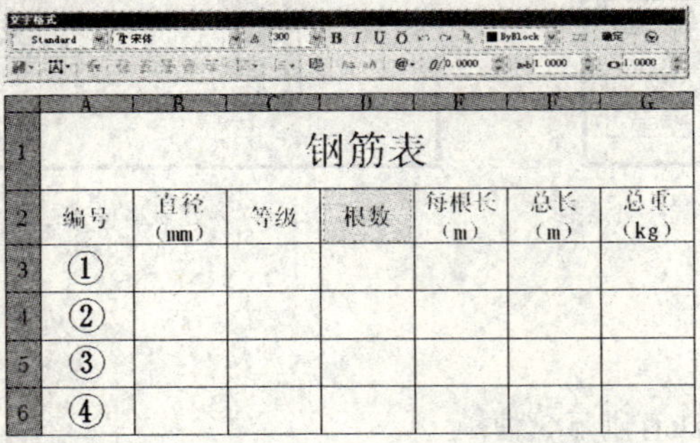

	A	B	C	D	E	F	G
1	钢筋表						
2	编号	直径（mm）	等级	根数	每根长（m）	总长（m）	总重（kg）
3	①						
4	②						
5	③						
6	④						

图 5.3.5 “文字格式”编辑器

5.4 课堂实训——创建文字与表格

使用文字标注和表格命令创建如图 5.4.1 所示的文字和表格。

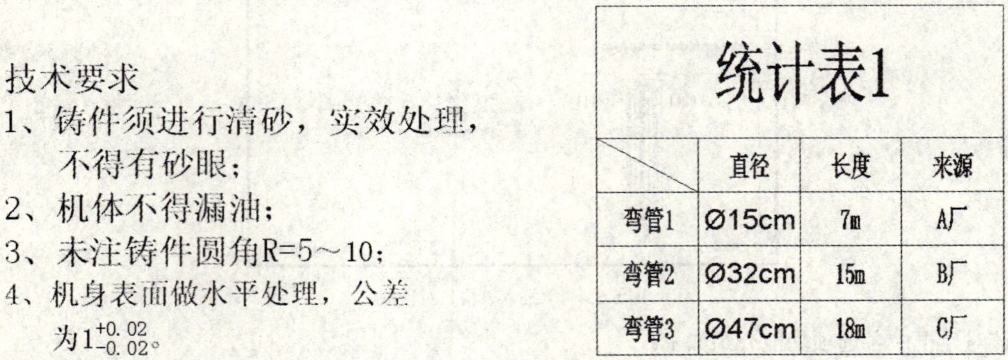

技术要求

1、铸件须进行清砂，实效处理，
不得有砂眼；

2、机体不得漏油；

3、未注铸件圆角R=5～10；

4、机身表面做水平处理，公差
为$1^{+0.02}_{-0.02}$。

统计表1			
	直径	长度	来源
弯管1	Ø15cm	7m	A厂
弯管2	Ø32cm	15m	B厂
弯管3	Ø47cm	18m	C厂

图 5.4.1 创建文本标注和表格

操作步骤

（1）选择 格式(O) → 文字样式(S)... 命令，弹出 文字样式 对话框，单击该对话框中的 新建(N)... 按钮，在弹出的 新建文字样式 对话框中的 样式名: 文本框中输入新的文字样式名“样式 1”，然后单击 确定 按钮返回到 文字样式 对话框。

（2）在该对话框中设置文字样式如图 5.4.2 所示。

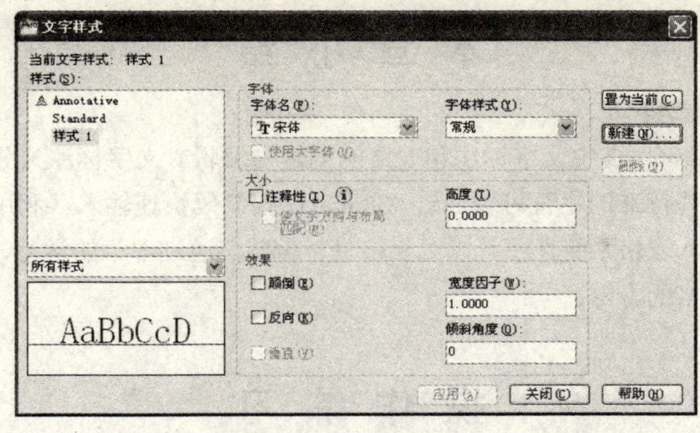

图 5.4.2　“文字样式”对话框

（3）单击“文字”工具栏中的“多行文字”按钮A，在绘图窗口中指定文本窗口，然后输入以下文字：

技术要求
1、铸件须进行清砂，实效处理，不得有砂眼；
2、机体不得漏油；
3、未注铸件圆角R=5～10；
4、机身表面做水平处理，公差为1+0.02^-0.02。

（4）选中“+0.02^-0.02”，单击“文字格式”编辑器中的“堆叠”按钮，则选中的文字就变成了如图 5.4.1 所示的形式。

（5）选择 格式(O) → 表格样式(B)... 命令，在弹出的 表格样式 对话框中单击 新建(N)... 按钮，弹出 创建新的表格样式 对话框，在该对话框中的文本框中输入新建表格样式的名称“表格样式 1”，然后单击 继续 按钮。

（6）在弹出的 新建表格样式：表格样式 对话框中设置“数据”“列标题”和“标题”的文字样式为“样式 1”；“数据”和“列标题”文字高度为 4，“标题”文字高度为 10，其他参数设置使用默认值。

（7）单击 确定 按钮完成表格样式的创建。

（8）单击“绘图”工具栏中的“表格”按钮，弹出 插入表格 对话框，在该对话框中的 表格样式 下拉列表中选择“表格样式”，选中 ⊙指定插入点(I) 单选按钮，其他参数设置如图 5.4.3 所示。

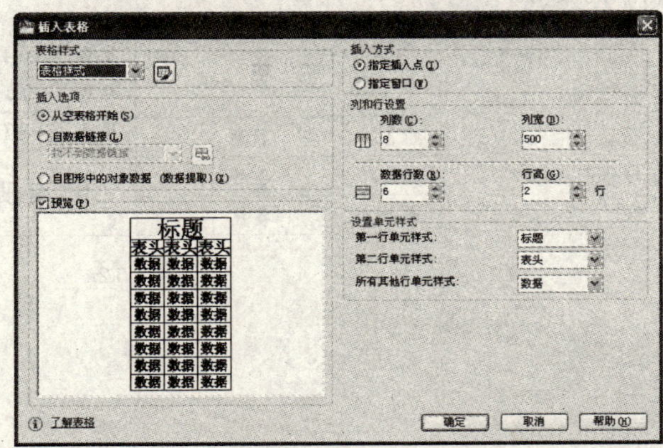

图 5.4.3　“插入表格”对话框

（9）参数设置完成后，单击 确定 按钮在绘图窗口中指定表格的插入点。

（10）向表格中输入数据，结果如图 5.4.1 所示。

本 章 小 结

本章主要介绍了 AutoCAD 中文字标注和表格的创建与编辑。文字标注又分为单行文字标注和多行文字标注，另外，一些特殊的字符可以通过 AutoCAD 控制码快速输入。利用 AutoCAD 2010 可以快速方便地在图形中插入表格，而且还可以对表格进行编辑。通过本章的学习，读者应能熟练掌握创建与编辑文本标注和表格的方法。

操 作 练 习

一、填空题

1．在 AutoCAD 2010 中，文字标注的方式有两种：一种是___________，另一种是___________。

2．表格样式设置了表格的___________、___________、___________等特性。

二、选择题

1．（ ）是用于输入直径的控制码。

（A）%% c （B）%%d （C）%%p （D）%%u

2．（ ）是创建表格的命令。

（A）style （B）mtext （C）table （D）tablestyle

三、简答题

1．在 AutoCAD 2010 中如何控制特殊字符的输入？

2．如何使表格的标题和数据文字大小不一样？

四、上机操作题

1．创建如题图 5.1 所示的文字标注。

2．绘制如题图 5.2 所示的表格。

技术要求

1.铸造圆角R4

2.表面粗糙度±0.02

3.全部倒角3×45°

题图 5.1

支架				比例	1:3:4	重量	Kg
				件数	3000	材料	HT200
姓名		日期		图号	金工工艺设计		JSZ022
班级		学号		中南理工大学			
评分		备注					

题图 5.2

第 6 章　块与外部参照

在一幅图形中可能需要绘制一些相同的图形对象，为了避免重复工作，AutoCAD 将这些图形定义为块，需要时可以将其作为一个整体插入到图形中。在插入块时还可以任意指定这些图形的比例、旋转角度和插入位置。

使用外部参照可以将其他图形链接到当前图形中，而且不需要存储图形数据，这在大的工程图设计中可以有效地节省磁盘空间。

知识要点

- 创建与插入块
- 创建与编辑块属性
- 创建与编辑动态块
- 使用外部参照

6.1　创建与插入块

块是一个或多个对象的组合，常用于绘制图形中比较复杂、反复出现的图形。在 AutoCAD 2010 中，用户可以将图形中的任何对象创建成块，并将创建的块按不同的比例或旋转角度插入到图形中的任何位置，还可以对已经创建的块进行编辑。本节将详细介绍块的创建和插入的方法。

6.1.1　创建块

块在 AutoCAD 中以两种类型存在，一种是内部块，只能在当前图形中使用；另一种是外部块，既可以在当前图形中使用，也可以在其他图形中使用。

1. 创建内部块

内部块只能在当前图形中使用，所以在创建内部块时不需要制定保存路径，系统会自动将其与当前图形数据保存在一起。在 AutoCAD 2010 中，执行创建内部块命令的方法有以下 3 种：

（1）单击“绘图”工具栏中的“创建块”按钮。

（2）选择 绘图(D) → 块(K) → 创建(M)... 命令。

（3）在命令行中输入命令 block。

执行创建内部块命令后，弹出 块定义 对话框，如图 6.1.1 所示。该对话框中各选项功能介绍如下：

（1）名称(N): 下拉列表框：在该下拉列表框中可直接输入定义块的名称。

（2）基点 选项组：该选项组用于设置块的插入基点。单击该选项组中的“拾取点”按钮在绘图窗口中指定插入基点，或直接在该按钮下边的 X，Y，Z 文本框中输入插入基点的坐标值。

（3）对象 选项组：该选项组用于设置组成块的对象，其中各选项功能介绍如下：

1）“选择对象”按钮：单击此按钮，系统切换到绘图窗口，可用鼠标选择构成块的对象。

2）“快速选择”按钮：单击此按钮，弹出快速选择对话框，如图 6.1.2 所示，在该对话框中设置选择条件即可快速选择构成块的对象。

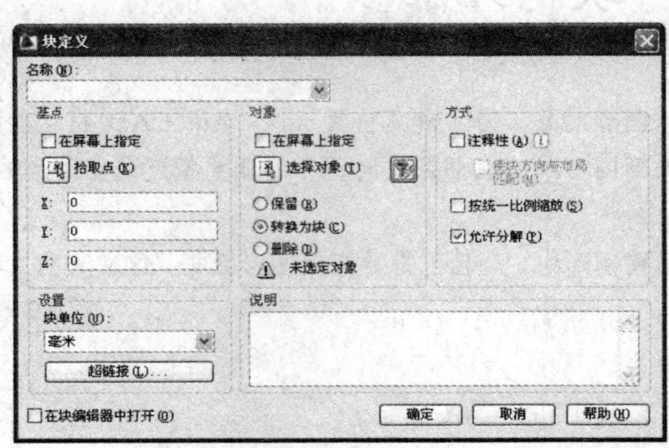

图 6.1.1 “块定义”对话框

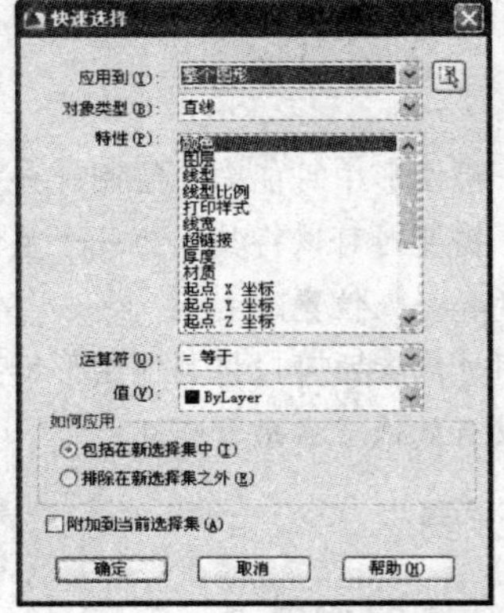

图 6.1.2 “快速选择”对话框

3）保留(R)单选按钮：选中此单选按钮，创建块以后，将选定的对象保留在图形中，用户可以用该图形与创建的块进行对比。

4）转换为块(C)单选按钮：选中此单选按钮，创建块以后，将选定的对象转换成图形中的块实例。

5）删除(D)单选按钮：选中此单选按钮，创建块以后，从图形中删除选定的对象。

（4）设置选项组：该选项组用于指定块的设置。

1）块单位(U):下拉列表框：指定块参照的插入单位。

2）说明列表框：指定块的文字说明。

3）按统一比例缩放(S)复选框：选中此复选框，按统一比例缩放插入的块。

4）允许分解(P)复选框：选中此复选框，将块参照进行分解。

5）超链接(L)...按钮：单击此按钮，可以在弹出的插入超链接对话框中将某个超链接与块定义相关联，如图 6.1.3 所示。

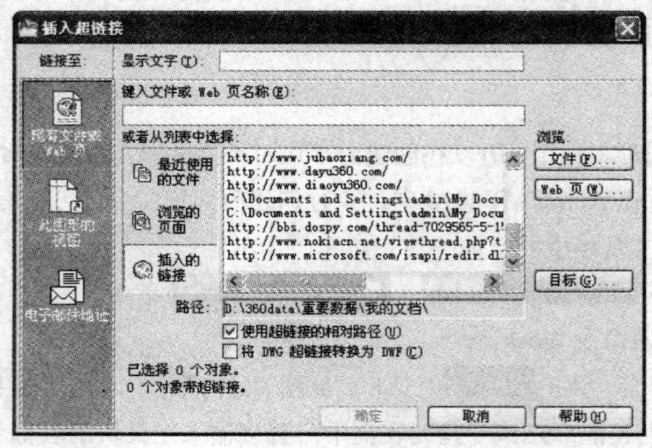

图 6.1.3 “插入超链接”对话框

（5）在块编辑器中打开(O)复选框：选中此复选框，单击确定按钮后，在“块编辑器”中打开当前的块定义，如图 6.1.4 所示。

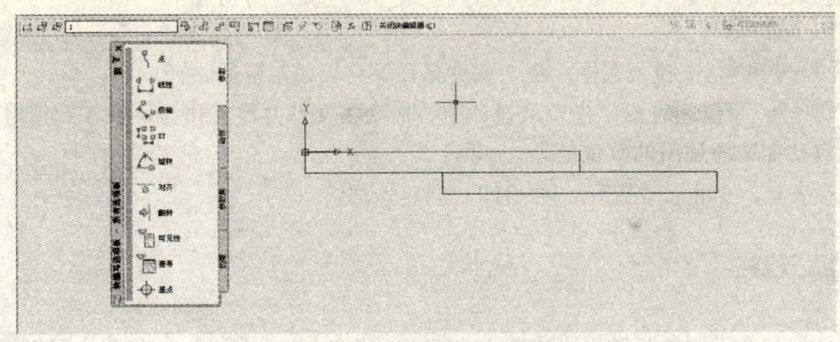

图 6.1.4　块编辑器

2．创建外部块

内部块只能在当前图形中直接插入，如果要在其他图形中插入另一幅图形的内部块时，就比较麻烦了。而外部块在创建时保存在指定的磁盘上，因此外部块不仅可以在当前图形中直接插入，还可以在其他图形中直接插入。在 AutoCAD 2010 中，执行创建外部块命令的方法为：在命令行中输入命令 wblock 后按回车键，弹出"写块"对话框，如图 6.1.5 所示。

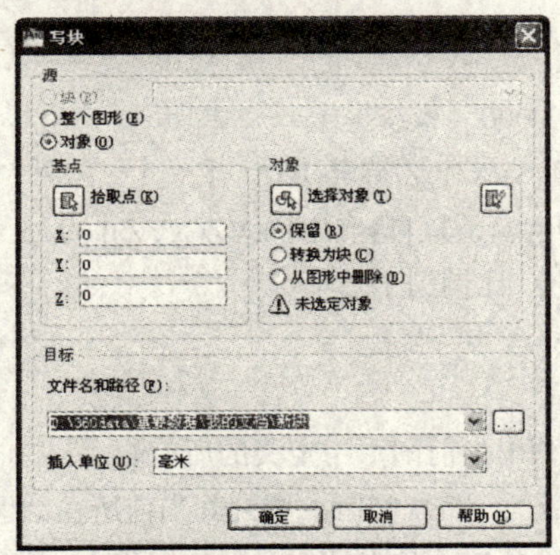

图 6.1.5　“写块”对话框

该对话框中各选项功能介绍如下：

（1）⊙块(B)单选按钮：指定要保存为文件的现有块，可从下拉列表中选择块的名称。

（2）⊙整个图形(E)单选按钮：选择当前图形作为一个块。

（3）⊙对象(O)单选按钮：指定块的基点，系统默认的块的基点是（0，0，0）。

（4）基点选项组：指定块的基点。单击“拾取插入基点”按钮，切换到绘图窗口指定基点，或直接在数值框中输入基点的坐标值。

（5）对象选项组：设置用于创建块的对象组成。其中包括以下选项：

1）“选择对象”按钮：单击此按钮，切换到绘图窗口中，用拾取框选择对象。

2）⊙保留(R)单选按钮：将选定对象保存为文件后，在当前图形中仍保留它们。

3）⊙转换为块(C)单选按钮：将选定对象保存为文件后，在当前图形中将它们转换为块，且将块指定为“文件名”中的名称。

4）⊙从图形中删除(D)单选按钮：将选定对象保存为文件后，从当前图形中删除它们。

（6）目标选项组：该选项组用于指定文件的新名称和新位置以及插入块时所使用的测量单位。

其中包括以下两个选项：

1）文件名和路径(F)：下拉列表框：指定文件名和保存块或对象的路径。

2）插入单位(U)：下拉列表框：指定从设计中心拖动新文件并将其作为块插入到使用不同单位的图形中，同时自动缩放所使用的单位值。

完成各项设置后，单击 确定 按钮即可创建外部块。

6.1.2 插入块

块的方便之处就在于它能帮助用户快速、方便地创建多个相同的、比较复杂的图形对象，用户只需要将这些图形对象绘制一次，然后将其创建成内部块或外部块，在需要的时候再将其插入到图形中指定的位置即可，在插入块的同时，用户还可以指定块名称、插入点位置、插入比例和旋转角度。在AutoCAD 2010 中，系统提供了 4 种插入块的方法，下面分别进行介绍。

1．利用命令行插入块

在命令行中输入命令“-insert”后按回车键，命令行提示如下：

命令:-insert

输入块名或 [?]: //输入插入块的名称

单位: 无单位 转换: 1.0000（系统提示）

指定插入点或 [基点(B)/比例(S)/X/Y/Z/旋转(R)]: //指定块的插入点

输入 X 比例因子，指定对角点，或 [角点(C)/XYZ(XYZ)] <1>: //指定插入块时 X 的比例因子

输入 Y 比例因子或 <使用 X 比例因子>: //指定插入块时 Y 的比例因子

指定旋转角度 <0>: //指定插入块的旋转角度

其中各命令选项功能介绍如下：

（1）?：选择该命令选项，列出当前图形中定义的所有块。

（2）基点(B)：选择该命令选项，将块临时放置到其当前所在的图形中，并允许在将块参考拖动到位时，为其指定新基点，这不会影响为块参照定义的实际基点。

（3）比例(S)：选择该命令选项，设置 X，Y 和 Z 轴的比例因子。

（4）X/Y/Z：选择该命令选项，指定 X/Y/Z 的比例因子。

（5）旋转(R)：选择该命令选项，设置块插入的旋转角度。

（6）预览比例(PS)：选择该命令选项，设置 X，Y 和 Z 轴的比例因子，以控制块被拖动到位时的显示。

（7）PX/PY/PZ：选择该命令选项，设置 X/Y/Z 轴比例因子，以控制块被拖动到位时的显示。

（8）预览旋转(PR)：选择该命令选项，设置块被拖动到位时的旋转角度。

2．利用对话框插入块

在 AutoCAD 2010 中打开“插入”对话框的方法有以下 3 种：

（1）单击“绘图”工具栏中的“插入块”按钮。

（2）选择 插入(I) → 块(B)... 命令。

（3）在命令行中输入命令 insert。

执行该命令后，弹出 插入 对话框，如图 6.1.6 所示。

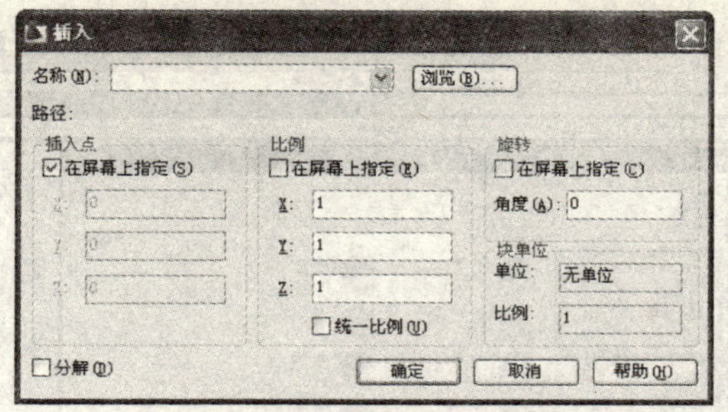

图 6.1.6　“插入”对话框

该对话框中各选项功能介绍如下：

（1）名称(N): 下拉列表框：指定要插入块的名称，或指定要作为块插入的文件的名称。

（2）路径: 显示框：显示选中块的路径。

（3）插入点 选项组：指定块的插入点。如果选中该选项组中的☑在屏幕上指定(S) 复选框，则在绘图窗口中指定块的插入点，否则在 X，Y 和 Z 数值框中输入插入点的坐标。

（4）比例 选项组：指定插入块的缩放比例。如果选中该选项组中的☑在屏幕上指定(E) 复选框，则在绘图窗口中用鼠标拖动块来指定缩放比例，否则在 X，Y 和 Z 数值框中输入坐标轴方向上的缩放比例。

（5）旋转 选项组：指定插入块的旋转角度。如果选中该选项组中的☑在屏幕上指定(C) 复选框，则在绘图窗口中指定旋转角度，否则在 角度(A): 数值框中输入插入块的旋转角度。

（6）块单位 选项组：显示块的单位和比例。

（7）☑分解(D) 复选框：分解块并插入该块的各个部分。

参数设置完成后，单击 确定 按钮插入块。

使用命令行执行该命令时，命令“insert”和“-insert”的执行结果是不同的，前者是利用命令行插入块，而后者是利用对话框插入块。

3. 以拖放的方式插入块

在 AutoCAD 中插入块的方法有很多种，其中比较快捷的一种是直接用鼠标将块文件拖动到当前图形中。在 AutoCAD 2010 中，显示块存放位置的方法有 3 种，一种是打开存放块的文件夹，一种是从 Windows 资源管理器中打开块的存放位置，还有一种是通过设计中心找到块存放的位置，以下分别介绍这 3 种以拖放方式插入块的方法。

（1）文件夹：打开存放块的文件夹，然后单击文件夹窗口右上角的“向下还原”按钮，将其悬浮在 AutoCAD 窗口上，如图 6.1.7 所示。

选中块文件，然后用鼠标将其拖动到打开的 AutoCAD 图形文件中，此时命令行提示如下：

命令: _ insert 输入块名或 [?] <灌木>: "F:\素材\图库\水池.DWG"　　//系统提示
正在用 [@extfont2.shx] 替换 [hj.shx]　　//系统提示
单位: 无单位　　转换:　　1.0000　　//系统提示
指定插入点或 [基点(B)/比例(S)/X/Y/Z/旋转(R)/预览比例(PS)/PX/PY/PZ/预览旋转(PR)]:
　　//指定块的插入点
输入 X 比例因子，指定对角点，或 [角点(C)/XYZ] <1>:　　//指定块在 X 轴上的比例因子
输入 Y 比例因子或 <使用 X 比例因子>:　　//指定块在 Y 轴上的比例因子
指定旋转角度<0>:　　//指定插入块的旋转角度

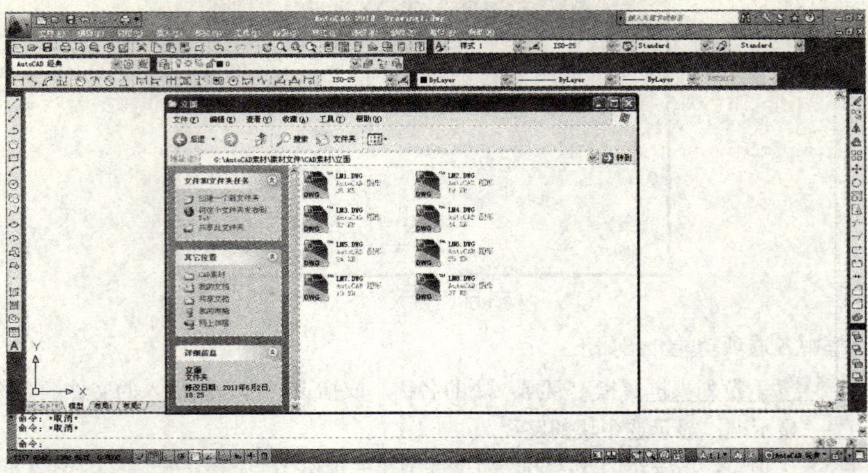

图 6.1.7　悬浮的文件夹

用此方法插入块时，如果存放块的图形文件中有多个图形，则插入块时会将该图形文件中的所有对象作为一个块插入到当前图形中。

（2）Windows 资源管理器：在“我的电脑”或任意文件夹上单击鼠标右键，在弹出的快捷菜单中选择 资源管理器(X) 命令，打开 Windows 资源管理器窗口，如图 6.1.8 所示。

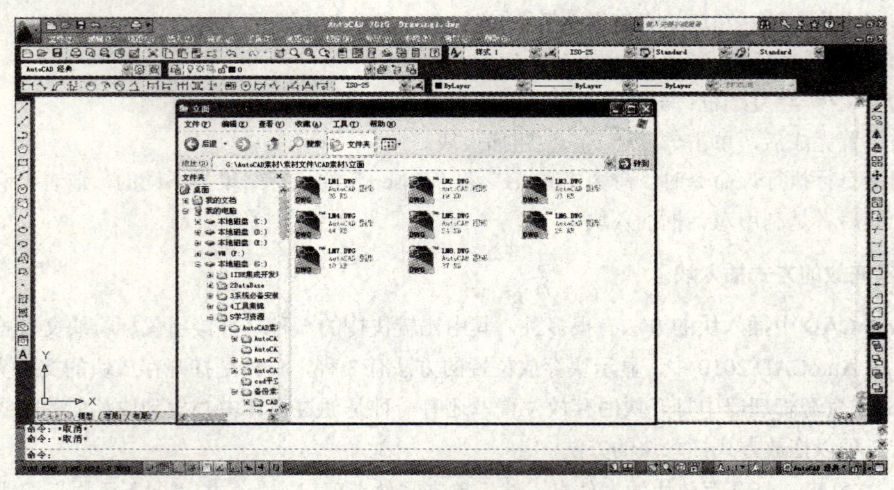

图 6.1.8　Windows 资源管理器

在 Windows 资源管理器右边的显示框中选中要插入的块，然后用鼠标将其拖动到打开的 AutoCAD 图形文件中，此时命令行会提示用户输入块的插入点、X 轴和 Y 轴的比例因子和旋转角度，这个步骤和从文件夹中插入块时的步骤相同，输入这些参数后，选中的块就会被插入到 AutoCAD 图形文件中。

（3）AutoCAD 设计中心：AutoCAD 设计中心是 AutoCAD 中一个非常重要的工具，使用 AutoCAD 设计中心用户可以方便、快捷地查找和浏览图形内容，对图形进行管理和编辑。

4．多重插入块

多重插入块实质上是以阵列的方式在当前图形中插入多个相同的块。执行多重插入块的命令为

minsert，在命令行中输入命令 minsert 后按回车键，命令行提示如下：

命令: minsert

输入块名或 [?] <水池>:　　　　//输入要插入的块的名称

单位: 无单位　　转换:　　1.0000　　　　//系统提示

指定插入点或 [基点(B)/比例(S)/X/Y/Z/旋转(R)]:　　//指定插入块的基点

输入 X 比例因子，指定对角点，或 [角点(C)/XYZ(XYZ)] <1>:　　　　//输入 X 的比例因子

输入 Y 比例因子或 <使用 X 比例因子>:　　　　//输入 Y 的比例因子

指定旋转角度 <0>:　　　　//输入旋转角度

输入行数 (---) <1>:　　　　//输入插入的行数

输入列数 (|||) <1>:　　　　//输入插入的列数

输入行间距或指定单位单元 (---):　　　　//输入插入块的行间距

指定列间距 (|||):　　　　//输入插入块的列间距

多重插入块的效果如图 6.1.9 所示。

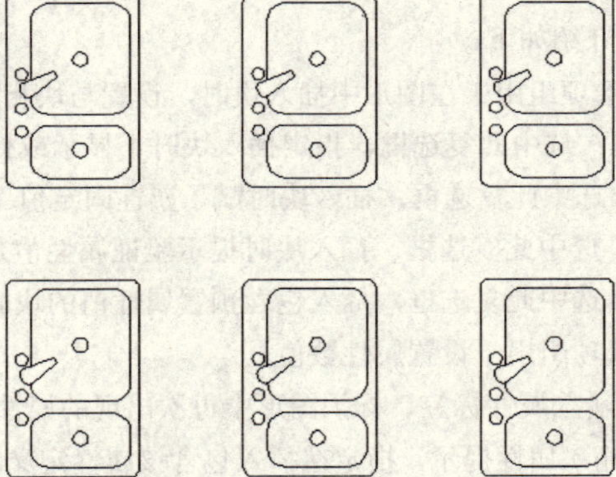

图 6.1.9　多重插入块

6.2　创建与编辑块属性

块属性是块的一个重要特征，通过定义块属性可以直接在块中显示说明块的类型、数目等信息。块的属性具有以下特点：

（1）块属性由标记名和属性值两部分组成。

（2）创建块之前应先定义块的属性，即定义块的标记、提示和值以及属性的模式等。

（3）创建了块属性后，将要创建成的块图形对象与块的属性一起定义为块。

（4）具有属性的块在插入到图形中时，可以有不同的属性值。

6.2.1　创建块属性

在 AutoCAD 中为块定义属性，不仅可以增加块的功能，而且在使用块时更加方便。执行创建块属性命令的方法有以下两种：

（1）选择 绘图(D) → 块(K) → 定义属性(D)... 命令。

（2）在命令行中输入命令 attdef。

执行该命令后，弹出 属性定义 对话框，如图 6.2.1 所示。

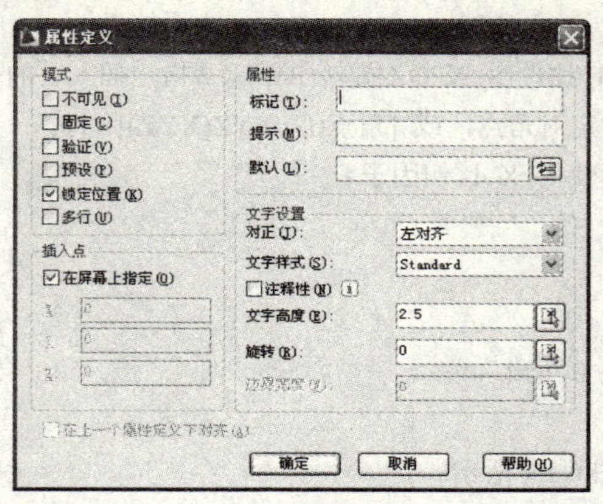

图 6.2.1 “属性定义”对话框

该对话框中各选项功能介绍如下：

（1）模式 选项组：该选项组用于在图形中插入块时，设置与块相关联的属性值选项。

1）☑不可见(I) 复选框：选中此复选框，指定插入块时不显示或打印属性值。

2）☑固定(C) 复选框：选中此复选框，插入块时赋予属性固定值。

3）☑验证(V) 复选框：选中此复选框，插入块时提示验证属性值是否正确。

4）☑预设(P) 复选框：选中此复选框，插入包含预置属性值的块时，将属性设置为默认值。

（2）属性 选项组：该选项组用于设置属性数值。

1）标记(T): 文本框：输入属性标签，标识图形中每次出现的属性。

2）提示(M): 文本框：输入属性提示，指定在插入包含该属性定义的块时显示的提示。如果不输入提示，属性标记将作为提示。

3）默认(L): 文本框：输入默认的属性值。

（3）插入点 选项组：该选项组用于设置属性的插入位置。

（4）文字设置 选项组：该选项组用于设置属性文字的对正、样式、高度和旋转角度。

完成各项设置后，单击 确定 按钮，即可定义块的属性。

6.2.2 修改属性的定义

用户定义了块属性后，将块属性与图形对象一起创建成块，这样属性就成为块的一部分。属性被定义为块之前和被定义为块之后，用户均可以对属性进行编辑，不同的是两种情况下编辑的内容不同。

在 AutoCAD 2010 中，执行修改属性定义命令的方法有以下 3 种：

（1）选择 修改(M) → 对象(O) → 文字(T) → 编辑(E)... 命令。

（2）在命令行中输入命令 ddedit。

（3）用鼠标双击块属性标记。

在属性被定义为块之前，执行修改属性命令后，弹出 编辑属性定义 对话框，如图 6.2.2 所示，该对话框中有 3 个文本框，分别用于对属性的标记、提示和默认值进行修改。

在属性被定义为块之后，执行修改属性命令后，弹出增强属性编辑器对话框，如图 6.2.3 所示，该对话框中有 3 个选项卡，分别为“属性”“文字选项”和“特性”，其中各选项卡功能介绍如下：

（1）“属性”选项卡：该选项卡用于设置块属性的值。

（2）“文字选项”选项卡：该选项卡用于设置块属性的文字属性，如文字的样式、高度、对正、旋转、宽度比例等。

（3）“特性”选项卡：该选项卡用于设置块属性的图层、线型、颜色、线宽等属性。

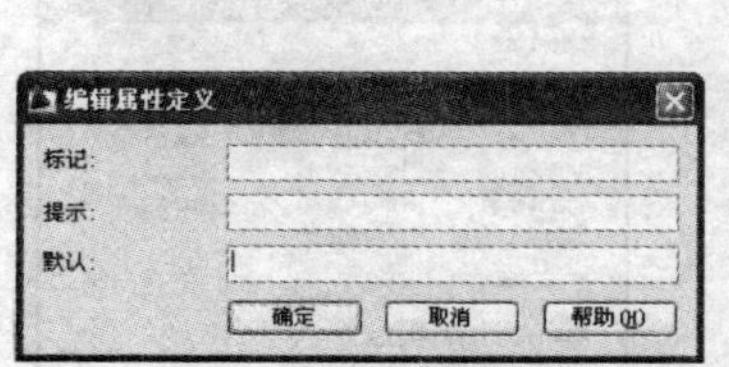

图 6.2.2　“编辑属性定义”对话框

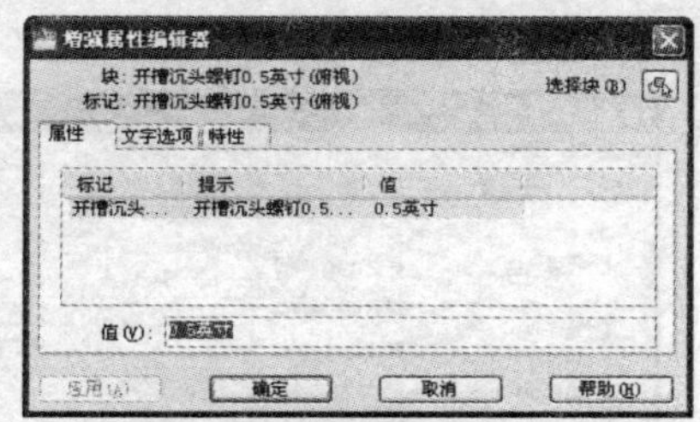

图 6.2.3　“增强属性编辑器”对话框

6.2.3　块属性管理器

在绘图过程中使用块将会大大提高绘图的速度，在一个大的工程图中，块的使用非常频繁，此时用户就必须使用“块属性管理器”对当前图形中所有带属性的块进行管理。在 AutoCAD 2010 中执行打开块属性管理器命令的方法有以下两种：

（1）选择修改(M)→对象(O)→属性(A)→块属性管理器(B)...命令。

（2）在命令行中输入命令 battman。

执行此命令后，弹出块属性管理器对话框，如图 6.2.4 所示。

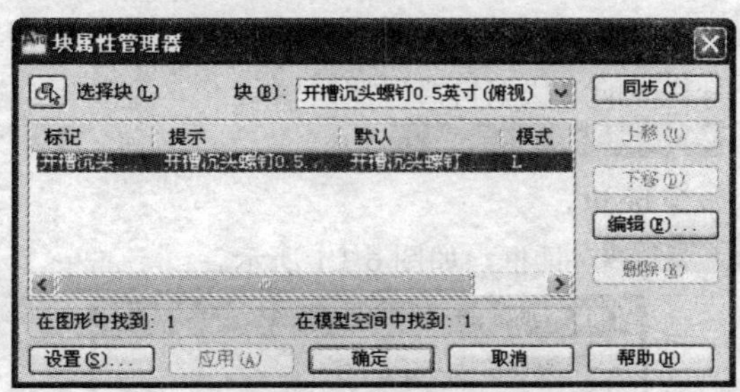

图 6.2.4　“块属性管理器”对话框

该对话框中各选项功能介绍如下：

（1）“选择块”按钮：单击此按钮，切换到绘图窗口，用拾取框选择要操作的块。

（2）块(B):下拉列表框：单击此下拉列表框右边的按钮，在弹出的下拉列表中列出了当前图形中含有属性的所有块的名称，用户可以在此选择要操作的对象。

（3）“属性”列表框：显示当前操作的块所包含的所有属性，包括“标记”“提示”“默认”“模式”等。

（4）同步(Y)按钮：单击此按钮，更新具有当前定义的属性特性的选定块的全部实例。此操作不会影响每个块中赋给属性的值。

（5）上移(U)按钮：单击此按钮，将属性列表中选中的属性上移一行。但选定固定属性时，此按钮不可用。

（6）下移(D)按钮：单击此按钮，将属性列表中选中的属性下移一行。

（7）编辑(E)...按钮：单击此按钮，打开编辑属性对话框，如图 6.2.5 所示，从中可以修改属性特性。

（8）删除(R)按钮：单击此按钮，从块定义中删除选定的属性，包括其属性定义和属性值。

（9）设置(S)...按钮：单击此按钮，弹出块属性设置对话框，如图 6.2.6 所示，从中可以自定义属性信息在“块属性管理器”中的列出方式。

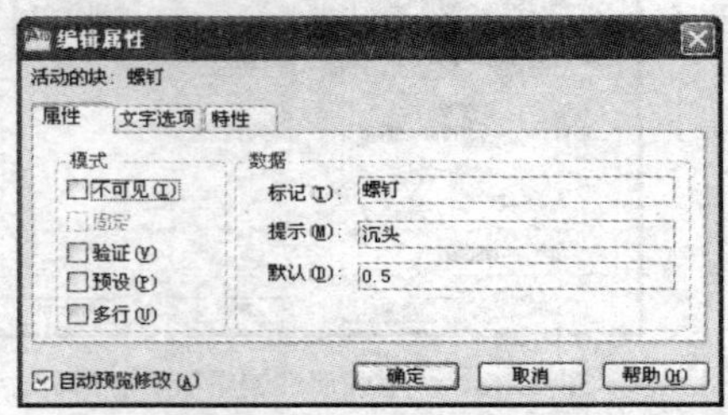

图 6.2.5 “编辑属性”对话框

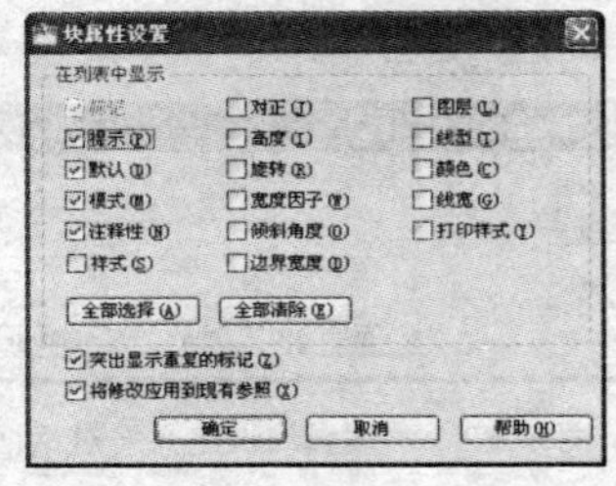

图 6.2.6 “设置”对话框

各项参数设置完成后，单击确定按钮对设置的参数进行确认。

6.3 创建与编辑动态块

所谓动态块，是指通过自定义夹点或自定义特性来操作块参照中的几何图形，使用户可以根据需要随时调整块，而不用搜索另一个块以插入或重定义现有块。

在 AutoCAD 2010 中，用户可以在块编辑器中创建和编辑动态块。打开块编辑器的方法有以下 3 种：

（1）单击“标准”工具栏中的“块编辑器”按钮。

（2）选择工具(T)→块编辑器(B)命令。

（3）在命令行中输入命令 bedit。

执行该命令后，弹出编辑块定义对话框，如图 6.3.1 所示。

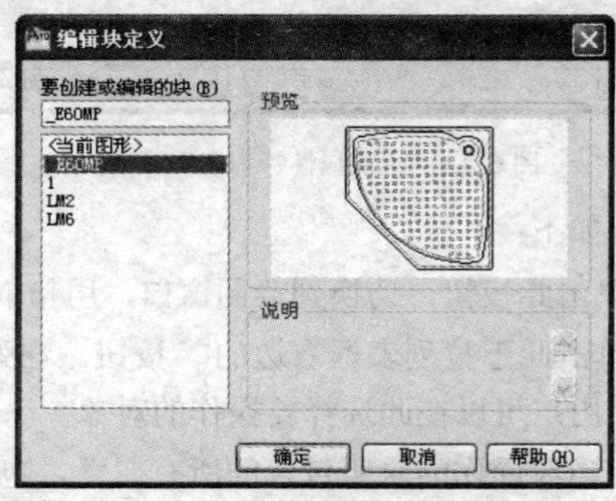

图 6.3.1 “编辑块定义”对话框

在该对话框左边的列表框中列出了当前图形中所有具有属性的块的名称，选中块的名称后，在右边的预览框中显示该块的图形。如果在该对话框中的要创建或编辑的块(B)文本框中输入新的块名，单击确定按钮后，弹出块编辑器窗口；如果在该对话框中的要创建或编辑的块(B)文本框下边的列

表中选择一个块名，单击 确定 按钮后，可在块编辑器中打开已经创建的块，如图 6.3.2 所示。

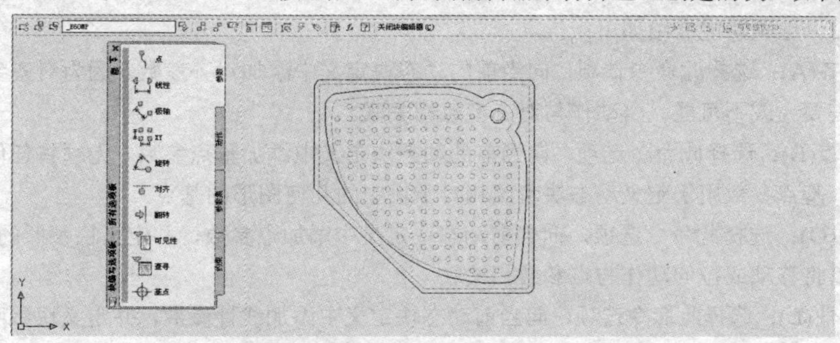

图 6.3.2　“块编辑器”窗口

在块编辑器中提供了一个“块编辑器”工具栏和多个块编写选项板，块编写选项板中包含用于创建动态块的工具，现对其功能分别进行介绍。

6.3.1　“块编辑器”工具栏

“块编辑器”工具栏位于块编辑器窗口的最上边（见图 6.3.2）。该工具栏提供了在块编辑器中使用动态块、创建动态块以及设置动态块可见性状态的工具。其中各工具的功能介绍如下：

（1）“编辑或创建块定义”按钮：单击此按钮，弹出 编辑块定义 对话框，如图 6.3.1 所示，用户可以在该对话框中重新定义动态块的名称，或选择对已经定义的动态块进行编辑。

（2）“保存块定义”按钮：单击此按钮，保存当前定义的块。

（3）“将块另存为”按钮：单击此按钮，将当前定义的块以新的块名重新存储。

（4）“块定义的名称”显示框 浴盆 ：该显示框用于显示当前正在定义块的名称。

（5）“编写选项板”按钮：单击此按钮，打开 块编写选项板 － 所有选项板 面板，如图 6.3.3 所示。

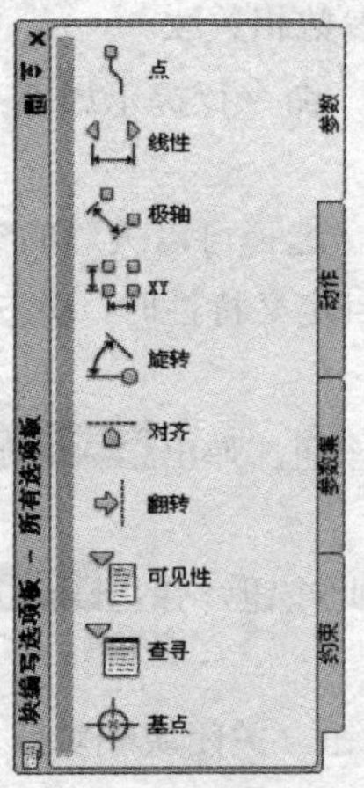

图 6.3.3　“块编写选项板-所有选项板”面板

（6）“参数”按钮：单击此按钮，命令行提示如下：

命令: _BPARAMETER

输入参数类型 [对齐(A)/基点(B)/点(O)/线性(L)/极轴(P)/XY(X)/旋转(R)/翻转(F)/可见性(V)/查

询(K)]:

其中各命令选项功能介绍如下：

1）对齐(A)：选择此命令选项，向当前的动态块定义中添加对齐参数。因为对齐参数影响整个块，所以不需要（或不可能）将动作与对齐参数相关联。

2）基点(B)：选择此命令选项，向当前的动态块定义中添加基点参数。无须将任何动作与基点参数相关联。基点参数用于定义动态块参照相对于块中的几何图形的基点。

3）点(O)：选择此命令选项，向当前动态块定义中添加点参数，并定义块参照的自定义 X 和 Y 特性。可以将移动或拉伸动作与点参数相关联。

4）线性(L)：选择此命令选项，向当前动态块定义中添加线性参数，并定义块参照的自定义距离特性。另外，还可以将移动、缩放、拉伸或阵列动作与线性参数相关联。

5）极轴(P)：选择此命令选项，向当前的动态块定义中添加极轴参数。设置块参照的自定义距离和角度特性。该参数可以与移动、缩放、拉伸、极轴拉伸或阵列动作相关联。

6）XY(X)：选择此命令选项，向当前动态块定义中添加 XY 参数，并定义块参照的自定义水平距离和垂直距离特性。该参数可以与移动、缩放、拉伸或阵列动作相关联。

7）旋转(R)：选择此命令选项，向当前动态块定义中添加旋转参数，并定义块参照的自定义角度特性。只能将一个旋转动作与一个旋转参数相关联。

8）翻转(F)：选择此命令选项，向当前的动态块定义中添加翻转参数。设置块参照的自定义翻转特性。在块编辑器中，翻转参数显示为投影线，并显示一个值，该值显示块参照是否已被翻转。该参数可以与翻转动作相关联。

9）可见性(V)：选择此命令选项，向当前动态块定义中添加可见性参数，并定义块参照的自定义可见性特性。可见性参数允许用户创建可见性状态并控制对象在块中的可见性。该参数总是应用于整个块，并且无须与任何动作相关联。

10）查询(K)：选择此命令选项，向当前动态块定义中添加查询参数，并定义块参照的自定义查询特性。查询参数用于定义自定义特性，用户可以指定或设置该特性，以便从定义的列表或表格中计算出某个值，可以将查询动作与查询参数相关联。

（7）“动作”按钮：单击此按钮，命令行提示如下：

命令: _BACTION

选择参数:　　　　　　　　　　//选择可以关联的参数

动作定义了在图形中操作块参照的自定义特性时，动态块参照的几何图形将如何移动或变化。应将动作与参数相关联。

（8）“定义属性”按钮：单击此按钮，弹出属性定义对话框，用户可以利用该对话框定义块的属性。

（9）“了解动态块”按钮：单击此按钮，弹出新功能专题研习对话框，用户可以在该对话框中了解到 AutoCAD 近期版本的新增内容。

（10）关闭块编辑器(C)按钮：单击此按钮，关闭块编辑器，并提示用户保存还是放弃对当前块定义所做的修改。

（12）“可见性模式”按钮：单击此按钮，设置 BVMODE 系统变量，此操作可以使在当前可见性状态中不可见的对象变暗或隐藏。

（13）“使可见”按钮：单击此按钮，执行 BVSHOW 命令，此操作可以使对象在当前可见性状态或所有可见性状态中可见。

（14）“使不可见”按钮：单击此按钮，运行 BVHIDE 命令，此操作可以使对象在当前可见性状态或所有可见性状态中不可见。

（15）“管理可见性状态”按钮：单击此按钮，弹出“可见性状态”对话框，如图 6.3.4 所示，用户可以在该对话框中创建、删除、重命名和设置当前可见性状态。

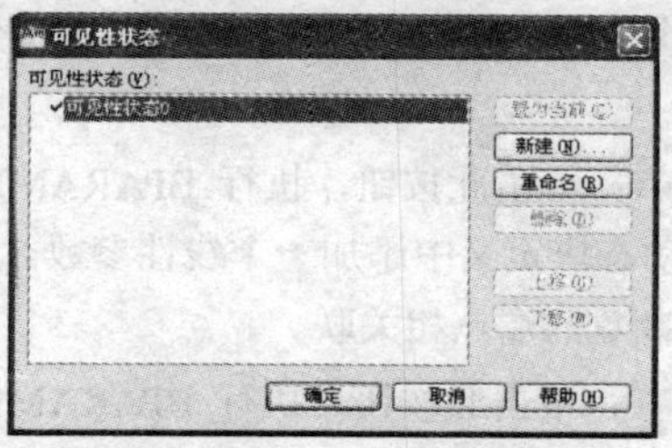

图 6.3.4　“可见性状态”对话框

（16）可见性状态0 下拉列表框：该下拉列表用于显示在块编辑器中的当前可见性状态。

6.3.2　“块编写选项板”面板

“块编写选项板”面板中包含用于创建动态块的工具。该面板中包含 4 个选项卡：“参数集”选项卡、“动作”选项卡、“参数”选项卡和“约束”选项卡，现对各选项卡的功能分别进行介绍。

1.“参数集”选项卡

“参数集”选项卡如图 6.3.5 所示。该选项卡用于在块编辑器中向动态块中添加一个参数和至少一个动作。将参数集添加到动态块中时，动作将自动与参数相关联。

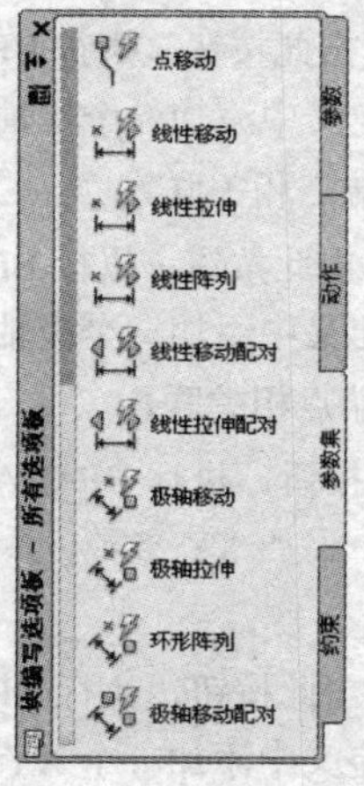

图 6.3.5　“参数集”选项卡

该选项卡中各选项功能介绍如下：

（1）“点移动”按钮：单击此按钮，执行 BPARAMETER 命令，然后选择点参数选项并指定一个夹点，此操作将向动态块定义中添加一个点参数。系统会自动添加与该点参数相关联的移动动作。

（2）“线性移动”按钮：单击此按钮，执行 BPARAMETER 命令，然后选择线性参数选项并指定一个夹点，此操作将向动态块定义中添加一个线性参数。系统会自动添加与该线性参数的端点相关联的移动动作。

（3）“线性拉伸”按钮：单击此按钮，执行 BPARAMETER 命令，然后选择线性参数选项并指定一个夹点，此操作将向动态块定义中添加一个线性参数。系统会自动添加与该线性参数相关联的拉伸动作。

（4）“线性阵列”按钮：单击此按钮，执行 BPARAMETER 命令，然后选择线性参数选项并指定一个夹点，此操作将向动态块定义中添加一个线性参数。系统会自动添加与该线性参数相关联的阵列动作。

（5）“线性移动配对”按钮：单击此按钮，执行 BPARAMETER 命令，然后选择线性参数选项并指定两个夹点，此操作将向动态块定义中添加一个线性参数。系统会自动添加两个移动动作，一个与基点相关联，另一个与线性参数的端点相关联。

（6）“线性拉伸配对”按钮：单击此按钮，执行 BPARAMETER 命令，然后选择线性参数选项并指定两个夹点，此操作将向动态块定义中添加一个线性参数。系统会自动添加两个拉伸动作，一个与基点相关联，另一个与线性参数的端点相关联。

（7）“极轴移动”按钮：单击此按钮，执行 BPARAMETER 命令，然后选择极轴参数选项并指定一个夹点，此操作将向动态块定义中添加一个极轴参数。系统会自动添加与该极轴参数相关联的移动动作。

（8）“极轴拉伸”按钮：单击此按钮，执行 BPARAMETER 命令，然后选择极轴参数选项并指定一个夹点，此操作将向动态块定义中添加一个极轴参数。系统会自动添加与该极轴参数相关联的拉伸动作。

（9）“环形阵列”按钮：单击此按钮，执行 BPARAMETER 命令，然后选择极轴参数选项并指定一个夹点，此操作将向动态块定义中添加一个极轴参数。系统会自动添加与该极轴参数相关联的阵列动作。

（10）“极轴移动配对”按钮：单击此按钮，执行 BPARAMETER 命令，然后选择极轴参数选项并指定两个夹点，此操作将向动态块定义中添加一个极轴参数。系统会自动添加两个移动动作，一个与基点相关联，另一个与极轴参数的端点相关联。

（11）“极轴拉伸配对”按钮：单击此按钮，执行 BPARAMETER 命令，然后选择极轴参数选项并指定两个夹点，此操作将向动态块定义中添加一个极轴参数。系统会自动添加两个拉伸动作，一个与基点相关联，另一个与极轴参数的端点相关联。

（12）“XY 移动”按钮：单击此按钮，执行 BPARAMETER 命令，然后选择 XY 参数选项并指定一个夹点，此操作将向动态块定义中添加 XY 参数。系统会自动添加与 XY 参数的端点相关联的移动动作。

（13）“XY 移动配对”按钮：单击此按钮，执行 BPARAMETER 命令，然后选择 XY 参数选项并指定两个夹点，此操作将向动态块定义中添加一个 XY 参数。系统会自动添加两个移动动作，一个与基点相关联，另一个与 XY 参数的端点相关联。

（14）“XY 移动方格集”按钮：单击此按钮，执行 BPARAMETER 命令，然后选择 XY 参数选项并指定 4 个夹点，此操作将向动态块定义中添加 XY 参数。系统会自动添加 4 个移动动作，分别与 XY 参数上的 4 个关键点相关联。

（15）“XY 拉伸方格集”按钮：单击此按钮，执行 BPARAMETER 命令，然后选择 XY 参数选项并指定 4 个夹点，此操作将向动态块定义中添加 XY 参数。系统会自动添加 4 个拉伸动作，分别与 XY 参数上的 4 个关键点相关联。

(16)“XY 阵列方格集”按钮：单击此按钮，执行 BPARAMETER 命令，然后选择 XY 参数选项并指定 4 个夹点，此操作将向动态块定义中添加 XY 参数。系统会自动添加与该 XY 参数相关联的阵列动作。

(17)“旋转集”按钮：单击此按钮，执行 BPARAMETER 命令，然后选择旋转参数选项并指定一个夹点，此操作将向动态块定义中添加一个旋转参数。系统会自动添加与该旋转参数相关联的旋转动作。

(18)“翻转集”按钮：单击此按钮，执行 BPARAMETER 命令，然后选择翻转参数选项并指定一个夹点，此操作将向动态块定义中添加一个翻转参数。系统会自动添加与该翻转参数相关联的翻转动作。

(19)“可见性集”按钮：单击此按钮，执行 BPARAMETER 命令，然后选择可见性参数选项并指定一个夹点，此操作将向动态块定义中添加一个可见性参数并允许定义可见性状态，无须添加与可见性参数相关联的动作。

(20)“查询集”按钮：单击此按钮，执行 BPARAMETER 命令，然后选择查询参数选项并指定一个夹点，此操作将向动态块定义中添加一个查询参数。系统会自动添加与该查询参数相关联的查询动作。

2．“动作”选项卡

“动作”选项卡如图 6.3.6 所示，该选项卡提供用于向块编辑器中的动态块定义中添加动作的工具。动作定义了在图形中操作块参照的自定义特性时，动态块参照的几何图形将如何移动或变化。动作如果不与参数相关联，将没有任何意义。

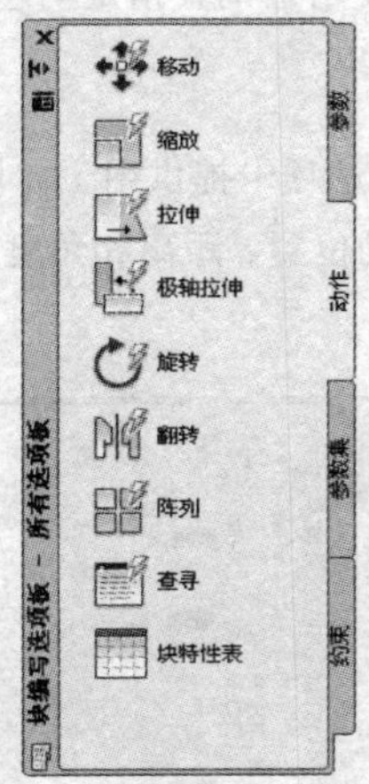

图 6.3.6　“动作”选项卡

该选项卡中各选项功能介绍如下：

(1)“移动”按钮：单击此按钮，执行 BACTIONTOOL 命令，然后选择移动动作选项，此操作在用户将移动动作与点参数、线性参数、极轴参数或 XY 参数关联时，将该动作添加到动态块定义中。移动动作类似于 MOVE 命令，在动态块参照中，移动动作将使对象移动指定的距离和角度。

(2)“缩放”按钮：单击此按钮，执行 BACTIONTOOL 命令，然后选择缩放动作选项，此操作在用户将缩放动作与线性参数、极轴参数或 XY 参数关联时，将该动作添加到动态块定义中。缩放动作类似于 SCALE 命令。在动态块参照中，当通过移动夹点或使用“特性”选项板编辑关联的参数时，缩放动作将使其选择集发生缩放。

（3）“拉伸”按钮：单击此按钮，执行 BACTIONTOOL 命令，然后选择拉伸动作选项，此操作在用户将拉伸动作与点参数、线性参数、极轴参数或 XY 参数关联时将该动作添加到动态块定义中。拉伸动作将使对象在指定的位置移动和拉伸指定的距离。

（4）“极轴拉伸”按钮：单击此按钮，执行 BACTIONTOOL 命令，然后选择极轴拉伸动作选项，此操作在用户将极轴拉伸动作与极轴参数关联时将该动作添加到动态块定义中。当通过夹点或“特性”选项板更改关联的极轴参数上的关键点时，极轴拉伸动作将使对象旋转、移动和拉伸指定的角度和距离。

（5）“旋转”按钮：单击此按钮，执行 BACTIONTOOL 命令，然后选择旋转动作选项，此操作在用户将旋转动作与旋转参数关联时将该动作添加到动态块定义中。旋转动作类似于 ROTATE 命令，在动态块参照中，当通过夹点或“特性”选项板编辑相关联的参数时，旋转动作将使其相关联的对象进行旋转。

（6）“翻转”按钮：单击此按钮，执行 BACTIONTOOL 命令，然后选择翻转动作选项，此操作在用户将翻转动作与翻转参数关联时将该动作添加到动态块定义中。使用翻转动作可以围绕指定的轴（称为投影线）翻转动态块参照。

（7）“阵列”按钮：单击此按钮，执行 BACTIONTOOL 命令，然后选择阵列动作选项，此操作将在用户将阵列动作与线性参数、极轴参数或 XY 参数关联时将该工作添加到动态块定义中。通过夹点或“特性”选项板编辑关联的参数时，阵列动作将复制关联的对象并按矩形的方式进行阵列。

（8）“查询”按钮：单击此按钮，执行 BACTIONTOOL 命令，然后选择查询动作选项，此操作将向动态块定义中添加一个查询动作。将查询动作添加到动态块定义中并将其与查询参数相关联时，它将创建一个查询表。用户可以使用查询表指定动态块的自定义特性和值。

3．“参数”选项卡

“参数”选项卡如图 6.3.7 所示。该选项卡提供用于向块编辑器中的动态块定义中添加参数的工具。参数用于指定几何图形在块参照中的位置、距离和角度。将参数添加到动态块定义中时，该参数将定义块的一个或多个自定义特性。

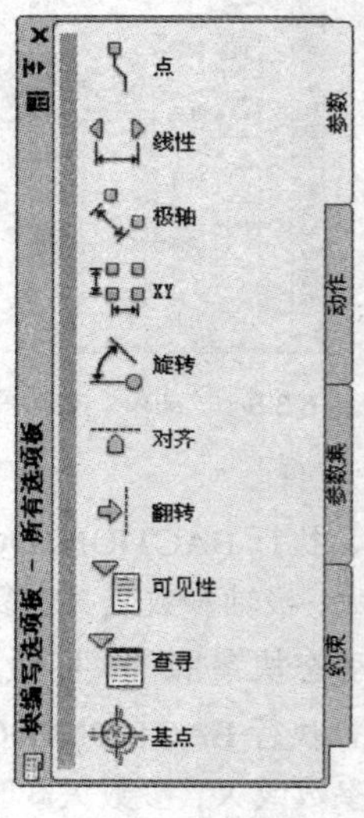

图 6.3.7 “参数”选项卡

该选项卡中各选项功能介绍如下：

（1）“点”按钮：单击此按钮，运行 BPARAMETER 命令，然后选择点参数选项，此操作将向动态块定义中添加一个点参数，并定义块参照的自定义 X 和 Y 特性。点参数定义图形中的 X 和 Y 位置。在块编辑器中，点参数类似于一个坐标标注。

（2）“线性”按钮：单击此按钮，运行 BPARAMETER 命令，然后选择线性参数选项，此操作将向动态块定义中添加一个线性参数，并定义块参照的自定义距离特性。线性参数显示两个目标点之间的距离。线性参数限制沿预置角度进行的夹点移动。在块编辑器中，线性参数类似于对齐标注。

（3）“极轴”按钮：单击此按钮，运行 BPARMETER 命令，然后选择极轴参数选项，此操作将向动态块定义中添加一个极轴参数，并定义块参照的自定义距离和角度特性。极轴参数显示两个目标点之间的距离和角度值。可以使用夹点和“特性”选项板来共同更改距离值和角度值。在块编辑器中，极轴参数类似于对齐标注。

（4）“XY”按钮：单击此按钮，运行 BPARAMETER 命令，然后选择 XY 参数选项，此操作将向动态块定义中添加一个 XY 参数，并定义块参照的自定义水平距离和垂直距离特性。XY 参数显示距参数基点的 X 距离和 Y 距离。在块编辑器中，XY 参数显示为一对标注（水平标注和垂直标注）。这一对标注共享一个公共基点。

（5）“旋转”按钮：单击此按钮，运行 BPARAMETER 命令，然后选择旋转参数选项，此操作将向动态块定义中添加一个旋转参数，并定义块参照的自定义角度特性。旋转参数用于定义角度。在块编辑器中，旋转参数显示为一个圆。

（6）“对齐”按钮：单击此按钮，运行 BPARAMETER 命令，然后选择对齐参数选项，此操作将向动态块定义中添加一个对齐参数。对齐参数用于定义 X 位置、Y 位置和角度。对齐参数总是应用于整个块，并且无须与任何动作相关联。对齐参数允许块参照自动围绕一个点旋转，以便与图形中的其他对象对齐。对齐参数影响块参照的角度特性。在块编辑器中，对齐参数类似于对齐线。

（7）“翻转”按钮：单击此按钮，运行 BPARAMETER 命令，然后选择翻转参数选项，此操作将向动态块定义中添加一个翻转参数，并定义块参照的自定义翻转特性。翻转参数用于翻转对象。在块编辑器中，翻转参数显示为投影线，可以围绕这条投影线翻转对象。翻转参数将显示一个值，该值显示块参照是否已被翻转。

（8）“可见性”按钮：单击此按钮，运行 BPARAMETER 命令，然后选择可见性参数选项，此操作将向动态块定义中添加一个可见性参数，并定义块参照的自定义可见性特性。可见性参数允许用户创建可见性状态并控制对象在块中的可见性。可见性参数总是应用于整个块，并且无须与任何动作相关联。在图形中单击夹点可以显示块参照中所有可见性状态的列表。在块编辑器中，可见性参数显示为带有关联夹点的文字。

（9）“查询”按钮：单击此按钮，运行 BPARAMETER 命令，然后选择查询参数选项，此操作将向动态块定义中添加一个查询参数，并定义块参照的自定义查询特性。查询参数用于定义自定义特性，用户可以指定或设置该特性，以便从定义的列表或表格中计算出某个值。该参数可以与单个查询夹点相关联。在块参照中单击该夹点可以显示可用值的列表。在块编辑器中，查询参数显示为文字。

（10）“基点”按钮：单击此按钮，执行 BPARAMETER 命令，然后选择基点参数选项，此操作将向动态块定义中添加一个基点参数。基点参数用于定义动态块参照相对于块中的几何图形的基点。基点参数无法与任何动作相关联，但可以属于某个动作的选择集。在块编辑器中，基点参数显示为带有十字光标的圆。

4.“约束”选项卡

“约束”选项卡如图 6.3.8 所示。该选项卡提供用于将几何约束和约束参数应用于对象的工具。将几何约束应用于一组对象时，选择对象的顺序以及选择每个对象的点可能影响对象相对于彼此的放置方式。

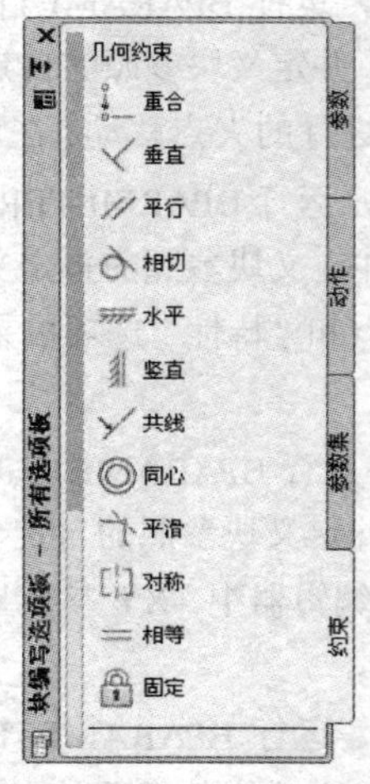

图 6.3.8 “约束”选项卡

该选项卡中各选项功能介绍如下：

（1）“重合约束”按钮：单击此按钮，执行 GEOMCONSTRAINT 命令，然后选择“重合”选项，可同时将两个点或一个点约束至曲线（或曲线的延伸线）。对象上的任意约束点均可以与其他对象上的任意约束点重合。

（2）“垂直约束”按钮：单击此按钮，执行 GEOMCONSTRAINT 命令，然后选择“垂直”选项，可使选定直线垂直于另一条直线。垂直约束在两个对象之间应用。

（3）“平行约束”按钮：单击此按钮，执行 GEOMCONSTRAINT 命令，然后选择“平行”选项，可使选定的直线位于彼此平行的位置。平行约束在两个对象之间应用。

（4）“相切约束”按钮：单击此按钮，执行 GEOMCONSTRAINT 命令，然后选择“相切”选项，可使曲线与其他曲线相切。相切约束在两个对象之间应用。

（5）“水平约束”按钮：单击此按钮，执行 GEOMCONSTRAINT 命令，然后选择“水平”选项，可使直线或点对位于与当前坐标系的 X 轴平行的位置。

（6）“竖直约束”按钮：单击此按钮，执行 GEOMCONSTRAINT 命令，然后选择“竖直”选项，可使直线或点对位于与当前坐标系的 Y 轴平行的位置。

（7）“共线约束”按钮：单击此按钮，执行 GEOMCONSTRAINT 命令，然后选择“共线”选项，可使两条直线段沿同一条直线的方向。

（8）“同心约束”按钮：单击此按钮，执行 GEOMCONSTRAINT 命令，然后选择“同心”选项，可将两条圆弧、圆或椭圆约束到同一个中心点。结果与将重合应用于曲线的中心点所产生的结果相同。

（9）“平滑约束”按钮：单击此按钮，执行 GEOMCONSTRAINT 命令，然后选择“平滑”选项，可在共享一个重合端点的两条样条曲线之间创建曲率连续 (G2) 条件。

（10）“对称约束”按钮：单击此按钮，执行 GEOMCONSTRAINT 命令，然后选择“对称”

选项，可使选定的直线或圆受相对于选定直线的对称约束。

（11）“相等约束”按钮：单击此按钮，执行 GEOMCONSTRAINT 命令，然后选择“相等”选项，可将选定圆弧和圆的尺寸重新调整为半径相同，或将选定直线的尺寸重新调整为长度相同。

（12）“固定约束”按钮：单击此按钮，执行 GEOMCONSTRAINT 命令，然后选择“固定”选项，可将点和曲线锁定在位。

（13）“对齐约束”按钮：单击此按钮，执行 BCPARAMETER 命令，然后选择“对齐”选项，可约束直线的长度或两条直线之间、对象上的点和直线之间或不同对象上的两个点之间的的距离。

（14）“水平约束”按钮：单击此按钮，执行 BCPARAMETER 命令，然后选择“水平”选项，可约束直线或不同对象上的两个点之间的 X 距离。有效对象包括直线段和多段线线段。

（15）“竖直约束”按钮：单击此按钮，执行 BCPARAMETER 命令，然后选择“竖直”选项，可约束直线或不同对象上的两个点之间的 Y 距离。有效对象包括直线段和多段线线段。

（16）“角度约束”按钮：单击此按钮，执行 BCPARAMETER 命令，然后选择“角度”选项，可约束两条直线段或多段线线段之间的角度。这与角度标注类似。

（17）“半径约束”按钮：单击此按钮，执行 BCPARAMETER 命令，然后选择“半径”选项，可约束圆、圆弧或多段圆弧段的半径。

（18）“直径约束”按钮：单击此按钮，执行 BCPARAMETER 命令，然后选择“直径”选项，可约束圆、圆弧或多段圆弧段的直径。

6.3.3　创建动态块

在了解了“块编辑器”和“块编写选项板”的功能后，下面通过一个实例详细讲述创建动态块的过程。绘制吊灯并将其创建成动态块，具体操作步骤如下：

（1）绘制如图 6.3.9 所示的吊灯，并将其创建成块。

（2）单击“标准”工具栏中的“块编辑器”按钮，弹出编辑块定义对话框，如图 6.3.10 所示。在该对话框中的要创建或编辑的块(B)列表框中选择“吊灯”选项，此时在该对话框右边的预览框中显示出该块的图形对象，单击确定按钮后在块编辑器中打开该块。

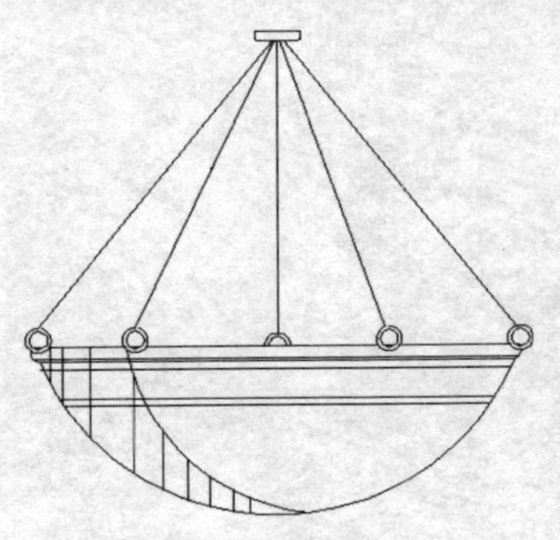

图 6.3.9　绘制的吊灯

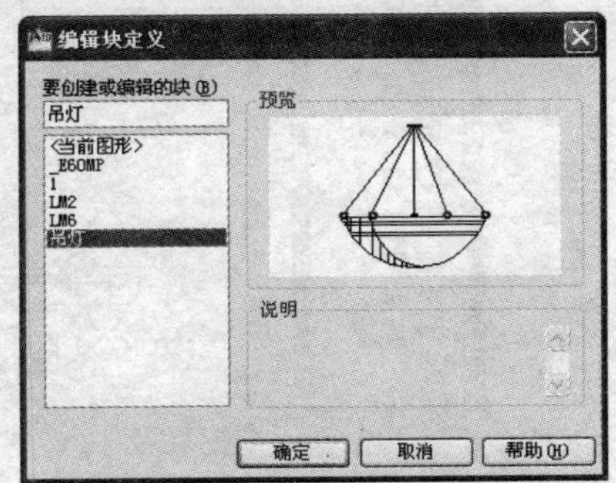

图 6.3.10　“编辑块定义”对话框

（3）在打开的块编辑器中单击“块编辑器”工具栏中的“块编写选项板”按钮，打开块编写选项板 - 所有选项板面板，打开该面板中的“参数”选项卡，单击该选项卡中的“翻转参数”按钮，命令行提示如下：

命令: _BParameter 翻转

指定投影线的基点或 [名称(N)/标签(L)/说明(D)/选项板(P)]: //捕捉图 6.3.11 中的 A 点
指定投影线的端点: @10,0 //输入投影线端点坐标
指定标签位置: //拖动鼠标指定标签位置

设置翻转参数后的效果如图 6.3.11 所示。

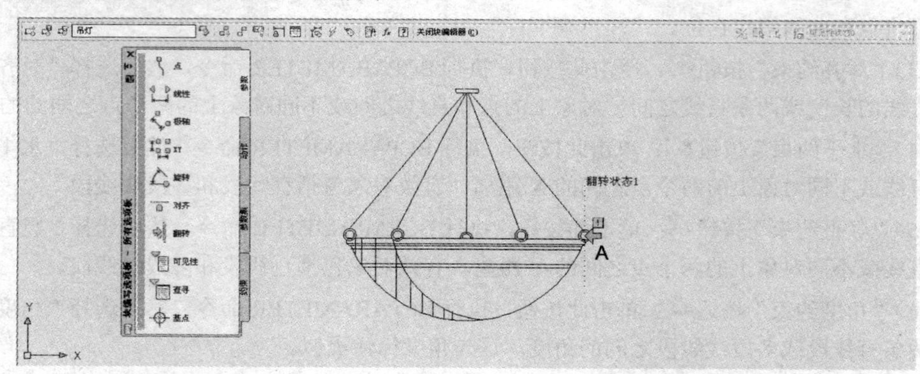

图 6.3.11　设置翻转参数

（4）打开 块编写选项板 – 所有选项板 面板中的“动作”选项卡，在该选项卡中单击“翻转动作”按钮，命令行提示如下：

命令: _BActionTool 翻转
选择参数: //选择如图 6.3.11 所示图形中的虚线
指定动作的选择集 //系统提示
选择对象:
指定对角点: 找到 35 个 //选择如图 6.3.11 所示图中的所有对象
选择对象: //按回车键结束命令
指定动作位置: //拖动鼠标指定动作的位置

设置翻转动作后的效果如图 6.3.12 所示。

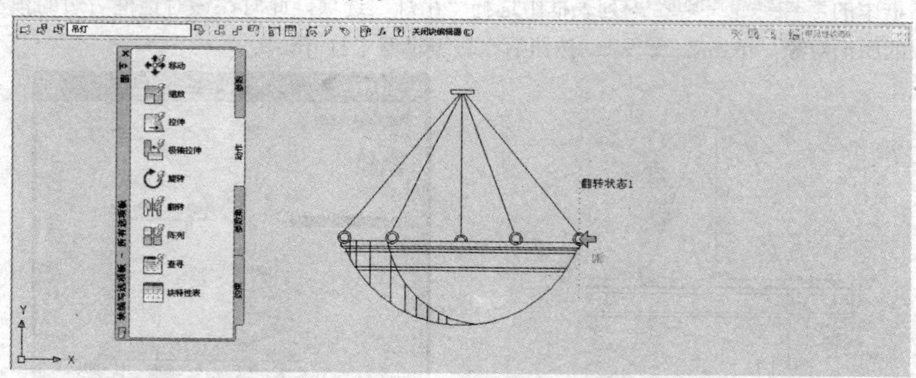

图 6.3.12　设置翻转动作

（5）单击“块编辑器”工具栏中的“保存块定义”按钮，将创建的动态块保存，然后单击该工具栏中的 关闭块编辑器(C) 按钮，关闭块编辑器，返回绘图窗口。

（6）选中定义的块后，该块显示如图 6.3.13 所示。选中并激活如图 6.3.13 所示图形中的带有参数的夹点 A，单击该夹点即可翻转定义的块对象，翻转后的效果如图 6.3.14 所示。

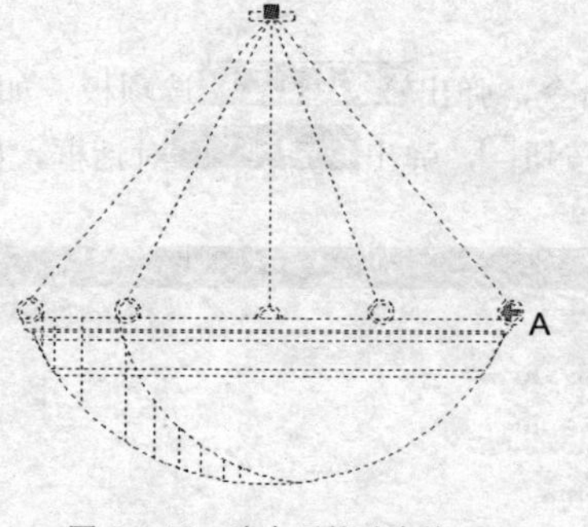

图 6.3.13　选中后的动态块

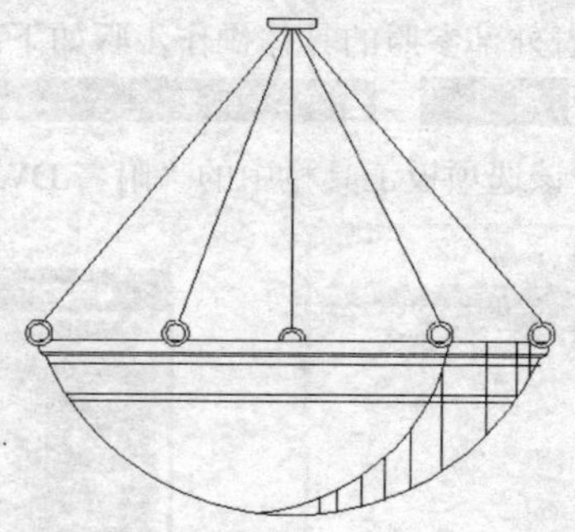

图 6.3.14　翻转后的效果

6.4　使用外部参照

外部参照是将已有的图形文件作为参照文件插入到当前图形文件中，在绘制图形的过程中使用外部参照，不仅可以实现资源共享的目的，还可以节省存储空间。

6.4.1　外部参照与块

外部参照与块都是将其他图形文件插入到当前图形文件中来使用，两者虽然相似，但它们仍有不同之处：如果在图形中插入内部块，当在块编辑器中对内部块进行修改时，插入的内部块也会随之进行改变；如果在图形中插入外部块，当用户对保存外部块的文件进行编辑时，插入的外部块仍保持不变，这就是说，一旦在图形文件中插入外部块，则插入的外部块与原图形文件失去关联性。但如果在图形文件中引用外部参照，当参照图形被编辑后，在当前图形文件中也能反映出参照文件的变化。

外部参照与块还有一点不同之处，在 AutoCAD 2010 中，当用户插入块时，被插入块的全部属性都成为了当前图形文件中的一部分，系统会自动继承插入块所具有的所有属性，但如果插入的是外部参照，则系统会另外为外部参照创建新的图层属性，其图层名称格式为“参照图形文件名|图层名”，如图 6.4.1 所示。

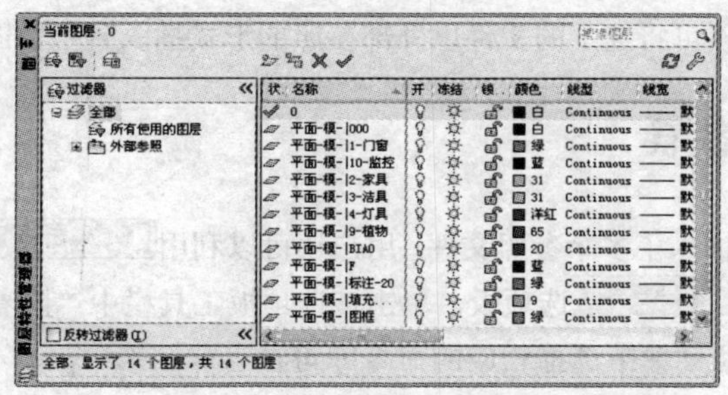

图 6.4.1　参照图形文件的图层显示

6.4.2　附着外部参照

附着外部参照是指将其他图形作为参照插入到当前图形中，被插入的图形可以作为当前图形的补充对象。在 AutoCAD 2010 中，外部参照可以是 DWG 图形、DWF 底图或光栅图像，以附着 DWG

图形为例，附着外部参照的具体操作步骤如下：

（1）执行插入(I)→外部参照(N)...命令，弹出外部参照选项板，如图 6.4.2 所示。

（2）单击该选项板工具栏中的“附着 DWG”按钮，弹出选择参照文件对话框，如图 6.4.3 所示。

图 6.4.2 “外部参照”选项板

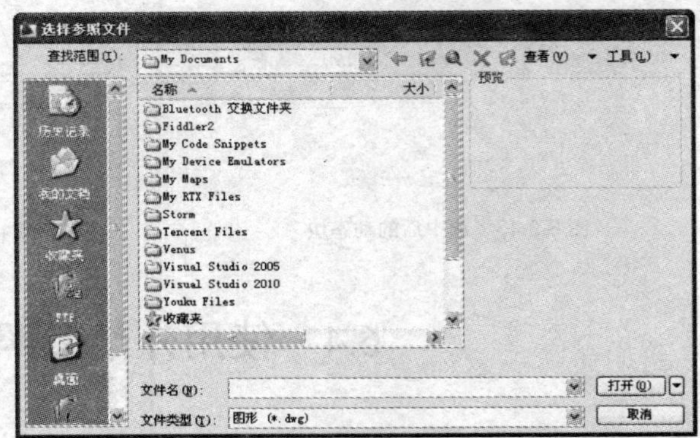

图 6.4.3 “选择参照文件”对话框

（3）在选择参照文件对话框中选择参照文件，然后单击打开(O)按钮，弹出外部参照对话框，如图 6.4.4 所示。

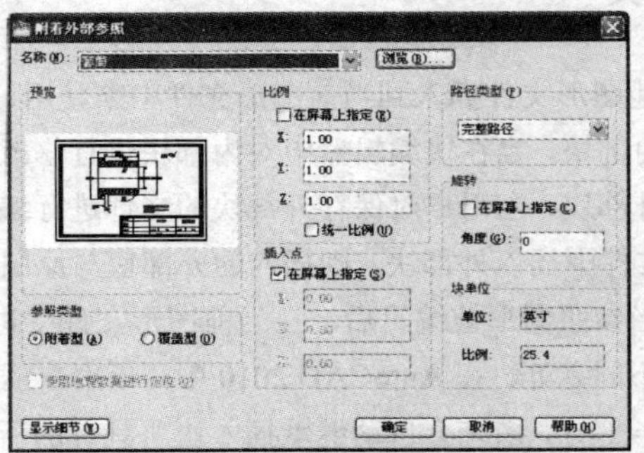

图 6.4.4 “外部参照”对话框

（4）在外部参照对话框中设置外部参照文件的参照类型、路径类型、插入点、比例和旋转角度，最后单击确定按钮即可将选中的文件以外部参照的形式插入到当前图形中。

6.4.3 管理外部参照

如果一个工程图形中插入了多个参照文件，用户还可以利用外部参照选项板对这些外部参照进行编辑和管理。打开外部参照选项板，单击该选项板工具栏中“附着 DWG”按钮右边的下三角按钮，在弹出的下拉菜单中选择相应的命令即可在当前图形中附着 DWG 文件、图像文件和 DWF 文件。当在图形中插入参照文件后，在外部参照列表框中就会显示出当前图形中插入的所有参照文件的名称，如图 6.4.5 所示。在该列表中选中一个参照文件后，就可以在外部参照选项板下方的详细信息选项组中显示该参照文件的名称、加载状态、文件大小、参照类型、参照日期及参照文件的保存路径等内容。

如果当前图形文件中的外部参照太多，以至影响了用户查看或绘制图形，还可以将多余的参照文件卸载。在外部参照选项板的参照文件列表中单击鼠标右键，在弹出的快捷菜单中选择卸载(U)命令即可，如图 6.4.6 所示。

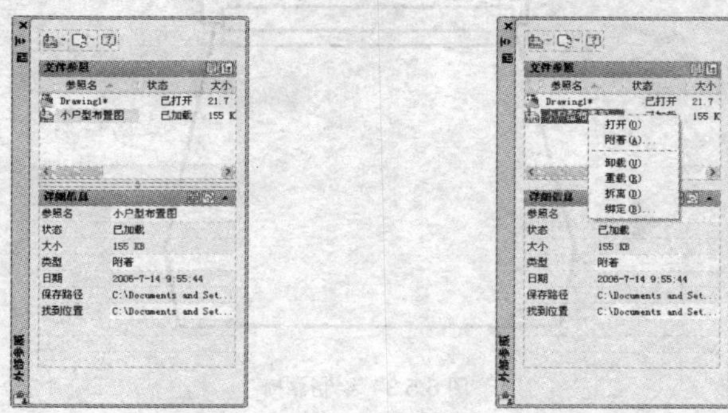

图 6.4.5　参照文件列表　　图 6.4.6　参照文件列表中的快捷菜单

6.5　课堂实训——创建图块

本节使用前面介绍的知识，绘制并创建如图 6.5.1 所示的动态块。

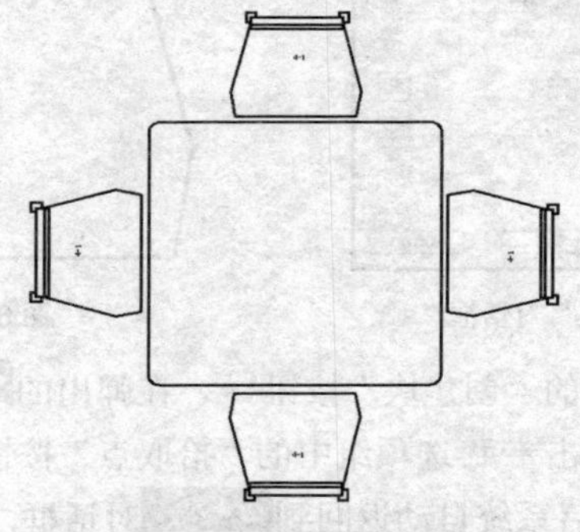

图 6.5.1　创建动态块

操作步骤

（1）单击“绘图”工具栏中的“图层特性管理器”按钮，在弹出的图层特性管理器对话框中新建一个名为“靠椅”的图层，设置该图层的线宽为 0.3 mm，如图 6.5.2 所示。

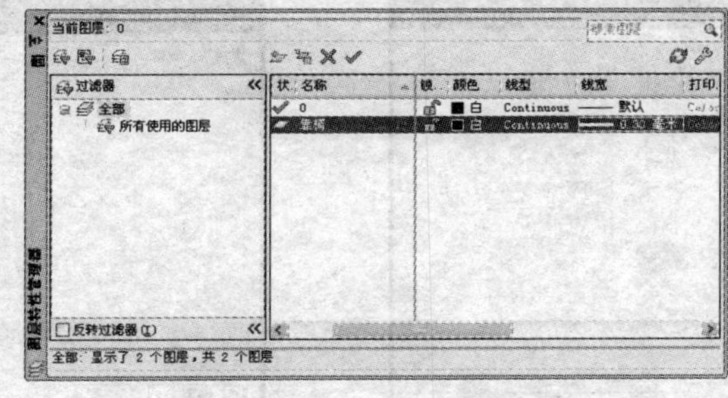

图 6.5.2　新建图层

（2）设置“靠椅”层为当前图层，利用直线和矩形命令绘制如图 6.5.3 所示的靠椅。

（3）选择 绘图(D) → 块(K) → 定义属性(D)... 命令，在弹出的属性定义对话框中设置各项参数，如图 6.5.4 所示。

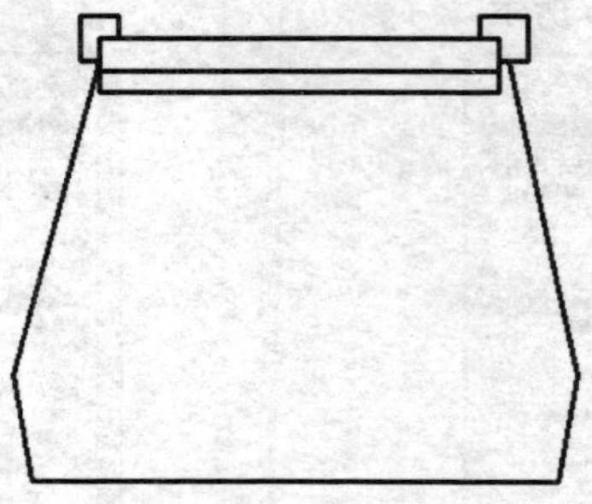

图 6.5.3　绘制靠椅

(4) 单击属性定义对话框中的确定按钮后，在如图 6.5.3 所示图形的中间位置指定插入点，效果如图 6.5.5 所示。

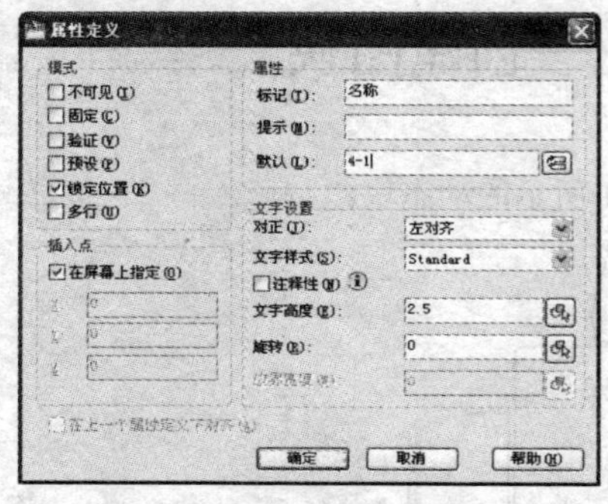

图 6.5.4　“属性定义”对话框

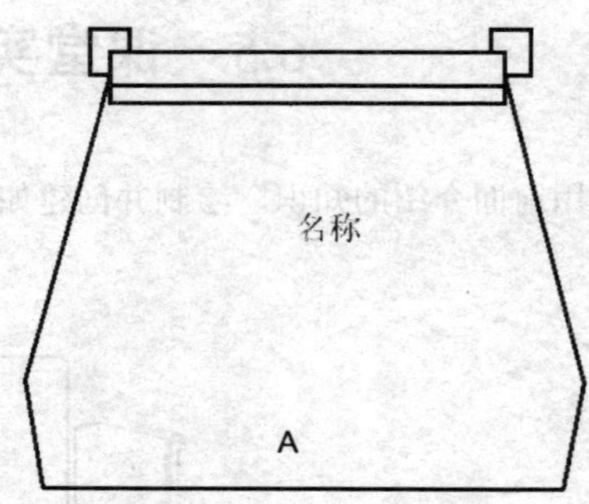

图 6.5.5　创建属性

(5) 单击“绘图”工具栏中的“创建块”按钮，在弹出的块定义对话框中的名称(N):文本框中输入新建块的名称“靠椅”，单击基点选项组中的“拾取点”按钮，系统切换到绘图窗口，捕捉如图 6.5.5 所示图形中的中点 A 后系统自动返回到块定义对话框，单击“选择对象”按钮，选择如图 6.5.5 所示图形中的所有对象，按回车键后返回到块定义对话框，其他参数保持不变，如图 6.5.6 所示。

(6) 单击块定义对话框中的确定按钮后弹出编辑属性定义对话框，如图 6.5.7 所示，用户可以在该对话框中修改块属性的标记、提示和值。

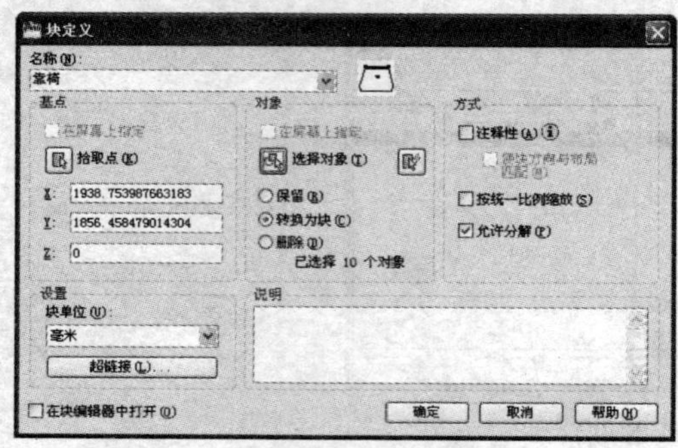

图 6.5.6　“块定义”对话框

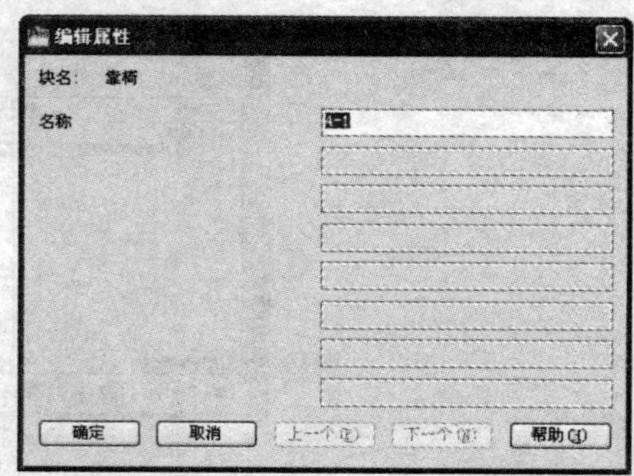

图 6.5.7　“编辑属性”对话框

(7) 单击确定按钮后完成块的创建。

(8) 单击“标准”工具栏中的“块编辑器”按钮，弹出编辑属性定义对话框，如图 6.5.8 所示。

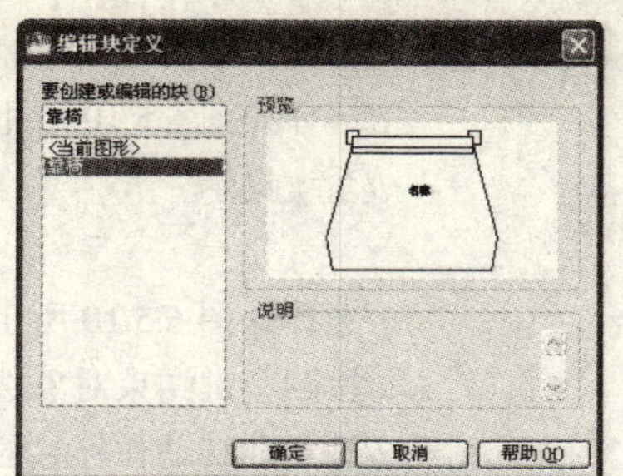

图 6.5.8　“编辑块定义”对话框

（9）在编辑属性定义对话框中的要创建或编辑的块(B)列表框中选中名称为“靠椅”的块，然后单击确定按钮，在“块编辑器”窗口中打开块，如图 6.5.9 所示。

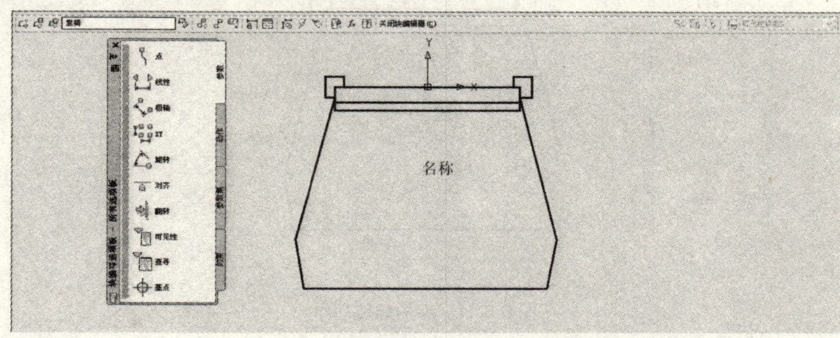

图 6.5.9　块编辑器窗口

（10）在打开的块编辑器中单击“块编辑器”工具栏中的“块编写选项板”按钮，打开块编写选项板 － 所有选项板面板，打开该窗口中的“参数”选项卡，单击该选项卡中的“翻转参数”按钮，命令行提示如下：

命令: _BParameter 翻转　　　　　　　　　　　//系统提示

指定投影线的基点或 [名称(N)/标签(L)/说明(D)/选项板(P)]:

　　　　　　　　　　　　　　　　　　　　　　//捕捉如图 6.5.10 所示图形中的 A 点

指定投影线的端点:　　　　　　　　　　　　　//捕捉如图 6.5.10 所示图形中的 B 点

指定标签位置:　　　　　　　　　　　　　　　//确定标签位置

再次单击“翻转参数”按钮，添加一个翻转参数，效果如图 6.5.10 所示。

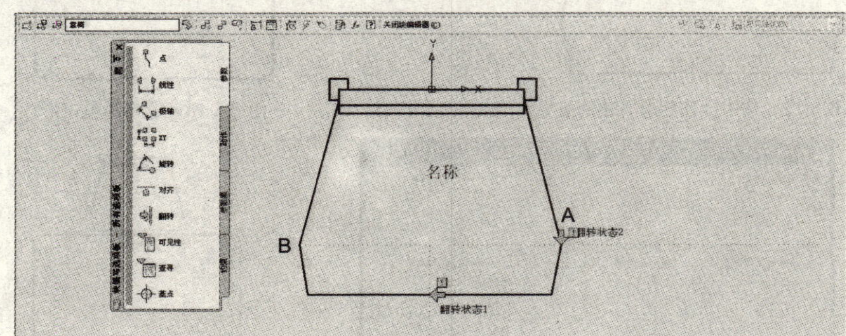

图 6.5.10　添加翻转参数

（11）打开块编写选项板 － 所有选项板面板中的“动作”选项卡，在该选项卡中单击“翻转动作”按钮，命令行提示如下：

命令: _BActionTool 翻转　　//系统提示
选择参数:　　//选择如图 6.5.10 所示图形中的虚线
指定动作的选择集　　//系统提示
选择对象:
指定对角点: 找到 25 个　　//选择如图 6.5.10 所示图形中的所有对象
选择对象:　　//按回车键结束对象选择
指定动作位置:　　//确定翻转动作标签的位置

再次单击“翻转动作”按钮，为另一个翻转参数添加动作，效果如图 6.5.11 所示。

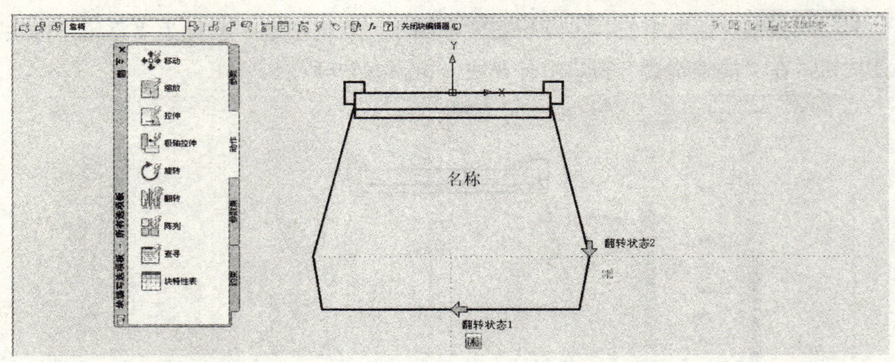

图 6.5.11　添加翻转动作

（12）参照步骤（3）和步骤（4）的操作为块添加旋转参数和动作，然后单击块编辑器工具栏中的“保存块定义”按钮，最后单击关闭块编辑器(C)按钮关闭块编辑器，选中创建的动态块后的效果如图 6.5.12 所示。

（13）绘制一个圆角矩形，如图 6.5.13 所示。单击“绘图”工具栏中的“插入块”按钮，在弹出的插入对话框中设置各项参数，如图 6.5.14 所示，单击确定按钮，将块插入到如图 6.5.15 所示的位置。

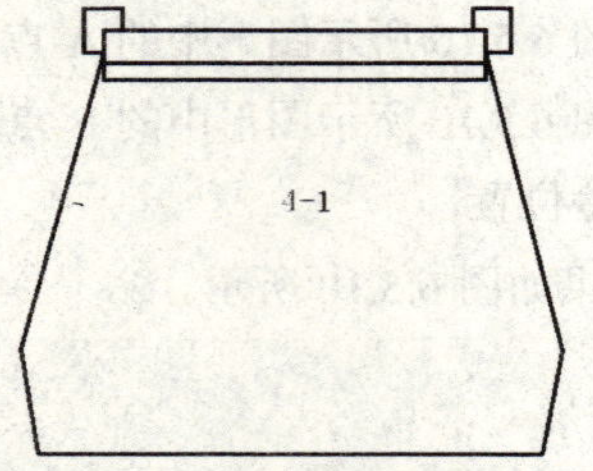

图 6.5.12　选中创建后动态块的效果

图 6.5.13　绘制圆角矩形

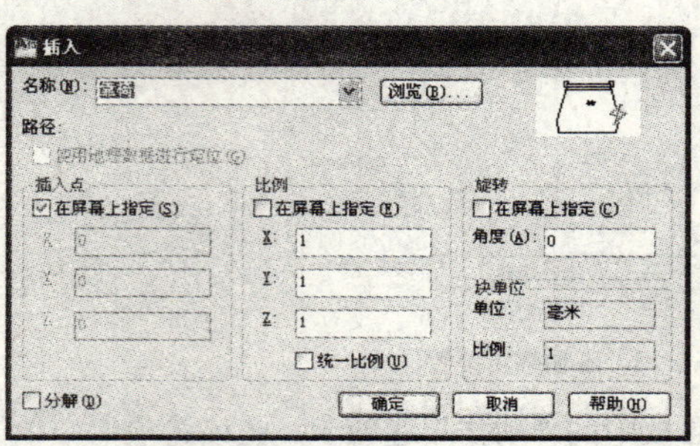

图 6.5.14　“插入”对话框

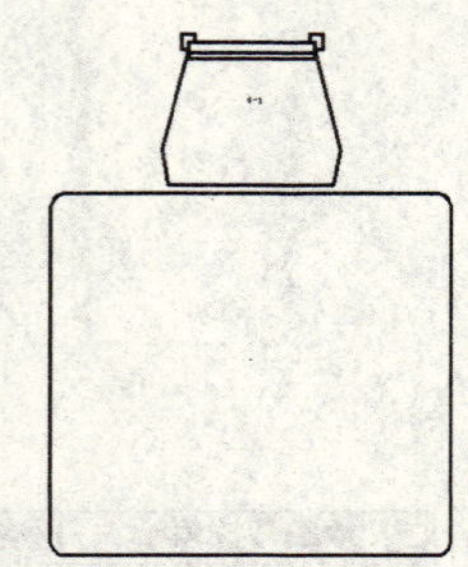

图 6.5.15　插入块

（14）再次执行插入块命令，利用动态块的翻转和旋转特性将其调整到如图 6.5.1 所示的效果。

本章小结

本章主要介绍了 AutoCAD 中块及其属性，以及外部参照的使用方法。通过本章的学习，用户应该能够熟练地创建与编辑块以及外部参照。动态块是 AutoCAD 2010 的新增功能，通过为块添加参数和动作，即可创建动态块。

操作练习

一、填空题

1．在 AutoCAD 2010 中，块可以分为两类，一类是__________，另一类是__________。

2．在 AutoCAD 2010 中，用户可以利用__________对图形中的外部参照进行有效的管理。

二、选择题

1．以下（　）命令不能用于插入块。

（A）-insert　　（B）ddinsert

（C）minsert　　（D）tinsert

2．以下（　）不是外部参照图层。

（A）Oil Module|-vp　　（B）Oil Module|bolts

（C）Defpoints　　（D）Oil Module|HEX

三、简答题

1．在 AutoCAD 2010 中如何创建块属性？

2．在 AutoCAD 2010 中如何创建动态块？

四、上机操作题

绘制如题图 6.1 所示的餐桌椅，然后将其创建成动态块。

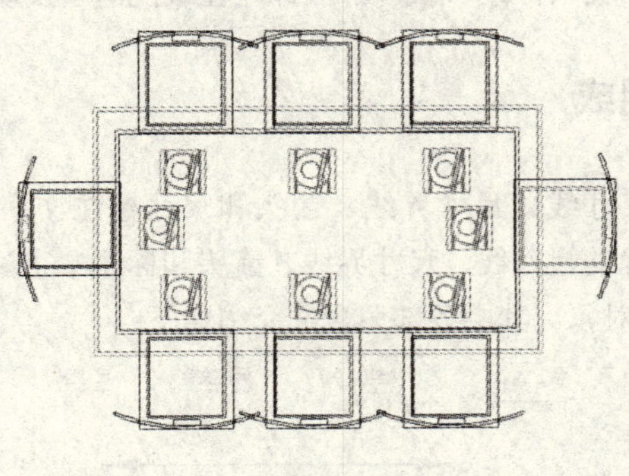

题图　6.1

第7章　尺寸标注

本章主要介绍在AutoCAD 2010中标注图形尺寸的各种命令。通过本章的学习，读者应该熟练掌握尺寸标注的构成、创建尺寸标注样式以及尺寸标注的命令等基本内容。

知识要点

- 尺寸标注的规则与组成
- 尺寸标注样式
- 基本标注命令
- 编辑尺寸标注

7.1　尺寸标注的规则与组成

尺寸标注对于表达图形信息有着非常重要的作用，因此在对图形进行尺寸标注前，首先要了解尺寸标注的规则和组成。

7.1.1　尺寸标注的规则

在我国的“工程制图国家标准”中，对尺寸标注的规则作出了一些规定，要求尺寸标注必须遵守以下基本规则：

（1）物体的真实大小应以图形上标注的尺寸数值为依据，与图形的显示大小和绘图的精度无关。

（2）图形中的尺寸以毫米为单位时，不需要标注尺寸单位的代号或名称。如果采用其他单位，则必须注明尺寸单位的代号或名称，如度、厘米、英寸等。

（3）图形中所标注的尺寸为图形所表示的物体的最后完工尺寸，如果是中间过程的尺寸，则必须另加说明。

（4）物体的每一个尺寸一般只标注一次，并应标注在最能清晰反映该结构的视图中。

7.1.2　尺寸标注的组成

一个完整的尺寸标注由尺寸线、尺寸界线、箭头和尺寸标注文字组成，如图7.1.1所示。通常，AutoCAD将构成一个尺寸的尺寸线、尺寸界线、箭头和标注文字以块的形式放在图形文件中，因此可以把一个尺寸看成一个对象。其中各部分含义介绍如下：

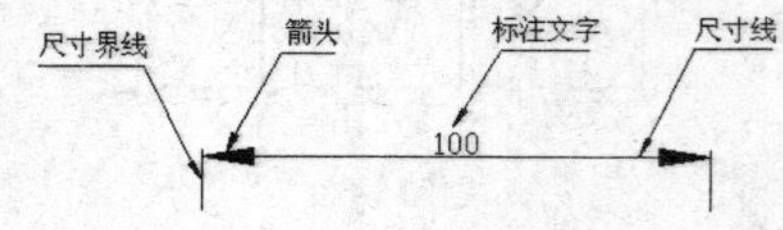

图7.1.1　尺寸标注的组成

（1）尺寸线：表示尺寸标注的范围。通常使用箭头来指出尺寸线的起点和端点。

（2）尺寸界线：表示尺寸线的开始和结束位置，从标注物体的两个端点处引出两条线段表示尺寸标注范围的界限。

（3）箭头：表示尺寸测量的开始和结束位置。

（4）标注文字：表示实际的测量值。该值可以是 AutoCAD 系统计算的值，也可以是用户指定的值，还可以取消标注文字。

7.2　尺寸标注样式

在 AutoCAD 2010 中，尺寸标注的样式可以由用户自己定义，根据不同的需要，可以在一幅图形中创建多种尺寸标注样式。合理地设置标注样式，可以有效地提高绘图速度。

7.2.1　尺寸标注样式管理器

标注样式的创建和设置都是在“标注样式管理器”对话框中完成的。打开标注样式管理器对话框的方法有以下 3 种：

（1）单击“标注”工具栏中的“标注样式”按钮。

（2）选择格式(O)→标注样式(D)...命令。

（3）在命令行中输入命令 dimstyle。

执行此命令后，弹出标注样式管理器对话框，如图 7.2.1 所示。

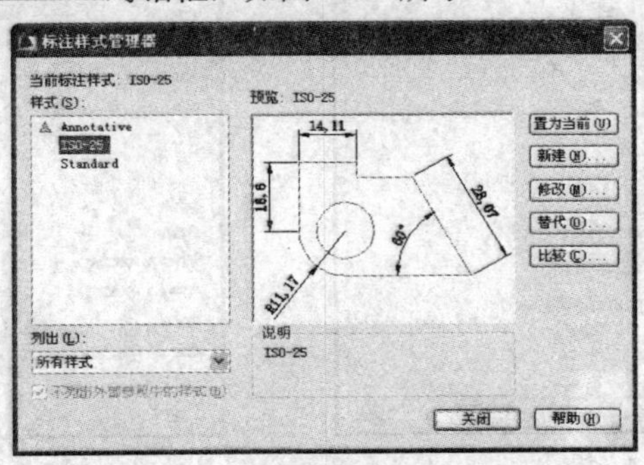

图 7.2.1　“标注样式管理器”对话框

该对话框中各选项功能介绍如下：

（1）样式(S):列表框：在该列表框下边的列出(L):下拉列表中选择所有样式或正在使用的样式选项，就会在该列表框中按要求列出当前图形中的样式名称。

（2）预览：ISO-25 区域：在样式(S):列表框中选择一种标注样式，该预览区域中就会显示这种标注样式的模板。

（3）置为当前(U)按钮：单击此按钮，将选中的标注样式设置为当前样式。

（4）新建(N)...按钮：单击此按钮，弹出创建新标注样式对话框，如图 7.2.2 所示。在新样式名(N):文本框中输入样式名称，在基础样式(S):下拉列表框中选择一种标注样式作为基础样式，在用于(U):下拉列表框中选择创建的标注样式适用的范围，然后单击继续按钮，弹出新建标注样式：副本 ISO-25对话框，如图 7.2.3 所示，在该对话框中对新建的标注样式进行设置。

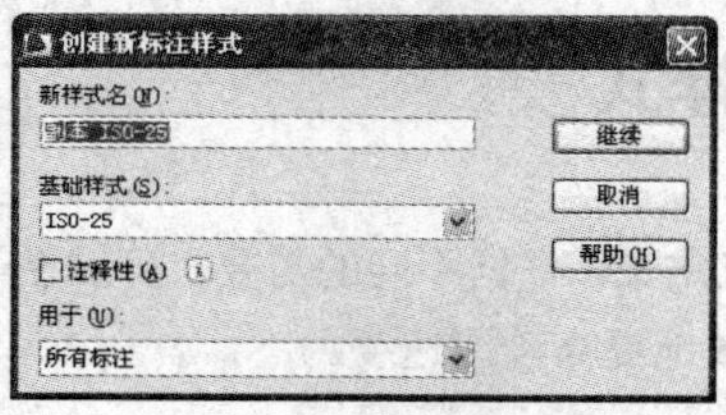

图 7.2.2 “创建新标注样式”对话框

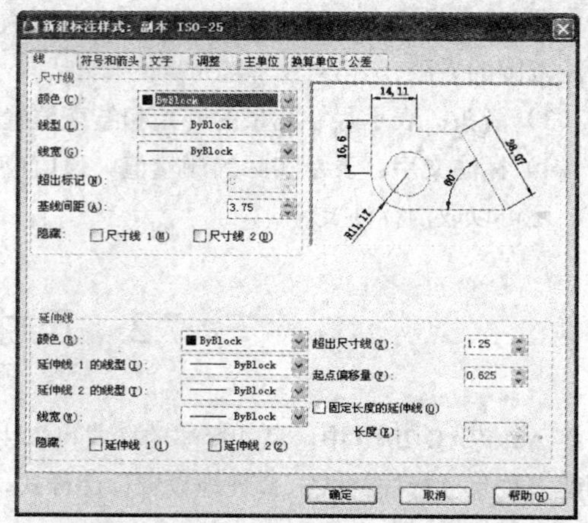

图 7.2.3 “新建标注样式：副本 ISO-25”对话框

（5）修改(M)... 按钮：在样式(S):列表框中选中一种标注样式后，单击此按钮，弹出修改标注样式：ISO-25对话框，如图 7.2.4 所示，在该对话框中对选中的标注样式进行修改。

（6）替代(O)... 按钮：单击此按钮，弹出替代当前样式：ISO-25对话框，如图 7.2.5 所示，用新设置的样式替代系统默认的标注样式 ISO-25。此功能只有在选中当前样式下才可用。

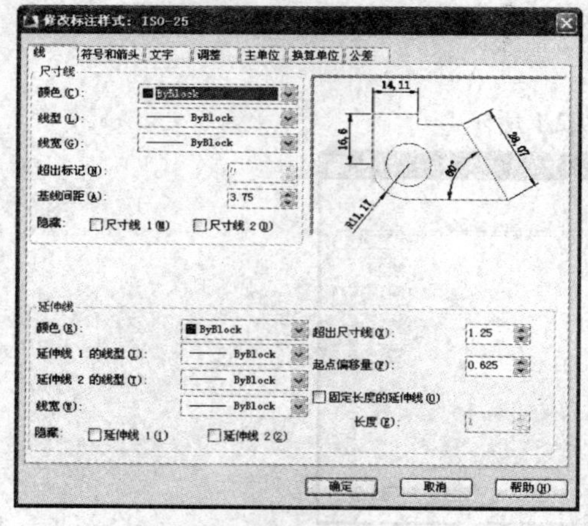

图 7.2.4 “修改标注样式：ISO-25”对话框

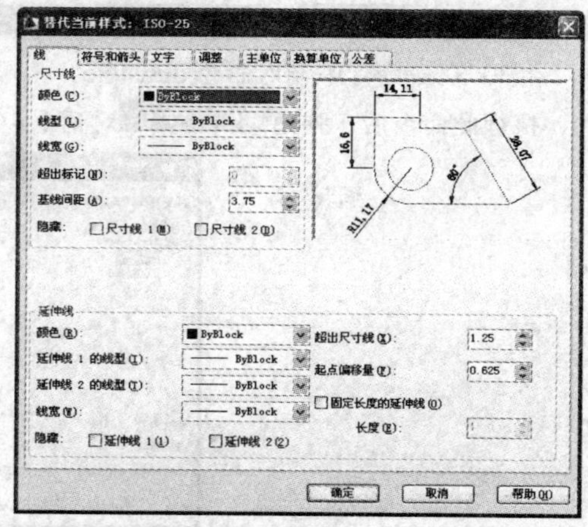

图 7.2.5 “替代当前样式：ISO-25”对话框

（7）比较(C)... 按钮：单击此按钮，弹出比较标注样式对话框，如图 7.2.6 所示，在该对话框中可以对两个标注样式进行比较，并列出它们的区别。

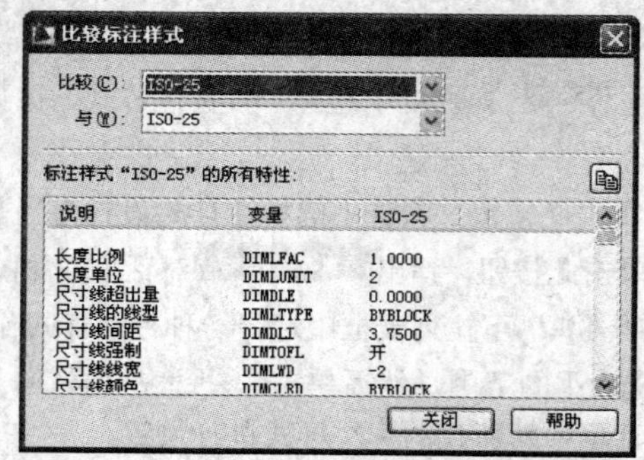

图 7.2.6 “比较标注样式”对话框

7.2.2 创建标注样式

单击"标注"工具栏中的"标注样式"按钮，打开标注样式管理器对话框，单击新建(N)...按钮，弹出创建新标注样式对话框，在新样式名(N):文本框中输入新样式名称；单击基础样式(S):下拉列表框右边的按钮，在弹出的下拉列表中选择一种基础样式；在用于(U):下拉列表框中指定新建标注样式的使用范围；单击继续按钮，弹出新建标注样式：副本 ISO-25对话框，在该对话框中可以设置标注样式的直线、箭头、文字等属性。

7.2.3 设置标注样式

无论是新建标注样式还是修改标注样式，当需要对标注样式的参数进行设置时，都必须在新建标注样式：副本 ISO-25对话框或修改标注样式：ISO-25对话框中进行。这两个对话框除了标题栏不一样外，其他选项功能都一样，都由7个选项卡组成，分别用于设置标注样式的参数。这些选项卡及其各选项功能介绍如下：

(1) 线：该选项卡用于设置尺寸线、尺寸界线、箭头和圆心标记的格式和特性，如图7.2.3所示。该选项卡中各选项功能介绍如下：

1) 尺寸线：该选项组用于设置尺寸线的特性。其中又包括6个选项，分别为：

①颜色(C):：该选项显示并设置尺寸线的颜色。单击下拉列表框右边的按钮，在弹出的下拉列表中选择一种颜色作为当前颜色。

②线型(L):：设置尺寸线的线型。

③线宽(G):：该选项设置尺寸线的宽度。单击下拉列表框右边的按钮，在弹出的下拉列表中选择一种线宽作为当前线宽，如图7.2.7所示。

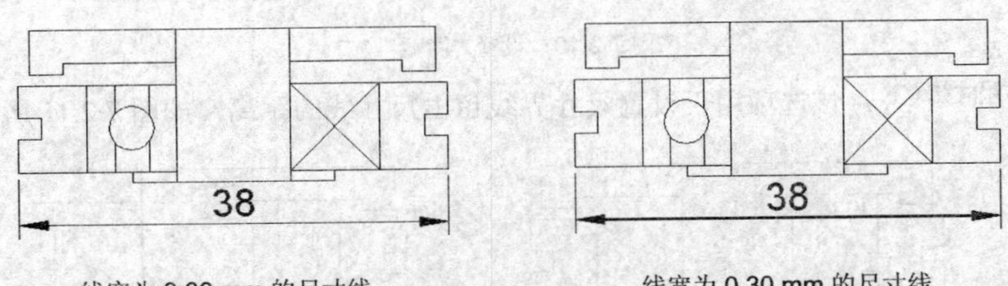

图7.2.7 设置"线宽"

④超出标记(N):：该选项用于指定在使用箭头倾斜、建筑标记、积分标记或无箭头标记时，尺寸线伸出尺寸界线的长度。只有当使用箭头倾斜、建筑标记、积分标记或无箭头标记时，该选项才可用，如图7.2.8所示。

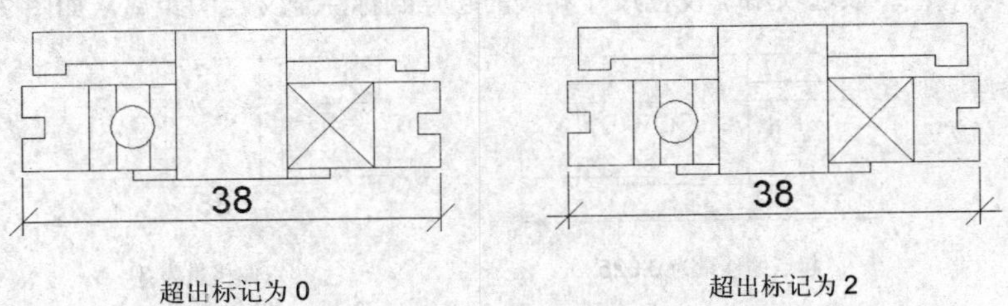

图7.2.8 设置"超出标记"

⑤ 基线间距(A)：该选项用于设置基线标注的尺寸线之间的间距。

⑥ 隐藏：该选项用于隐藏尺寸线。选中☑尺寸线 1(M)或☑尺寸线 2(D)复选框，即可隐藏尺寸线，如图 7.2.9 所示。

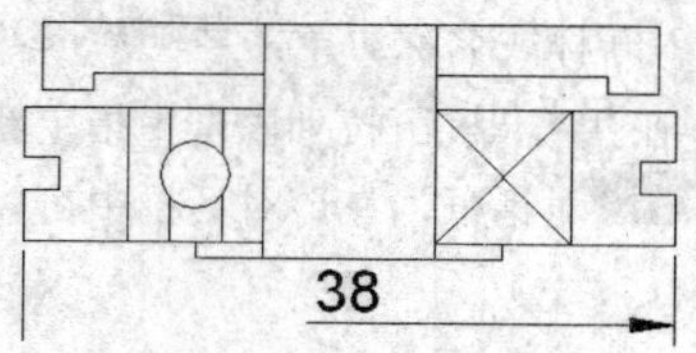

隐藏尺寸线 1　　　　隐藏尺寸线 2

图 7.2.9　设置“隐藏”（一）

2）延伸线：该选项组用于设置尺寸界线的特性。其中包括以下 8 项内容：

① 颜色(R)：该选项用于设置尺寸界线的颜色。

② 延伸线 1 的线型(I)：设置第一条尺寸界线的线型。

③ 延伸线 2 的线型(T)：设置第二条尺寸界线的线型。

④ 线宽(W)：设置尺寸界线的线宽。

⑤ 隐藏：该选项用于设置是否显示或隐藏第一条和第二条尺寸界线，如图 7.2.10 所示。

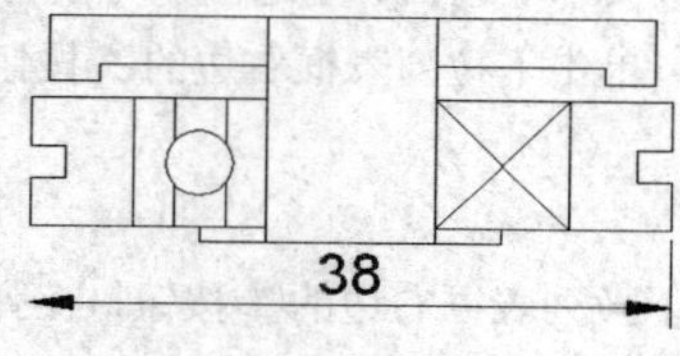

隐藏尺寸界线 1　　　　隐藏尺寸界线 2

图 7.2.10　设置“隐藏”（二）

⑥ 超出尺寸线(X)：该选项用于设置尺寸界线超出尺寸线的距离，如图 7.2.11 所示。

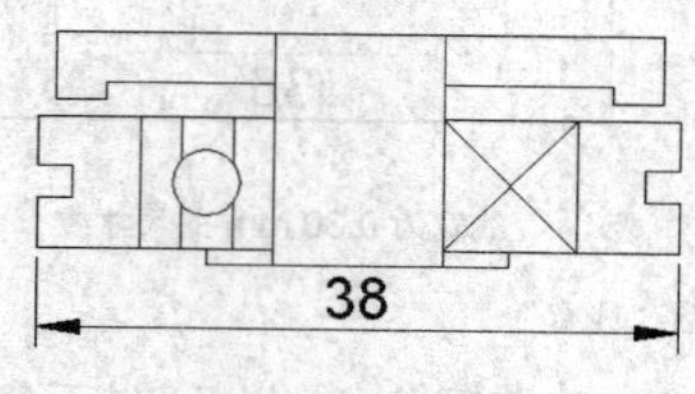

超出尺寸线 1.25

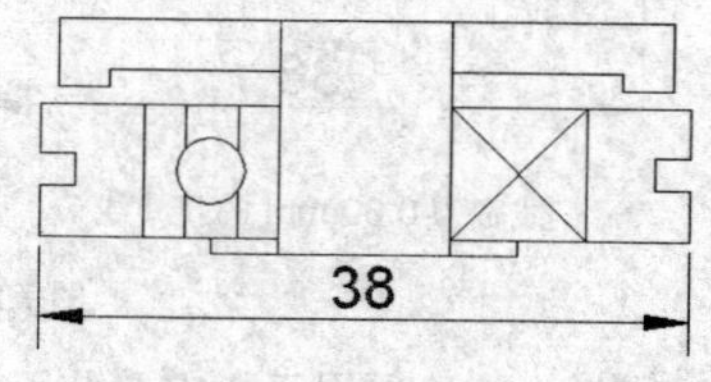

超出尺寸线 2

图 7.2.11　设置“超出尺寸线”

⑦ 起点偏移量(F)：该选项用于设置尺寸界线的起点到标注定义点的距离，如图 7.2.12 所示。

起点偏移量为 0.625

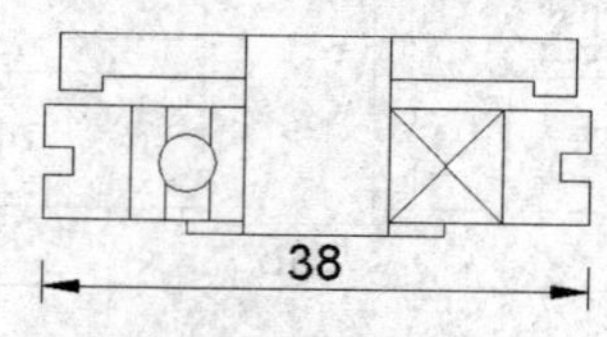

起点偏移量为 3

图 7.2.12　设置“起点偏移量”

⑧ 固定长度的延伸线(O)：设置尺寸界线从尺寸线开始到标注原点的总长度。可以在该选项组中的长度(E)：文本框中直接输入尺寸界线的长度。

（2）符号和箭头：该选项卡用于设置箭头、圆心标记、弧长符号和折弯半径标注的格式和位置，如图 7.2.13 所示。

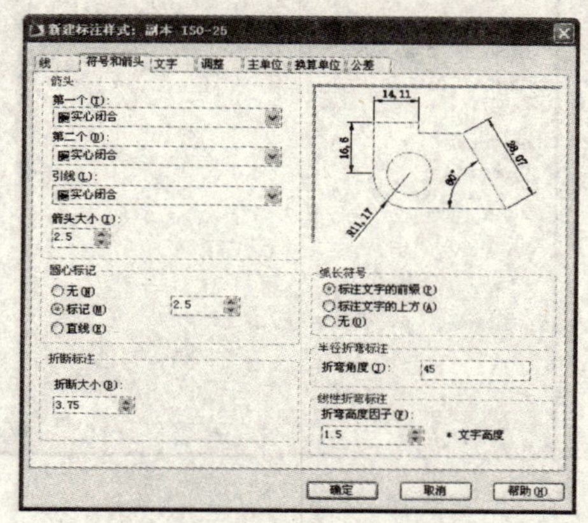

图 7.2.13　“符号和箭头”选项卡

该选项卡中各选项功能介绍如下：

1）箭头：该选项组用于控制标注箭头的外观。

① 第一个(T)：设置第一条尺寸线的箭头。当改变第一个箭头的类型时，第二个箭头将自动改变以同第一个箭头相匹配。

② 第二个(D)：设置第二条尺寸线的箭头。

③ 箭头大小(I)：显示和设置箭头的大小。

2）圆心标记：该选项组用于控制直径标注和半径标注的圆心标记以及中心线的外观，如图 7.2.14 所示。

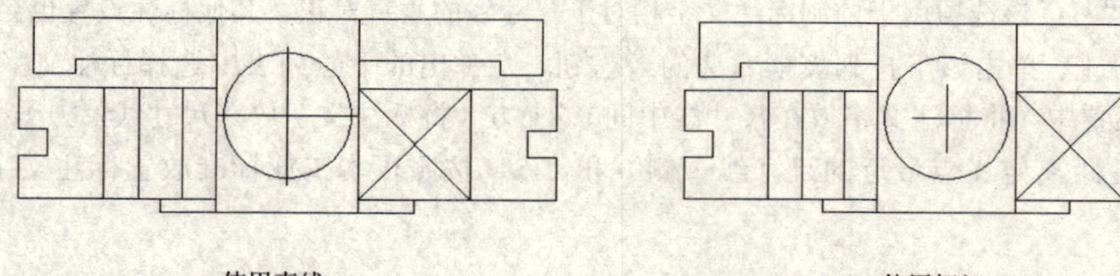

使用直线　　　　使用标记

图 7.2.14　设置“圆心标记”

① 无(N)：选中此单选按钮，不创建圆心标记或中心线。

② 标记(M)：选中此单选按钮，创建圆心标记。

③ 直线(E)：选中此单选按钮，创建中心线。

3）弧长符号：该选项组用于控制弧长标注中圆弧符号的显示。

① 标注文字的前缀(P)：选中此单选按钮，将弧长符号放在标注文字的前面。

② 标注文字的上方(A)：选中此单选按钮，将弧长符号放在标注文字的上方。

③ 无(O)：选中此单选按钮，不显示弧长符号。

4）半径折弯标注：该选项组控制折弯（Z 字型）半径标注的显示。折弯半径标注通常在中心点位于页面外部时创建。折弯角度是指确定用于连接半径标注的尺寸界线和尺寸线的横向直线的角度。用户可以直接在折弯角度(I):数值框中输入角度值。

（3）文字：该选项卡用于设置标注文字的特性，如图 7.2.15 所示。

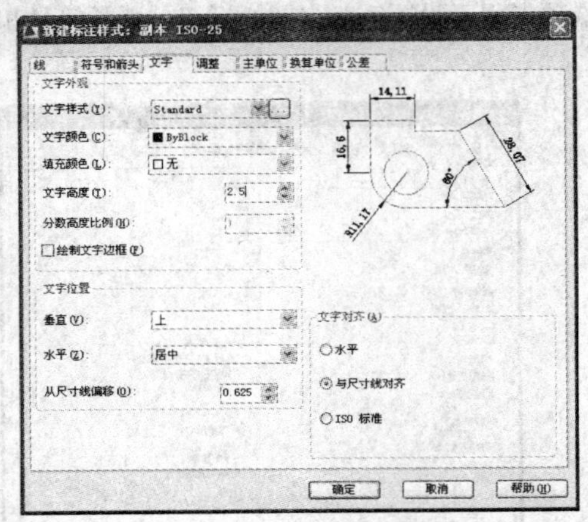

图 7.2.15 “文字”选项卡

该选项卡中各选项功能介绍如下：

1）文字外观：该选项组用于控制标注文字的格式和大小。其中包括 6 个选项：

①文字样式(Y)：该选项用于显示和设置标注文字的当前样式。

②文字颜色(C)：该选项用于显示和设置标注文字的颜色。

③填充颜色(L)：该选项用于显示和设置标注文字的背景色。

④文字高度(T)：该选项用于显示和设置当前标注文字样式的高度，在微调框中直接输入数值即可。

⑤分数高度比例(H)：该选项用于设置比例因子，计算标注分数和公差的文字高度。

⑥☑绘制文字边框(F)：选中此复选框，将在标注文字外绘制一个边框。

2）文字位置：该选项组用于控制标注文字的位置。其中包括 3 个选项：

①垂直(V)：该选项用于控制标注文字相对于尺寸线的垂直对正。其他标注设置也会影响标注文字的垂直对正。单击该下拉列表框右边的按钮，在弹出的下拉列表中选择标注文字的垂直位置，其中包括置中（将标注文字放在尺寸线中间）、上方（将标注文字放在尺寸线上方）、外部（将标注文字放在距离定义点最近的尺寸线一侧）和 JIS（按照日本工业标准放置标注文字），如图 7.2.16 所示。

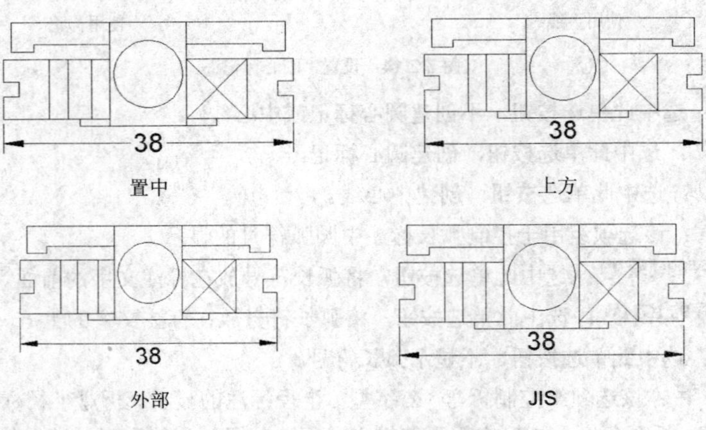

图 7.2.16 标注文字的垂直位置

② 水平(Z)：该选项用于控制标注文字在尺寸线方向上相对于尺寸界线的水平位置。单击下拉列表框右边的按钮，在弹出的下拉列表框中选择标注文字的水平位置，共有 5 个选项卡可供选择。选择"置中"选项，将标注文字沿尺寸线放在两条尺寸界线的中间；选择"第一条尺寸界线"选项，沿尺寸线与第一条尺寸界线左对正，尺寸界线与标注文字的距离是箭头大小加上文字间距之和的两倍；选择"第二条尺寸界线"选项，沿尺寸线与第一条尺寸界线右对正，尺寸界线与标注文字的距离是箭头大小加上文字间距之和的两倍；选择"第一条尺寸界线上方"选项，沿着第一条尺寸界线放置标注文字或把标注文字放在第一条尺寸界线之上；选择"第二条尺寸界线上方"选项，沿着第二条尺寸界线放置标注文字或将标注文字放在第二条尺寸界线之上，其效果如图 7.2.17 所示。

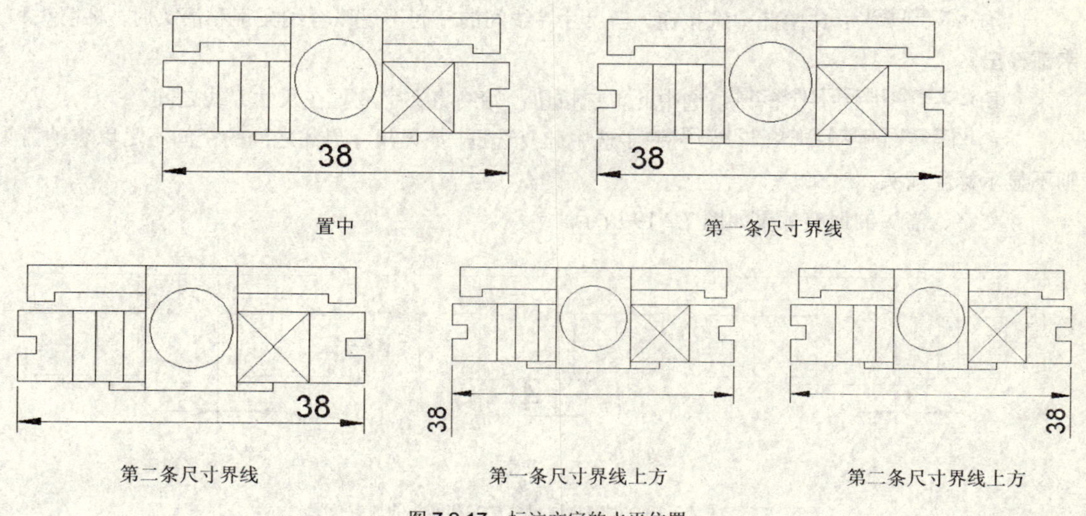

图 7.2.17　标注文字的水平位置

③ 从尺寸线偏移(O)：该选项用于显示和设置当前文字间距，即断开尺寸线以容纳标注文字时与标注文字的距离。

3）文字对齐(A)：该选项组用于控制标注文字的方向（水平或对齐）在尺寸界线的内部或外部。其中包括 3 种对齐方式：

① 水平：选中此单选按钮，标注文字将水平放置。

② 与尺寸线对齐：选中此单选按钮，标注文字方向与尺寸线方向一致。

③ ISO 标准：选中此单选按钮，标注文字按 ISO 标准放置。

（4）调整：该选项卡用于设置尺寸线、箭头和文字的放置规则，如图 7.2.18 所示。

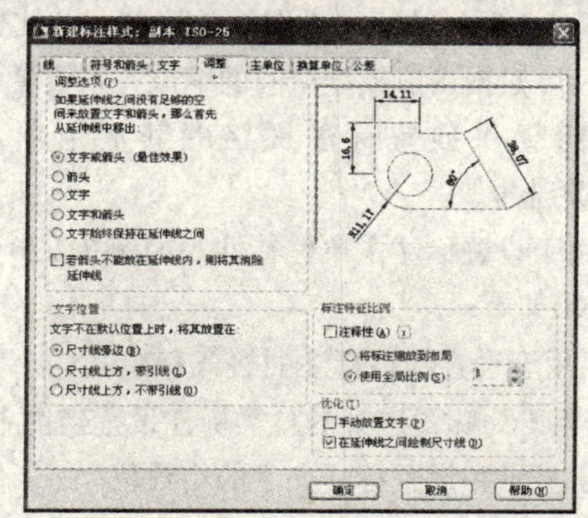

图 7.2.18　"调整"选项卡

该选项卡中各选项功能介绍如下：

1）调整选项(F)：该选项组的功能是根据尺寸界线之间的可用空间控制将文字和箭头放置在尺寸界线内部还是外部。此选项组可进一步调整标注文字、尺寸线和尺寸箭头的位置。其中包括以下各选项：

①◉文字或箭头（最佳效果）：选中此单选按钮，根据最佳调整方案将文字或箭头移动到尺寸界线外。

②◉箭头：选中此单选按钮，先将箭头移动到尺寸界线外，然后再移动文字。

③◉文字：选中此单选按钮，先将文字移动到尺寸界线外，然后再移动箭头。

④◉文字和箭头：选中此单选按钮，当尺寸界线间的空间不足以容纳文字和箭头时，将箭头和文字都移出。

⑤◉文字始终保持在延伸线之间：选中此单选按钮，始终将文字放置在尺寸界线之间。

⑥☑若箭头不能放在延伸线内，则将其消除：选中此复选框，如果尺寸界线之间的空间不足以容纳箭头，则不显示标注箭头。

文字、箭头的调整效果如图 7.2.19 所示。

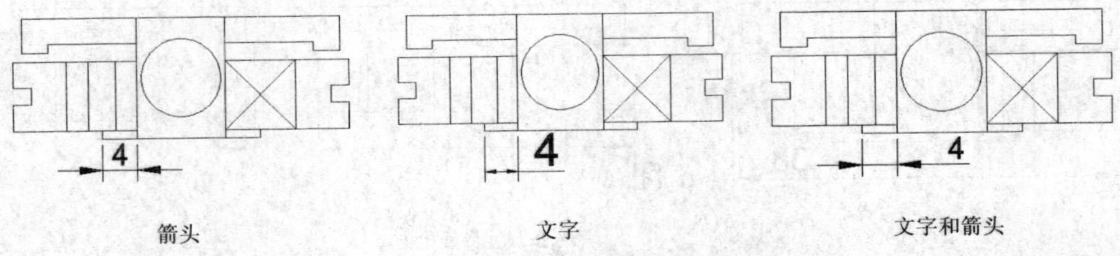

图 7.2.19 调整标注尺寸文字和箭头的放置位置

2）文字位置：该选项组用于控制文字移动时的反应，指定当文字不在默认位置时，将其放置的位置。AutoCAD 系统提供了 3 种位置：

①◉尺寸线旁边(B)：选中此单选按钮，尺寸线将随标注文字移动。

②◉尺寸线上方，带引线(L)：选中此单选按钮，尺寸线不随文字移动。如果将文字从尺寸线移开，AutoCAD 将创建引线连接文字和尺寸线。

③◉尺寸线上方，不带引线(O)：选中此单选按钮，尺寸线不随文字移动。如果将文字从尺寸线移开，文字不与尺寸线相连。

3）标注特征比例：该选项组用于设置全局标注比例值或图纸空间缩放比例。如果选中◉使用全局比例(S)：单选按钮，可对全局尺寸标注设置缩放比例，此比例不改变尺寸的测量值；如果选中◉将标注缩放到布局单选按钮，可根据当前模型空间的缩放关系设置比例。

4）优化(T)：该选项组提供放置标注文字的其他选项，其中包括☑手动放置文字(P)和☑在延伸线之间绘制尺寸线(D)两个复选框。

(5) 主单位：该选项卡用于设置标注主单位特性，如图 7.2.20 所示。

该选项卡中各选项功能介绍如下：

1）线性标注：该选项组用于设置线性标注的格式和精度。

①单位格式(U)：该选项用于为除角度外的各类标注设置当前单位格式。

②精度(P)：该选项用于显示和设置标注文字的小数位。

③分数格式(M)：该选项用于设置分数格式。

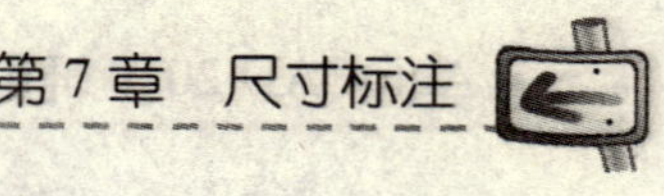

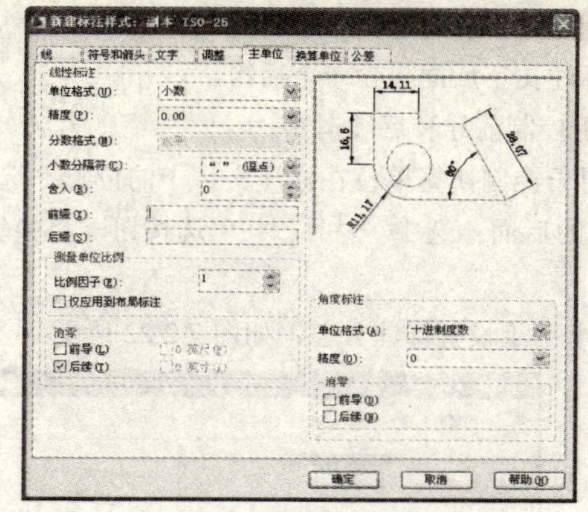

图 7.2.20 “主单位”选项卡

④ 小数分隔符(C)：该选项用于设置小数格式的分隔符。

⑤ 舍入(R)：该选项用于设置非角度标注测量值的舍入规则。

⑥ 前缀(X)：该选项用于设置在标注文字前面包含一个前缀。

⑦ 后缀(S)：该选项用于设置在标注文字后面包含一个后缀。

2） 测量单位比例：该选项用于设置线性缩放比例。

3） 消零：该选项控制是否显示尺寸标注中的前导和后续。

4） 角度标注：该选项组用于显示和设置角度标注的当前角度格式。

① 单位格式(A)：该选项用于设置角度单位格式。

② 精度(O)：该选项用于显示和设置角度标注的小数位。

③ 消零：控制前导和后续消零。

（6） 换算单位：该选项卡用于设置辅助标注单位特性，如图 7.2.21 所示。选中☑显示换算单位(D)复选框，其他选项才可用。

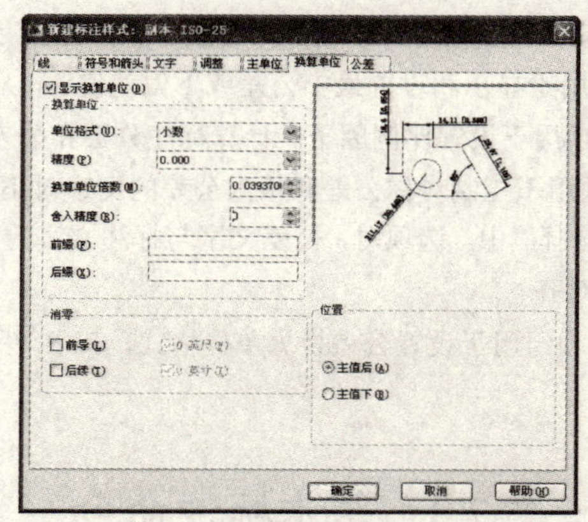

图 7.2.21 “换算单位”选项卡

1） 换算单位：该选项组用于显示和设置除角度之外的所有标注成员的当前单位格式。

① 单位格式(U)：该选项用于设置换算单位格式。

② 精度(P)：该选项根据所选的“单位”或“角度”格式设置小数位。

③ 换算单位倍数(M)：该选项用于设置原单位转换成换算单位的换算系数。

④ 舍入精度(R)：该选项用于为换算单位设置舍入规则。角度标注不应用舍入值。

⑤ 前缀(P)：在换算标注文字前面包含一个前缀。

⑥ 后缀(X)：在换算标注文字后面包含一个后缀。

2） 消零：该选项用于控制前导和后续消零。

3） 位置：该选项组用于控制换算单位在标注文字中的位置。选中 ⊙主值后(A) 单选按钮，将换算单位放在标注文字主单位的后面；选中 ⊙主值下(B) 单选按钮，将换算单位放在标注文字主单位的下面。

（7） 公差：该选项卡用于设置标注公差，如图 7.2.22 所示。

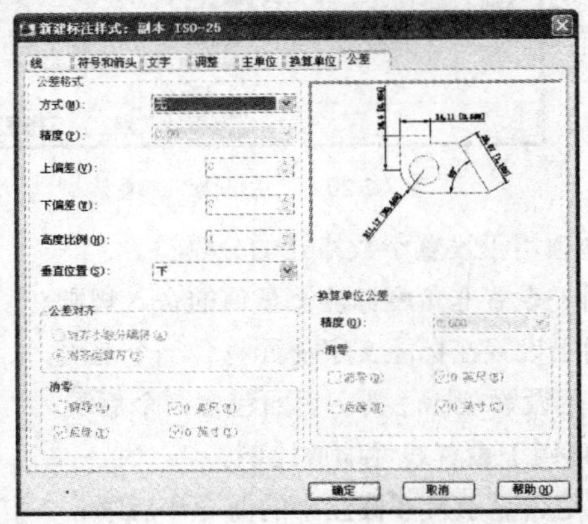

图 7.2.22 “公差”选项卡

该选项卡中各选项功能介绍如下：

1） 公差格式：该选项组用于控制标注文字中的公差格式。

① 方式(M)：该选项用于设置公差的方式。

② 精度(P)：该选项用于显示和设置公差文字中的小数位。

③ 上偏差(V)：该选项用于显示和设置最大公差或上偏差值。选择“对称”公差时，AutoCAD 将此值用于公差。

④ 下偏差(W)：该选项用于显示和设置最小公差或下偏差值。

⑤ 高度比例(H)：该选项用于设置比例因子。计算标注分数和公差的文字高度。

⑥ 垂直位置(S)：该选项用于控制对称公差和极限公差的文字对正。选择“上”选项时，公差文字与标注文字的顶部对齐；选择“中”选项时，公差文字与标注文字的中间对齐；选择“下”选项时，公差文字与标注文字的底部对齐。

2） 换算单位公差：该选项组用于设置公差换算单位格式，其中 精度(O) 选项用于设置换算单位公差值精度。

7.3 基本标注命令

在 AutoCAD 2010 中，基本的尺寸标注有线性标注、对齐标注、弧长标注、坐标标注、半径标注、折弯标注、直径标注、角度标注、基线标注、连续标注、引线标注、公差标注、圆心标记和快速标注，通过单击“标注”工具栏中的相应按钮，如图 7.3.1 所示，或选择 标注(N) 子菜单，如图 7.3.2 所示，即可执行尺寸标注命令，本节将详细进行介绍。

图 7.3.1　“标注”工具栏

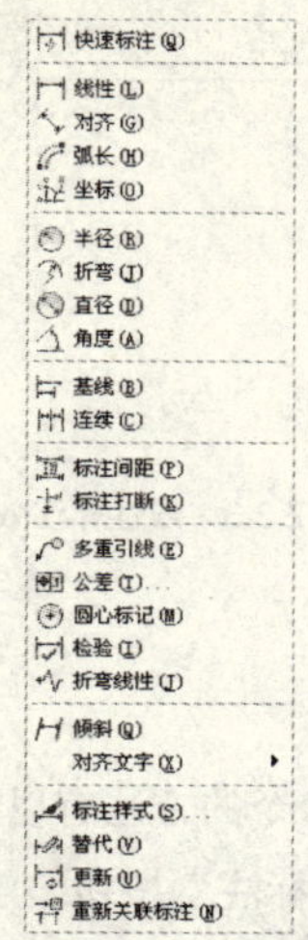

图 7.3.2　“标注”菜单

7.3.1　线性标注

在 AutoCAD 2010 中，执行线性标注命令的方法有以下 3 种：

（1）单击“标注”工具栏中的“线性标注”按钮。

（2）选择 标注(N) → 线性(L) 命令。

（3）在命令行中输入命令 dimlinear。

执行线性标注命令后，命令行提示如下：

命令: _dimlinear　　//执行线性标注命令

指定第一条尺寸界线原点或 <选择对象>://指定第一条尺寸界线的端点

指定第二条尺寸界线原点:　　//指定第二条尺寸界线的端点

指定尺寸线位置或[多行文字(M)/文字(T)/角度(A)/水平(H)/垂直(V)/旋转(R)]:

//拖动鼠标指定尺寸线的位置或选择其他命令选项

标注文字 = 14　　//系统提示测量数据

其中各命令选项的功能介绍如下：

（1）指定尺寸线位置：拖动鼠标确定尺寸线位置即可。

（2）多行文字(M)：选择此命令选项将弹出 文字格式 编辑器，其中尺寸测量的数据已经被固定，用户可以在数据的前面或后面输入文本。

（3）文字(T)：将以单行文字的形式输入标注文字。

（4）角度(A)：将设置标注文字的旋转角度。

（5）水平(H)：将设置标注文字的水平位置。

（6）垂直(V)：将设置标注文字的垂直位置。

（7）旋转(R)：将设置标注文字的旋转角度。

线性标注的效果如图 7.3.3 所示。

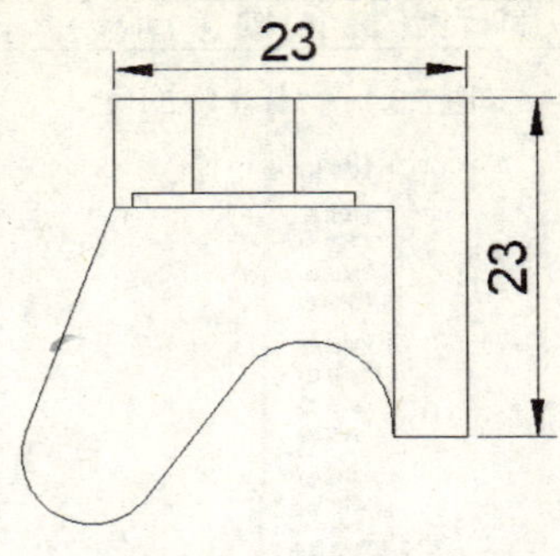

图 7.3.3 线性标注效果

7.3.2 对齐标注

在 AutoCAD 2010 中，执行对齐标注命令的方法有以下 3 种：

（1）单击“标注”工具栏中的“对齐标注”按钮。

（2）选择 标注(N) → 对齐(G) 命令。

（3）在命令行中输入命令 dimaligned。

执行对齐标注命令后，命令行提示如下：

命令: _dimaligned //执行对齐标注命令

指定第一条尺寸界线原点或 <选择对象>: //指定第一条尺寸界线原点

指定第二条尺寸界线原点: //指定第二条尺寸界线原点

指定尺寸线位置或[多行文字(M)/文字(T)/角度(A)]: //拖动鼠标确定尺寸线的位置或选择其他命令选项

标注文字 = 17.45 //系统显示测量数据

其中各命令选项功能介绍如下：

（1）指定尺寸线位置：拖动鼠标确定尺寸线的位置。

（2）多行文字(M)：选择此命令选项将弹出 文字格式 编辑器，其中尺寸测量的数据已经被固定，用户可以在数据的前面或后面输入文本。

（3）文字(T)：将以单行文字的形式输入标注文字。

（4）角度(A)：将设置标注文字的旋转角度。

对齐标注的效果如图 7.3.4 所示。

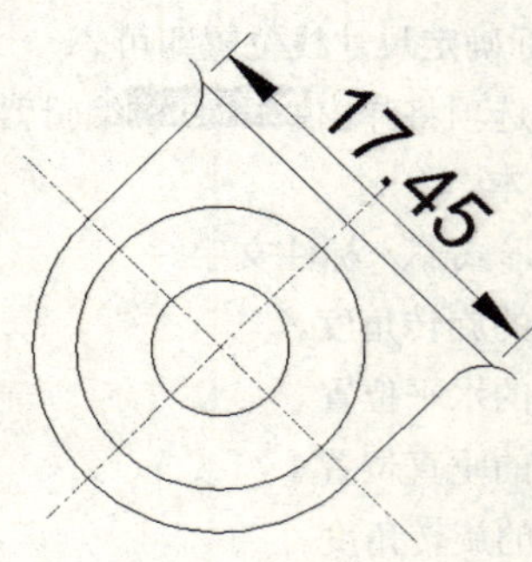

图 7.3.4 对齐标注效果

7.3.3　弧长标注

在 AutoCAD 2010 中，执行弧长标注命令的方法有以下 3 种：

（1）单击“标注”工具栏中的“弧长标注”按钮。

（2）选择 标注(N) → 弧长(H) 命令。

（3）在命令行中输入命令 dimarc。

执行对齐标注命令后，命令行提示如下：

命令: _dimarc

选择弧线段或多段线弧线段:　　　　//选择要标注的弧线

指定弧长标注位置或 [多行文字(M)/文字(T)/角度(A)/部分(P)/引线(L)]:

　　　　//拖动鼠标指定尺寸线的位置

标注文字 ＝24.78　　　　//系统显示测量数据

其中各命令选项功能介绍如下：

（1）指定尺寸线位置：拖动鼠标确定尺寸线的位置。

（2）多行文字(M)：选择此命令选项将弹出 文字格式 编辑器，其中尺寸测量的数据已经被固定，用户可以在数据的前面或后面输入文本。

（3）文字(T)：将以单行文字的形式输入标注文字。

（4）角度(A)：将设置标注文字的旋转角度。

（5）部分(P)：将缩短弧长标注的长度。

（6）引线(L)：将添加引线对象。仅当圆弧大于 90°时才会显示此选项。

弧长标注的效果如图 7.3.5 所示。

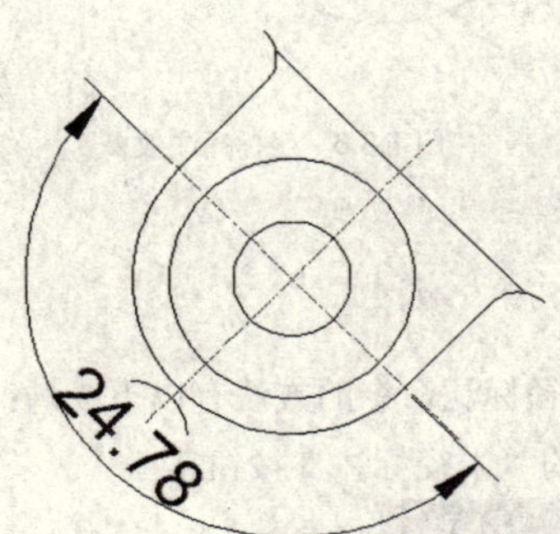

图 7.3.5　弧长标注效果

7.3.4　坐标标注

在 AutoCAD 2010 中，执行坐标标注命令的方法有以下 3 种：

（1）单击“标注”工具栏中的“坐标标注”按钮。

（2）选择 标注(N) → 坐标(O) 命令。

（3）在命令行中输入命令 dimordinate。

执行坐标标注命令后，命令行提示如下：

命令:_dimordinate

指定点坐标: //指定要测量的坐标点

指定引线端点或[X 基准(X)/Y 基准(Y)/多行文字(M)/文字(T)/角度(A)]: //指定引线端点或选择其他命令选项

其中各命令选项的功能介绍如下：

（1）指定引线端点：选择此选项，使用点坐标和引线端点的坐标差可确定它是 X 坐标标注还是 Y 坐标标注。如果 Y 坐标的坐标差较大，标注就测量 X 坐标，否则就测量 Y 坐标。

（2）X 基准(X)：选择此选项，测量 X 坐标并确定引线和标注文字的方向。

（3）Y 基准(Y)：选择此选项，测量 Y 坐标并确定引线和标注文字的方向。

（4）多行文字(M)：选择此选项，弹出文字格式编辑器，向其中输入要标注的文字后，再确定引线端点。

（5）文字(T)：选择此选项，在命令行中自定义标注文字。

（6）角度(A)：选择此选项，修改标注文字的角度。

坐标标注的效果如图 7.3.6 所示。

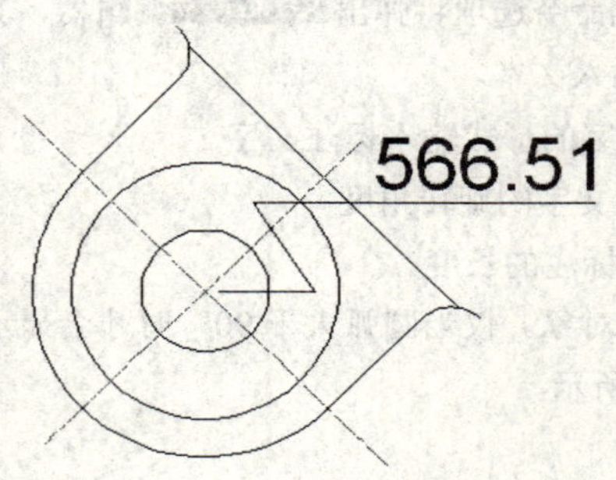

图 7.3.6 坐标标注效果

7.3.5 半径标注

在 AutoCAD 2010 中，执行半径标注命令的方法有以下 3 种：

（1）单击“标注”工具栏中的“半径标注”按钮。

（2）选择 标注(N) → 半径(R) 命令。

（3）在命令行中输入命令 dimradius。

执行半径标注命令后，命令行提示如下：

命令:_dimradius //执行半径标注命令

选择圆弧或圆: //选择要测量的圆弧或圆

标注文字=6 //系统显示测量数据

指定尺寸线位置或[多行文字(M)/文字(T)/角度(A)]: //拖动鼠标确定尺寸线位置或选择其他命令选项

半径标注的效果如图 7.3.7 所示。

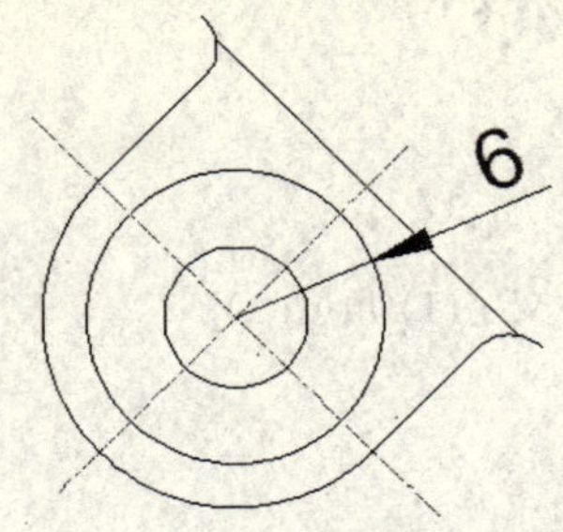

图 7.3.7　半径标注效果

7.3.6　折弯标注

在 AutoCAD 2010 中，执行折弯标注命令的方法有以下 3 种：

（1）单击“标注”工具栏中的“折弯标注”按钮。

（2）选择 标注(N) → 折弯(J) 命令。

（3）在命令行中输入命令 dimjogged。

执行折弯标注命令后，命令行提示如下：

命令: _dimjogged

选择圆弧或圆:　　//选择要测量的圆弧或圆

指定中心位置替代:　　//指定一点作为标注的中心

标注文字 ＝5.5　　//系统显示测量数据

指定尺寸线位置或 [多行文字(M)/文字(T)/角度(A)]:　　//拖动鼠标指定尺寸线位置

指定折弯位置:　　//指定折弯的位置

折弯标注的效果如图 7.3.8 所示。

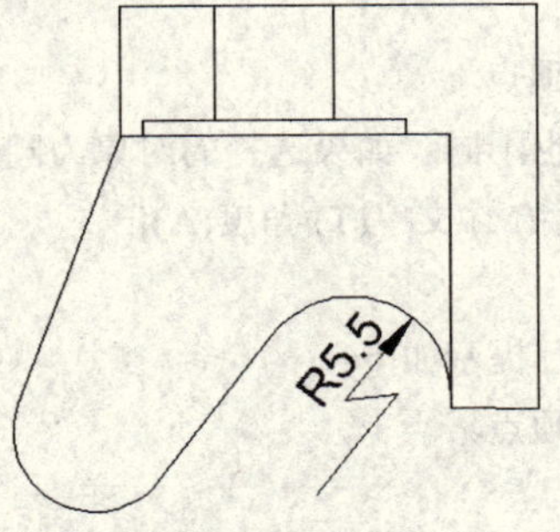

图 7.3.8　折弯标注效果

7.3.7　直径标注

在 AutoCAD 2010 中，执行直径标注命令的方法有以下 3 种：

（1）单击“标注”工具栏中的“直径标注”按钮。

（2）选择 标注(N) → 直径(D) 命令。

（3）在命令行中输入命令 dimdiameter。

执行直径标注命令后，命令行提示如下：

命令:_dimdiameter　　//执行直径标注命令

选择圆弧或圆:　　//用拾取框指定要测量的圆弧或圆

标注文字=9　　//系统显示测量数据

指定尺寸线位置或[多行文字(M)/文字(T)/角度(A)]:　　//拖动鼠标确定尺寸线位置或选择其他选项

直径标注的效果如图 7.3.9 所示。

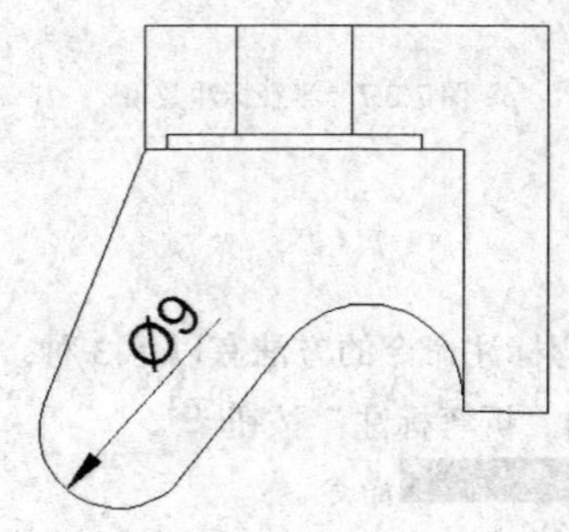

图 7.3.9　直径标注效果

7.3.8　角度标注

在 AutoCAD 2010 中，执行角度标注命令的方法有以下 3 种：

（1）单击“标注”工具栏中的“角度标注”按钮。

（2）选择 标注(N) → 角度(A) 命令。

（3）在命令行中输入命令 dimangular。

执行角度标注命令后，命令行提示如下：

命令:_dimangular　　//执行角度标注命令

选择圆弧、圆、直线或 <指定顶点>:　　//选择要标注的对象

选择的对象不同，命令行提示也不同。如果选择的对象为圆弧，则命令行提示如下：

指定标注弧线位置或 [多行文字(M)/文字(T)/角度(A)]:　　//选择圆弧

标注文字 =77　　//系统显示测量数据

如果选择的对象为圆，则命令行提示如下：

选择圆弧、圆、直线或 <指定顶点>:　　//选择圆

指定角的第二个端点:　　//在该圆上指定另一个测量端点

指定标注弧线位置或 [多行文字(M)/文字(T)/角度(A)]:　　//拖动鼠标确定尺寸线的位置

标注文字 = 16　　//系统显示测量数据

如果选择的对象为直线，则命令行提示如下：

选择圆弧、圆、直线或 <指定顶点>:　　//选择角的一条边

选择第二条直线:　　//选择角的另一条边

指定标注弧线位置或 [多行文字(M)/文字(T)/角度(A)]:　　//拖动鼠标确定尺寸线的位置

标注文字 = 111　　//系统显示测量数据

角度标注的效果如图 7.3.10 所示。

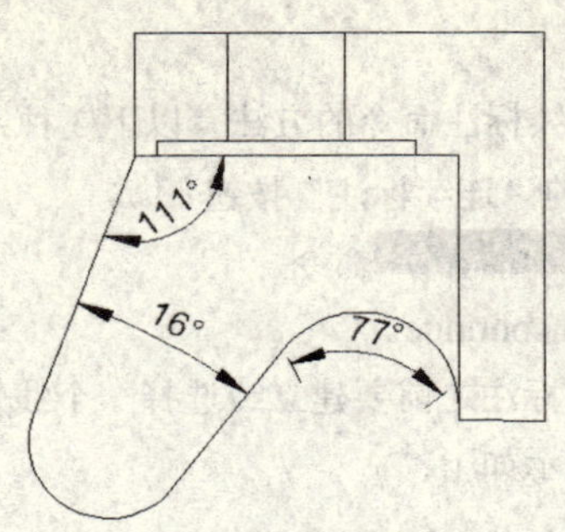

图 7.3.10　角度标注样式

7.3.9　基线标注

在 AutoCAD 2010 中，执行基线标注命令的方法有以下 3 种：

（1）单击“标注”工具栏中的“基线标注”按钮。

（2）选择 标注(N) → 基线(B) 命令。

（3）在命令行中输入命令 dimbaseline。

在进行基线标注之前，必须先建立或选择一个线性、坐标或角度标注作为基准标注，然后执行基线标注命令。命令行提示如下：

命令:_dimbaseline　　//执行基线标注命令

指定第二条尺寸界线原点或[放弃(U)/选择(S)]<选择>:　　//指定下一个尺寸标注原点

标注文字=23.76　　//系统显示测量数据

其中各命令选项功能介绍如下：

（1）指定第二条尺寸界线原点：确定第二条尺寸界线。

（2）放弃(U)：选择此命令选项，返回到上一次操作。

（3）选择(S)：命令行继续提示，提示如下：

选择基准标注:　　//用拾取框选择新的基准标注

基线标注的效果如图 7.3.11 所示。

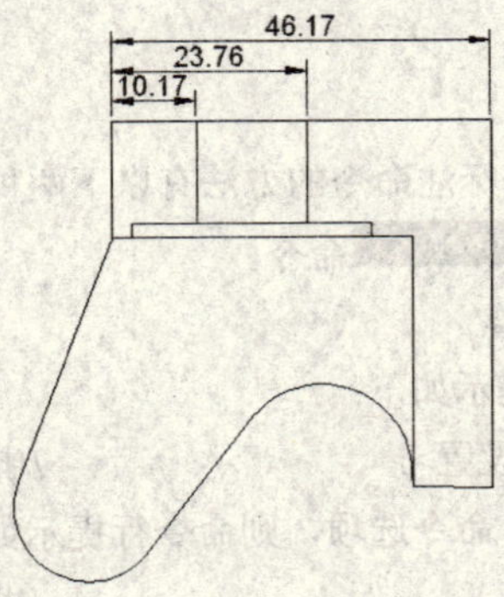

图 7.3.11　基线标注效果

7.3.10 连续标注

在 AutoCAD 2010 中，执行连续标注命令的方法有以下 3 种：

（1）单击“标注”工具栏中的“连续标注”按钮。

（2）选择 标注(N) → 连续(C) 命令。

（3）在命令行中输入命令 dimcontinue。

和基线标注一样，在执行连续标注之前要建立或选择一个线性、坐标或角度标注作为基准标注，然后执行连续标注命令。命令行提示如下：

命令:_dimcontinue　　//执行连续标注命令

指定第二条尺寸界线原点或[放弃(U)/选择(S)]<选择>:　　//指定第二条尺寸界线原点或选择其他命令选项

标注文字=10.17　　//系统显示测量数据

其中各命令选项功能介绍如下：

（1）指定第二条尺寸界线原点：确定第二条尺寸界线。

（2）放弃(U)：返回到最近一次操作。

（3）选择(S)：选择此命令选项，命令行会继续提示，提示如下：

选择连续标注:（用拾取框选择新的连续标注）

连续标注的效果如图 7.3.12 所示。

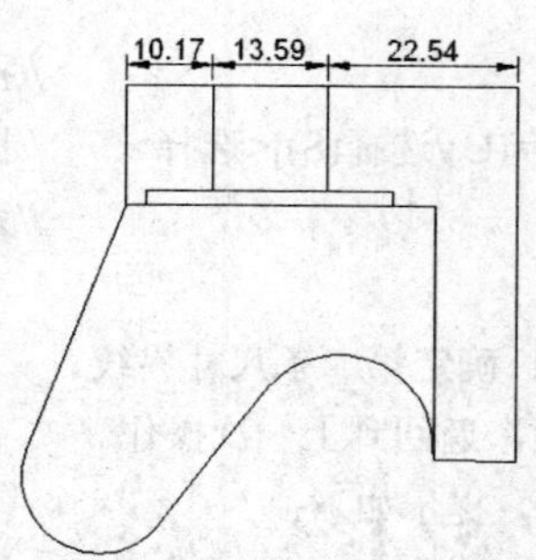

图 7.3.12　连续标注效果

7.3.11 引线标注

在 AutoCAD 2010 中，执行引线标注命令的方法有以下两种：

（1）选择 标注(N) → 多重引线(E) 命令。

（2）在命令行输入命令 qleader。

执行引线标注命令后，命令行提示如下：

指定第一个引线点或[设置(S)]<设置>:　　//指定引线的起点或对引线进行设置

如果选择“指定第一个引线点”命令选项，则命令行提示如下：

指定下一点:　　//指定引线的转折点

指定下一点:　　//指定引线的另一个端点

指定文字宽度<0>:　　//指定文字的宽度

输入注释文字的第一行<多行文字（M）>: //输入文字，按回车键结束标注

如果选择“设置(S)”命令选项，则弹出引线设置对话框，如图 7.3.13 所示。

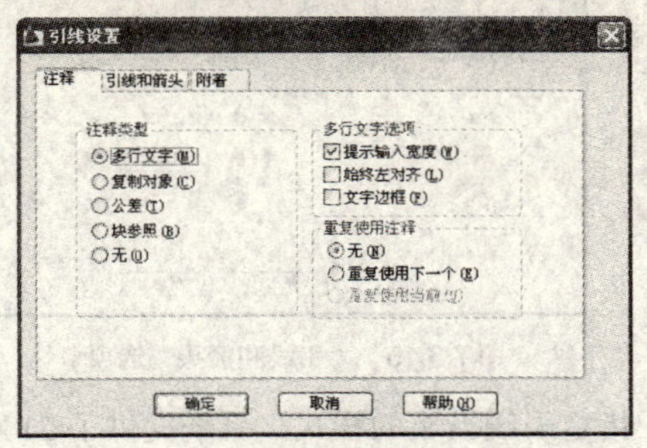

图 7.3.13 “引线设置”对话框

该对话框中包含 3 个选项卡，其功能介绍如下：

1）注释：该选项卡用于设置注释类型、多行文字和重复使用注释选项，如图 7.3.11 所示。其中各选项含义介绍如下：

①注释类型：该选项组用于设置引线注释类型，其中包括 5 个选项。如果选中 多行文字(M) 单选按钮，则提示创建多行文字注释，并弹出多行文字编辑器；如果选中 复制对象(C) 单选按钮，则提示为引线注释复制多行文字、文字、公差或块参照对象；如果选中 公差(T) 单选按钮，则弹出形位公差对话框，如图 7.3.14 所示，用于创建要附着到引线上的特性控制框；如果选中 块参照(B) 单选按钮，则提示为引线注释插入块参照；如果选中 无(O) 单选按钮，则创建不包含注释的引线。

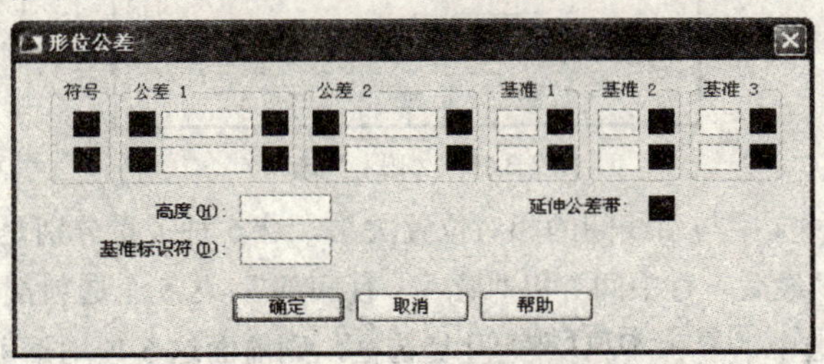

图 7.3.14 “形位公差”对话框

②多行文字选项：该选项组用于对多行文字进行设置，并且只有选择了多行文字注释类型时，该选项才可用。其中包括 3 个选项，如果选中 提示输入宽度(W) 复选框，在使用引线标注时，系统提示指定字宽；如果选中 始终左对齐(L) 复选框，则多行文字采用左对齐方式，该选项不与 提示输入宽度(W) 同时使用；如果选中 文字边框(F) 复选框，注释文字时在文字上加边框。

③重复使用注释：该选项组用于设置引线注释重复使用的选项。其中包括 3 个选项，如果选中 无(N) 单选按钮，则不重复使用引线注释；如果选中 重复使用下一个(E) 单选按钮，则重复使用为所有后继引线创建的下一个注释；如果选中 重复使用当前(U) 单选按钮，则系统自动将上一次创建的文字注释复制到当前引线标注中。

2）引线和箭头：该选项卡用于设置引线和箭头特性，如图 7.3.15 所示。

其中包括以下选项：

①引线：该选项组用于设置引线格式。其中包括两种格式，如果选中 直线(S) 单选按钮，则标注的引线是直线；如果选中 样条曲线(P) 单选按钮，则标注的引线是样条曲线。

②点数：该选项组用于设置引线的节点数。系统默认为 3，最少为 2，即引线为一条线段，也可以在 最大值 微调框中输入节点数。如果选中 无限制 复选框，则引线可以任意曲折。

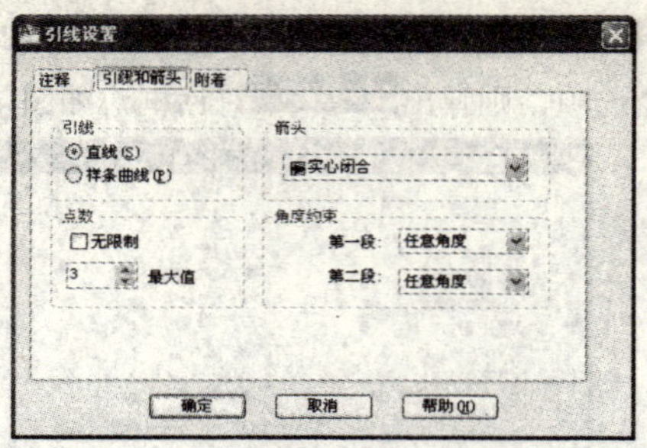

图 7.3.15 “引线和箭头”选项卡

③ 箭头：该选项组用于指定引线箭头的样式，系统提供了 21 种箭头样式。

④ 角度约束：该选项组用于设置第一条引线线段和第二条引线线段的角度约束。单击第一段:和第二段:下拉列表框右边的按钮，在弹出的下拉列表框中选择合适的角度，系统分别提供了 6 种角度可供选择。

3）附着：该选项卡用于设置引线附着到多行文字的位置，如图 7.3.16 所示。

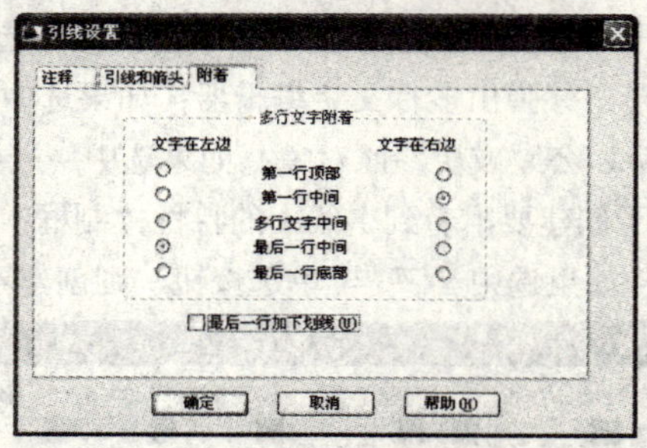

图 7.3.16 “附着”选项卡

该选项卡中包括 5 种文字与引线间的相对位置关系，这 5 种关系分别是“第一行顶部”“第一行中间”“多行文字中间”“最后一行中间”和“最后一行底部”，这 5 个选项都有“文字在左边”和“文字在右边”之分。如果选中☑最后一行加下划线(U)复选框，则前面这 5 项均不可用。

引线标注的效果如图 7.3.17 所示。

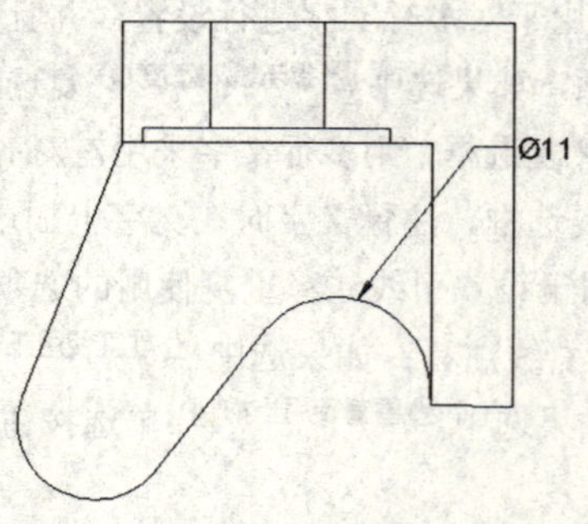

图 7.3.17 引线标注效果

7.3.12 公差标注

形位公差是表示特征的形状、轮廓、方向、位置和跳动的允许偏差。AutoCAD 形位公差的组成如图 7.3.18 所示。

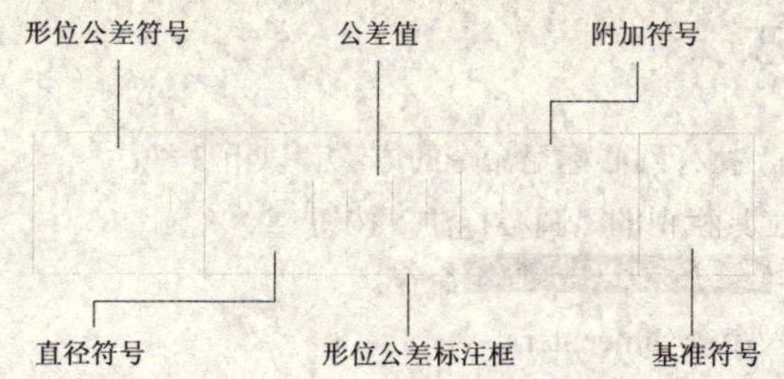

图 7.3.18　形位公差的组成

在 AutoCAD 2010 中，执行公差标注命令的方法有以下 3 种：

（1）单击“标注”工具栏中的“公差”按钮。

（2）选择 标注(N) → 公差(T)... 命令。

（3）在命令行直接输入命令 tolerance。

执行形位公差命令后，弹出 形位公差 对话框，如图 7.3.19 所示。

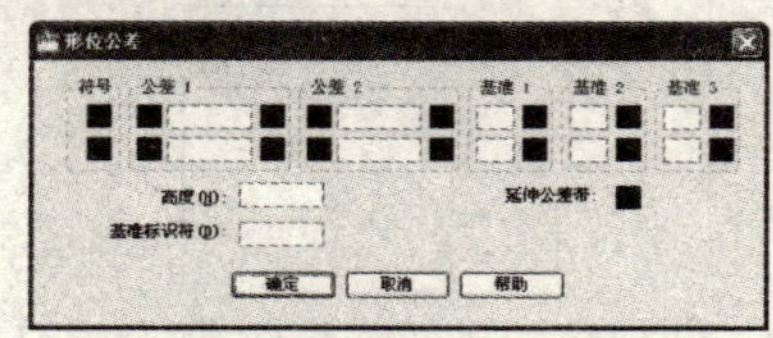

图 7.3.19　“形位公差”对话框

该对话框中各选项功能介绍如下：

1）符号：单击此选项组中的■图标，打开 特征符号 面板，如图 7.3.20 所示，在该面板中选择合适的特征符号。

图 7.3.20　“特征符号”面板

2）公差 1 和 公差 2：单击文本框左边的■图标，添加直径符号，此时该图标变为Ø；可以在中间的文本框中输入公差值；单击文本框右边的■图标，打开 附加符号 面板，如图 7.3.21 所示，在该面板中选择合适的图标。

图 7.3.21　“附加符号”面板

3）基准 1、基准 2 和 基准 3：该选项组中的文本框用于创建基准参照值，直接在文本框中输入数值即可。单击文本框右边的■图标，同样打开 附加符号 面板，如图 7.3.21 所示，在该面板中选择合适的图标。

4）高度(H)：直接在数值框中输入数值，指定公差带的高度。

5）基准标识符(D)：在文本框中输入字母，创建由参照字母组成的基准标识符。

6）延伸公差带：单击■图标，在投影公差带值的后面插入投影公差带符号，该图标变为Ⓟ形状。

7.3.13 圆心标记

在 AutoCAD 2010 中，执行圆心标记命令的方法有以下 3 种：

（1）单击“标注”工具栏中的“圆心标注”按钮。

（2）选择 标注(N) → 圆心标记(M) 命令。

（3）在命令行中输入命令 dimcenter。

执行圆心标记命令后，命令行提示如下：

命令：_dimcenter

选择圆弧或圆: //选择要标记的圆弧或圆

圆心标记的样式有 3 种，如图 7.3.23 所示。该样式可以通过选择“新建标注样式”对话框中的“直线和箭头”选项卡中的“圆心标记”选项组对其类型和大小进行设置。

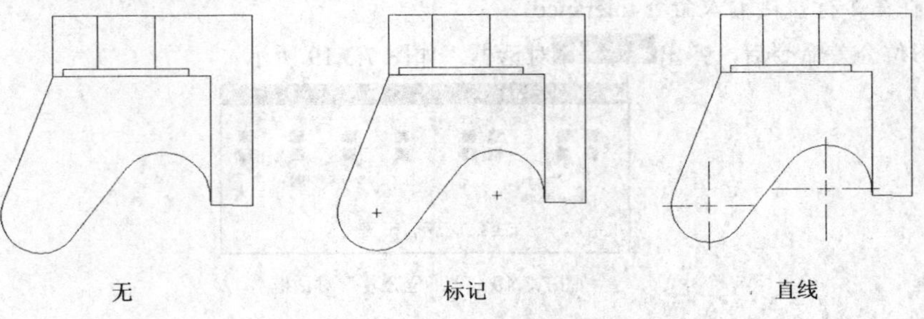

图 7.3.23 圆心标记样式

7.3.14 快速标注

使用快速标注一次可标注多个对象或者编辑现有标注，这种方式在创建系列基线或连续标注以及为一系列圆或圆弧创建标注时特别有用。

执行快速标注命令的方法有以下 3 种：

（1）单击“标注”工具栏中的“快速标注”按钮。

（2）选择 标注(N) → 快速标注(Q) 命令。

（3）在命令行中输入命令 qdim。

执行快速标注命令后，命令行提示如下：

命令:_qdim //执行快速标注命令

关联标注优先级=端点 //系统提示

选择要标注的几何图形: //选择要标注的对象

选择要标注的几何图形: //按回车键结束对象选择

指定尺寸线位置或[连续(C)/并列(S)/基线(B)/坐标(O)/半径(R)/直径(D)/基准点(P)/编辑(E)/设置(T)]<连续>: //拖动鼠标确定尺寸线的位置或选择其他命令选项

其中各命令选项功能介绍如下：

（1）指定尺寸线位置：拖动鼠标确定尺寸线的位置。

（2）连续(C)：指定多个标注对象，再选择此命令选项，即可创建一系列连续标注。

（3）并列(S)：指定多个标注对象，再选择此命令选项，即可创建一系列并列标注。

（4）基线(B)：指定多个标注对象，再选择此命令选项，即可创建一系列基线标注。

（5）坐标(O)：指定多个标注对象，再选择此命令选项，即可创建一系列坐标标注。

（6）半径(R)：指定多个标注对象，再选择此命令选项，即可创建一系列半径标注。

（7）直径(D)：指定多个标注对象，再选择此命令选项，即可创建一系列直径标注。

（8）基准点(P)：为基线和坐标标注设置新的基准点。选择此命令选项后，命令行提示“选择新的基准点”，指定新基准点后，返回到上一提示。

（9）编辑(E)：编辑一系列标注。选择此命令选项后，命令行提示“指定要删除的标注点或[添加(A)/退出(X)]<退出>”，指定点后返回到上一提示。

（10）设置(T)：为指定尺寸界线原点设置默认对象捕捉。选择此命令选项后，命令行提示“关联标注优先级[端点(E)/交点(I)]<端点>”，选择此命令选项后，按回车键返回到上一提示。

7.4 编辑尺寸标注

AutoCAD 允许对已经创建的尺寸标注进行编辑修改，包括修改标注文字的内容、改变其位置、使标注文字倾斜一定的角度等，还可以对尺寸界线进行编辑。编辑尺寸标注可以使用 DIMEDIT 命令和 DIMTEDIT 命令，二者功能各不相同，本节主要介绍如何使用这两个命令对尺寸标注进行编辑。

7.4.1 使用 DIMEDIT 命令

通过 dimedit 命令用户可以修改已有尺寸标注的标注文字内容，把标注文字倾斜一定的角度，还可以对尺寸界线进行修改，使其旋转一定角度从而标注一段线段在某一方向上的投影尺寸。使用该命令可以同时对多个尺寸标注进行编辑。在命令行中输入该命令后，命令行提示如下：

命令: dimedit

输入标注编辑类型 [默认(H)/新建(N)/旋转(R)/倾斜(O)] <默认>:

其中各命令选项功能介绍如下：

（1）默认(H)：将旋转标注文字移回默认位置。

（2）新建(N)：选择此命令选项，打开**文字格式**编辑器，在该编辑器中可更改标注文字。

（3）旋转(R)：旋转标注文字。

（4）倾斜(O)：调整线性标注尺寸界线的倾斜角度，如图 7.4.1 所示。

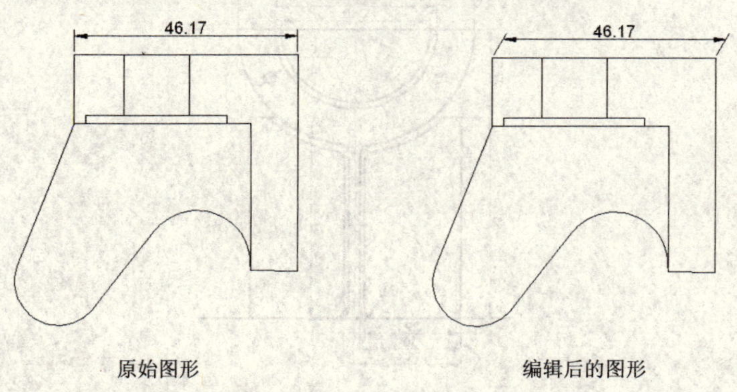

图 7.4.1 编辑尺寸界线的倾斜角度

7.4.2 使用 DIMTEDIT 命令

通过 dimtedit 命令可以改变标注文字的位置，使其位于尺寸线上面左端、右端或中间，而且还可以使标注文字倾斜一定的角度。在命令行中输入该命令后，命令行提示如下：

命令: dimtedit

选择标注:（选择要编辑的尺寸标注）

指定标注文字的新位置或 [左(L)/右(R)/中心(C)/默认(H)/角度(A)]:（指定标注文字的新位置）

其中各命令选项功能介绍如下：

（1）左(L)：沿尺寸线左对正标注文字。本选项只适用于线性、直径和半径标注。

（2）右(R)：沿尺寸线右对正标注文字。本选项只适用于线性、直径和半径标注。

（3）中心(C)：将标注文字放在尺寸线的中间。

（4）默认(H)：将标注文字移回默认位置。

（5）角度(A)：修改标注文字的角度。

编辑尺寸的效果如图 7.4.2 所示。

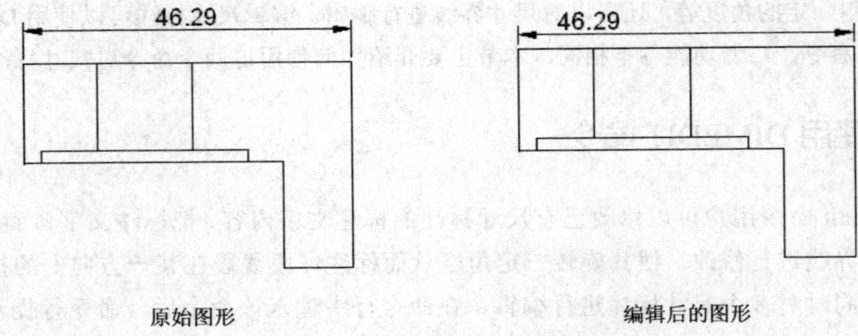

图 7.4.2　编辑尺寸的效果

7.5　课堂实训——标注图形尺寸

本节使用前面介绍的知识，绘制并创建如图 7.5.1 所示的尺寸标注。

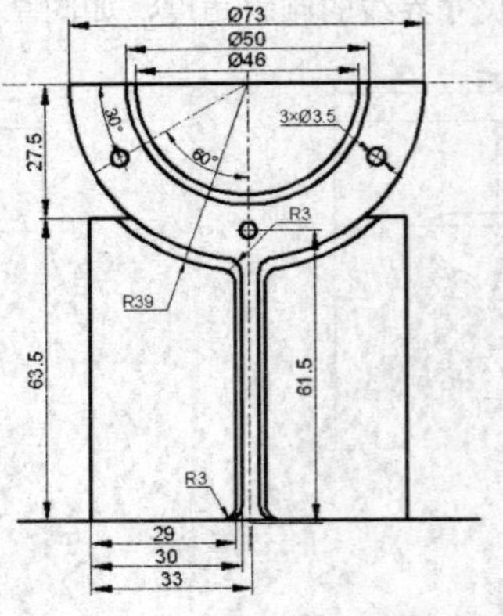

图 7.5.1　标注图形尺寸

操作步骤

（1）单击“图层”工具栏中的“图层特性管理器”按钮，在弹出的 图层特性管理器 对话框中新建“轴线”层和“轮廓线”层，参数设置如图 7.5.2 所示。

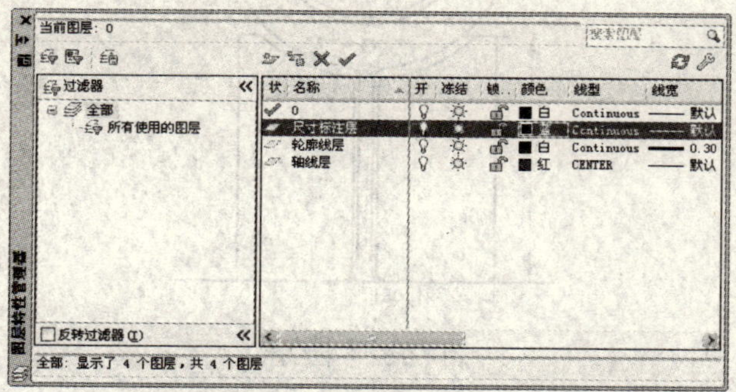

图 7.5.2　“图层特性管理器”对话框

（2）利用各种绘制与编辑图形的工具，参照如图 7.5.1 所示图形中的轮廓线进行绘制，效果如图 7.5.3 所示。

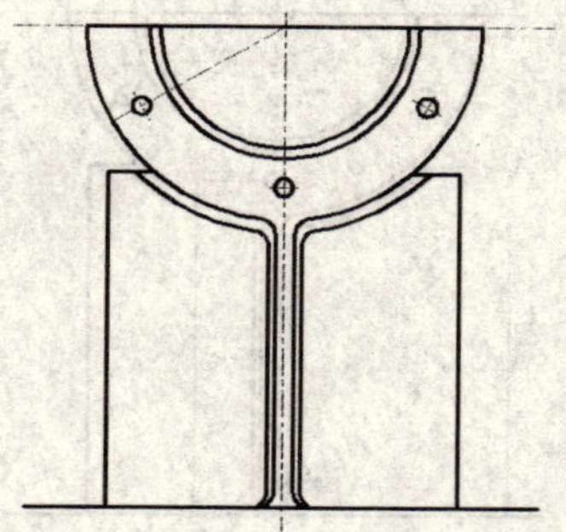

图 7.5.3　绘制轮廓

（3）设置“尺寸标注”层为当前图层，单击“标注”工具栏中的“线性”按钮，对绘制的图形进行线性标注，效果如图 7.5.4 所示。

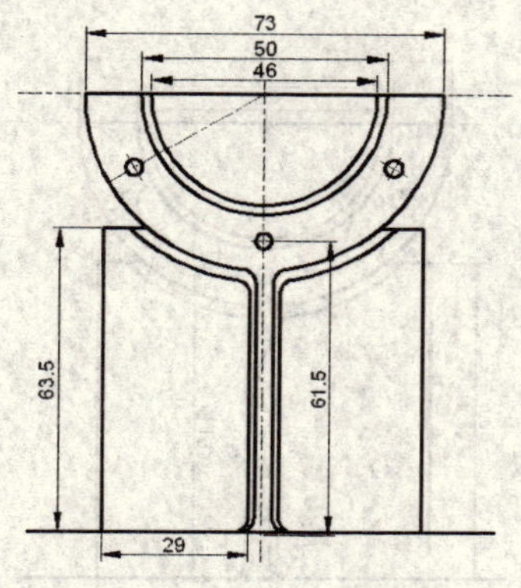

图 7.5.4　线性标注

（4）单击“标注”工具栏中的“半径”按钮，对绘制的图形中的圆弧进行半径标注，效果如图 7.5.5 所示。

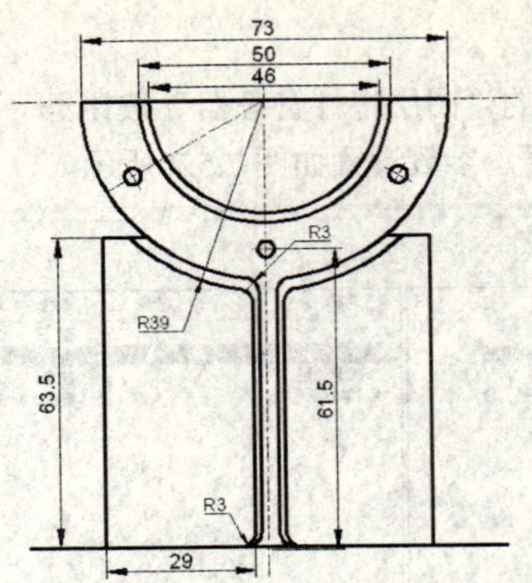

图 7.5.5　半径标注

（5）单击“标注”工具栏中的“直径”按钮，对绘制的图形中的圆进行直径标注，因为绘制的图形中的 3 个圆大小相同，所以直径标注的效果如图 7.5.6 所示。

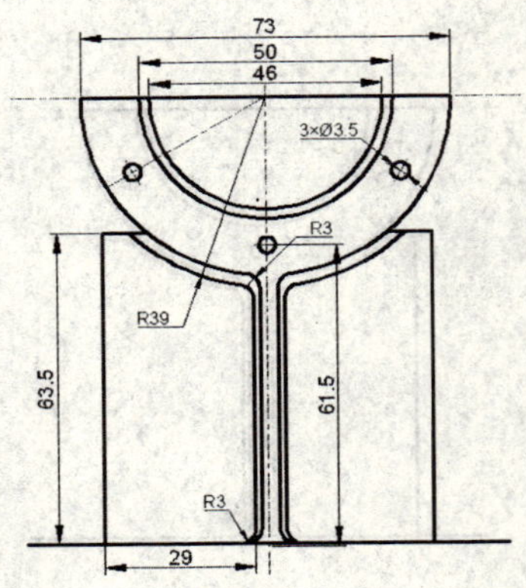

图 7.5.6　直径标注

（6）单击“标注”工具栏中的“角度”按钮，对绘制的图形进行角度标注，效果如图 7.5.7 所示。

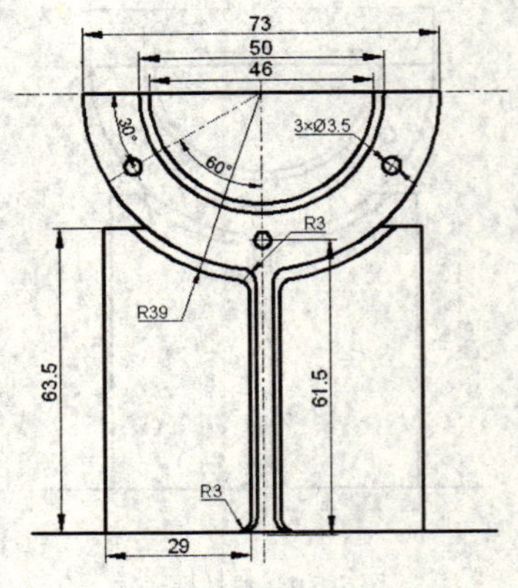

图 7.5.7　角度标注

（7）单击“标注”工具栏中的“基线”按钮，对绘制的图形进行基线标注，效果如图 7.5.8 所示。

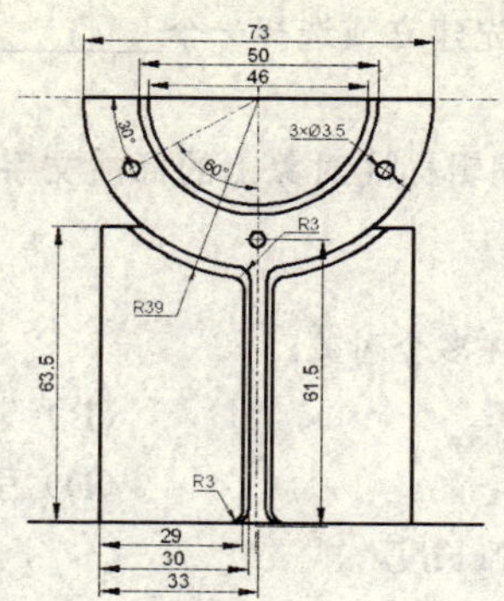

图 7.5.8 基线标注

（8）单击“标注”工具栏中的“连续”按钮，对绘制的图形进行连续标注，效果如图 7.5.9 所示。

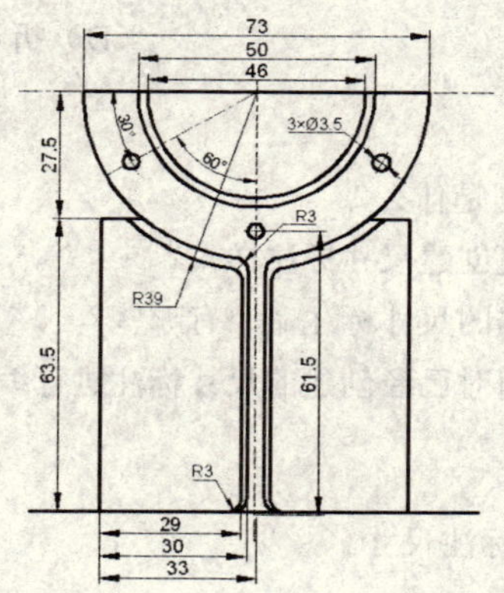

图 7.5.9 连续标注

（9）单击“标准”工具栏中的“特性”按钮，选中如图 7.5.9 所示图形中值为 46 的线性标注，在“对象特性”面板中的“文字”选项区的“文字替代”文本框中输入“%%c 46”，用同样的方法再替代值为 50 和 73 的线性标注，最终标注效果如图 7.5.1 所示。

本 章 小 结

本章主要介绍了 AutoCAD 中尺寸标注的创建和编辑的方法，其中包括尺寸标注的规则和组成、创建尺寸标注和各种标注命令以及编辑尺寸标注的方法。通过本章的学习，读者应该熟练掌握 AutoCAD 中尺寸标注的创建与编辑的方法。

操 作 练 习

一、填空题

1. 尺寸标注通常由 4 部分组成，分别是＿＿＿＿＿＿、＿＿＿＿＿＿、＿＿＿＿＿＿和＿＿＿＿＿＿。

2．在进行基线标注之前，必须先建立或选择一个＿＿＿＿＿＿作为基准标注，然后执行基线标注命令。

3．使用＿＿＿＿＿＿命令可以编辑标注对象上的标注文字和尺寸界线。

二、选择题

1．以下（　）命令可以一次标注多个对象。

（A）线性标注　　（B）半径标注

（C）快速标注　　（D）引线标注

2．以下（　）命令用于标注圆弧长度。

（A）线性标注　　（B）弧长标注

（C）半径标注　　（D）直径标注

3．以下（　）命令属于圆弧型尺寸标注。

（A）半径标注　　（B）角度标注

（C）直径标注　　（D）折弯标注

三、简答题

1．尺寸标注的规则和组成分别是什么？

2．在 AutoCAD 2010 中，如何创建尺寸标注样式？

3．在 AutoCAD 2010 中，基本的尺寸标注命令有哪些？

4．在 AutoCAD 2010 中，如何对已经创建的尺寸标注进行编辑？

四、上机操作题

绘制如题图 7.1 所示的图形并标注尺寸。

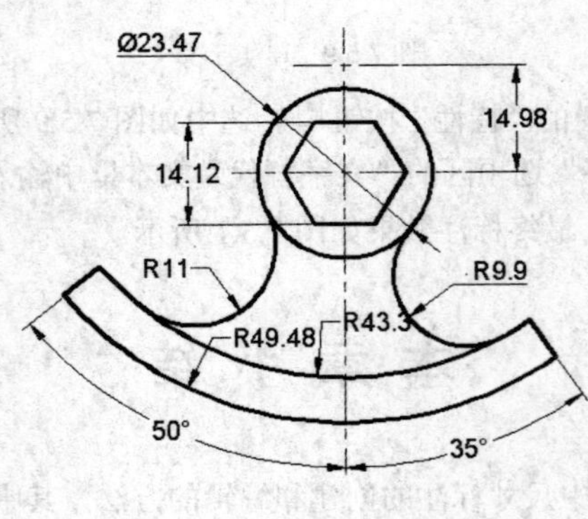

题图　7.1

第 8 章　绘制三维实体

三维图形比二维图形更加形象、直观，利用三维图形可以得到各种平面图形。本章将详细介绍三维图形的绘制方法和绘图技巧，包括基本三维实体和特殊三维实体的绘制。通过本章的学习，读者应能够熟练绘制各种基本三维实体。

知识要点

- 三维坐标系
- 绘制基本三维实体
- 利用拉伸和旋转绘制三维实体
- 利用布尔运算绘制三维实体

8.1　三维坐标系

在 AutoCAD 中有两种坐标系，一种是世界坐标系（WCS），另一种是用户坐标系（UCS）。在绘制二维图形中，使用世界坐标系就足够了，但在绘制三维图形时，用户需要确定每个点在 3 个坐标轴上的坐标值，这时就需要改变坐标系的位置与坐标轴的方向，以提高绘图速度。本节将介绍用户坐标系的创建与管理。

8.1.1　创建用户坐标系

在绘制三维图形时创建用户坐标系，可以任意确定坐标系的原点和坐标轴的方向，这样就可以绘制各种特殊的三维实体。创建用户坐标系的方法为：在命令行中输入命令 ucs 后按回车键，命令行提示如下：

命令: ucs　　//执行 ucs 命令

当前 UCS 名称: *世界*　　//系统提示

输入选项[新建(N)/移动(M)/正交(G)/上一个(P)/恢复(R)/保存(S)/删除(D)/应用(A)/?/世界(W)] <世界>:　　//选择创建新坐标系的方法

其中各命令选项功能介绍如下：

（1）新建(N)：选择此命令选项，命令行提示如下：

指定新 UCS 的原点或 [Z 轴(ZA)/三点(3)/对象(OB)/面(F)/视图(V)/X/Y/Z] <0,0,0>:

用户可以选择该命令提示中的任何一个命令选项来定义新坐标系。

（2）移动(M)：选择此命令选项，通过平移当前 UCS 的原点或修改其 Z 轴深度来重新定义 UCS，但保留其 XY 平面的方向不变。

（3）正交(G)：选择此命令选项，命令行提示如下：

输入选项 [俯视(T)/仰视(B)/主视(F)/后视(BA)/左视(L)/右视(R)] <俯视>:

用户可以选择该命令提示中的任何一个命令选项来确定正交模式。

（4）上一个(P)：选择此命令选项，恢复上一个 UCS。

（5）恢复(R)：选择此命令选项，恢复已保存的 UCS 使它成为当前 UCS。

（6）保存(S)：选择此命令选项，把当前 UCS 按指定名称保存。

（7）删除(D)：选择此命令选项，从已保存的用户坐标系列表中删除指定的 UCS。

（8）应用(A)：选择此命令选项，当其他视口保存有不同的 UCS 时将当前 UCS 设置应用到指定的视口或所有活动视口。

（9）?：选择此命令选项，列出用户定义坐标系的名称，并列出每个保存的 UCS 相对于当前 UCS 的原点以及 X，Y 和 Z 轴。

（10）世界(W)：选择此命令选项，将当前用户坐标系设置为世界坐标系。

单击“UCS”工具栏中的相应按钮，如图 8.1.1 所示，或选择 工具(T) → 新建 UCS(W) 命令的子命令也可以创建用户坐标系，如图 8.1.2 所示。

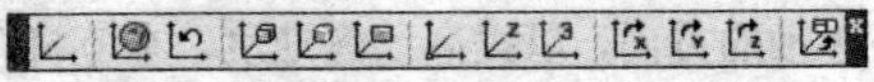

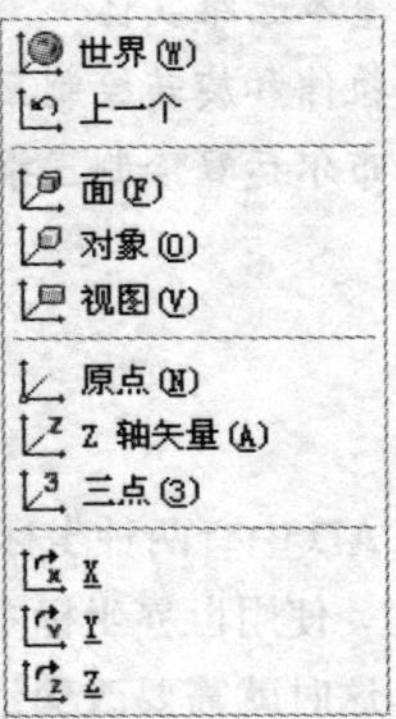

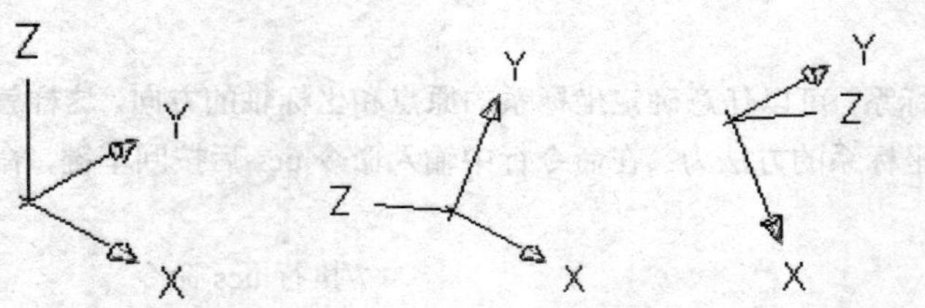

图 8.1.1 “UCS”工具栏

图 8.1.2 “新建 UCS”命令子菜单

如图 8.1.3 所示为创建的各种用户坐标系。

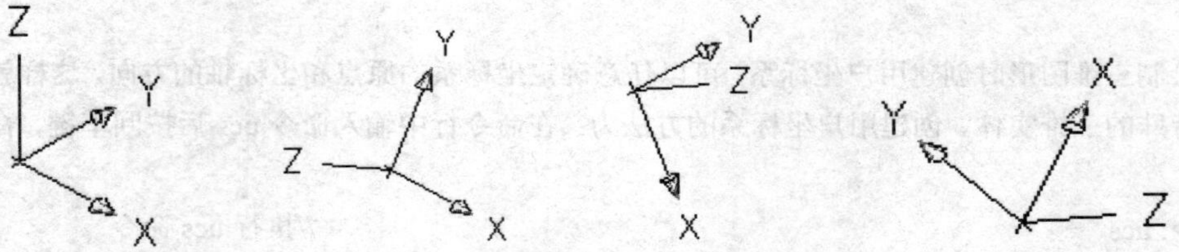

图 8.1.3 创建的各种用户坐标系

8.1.2 管理用户坐标系

创建用户坐标系后，用户还可以根据需要对创建的坐标系进行管理。执行管理坐标系命令的方法有以下 3 种：

（1）单击“UCS”工具栏中的“命名 UCS”按钮。

（2）选择 工具(T) → 命名 UCS(U)... 命令。

（3）在命令行中输入命令+ucsman。

执行该命令后，弹出 UCS 对话框，如图 8.1.4 所示。

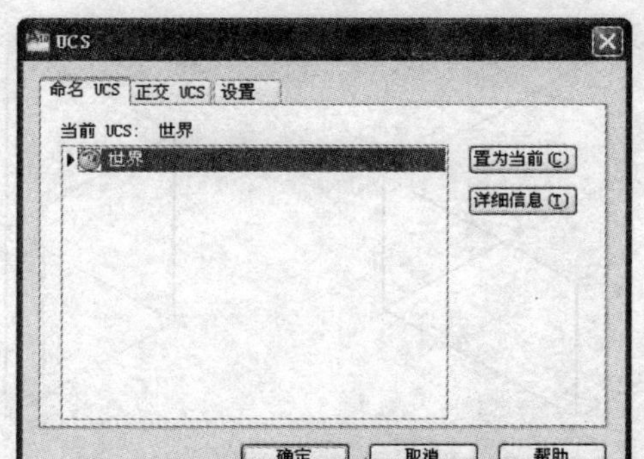

图 8.1.4　“UCS”对话框

该对话框中有 3 个选项卡，其功能分别介绍如下：

（1）“命名 UCS”选项卡：在该选项卡中双击需要重新命名的 UCS 名称，即可对该 UCS 重新命名，但世界坐标系不能重新命名。

（2）“正交 UCS”选项卡：在该选项卡中列出了当前图形中定义的 6 个正交坐标系，用户可以将其中任意一个设置为当前。

（3）“设置”选项卡：可以在该对话框中显示和修改与视口一起保存的 UCS 图标设置和 UCS 设置。

8.2　绘制基本三维实体

利用 AutoCAD 2010 可以方便地绘制一些基本三维实体，这些基本三维实体包括长方体、球体、圆柱体、圆锥体、楔体和圆环体，本节将详细介绍这些基本三维实体的创建方法。

8.2.1　长方体

执行绘制长方体命令的方法有以下 3 种：

（1）单击“建模”工具栏中的“长方体”按钮。

（2）选择 绘图(D) → 建模(M) → 长方体(B) 命令。

（3）在命令行中输入命令 box。

执行该命令后，命令行提示如下：

命令: _box　　//执行绘制长方体命令

指定长方体的角点或 [中心点(CE)] <0,0,0>:　　//指定长方体底面的第一个角点

指定角点或 [立方体(C)/长度(L)]:　　//指定长方体底面的第二个角点

指定高度:　　//指定长方体的高

其中各命令选项功能介绍如下：

（1）中心点(CE)：选择此命令选项，使用指定的中心点创建长方体。

（2）立方体(C)：选择此命令选项，创建一个长、宽、高相同的长方体。

（3）长度(L)：选择此命令选项，按照指定的长、宽、高创建长方体。

绘制的长方体和立方体如图 8.2.1 所示。

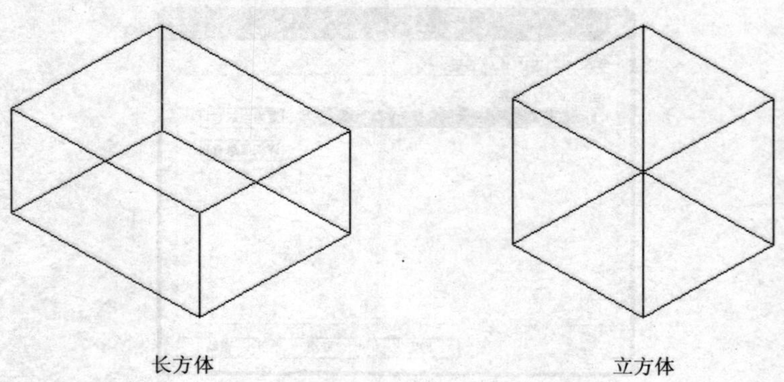

图 8.2.1 绘制的长方体和立方体

8.2.2 球体

执行绘制球体命令的方法有以下 3 种：

（1）单击“建模”工具栏中的“球体”按钮。

（2）选择 绘图(D) → 建模(M) → 球体(S) 命令。

（3）在命令行中输入命令 sphere。

执行该命令后，命令行提示如下：

命令: _sphere	//执行绘制球体命令
当前线框密度: ISOLINES=4	//系统提示
指定球体球心 <0,0,0>:	//指定球体的球心
指定球体半径或 [直径(D)]:	//指定球体的半径或输入 D 选择输入球体的直径

命令 ISOLINES 控制线框密度，值越大，轮廓线的数目越多，其有效值为 0～2 047。绘制的球体如图 8.2.2 所示。

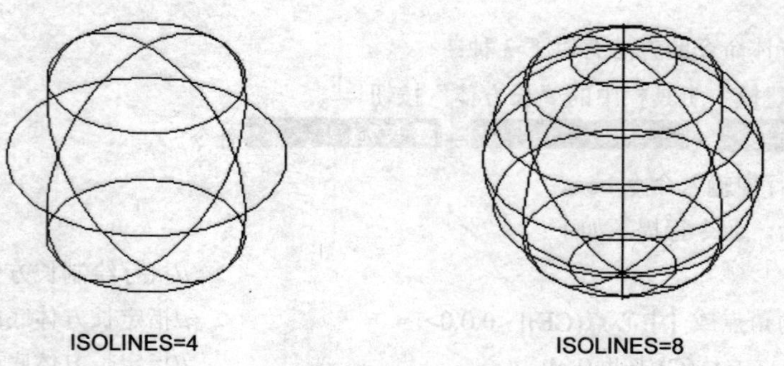

图 8.2.2 绘制的球体

8.2.3 圆柱体

执行绘制圆柱体命令的方法有以下 3 种：

（1）单击“建模”工具栏中的“圆柱体”按钮。

（2）选择 绘图(D) → 建模(M) → 圆柱体(C) 命令。

（3）在命令行中输入命令 cylinder。

执行该命令后，命令行提示如下：

命令: _cylinder　　//执行绘制圆柱体命令

当前线框密度:　ISOLINES=8　　//系统提示

指定圆柱体底面的中心点或 [椭圆(E)] <0,0,0>:　　//指定圆柱体的中心点

指定圆柱体底面的半径或 [直径(D)]:　　//指定圆柱体的半径

指定圆柱体高度或 [另一个圆心(C)]:　　//指定圆柱体的高度

其中各命令选项功能介绍如下：

（1）椭圆(E)：选择此命令选项，创建具有椭圆底的圆柱体。

（2）直径(D)：选择此命令选项，通过输入直径确定圆柱体的底面。

（3）另一个圆心(C)：选择此命令选项，定义圆柱体的另一个圆心。

绘制的圆柱体如图 8.2.3 所示。

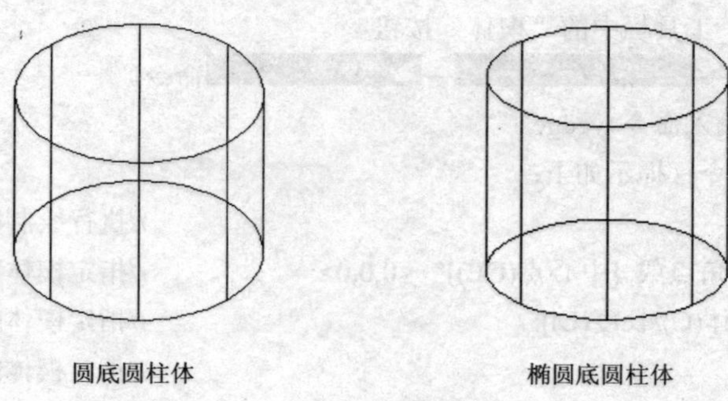

圆底圆柱体　　椭圆底圆柱体

图 8.2.3　绘制的圆柱体

8.2.4　圆锥体

执行绘制圆锥体命令的方法有以下 3 种：

（1）单击“建模”工具栏中的“圆锥体”按钮。

（2）选择 绘图(D) → 建模(M) → 圆锥体(O) 命令。

（3）在命令行中输入命令 cone。

执行该命令后，命令行提示如下：

命令: _cone　　//执行绘制圆锥体命令

当前线框密度:　ISOLINES=8　　//系统提示

指定圆锥体底面的中心点或 [椭圆(E)] <0,0,0>:　　//指定圆锥体底面的中心点

指定圆锥体底面的半径或 [直径(D)]:　　//指定圆锥体底面的半径

指定圆锥体的高度或 [顶点(A)]:　　//指定圆锥体的高度

其中各命令选项功能介绍如下：

（1）椭圆(E)：选择此命令选项，创建具有椭圆底的圆锥体。

（2）直径(D)：选择此命令选项，通过输入直径确定圆锥体的底面。

（3）顶点(A)：选择此命令选项，指定圆锥体的顶点创建圆锥体。

绘制的圆底圆锥体和椭圆底圆锥体如图 8.2.4 所示。

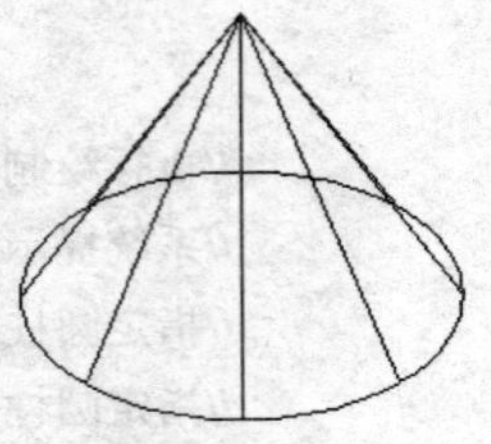

圆底圆锥体

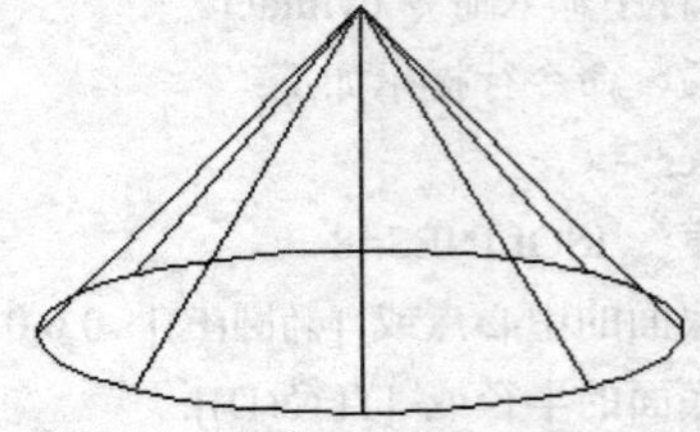

椭圆底圆锥体

图 8.2.4　绘制的圆锥体

8.2.5　楔体

执行绘制楔体命令的方法有以下 3 种：

（1）单击"建模"工具栏中的"楔体"按钮。

（2）选择 绘图(D) → 建模(M) → 楔体(W) 命令。

（3）在命令行中输入命令 wedge。

执行该命令后，命令行提示如下：

命令: _wedge　　//执行绘制楔体命令

指定楔体的第一个角点或 [中心点(CE)]　<0,0,0>:　　//指定楔体底面的第一个角点

指定角点或 [立方体(C)/长度(L)]:　　//指定楔体底面的第二个角点

指定高度:　　//指定楔体的高度

其中各命令选项功能介绍如下：

（1）中心点(CE)：选择此命令选项，使用指定中心点创建楔体。

（2）立方体(C)：选择此命令选项，创建等边楔体。

（3）长度(L)：选择此命令选项，创建指定长度、宽度和高度值的楔体。

绘制的楔体如图 8.2.5 所示。

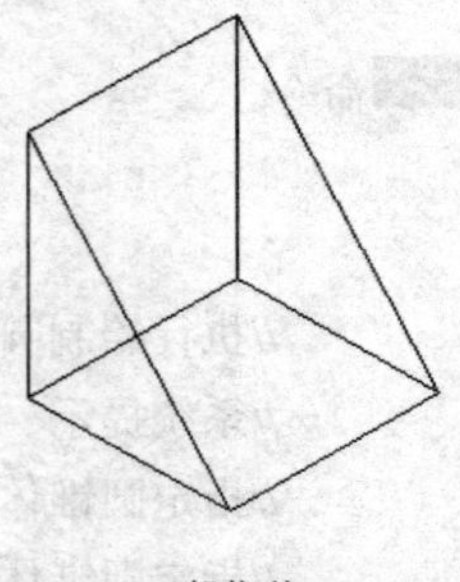

一般楔体

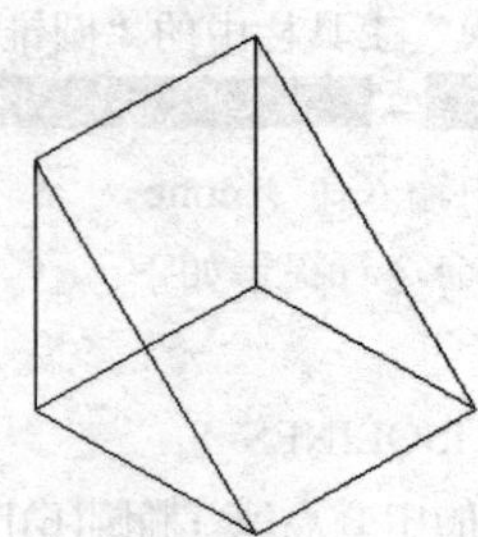

等边楔体

图 8.2.5　绘制的楔体

8.2.6　圆环体

执行绘制圆环体命令的方法有以下 3 种：

（1）单击“建模”工具栏中的“圆环体”按钮。

（2）选择 绘图(D) → 建模(M) → 圆环体(T) 命令。

（3）在命令行中输入命令 torus。

执行该命令后，命令行提示如下：

命令: _torus　//执行绘制圆环体命令
当前线框密度: ISOLINES=8　//系统提示
指定圆环体中心 <0,0,0>:　//指定圆环体的中心
指定圆环体半径或 [直径(D)]:　//指定圆环体的半径或输入 D 选择指定圆环体的直径
指定圆管半径或 [直径(D)]:　//指定圆管的半径或输入 D 选择指定圆管的直径

圆环体的半径和圆管的半径值决定了圆环的形状，且圆管半径必须为非零正数。如果圆环体半径为负值，则系统要求圆管半径必须大于圆环半径的绝对值。

绘制的圆环体如图 8.2.6 所示。

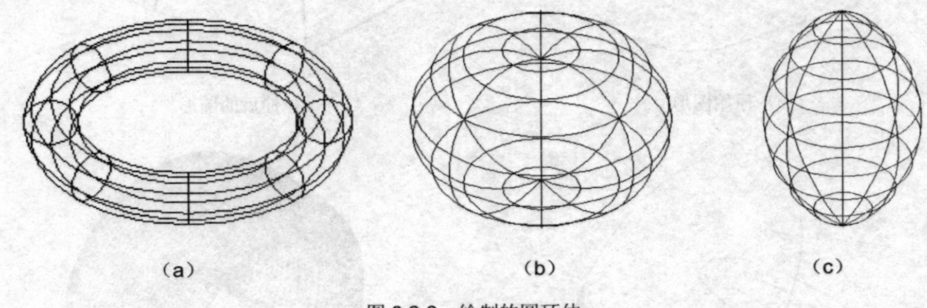

图 8.2.6　绘制的圆环体

（a）圆环体半径=16，圆管半径=2；（b）圆环体半径=2，圆管半径=16；（c）圆环体半径=-6，圆管半径=16

8.3　利用拉伸和旋转命令绘制三维实体

基本三维实体可以利用 AutoCAD 直接绘制，但如果要绘制一些比较复杂而且不规则的三维实体时，就需要用到拉伸（extrude）和旋转（revolve）命令。本节将详细介绍如何用这两个命令来创建三维实体。

8.3.1　利用拉伸命令绘制三维实体

在 AutoCAD 2010 中，用户可以将封闭的二维图形沿指定路径进行拉伸生成三维实体。可以拉伸的图形包括圆、椭圆、正多边形、圆环、封闭多段线、样条曲线以及面域对象。执行拉伸命令的方法有以下 3 种：

（1）单击“建模”工具栏中的“拉伸”按钮。

（2）选择 绘图(D) → 建模(M) → 拉伸(X) 命令。

（3）在命令行中输入命令 extrude。

执行该命令后，命令行提示如下：

命令: _extrude //执行拉伸命令
当前线框密度: ISOLINES=8 //系统提示
选择对象: //选择可拉伸的二维图形
选择对象: //按回车键结束对象选择
指定拉伸高度或 [路径(P)]: //指定拉伸的高度或输入 P 选择按指定路径拉伸
指定拉伸的倾斜角度 <0>: //指定拉伸的倾斜角度

拉伸二维图形生成的三维实体如图 8.3.1 所示。

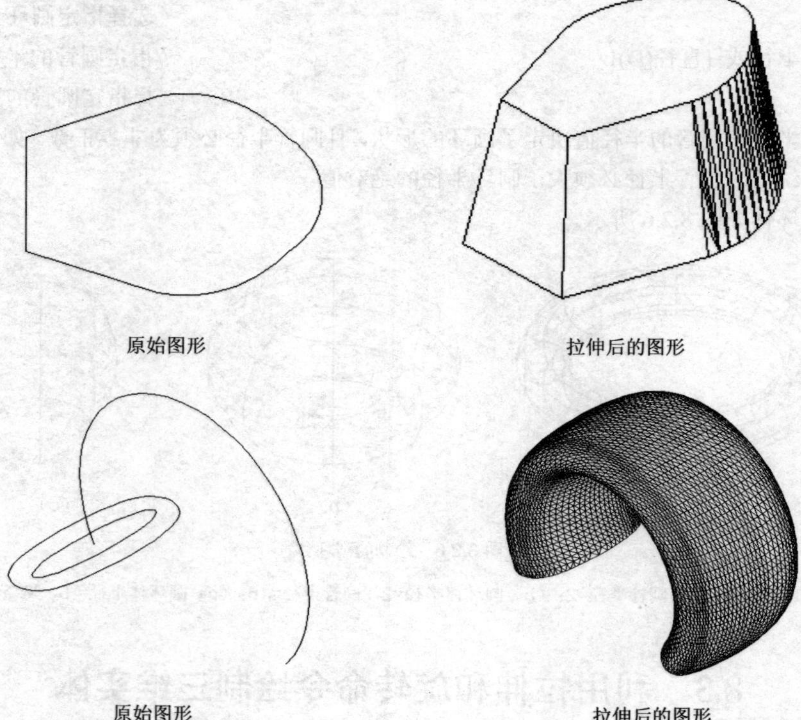

图 8.3.1 拉伸二维图形生成三维实体

8.3.2 利用旋转命令绘制三维实体

在 AutoCAD 2010 中，用户还可以将封闭的二维图形绕指定的轴旋转生成三维实体。可以旋转的对象包括圆、椭圆、封闭的多段线和样条曲线以及面域对象。执行旋转命令的方法有以下 3 种：

（1）单击“建模”工具栏中的“旋转”按钮。

（2）选择 绘图(D) → 建模(M) → 旋转(R) 命令。

（3）在命令行中输入命令 revolve。

执行该命令后，命令行提示如下：

命令: _revolve //执行旋转命令
当前线框密度: ISOLINES=8 //系统提示
选择对象: //选择旋转的对象

选择对象:　　　　//按回车键结束对象选择

指定旋转轴的起点或定义轴依照 [对象(O)/X 轴(X)/Y 轴(Y)]:　　　　//指定旋转轴的起点

指定轴端点:　　　　//指定旋转轴的端点

指定旋转角度 <360>:　　　　//指定旋转角度

其中各命令选项功能介绍如下：

（1）对象(O)：选择此命令选项，选择现有的直线或多段线中的单条线段定义轴，这个对象将绕该轴旋转。

（2）X 轴(X)：选择此命令选项，使用当前 UCS 的正向 X 轴作为轴的正方向。

（3）Y 轴(Y)：选择此命令选项，使用当前 UCS 的正向 Y 轴作为轴的正方向。

旋转二维图形生成的三维实体如图 8.3.2 所示。

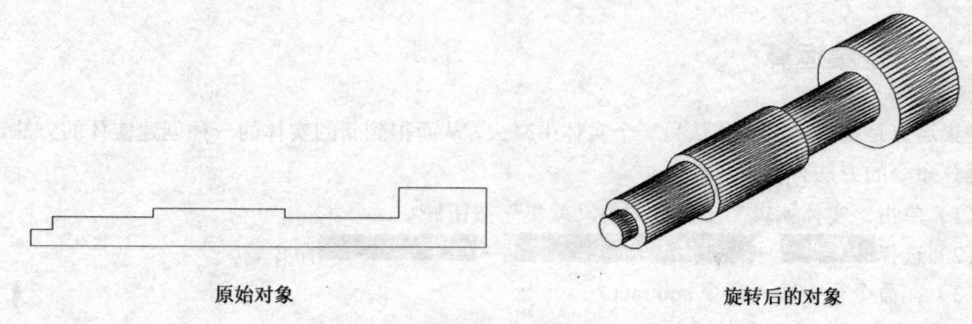

图 8.3.2　旋转二维图形生成的三维实体

8.4　利用布尔运算绘制三维实体

除了以上介绍的创建三维实体的方法外，在 AutoCAD 中还可以利用布尔运算创建三维实体。利用布尔运算对简单的三维实体进行并集、差集和交集运算就可以创建复杂的三维实体。本节将详细介绍利用布尔运算创建三维实体的方法。

8.4.1　并集运算

并集运算是指将两个或多个简单的三维实体合并为一个三维实体，从而创建出新的三维实体的方法。执行并集运算命令的方法有以下 3 种：

（1）单击“实体编辑”工具栏中的“并集”按钮。

（2）选择 修改(M) → 实体编辑(N) → 并集(U) 命令。

（3）在命令行中输入命令 union。

执行该命令后，命令行提示如下：

命令: _union　　　　//执行并集命令

选择对象:　　　　//选择多个实体对象

选择对象:　　　　//按回车键结束命令

并集运算的效果如图 8.4.1 所示。

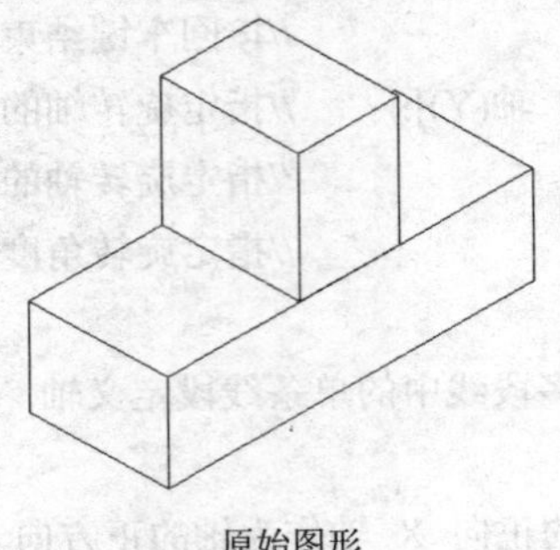

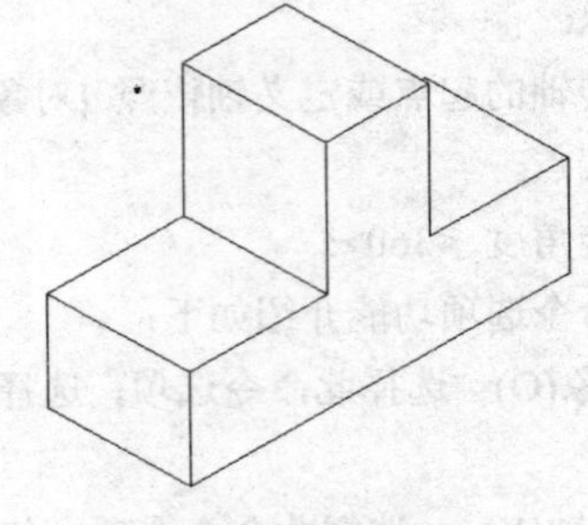

原始图形　　　　　　　　并集运算后的图形

图 8.4.1　并集运算

如果选择的多个实体对象没有实际相交，执行并集后，系统依然将这些对象视为一个实体对象。

8.4.2　差集运算

差集运算是指将一个实体从另一个实体中减去，从而得到新的实体的一种创建实体的方法。执行差集运算命令的方法有以下 3 种：

（1）单击“实体编辑”工具栏中的“差集”按钮。

（2）选择 修改(M) → 实体编辑(N) → 差集(S) 命令。

（3）在命令行中输入命令 subtract。

执行该命令后，命令行提示如下：

命令: _subtract　　//执行差集命令
选择要从中减去的实体或面域...　　//系统提示
选择对象:　　//选择要从中减去的实体或面域
选择对象:　　//按回车键结束对象选择
选择要减去的实体或面域　　//系统提示
选择对象:　　//选择要减去的实体或面域
选择对象:　　//按回车键结束对象选择

差集运算的效果如图 8.4.2 所示。

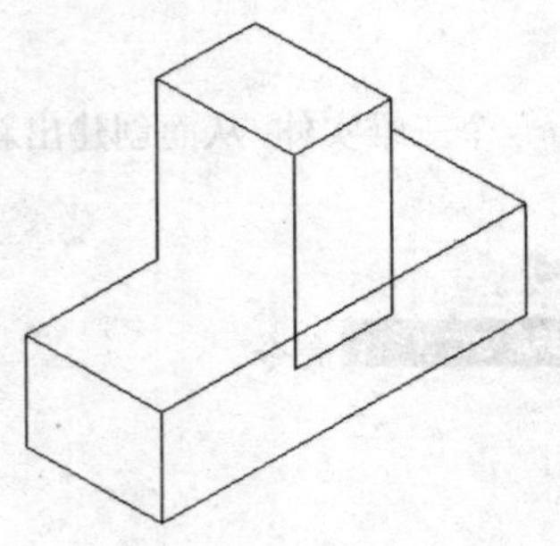

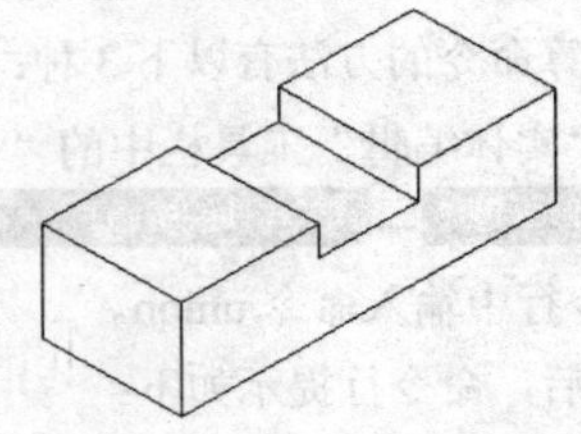

原始图形　　　　　　　　差集运算后的图形

图 8.4.2　差集运算

如果执行差集运算的两个实体没有相交的公共部分，则会清除掉被减去的实体。

8.4.3　交集运算

交集运算是指从两个或多个实体或面域的交集中创建复合实体或面域，然后删除交集外的区域，从而创建新实体的方法。执行交集运算命令的方法有以下 3 种：

（1）单击“实体编辑”工具栏中的“交集”按钮。

（2）选择 修改(M) → 实体编辑(N) → 交集(I) 命令。

（3）在命令行中输入命令 intersect。

执行该命令后，命令行提示如下：

```
命令: _intersect                                   //执行交集命令
选择对象:                                          //选择执行交集的对象
选择对象:                                          //按回车键结束命令
```

交集运算的效果如图 8.4.3 所示。

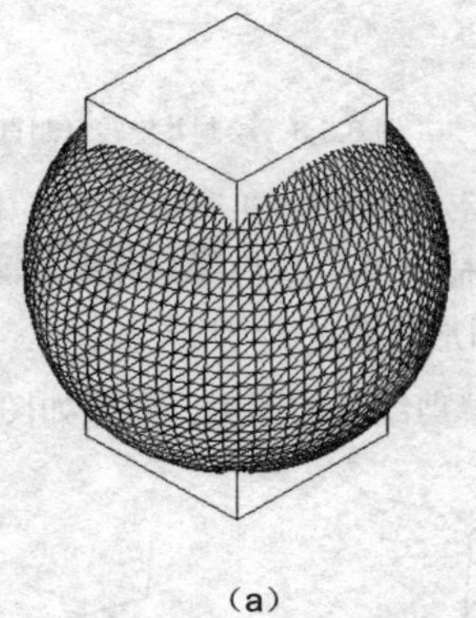

（a）

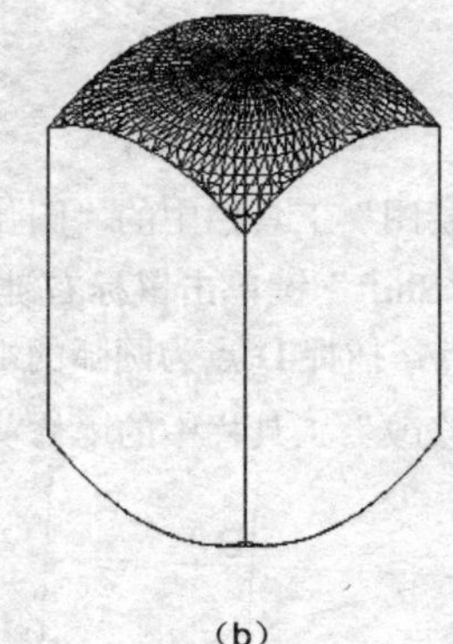

（b）

图 8.4.3　交集运算

（a）原始图形；（b）交集运算后的图形

8.5　课堂实训——绘制齿轮轴

本例将绘制齿轮轴，效果如图 8.5.1 所示。

图 8.5.1　齿轮轴

操作步骤

（1）单击“绘图”工具栏中的“圆”按钮，在绘图窗口中绘制半径分别为 110，120，125 和 130 的同心圆，如图 8.5.2 所示。

（2）单击“绘图”工具栏中的“直线”按钮，以圆心为起点，向右绘制一条水平的直线，直线的长度为 130。单击“修改”工具栏中的“旋转”按钮，以直线的起点为中心点，旋转并复制绘制的直线，旋转角度分别为 1.5° 和 3° ，效果如图 8.5.3 所示。

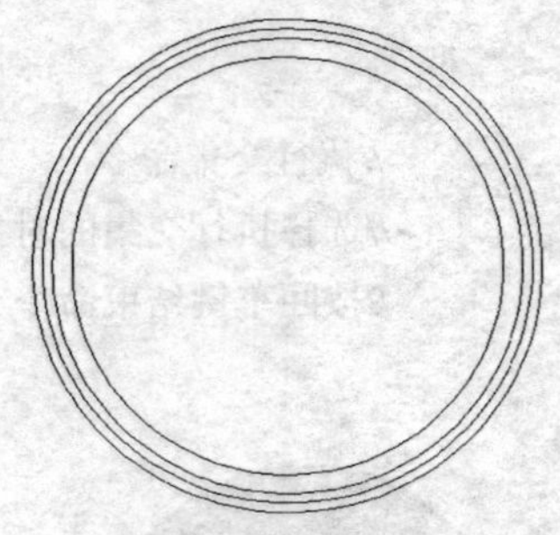

图 8.5.2　绘制圆

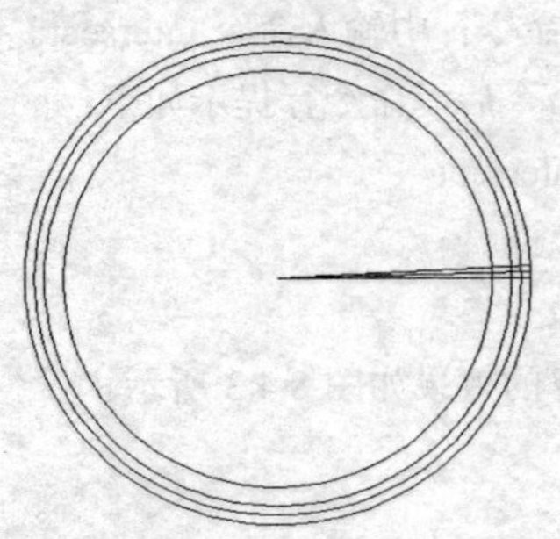

图 8.5.3　绘制并旋转复制直线

（3）单击“绘图”工具栏中的“圆弧”按钮，指定如图 8.5.4 所示的图形中的 A 点为圆弧的起点；然后按下“Shift”键单击鼠标右键，在弹出的快捷菜单中选择 两点之间的中点(T) 命令，分别捕捉 B 点和 C 点；捕捉 D 点为圆弧的端点，绘制的图形如图 8.5.4 所示。

（4）单击“修改”工具栏中的“修剪”按钮，修剪绘制的图形，效果如图 8.5.5 所示。

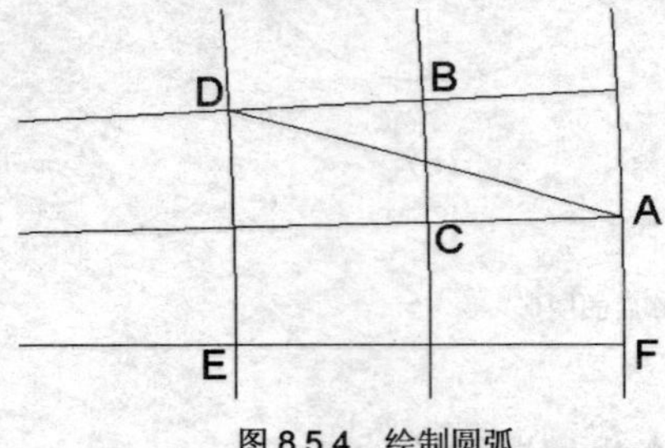

图 8.5.4　绘制圆弧

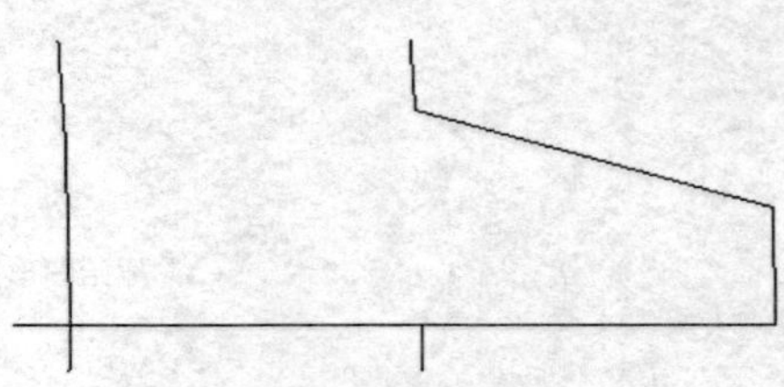

图 8.5.5　修剪图形

（5）单击“修改”工具栏中的“镜像”按钮，以如图 8.5.4 所示直线 EF 为镜像线，用窗口法选择如图 8.5.6 所示矩形框中的对象，镜像后的效果如图 8.5.7 所示。

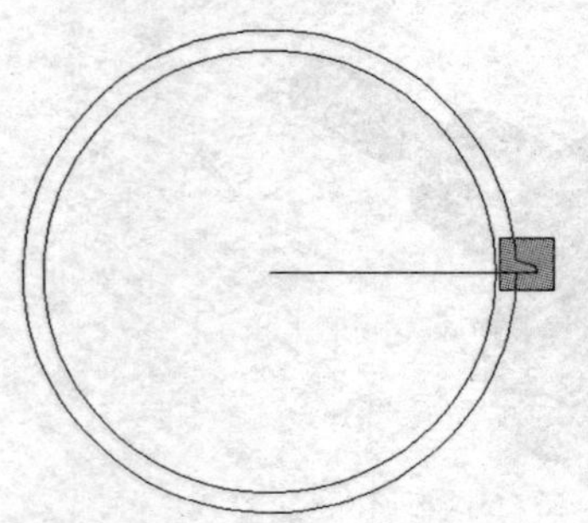

图 8.5.6　选择对象

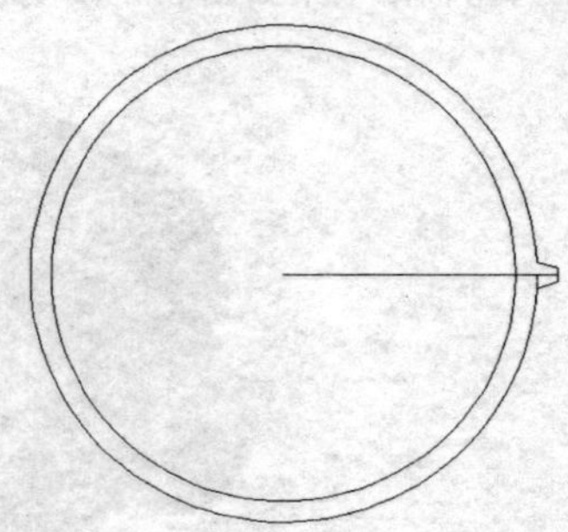

图 8.5.7　镜像对象

（6）单击“修改”工具栏中的“阵列”按钮，在弹出的 阵列 对话框中选中 环形阵列(P) 单选按钮；单击该对话框中的“拾取中心点”按钮，在绘图窗口中捕捉圆心 O；单击“选择对象”按钮，在绘图窗口中选择如图 8.5.8 所示矩形框中的对象，其他参数设置如图 8.5.9 所示，阵列后的效果如图 8.5.10 所示。

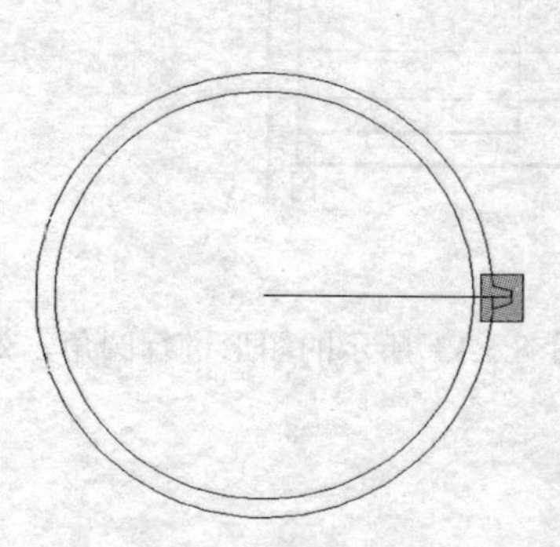

图 8.5.8　选择对象

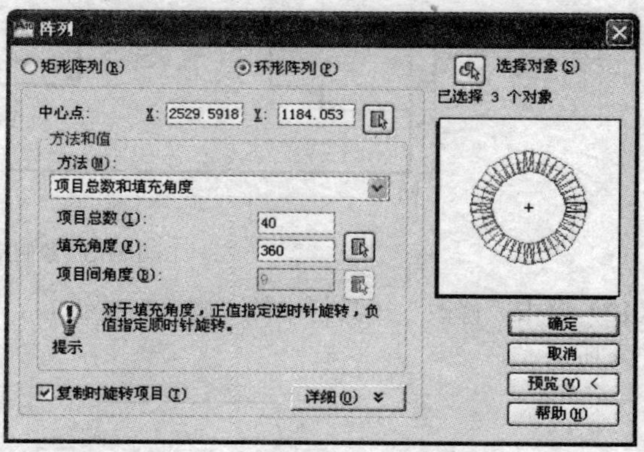

图 8.5.9　阵列参数

（7）用修剪命令对阵列后的图形进行修剪，效果如图 8.5.11 所示。

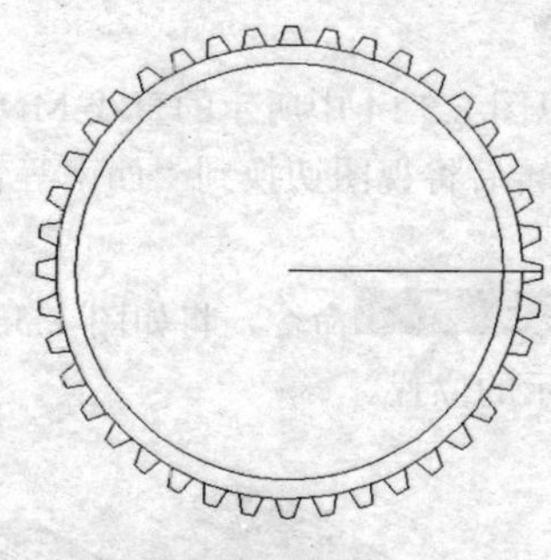

图 8.5.10　阵列效果

图 8.5.11　修剪图形

（8）单击“绘图”工具栏中的“面域”按钮，选择图 8.5.11 中所示的所有对象，对其进行面域操作。

（9）单击“实体编辑”工具栏中的“差集”按钮，用齿轮边框创建的面域对象减去圆创建的面域对象。

（10）单击“建模”工具栏中的“拉伸”按钮，选择差集后的对象，指定拉伸高度为 150，倾斜角度为 0，拉伸后将视图切换到“东南等轴测”，效果如图 8.5.12 所示。

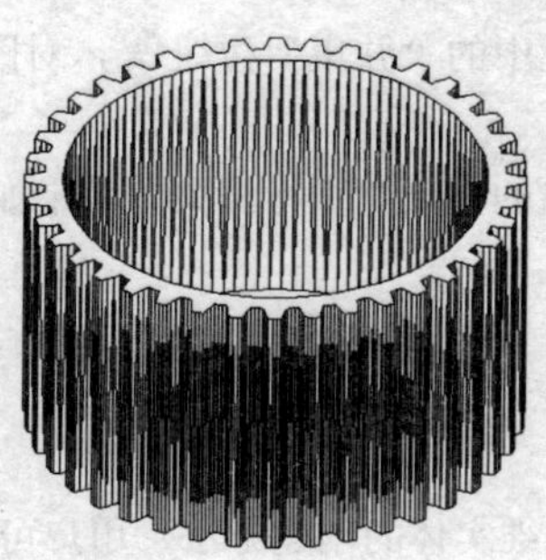

图 8.5.12　拉伸创建实体

（11）切换视图到“俯视”，单击“绘图”工具栏中的“多段线”按钮，在绘图窗口中绘制如图 8.5.13 所示的图形，并将其创建为面域对象。

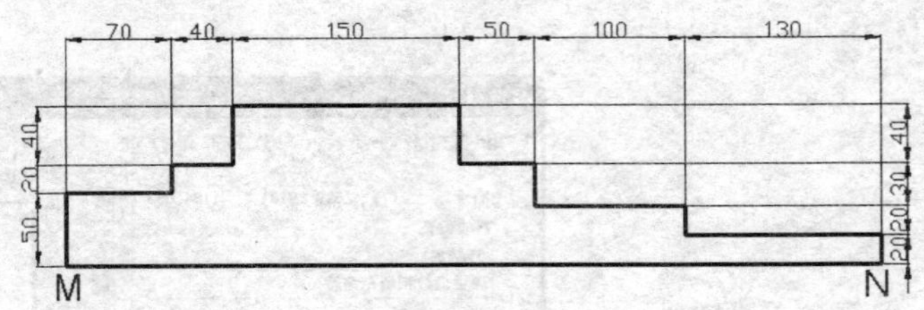

图 8.5.13　绘制图形

（12）单击“修改”工具栏中的“圆角”按钮，对如图 8.5.13 所示的图形进行圆角，效果如图 8.5.14 所示。

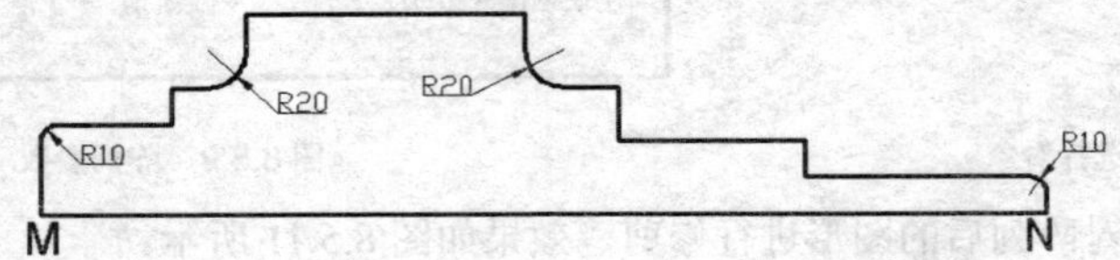

图 8.5.14　圆角对象

（13）单击“建模”工具栏中的“旋转”按钮，以图 8.5.14 中所示的直线 MN 为旋转轴，选择如图 8.5.14 所示图形中的线框，将其旋转 360°，旋转后将视图切换到“西南等轴测”，效果如图 8.5.15 所示。

（14）选择 修改(M) → 三维操作(3) → 三维旋转(R) 命令，将如图 8.5.12 所示的图形绕 Y 轴旋转 90°，用移动命令将其移动到如图 8.5.16 所示的位置。

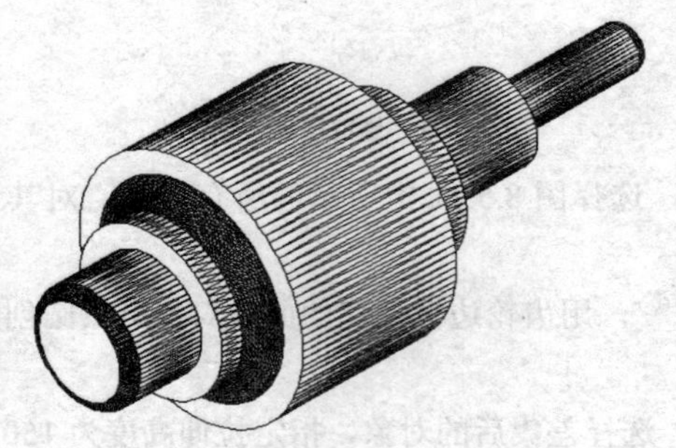

图 8.5.15　旋转创建实体

图 8.5.16　旋转并移动实体

（15）单击“实体编辑”工具栏中的“并集”按钮，对图 8.5.16 所示图形中的对象进行并集操作。

（16）为绘制的齿轮轴选择合适的材质并进行渲染，效果如图 8.5.1 所示。

本 章 小 结

本章主要介绍了 AutoCAD 中三维实体的创建方法，用户可以在 AutoCAD 中直接创建基本三维实体，还可以利用拉伸、旋转和布尔运算命令创建一些比较复杂的三维实体。通过本章的学习，读者应能够熟练掌握三维实体的各种创建方法。

操 作 练 习

一、填空题

1．在 AutoCAD 2010 中，基本的三维实体包括__________、__________、__________、圆锥体、__________和__________。

2．在 AutoCAD 2010 中，除了用布尔运算命令创建复杂的三维实体外，还可以用__________和__________命令创建复杂的三维实体。

二、选择题

1．（ ）命令用于创建长方体。

（A）cylinder （B）cone

（C）box （D）torus

2．（ ）不能用拉伸命令创建三维实体。

（A）圆 （B）椭圆

（C）正多边形 （D）开放的多段线

三、简答题

1．在 AutoCAD 2010 中，可以直接创建哪些三维实体？

2．在 AutoCAD 2010 中，如何通过二维图形创建三维实体？

四、上机操作题

1．绘制如题图 8.1 所示的图形。

2．绘制如题图 8.2 所示的图形。

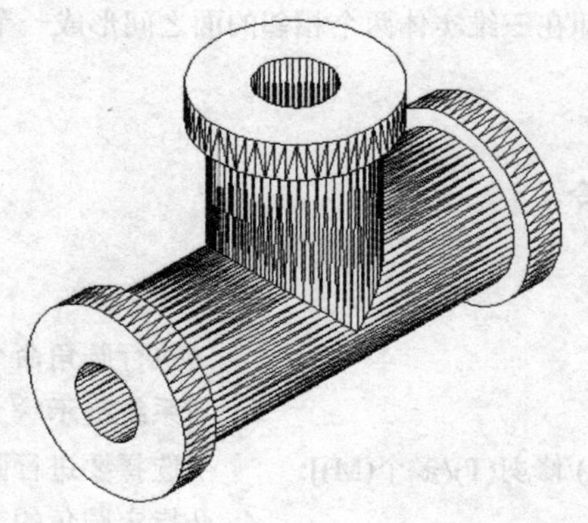

题图 8.1

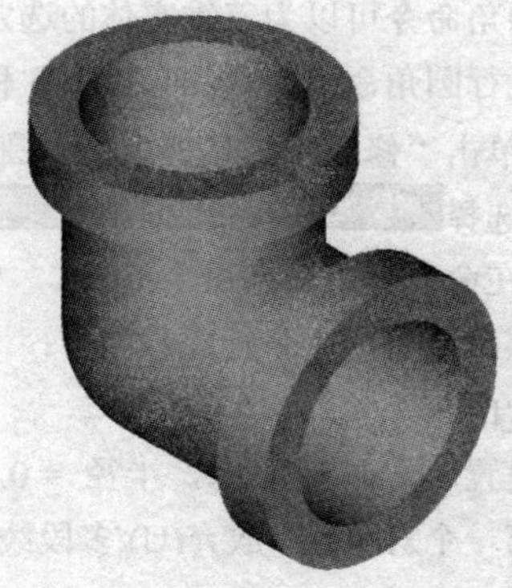

题图 8.2

第 9 章　编辑三维实体

在 AutoCAD 2010 中，使用三维编辑命令可以对三维实体进行各种编辑操作，从而创建各种更加逼真的实体模型；另外，还可以对三维实体进行着色和渲染处理，增加色泽感和真实感。

知识要点

- 圆角和倒角
- 剖切、截面和干涉
- 三维操作
- 编辑实体面
- 编辑实体边
- 编辑实体
- 三维渲染

9.1　圆角和倒角

在 AutoCAD 中，有些命令不仅可以对二维图形进行编辑，还可以对三维图形进行编辑。本节主要介绍利用圆角和倒角命令对三维实体进行编辑的方法。

9.1.1　圆角

使用圆角命令可以为三维实体的选定边抛圆，即在三维实体两个相邻的面之间形成一个圆滑的过渡曲面。执行圆角命令的方法有以下 3 种：

（1）单击“修改”工具栏中的“圆角”按钮。

（2）选择 修改(M) → 圆角(F) 命令。

（3）在命令行中输入命令 fillet。

执行该命令后，命令行提示如下：

命令: _fillet　　//执行圆角命令

当前设置: 模式 = 修剪，半径 = 0.0000　　//系统提示

选择第一个对象或 [放弃(U)/多段线(P)/半径(R)/修剪(T)/多个(M)]:　　//选择要进行圆角的边

输入圆角半径:　　//指定圆角的半径

选择边或 [链(C)/半径(R)]:　　//指定圆角的边

选择边或 [链(C)/半径(R)]:　　//按回车键结束命令

其中各命令选项功能介绍如下：

（1）选择边：此命令选项为默认选项，可以选取三维对象的多条边，同时对其进行圆角

操作。

（2）链（C）：选择此命令选项，当选取三维对象的一条边时，同时选取与其相切的边。

（3）半径（R）：选择此命令选项，可重新设置圆角的半径。

三维实体圆角后的效果如图 9.1.1 所示。

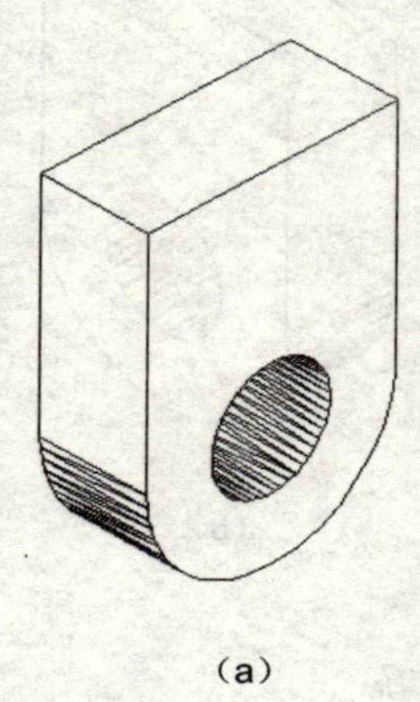

（a）

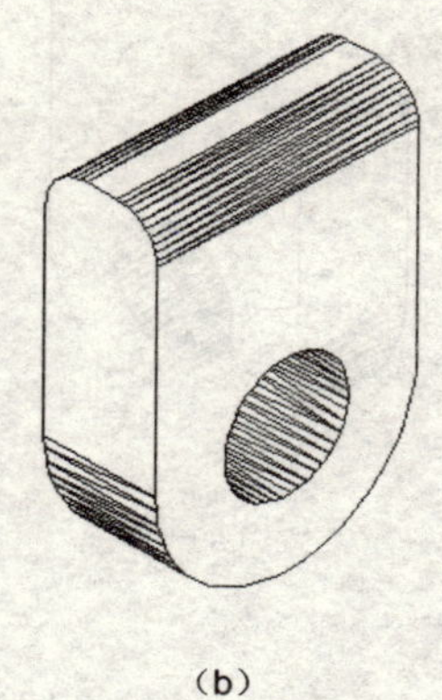

（b）

图 9.1.1 圆角

（a）原始图形；（b）圆角后的图形

9.1.2 倒角

使用倒角命令可以为三维实体的相邻面加斜角，即在三维实体相邻面之间创建一个斜面。执行倒角命令的方法有以下 3 种：

（1）单击“修改”工具栏中的“倒角”按钮。

（2）选择 修改(M) → 倒角(C) 命令。

（3）在命令行中输入命令 chamfer。

执行倒角命令后，命令行提示如下：

命令: _chamfer //执行倒角命令

(“修剪”模式) 当前倒角距离 1 = 10.0000，距离 2 = 10.0000 //系统提示

选择第一条直线或 [放弃(U)/多段线(P)/距离(D)/角度(A)/修剪(T)/方式(E)/多个(M)]:

//选择三维实体模型

基面选择... //系统提示

输入曲面选择选项 [下一个(N)/当前(OK)] <当前>: //选择曲面

指定基面的倒角距离 <10.0000>: //指定基面倒角距离

指定其他曲面的倒角距离 <10.0000>: //指定另外曲面的倒角距离

选择边或 [环(L)]: //指定用于倒角的边

选择边或 [环(L)]: //按回车键结束命令

其中各命令选项功能介绍如下：

（1）下一个（N）：选择此命令选项，更换选择基面。

（2）当前（OK）：选择此命令选项，指定当前选择面作为基面。

（3）选择边：选择此命令选项，表示选择基面上的一条或多条边。

（4）环（L）：选择此命令选项，表示一次选择基面上的所有边。

三维实体倒角后的效果如图 9.1.2 所示。

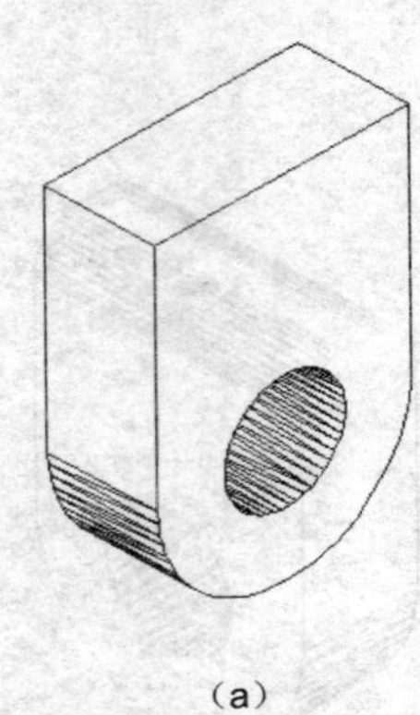

(a)

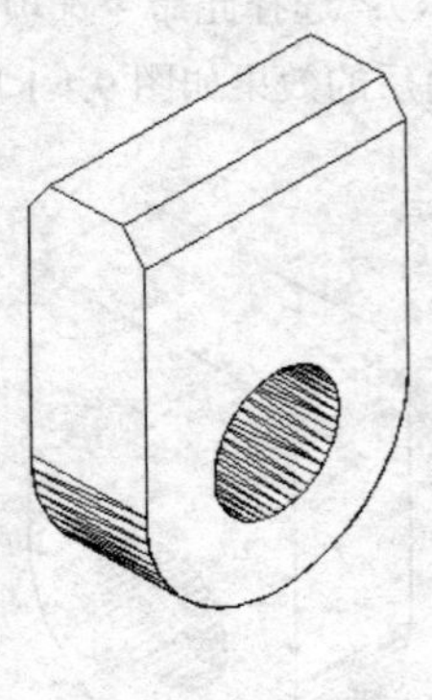

(b)

图 9.1.2 倒角

（a）原始图形；（b）倒角后的图形

9.2 剖切、截面与干涉

AutoCAD 为用户提供了多种三维实体的编辑命令，例如剖切、截面和干涉等，本节主要介绍这 3 个编辑命令的使用方法。

9.2.1 剖切

剖切是指用一个指定的平面将一组三维实体切开，从而保留其一侧或两侧。执行剖切命令的方法有以下两种：

（1）选择 修改(M) → 三维操作(3) → 剖切(S) 命令。

（2）在命令行中输入命令 slice。

执行该命令后，命令行提示如下：

命令: _slice //执行剖切命令

选择对象: //选择要进行剖切的实体

选择对象: //按回车键结束对象选择

指定切面上的第一个点，依照 [对象(O)/Z 轴(Z)/视图(V)/XY 平面(XY)/YZ 平面(YZ)/ZX 平面(ZX)/三点(3)] <三点>: //指定剖切面上的第一点

指定平面上的第二个点: //指定剖切面上的第二点

指定平面上的第三个点: //指定剖切面上的第三点

在要保留的一侧指定点或 [保留两侧(B)]: //选择要保留的一侧或输入 B 选择保留两侧

三维实体剖切后的效果如图 9.2.1 所示。

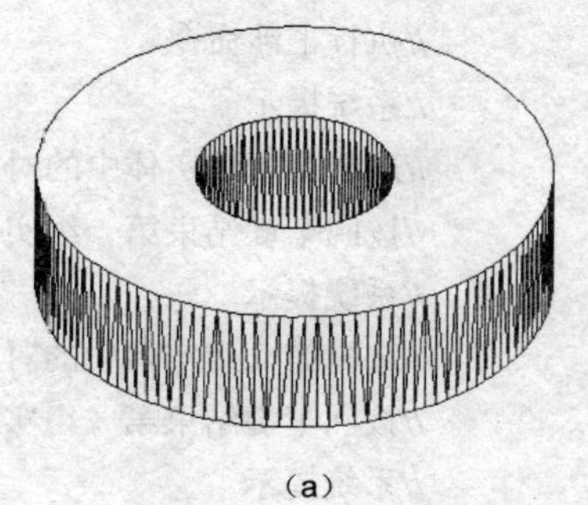
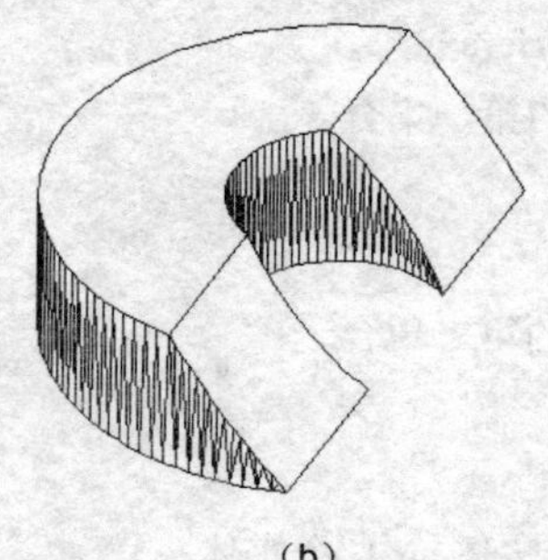

（a） （b）

图 9.2.1 剖切实体

（a）实体对象；（b）剖切后的实体

9.2.2 截面

截面是指用平面和实体的交集创建面域的方法，在命令行中输入命令 section，执行该命令后，命令行提示如下：

命令: _section //执行截面命令

选择对象: //选择实体对象

选择对象: //按回车键结束对象选择

指定截面上的第一个点，依照 [对象(O)/Z 轴(Z)/视图(V)/XY 平面(XY)/YZ 平面(YZ)/ZX 平面(ZX)/三点(3)] <三点>: //指定截面上的第一点

指定平面上的第二个点: //指定截面上的第二点

指定平面上的第三个点: //指定截面上的第三点

为三维实体创建截面的效果如图 9.2.2 所示。

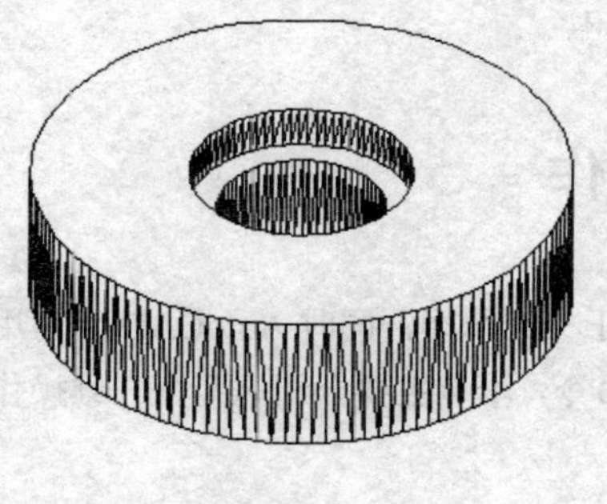
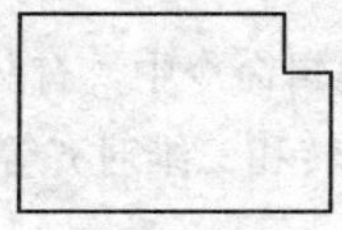
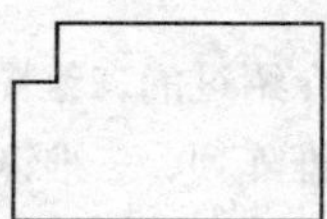

（a） （b）

图 9.2.2 为实体创建截面

（a）实体对象；（b）创建的截面

9.2.3 干涉

干涉是指用两个或多个实体的公共部分创建三维组合实体的方法，在命令行中输入命令 interfere，执行该命令后，命令行提示如下：

```
命令: _interfere                                    //执行干涉命令
选择实体的第一集合:                                 //系统提示
选择对象:                                           //选择第一组实体中的对象
选择对象:                                           //按回车键结束第一组实体对象的选择
选择实体的第二集合:                                 //系统提示
选择对象:                                           //选择第一组实体中的对象
选择对象:                                           //按回车键结束第一组实体对象的选择
比较 1 个实体与 1 个实体。                          //系统提示
干涉实体数 (第一组): 1                              //系统提示
                (第二组): 1                         //系统提示
干涉对数: 1                                         //系统提示
是否创建干涉实体？[是(Y)/否(N)] <否>: y             //输入 y 按回车键确定创建干涉实体
```

干涉的效果如图 9.2.3 所示。

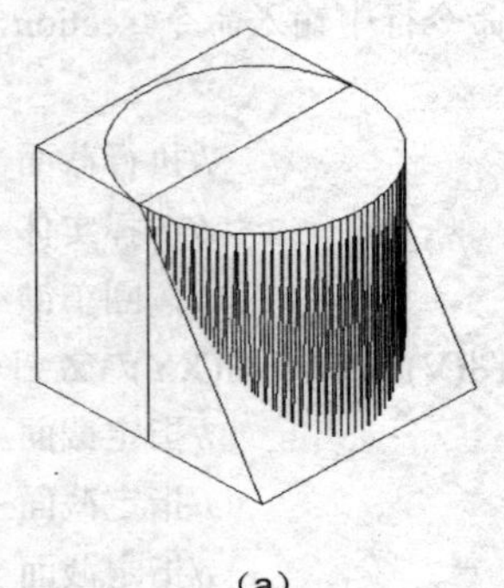
（a）

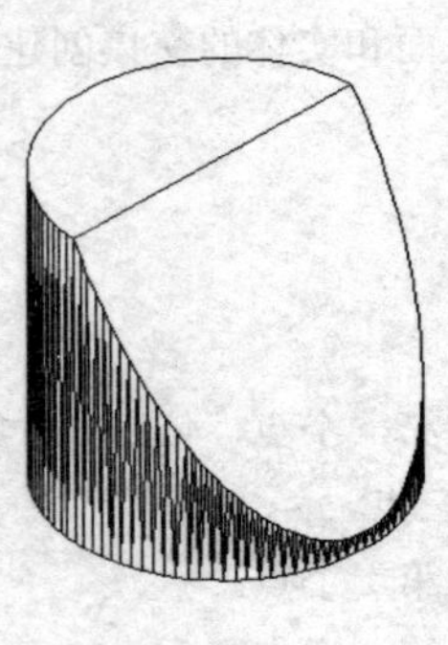
（b）

图 9.2.3　为实体创建干涉实体

（a）原始图形；（b）干涉实体

9.3　三 维 操 作

在介绍过的二维图形的基本编辑命令中，有些同样适用于三维图形，同时 AutoCAD 还为用户提供了三维阵列、三维镜像、三维旋转和三维对齐等三维操作命令，本节主要介绍这几个三维操作命令的使用方法。

9.3.1　三维阵列

三维阵列是指将实体在空间里进行阵列。三维阵列除了在 X 和 Y 轴方向上创建对象的副本外，还可以在 Z 轴上创建对象的副本。执行三维阵列命令的方法有以下两种：

（1）选择 修改(M) → 三维操作(3) → 三维阵列(3) 命令。

（2）在命令行中输入命令 3darray 后按回车键。

与二维阵列一样，三维阵列同样有矩形阵列和环形阵列两种类型。

1. 三维矩形阵列

执行三维阵列命令后，命令行提示如下：

命令: _3darray　　//执行三维阵列命令
选择对象:　　//选择需要阵列的对象
选择对象:　　//按回车键结束对象选择
输入阵列类型 [矩形(R)/环形(P)] <矩形>: r　　//选择“矩形”命令选项
输入行数 (---) <1>:　　//指定阵列的行数
输入列数 (|||) <1>:　　//指定阵列的列数
输入层数 (...) <1>:　　//指定阵列的层数
指定行间距 (---):　　//指定行间距
指定列间距 (|||):　　//指定列间距
指定层间距 (...):　　//指定层间距

在一次矩形阵列中，系统不允许同时指定行数、列数、层数均为 1，必须指定多行、多列或多层。在指定行间距、列间距、层间距时，输入正值，则向坐标轴正方向阵列；输入负值，则向坐标轴负方向阵列。

三维矩形阵列的效果如图 9.3.1 所示。

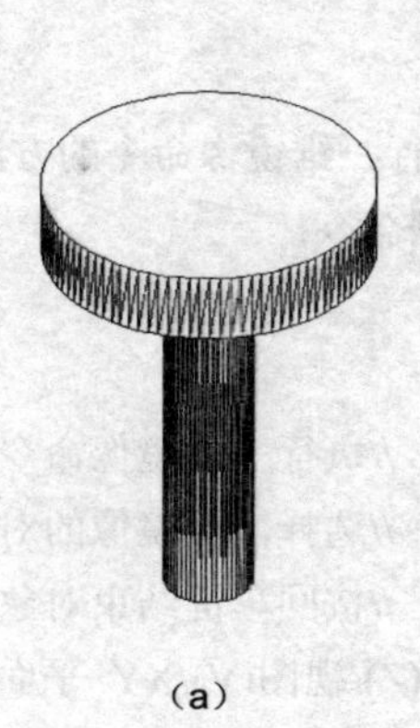
（a）

（b）

图 9.3.1　三维矩形阵列

（a）原始图形；（b）三维矩形阵列后的图形

2. 三维环形阵列

执行三维阵列命令后，命令行提示如下：

命令: _3darray　　//执行三维阵列命令
选择对象:　　//选择需要阵列的对象
选择对象:　　//按回车键结束对象选择
输入阵列类型 [矩形(R)/环形(P)] <矩形>: p　　//选择“环形”命令选项
输入阵列中的项目数目:　　//指定环形阵列的数目
指定要填充的角度 (+=逆时针, -=顺时针) <360>:　　//指定环形阵列的填充角度
旋转阵列对象？[是(Y)/否(N)] <Y>:　　//选择环形阵列的同时是否旋转阵列的对象

指定阵列的中心点: //指定环形阵列旋转轴上的第一点

指定旋转轴上的第二点: //指定环形阵列旋转轴上的第二点

三维环形阵列的效果如图 9.3.2 所示。

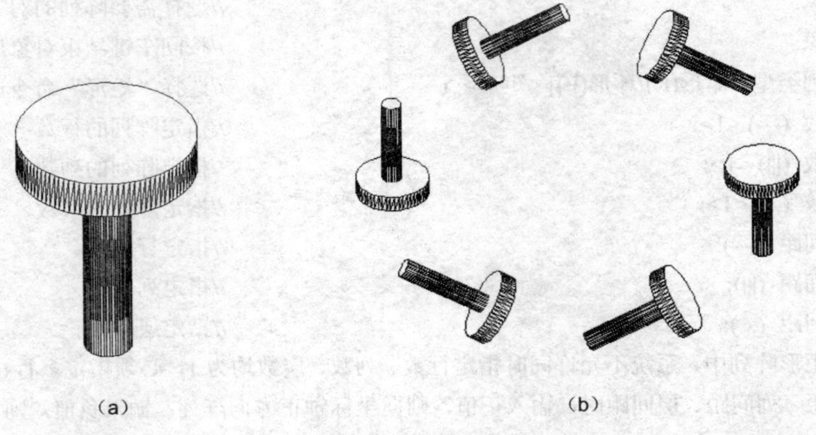

图 9.3.2 三维阵列

（a）原始图形；（b）三维环形阵列后的图形

9.3.2 三维镜像

三维镜像是指以指定的平面为镜像面来创建对象的副本。执行三维镜像命令的方法有以下两种：

（1）选择 修改(M) → 三维操作(3) → 三维镜像(D) 命令。

（2）在命令行中输入命令 mirror3d。

执行此命令后，命令行提示如下：

命令: _mirror3d //执行三维镜像命令

选择对象: //选择需要镜像的对象

选择对象: //按回车键结束对象选择

指定镜像平面(三点) 的第一个点或[对象(O)/最近的(L)/Z 轴(Z)/视图(V)/XY 平面(XY)/YZ 平面(YZ)/ZX 平面(ZX)/三点(3)] <三点>:

其中各命令选项功能介绍如下：

（1）对象(O)：选择此命令选项，使用选定平面对象的平面作为镜像平面，可用于选择的对象包括圆、圆弧或二维多段线。

（2）最近的(L)：选择此命令选项，使用上一次指定的平面作为镜像平面进行镜像操作。

（3）Z 轴(Z)：选择此命令选项，根据平面上的一个点和平面法线上的一个点定义镜像平面。

（4）视图(V)：选择此命令选项，将镜像平面与当前视口中通过指定点的视图平面对齐。

（5）XY 平面(XY) /YZ 平面(YZ) /ZX 平面(ZX)：选择相应的命令选项，将镜像平面与一个通过指定点的标准平面（XY，YZ 或 ZX）对齐。

（6）三点(3)：选择此命令选项，通过指定 3 点确定镜像平面。

三维镜像的效果如图 9.3.3 所示。

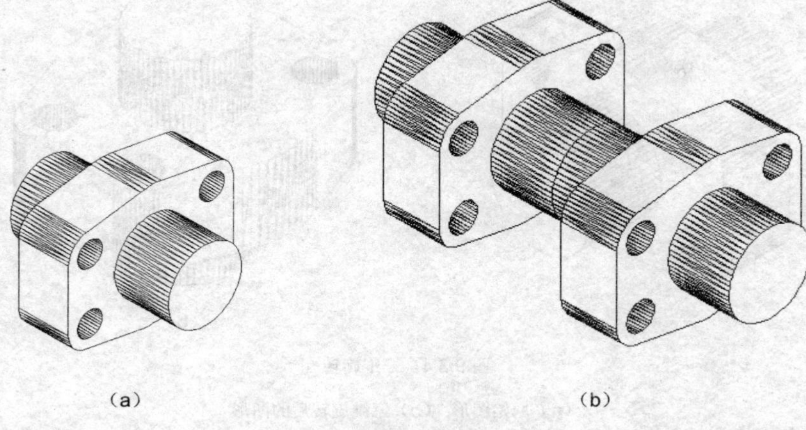

（a）　　（b）

图 9.3.3　三维镜像

（a）原始图形；（b）三维镜像后的图形

9.3.3　三维旋转

三维旋转是指将对象在三维空间里绕轴旋转，从而移动对象的位置。执行三维旋转命令的方法有以下 3 种：

（1）单击“建模”工具栏中的“三维旋转”按钮。

（2）选择 修改(M) → 三维操作(3) → 三维旋转(R) 命令。

（3）在命令行中输入命令 rotate3d。

执行该命令后，命令行提示如下：

命令: _rotate3d　　//执行三维旋转命令

当前正向角度:　ANGDIR=逆时针　ANGBASE=0　　//系统提示

选择对象:　　//选择需要旋转的对象

选择对象:　　//按回车键结束对象选择

指定轴上的第一个点或定义轴依据[对象(O)/最近的(L)/视图(V)/X 轴(X)/Y 轴(Y)/Z 轴(Z)/两点(2)]:

其中各命令选项的功能介绍如下：

（1）对象(O)：选择此命令选项，指定对象作为旋转轴。

（2）最近的(L)：选择此命令选项，沿用上次旋转对象时的旋转轴。

（3）视图(V)：选择此命令选项，将通过选定点的当前视口的观察方向作为旋转轴。

（4）X 轴(X)/Y 轴(Y)/Z 轴(Z)：选择相应的命令选项，指定以 X 轴、Y 轴、Z 轴作为旋转轴。

（5）两点(2)：选择此命令选项，指定两点之间的连线作为旋转轴。

三维旋转的效果如图 9.3.4 所示。

9.3.4　三维对齐

三维对齐是指利用一对、两对或三对指定点来移动对象。执行三维对齐命令的方法有以下 3 种：

（1）单击“建模”工具栏中的“三维对齐”按钮。

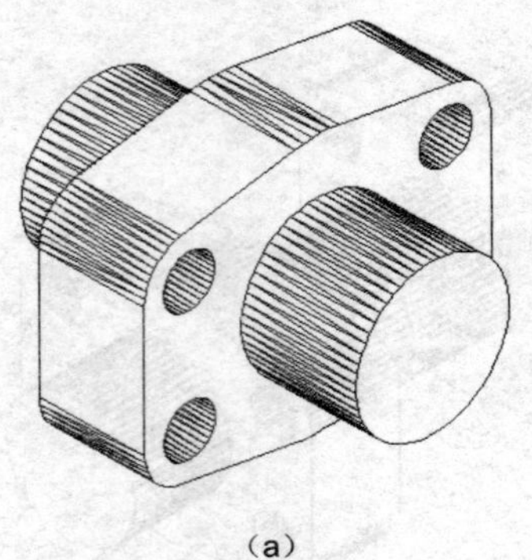

（a）

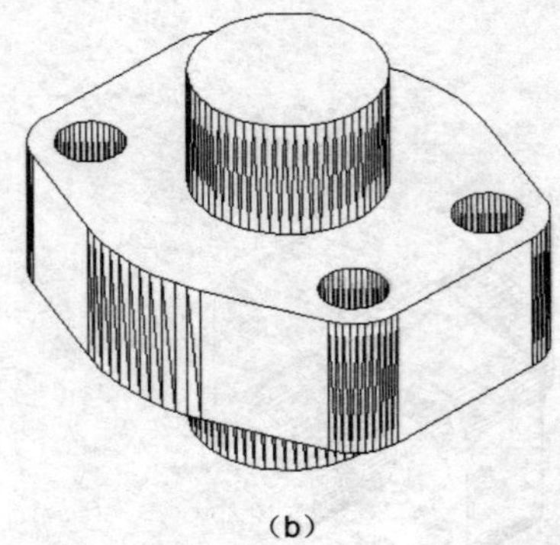

（b）

图 9.3.4　三维旋转

（a）原始图形；（b）三维旋转后的图形

（2）选择 修改(M) → 三维操作(3) → 三维对齐(A) 命令。

（3）在命令行中输入命令 3dalign。

执行该命令后，命令行提示如下：

命令: _3dalign　　//执行三维对齐命令

选择对象:　　//选择需要移动的对象

选择对象:　　//按回车键结束对象选择

指定第一个源点:　　//在选中的对象上指定第一个源点

指定第一个目标点:　　//在移动后的位置上指定第一个目标点

指定第二个源点:　　//在选中的对象上指定第二个源点

指定第二个目标点:　　//在移动后的位置上指定第二个目标点

指定第三个源点或 <继续>:　　//继续指定第三对点或按回车键结束指定点

是否基于对齐点缩放对象？[是(Y)/否(N)] <否>:　　//指定是否缩放对象

如果使用一对点对齐实体，对齐后的实体只改变位置而不改变大小和方向；如果选择两对点对齐实体，对齐后的实体不仅可以改变位置和方向，而且还可以改变大小；如果选择 3 对点对齐实体，对齐后的实体只改变位置和方向，而不改变大小。

三维对齐的效果如图 9.3.5 所示。

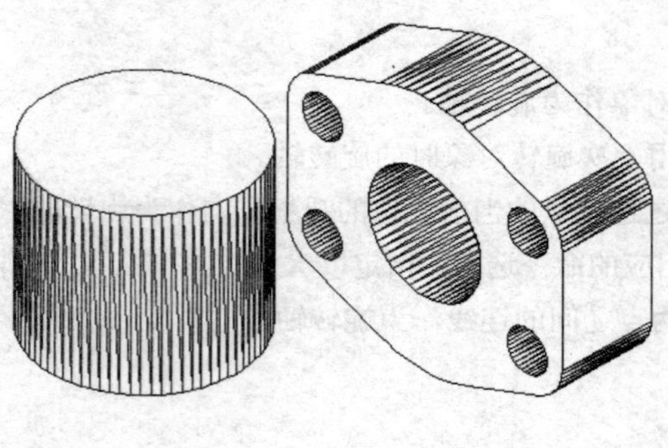

（a）

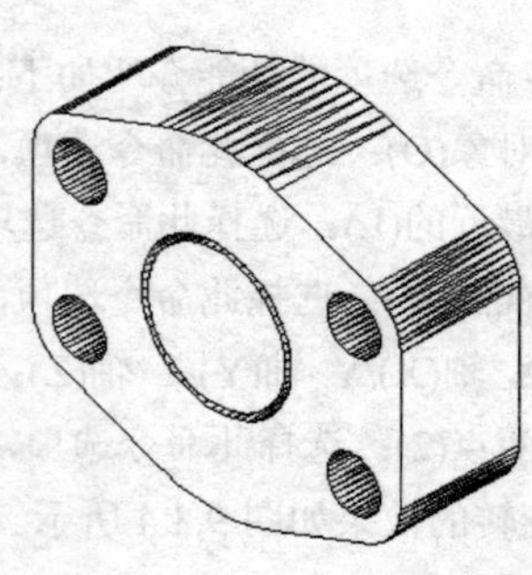

（b）

图 9.3.5　三维对齐

（a）原始图形；（b）三维对齐后的图形

9.4　编辑实体的面

在 AutoCAD 2010 中，除了以上介绍的几种三维实体的编辑命令外，用户还可以对三维实体的面单独进行编辑。本节主要介绍对三维实体面的编辑命令。

9.4.1　拉伸面

拉伸面是指将选定的三维实体对象的面拉伸到指定的高度或沿一路径拉伸。执行“拉伸面”命令的方法有以下两种：

（1）单击“实体编辑”工具栏中的“拉伸面”按钮。

（2）选择 修改(M) → 实体编辑(N) → 拉伸面(E) 命令。

执行该命令后，命令行提示如下：

命令: _solidedit

实体编辑自动检查:　SOLIDCHECK=1

输入实体编辑选项 [面(F)/边(E)/体(B)/放弃(U)/退出(X)] <退出>: _face

输入面编辑选项[拉伸(E)/移动(M)/旋转(R)/偏移(O)/倾斜(T)/删除(D)/复制(C)/着色(L)/放弃(U)/退出(X)] <退出>: _extrude　　//执行拉伸面命令

选择面或 [放弃(U)/删除(R)]: 找到一个面　　//选择要拉伸的实体面

选择面或 [放弃(U)/删除(R)/全部(ALL)]:　　//按回车键结束对象选择

指定拉伸高度或 [路径(P)]:　　//指定拉伸的高度或选择拉伸的路径

指定拉伸的倾斜角度 <0>:　　//指定拉伸的倾斜角度

输入一个正值可以沿正方向拉伸面（通常是向外），输入一个负值可以沿负方向拉伸面（通常是向内）。

拉伸面的效果如图 9.4.1 所示。

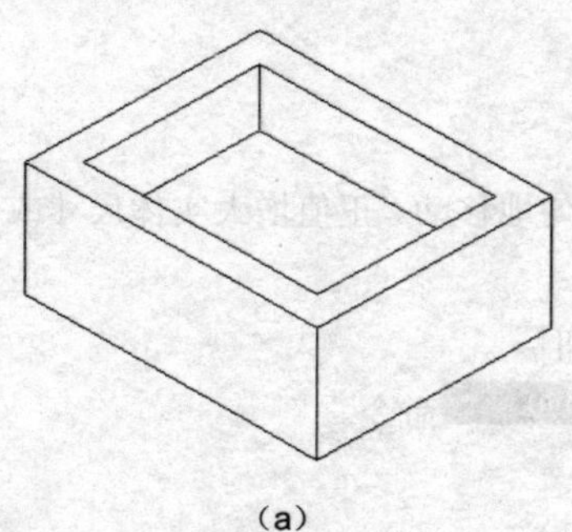

（a）

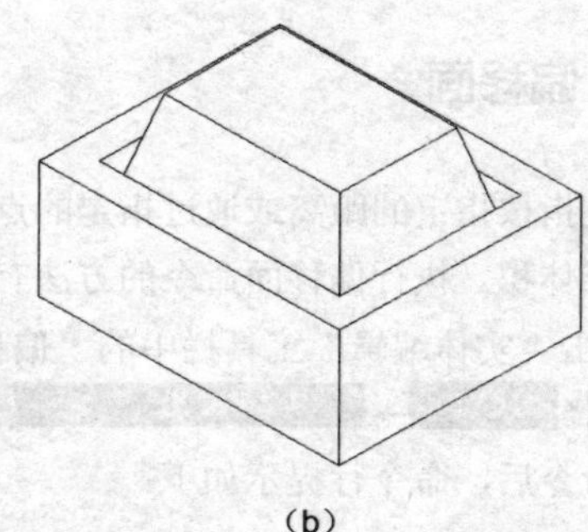

（b）

图 9.4.1　拉伸面

（a）原始图形；（b）拉伸面后的图形

9.4.2　移动面

移动面是指沿指定的高度或距离移动选定的三维实体对象的面。执行移动面命令的方法有以下两种：

（1）单击“实体编辑”工具栏中的“移动面”按钮。

（2）选择 修改(M) → 实体编辑(N) → 移动面(M) 命令。

执行此命令后，命令行提示如下：

命令: _solidedit

实体编辑自动检查:　SOLIDCHECK=1

输入实体编辑选项 [面(F)/边(E)/体(B)/放弃(U)/退出(X)] <退出>: _face

输入面编辑选项[拉伸(E)/移动(M)/旋转(R)/偏移(O)/倾斜(T)/删除(D)/复制(C)/着色(L)/放弃(U)/退出(X)] <退出>: _move　　//执行移动面命令

选择面或 [放弃(U)/删除(R)]: 找到一个面　　//选择要移动的面

选择面或 [放弃(U)/删除(R)/全部(ALL)]:　　//按回车键结束对象选择

指定基点或位移:　　//指定移动的基点

指定位移的第二点:　　//指定位移的第二点

移动面的效果如图 9.4.2 所示。

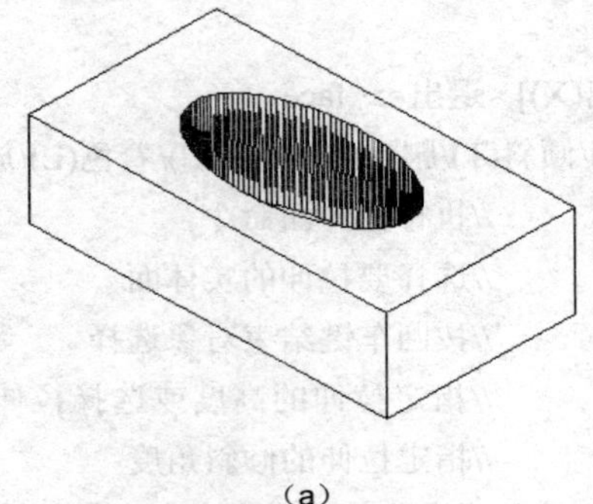
（a）

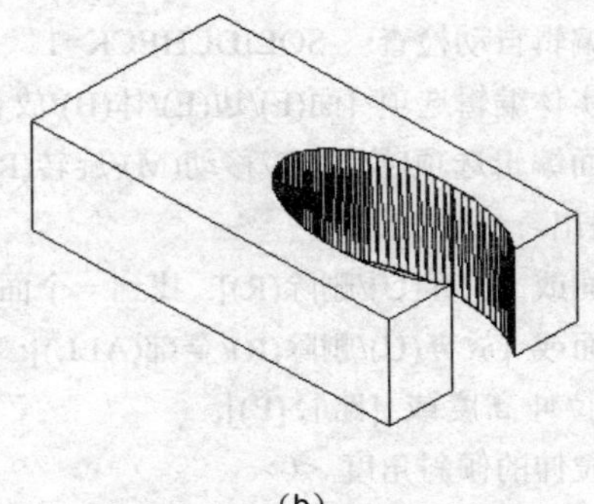
（b）

图 9.4.2　移动面

（a）原始图形；（b）移动面后的图形

9.4.3　偏移面

偏移面是指按指定的距离或通过指定的点，将面均匀地移动。正值增大实体尺寸或体积，负值减小实体尺寸或体积。执行偏移面命令的方法有以下两种：

（1）单击“实体编辑”工具栏中的“偏移面”按钮。

（2）选择 修改(M) → 实体编辑(N) → 偏移面(O) 命令。

执行此命令后，命令行提示如下：

命令: _solidedit

实体编辑自动检查:　SOLIDCHECK=1

输入实体编辑选项 [面(F)/边(E)/体(B)/放弃(U)/退出(X)] <退出>: _face

输入面编辑选项[拉伸(E)/移动(M)/旋转(R)/偏移(O)/倾斜(T)/删除(D)/复制(C)/着色(L)/放弃(U)/退出(X)] <退出>: _offset　　//执行偏移面命令

选择面或 [放弃(U)/删除(R)]: 找到一个面　　//选择要偏移的面

选择面或 [放弃(U)/删除(R)/全部(ALL)]:　　//按回车键结束对象选择

指定偏移距离:　　　　　　　　　　　　　　　　　　　　　//指定偏移的距离

偏移面的效果如图 9.4.3 所示。

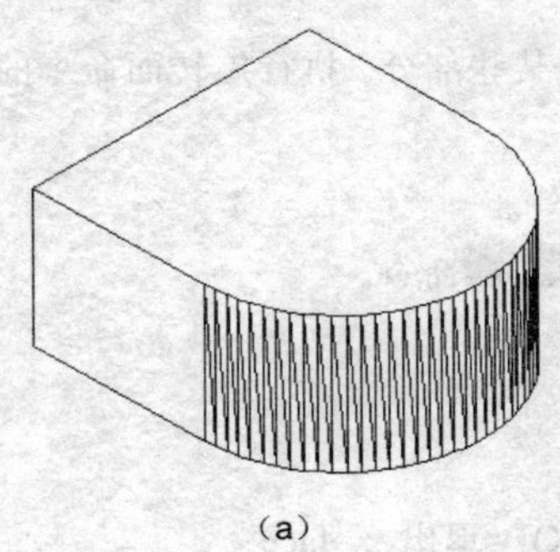

（a）

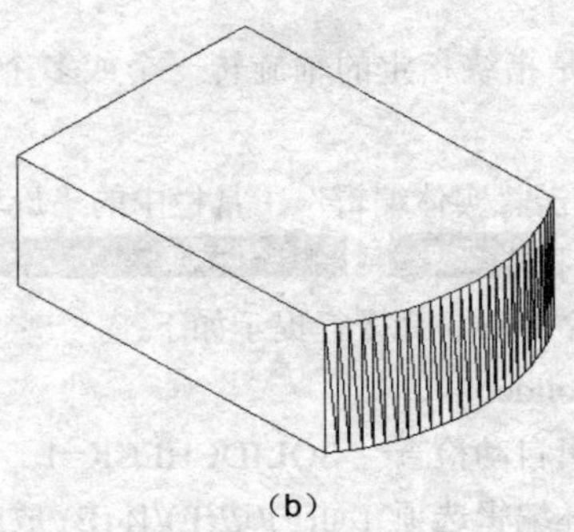

（b）

图 9.4.3　偏移面

（a）原始图形；（b）偏移面后的图形

9.4.4　删除面

删除面是指将实体表面没用的对象清除掉，包括圆角和倒角。执行删除面命令的方法有以下两种：

（1）单击“实体编辑”工具栏中的“删除面”按钮。

（2）选择 修改(M) → 实体编辑(N) → 删除面(D) 命令。

执行此命令后，命令行提示如下：

命令: _solidedit

实体编辑自动检查:　SOLIDCHECK=1

输入实体编辑选项 [面(F)/边(E)/体(B)/放弃(U)/退出(X)] <退出>: _face

输入面编辑选项[拉伸(E)/移动(M)/旋转(R)/偏移(O)/倾斜(T)/删除(D)/复制(C)/着色(L)/放弃(U)/退出(X)] <退出>: _delete　　　　　　　　　　　　//执行删除面命令

选择面或 [放弃(U)/删除(R)]: 找到一个面　　　　　　　　　//选择要删除的面

选择面或 [放弃(U)/删除(R)/全部(ALL)]:　　　　　　　　　//按回车键结束命令

删除面的效果如图 9.4.4 所示。

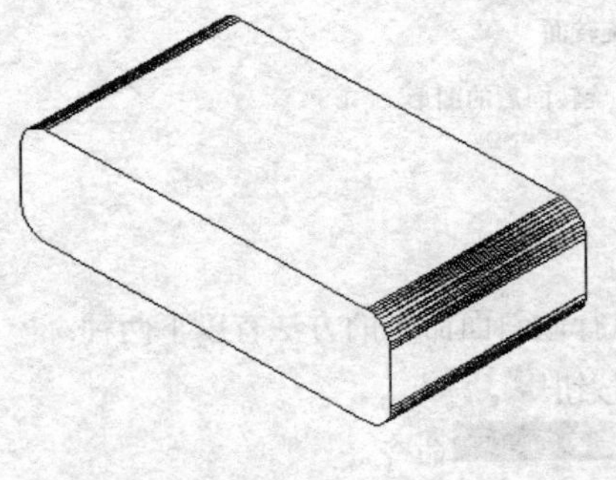

（a）

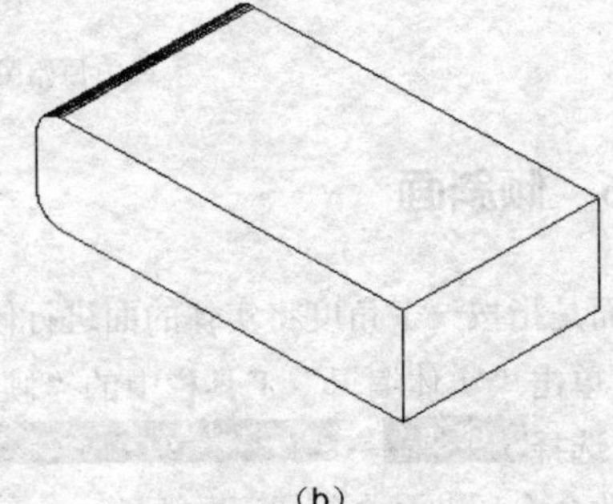

（b）

图 9.4.4　删除面

（a）原始图形；（b）删除面后的图形

9.4.5 旋转面

旋转面是指绕指定的轴旋转一个或多个面或实体的某些部分。执行旋转面命令的方法有以下两种：

（1）单击“实体编辑”工具栏中的“旋转面”按钮。

（2）选择 修改(M) → 实体编辑(N) → 旋转面(A) 命令。

执行此命令后，命令行提示如下：

命令: _solidedit

实体编辑自动检查:　SOLIDCHECK=1

输入实体编辑选项 [面(F)/边(E)/体(B)/放弃(U)/退出(X)] <退出>: _face

输入面编辑选项[拉伸(E)/移动(M)/旋转(R)/偏移(O)/倾斜(T)/删除(D)/复制(C)/着色(L)/放弃(U)/退出(X)] <退出>: _rotate　　//执行旋转面命令

选择面或 [放弃(U)/删除(R)]: 找到一个面　　//选择要旋转的面

选择面或 [放弃(U)/删除(R)/全部(ALL)]:　　//按回车键结束对象选择

指定轴点或 [经过对象的轴(A)/视图(V)/X 轴(X)/Y 轴(Y)/Z 轴(Z)] <两点>:
　　//指定旋转轴的第一点

在旋转轴上指定第二个点:　　//指定旋转轴的第二点

指定旋转角度或 [参照(R)]:　　//指定旋转角度

旋转面的效果如图 9.4.5 所示。

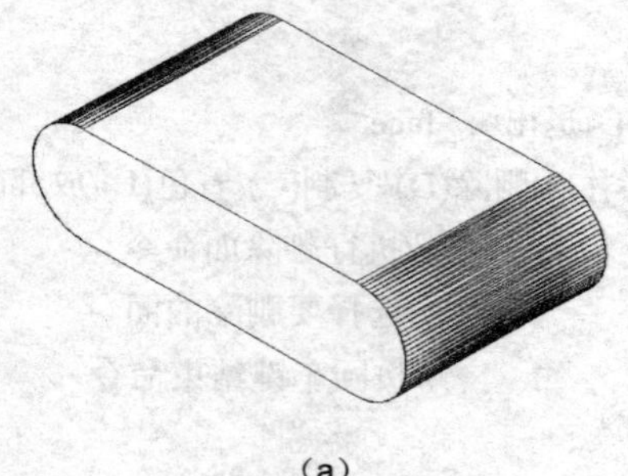

(a)

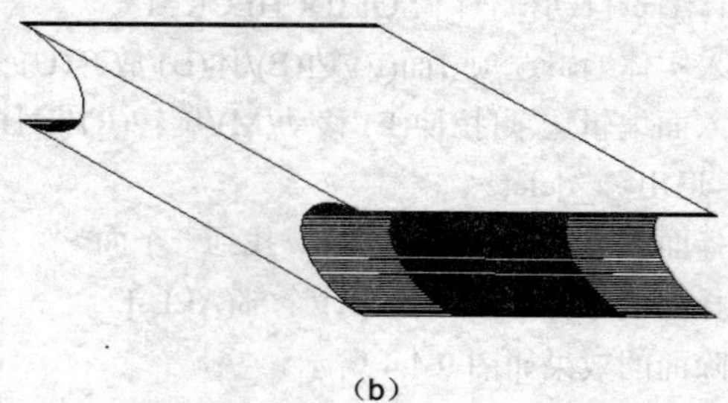

(b)

图 9.4.5 旋转面

(a) 原始图形；(b) 旋转面后的图形

9.4.6 倾斜面

倾斜面是指按一个角度将实体的面进行倾斜。执行倾斜面命令的方法有以下两种：

（1）单击“实体编辑”工具栏中的“倾斜面”按钮。

（2）选择 修改(M) → 实体编辑(N) → 倾斜面(T) 命令。

执行此命令后，命令行提示如下：

命令: _solidedit

实体编辑自动检查:　SOLIDCHECK=1

输入实体编辑选项 [面(F)/边(E)/体(B)/放弃(U)/退出(X)] <退出>: _face

输入面编辑选项[拉伸(E)/移动(M)/旋转(R)/偏移(O)/倾斜(T)/删除(D)/复制(C)/着色(L)/放弃(U)/退出(X)] <退出>: _taper　　//执行倾斜面命令

选择面或 [放弃(U)/删除(R)]: 找到一个面　　//选择要倾斜的面

选择面或 [放弃(U)/删除(R)/全部(ALL)]:　　//按回车键结束对象选择

指定基点:　　//指定倾斜轴的第一点

指定沿倾斜轴的另一个点:　　//指定倾斜轴的第二点

指定倾斜角度:　　//指定倾斜角

倾斜面的效果如图 9.4.6 所示。

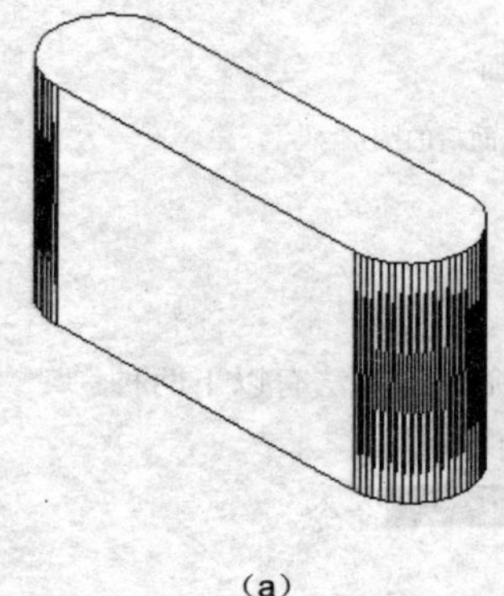

（a）

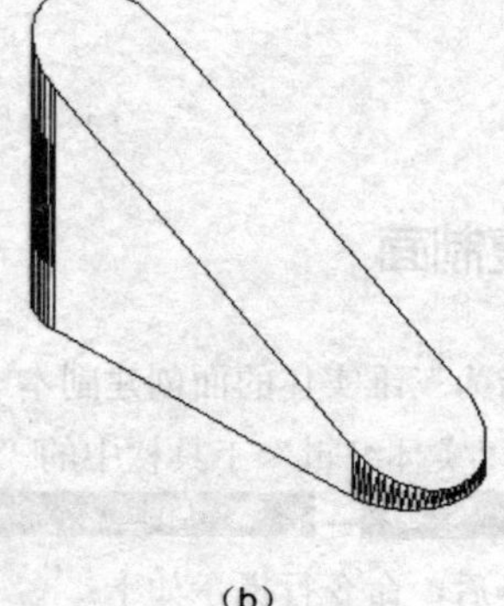

（b）

图 9.4.6　倾斜面

（a）原始图形；（b）倾斜面后的图形

输入正角值向内倾斜选定的面，输入负角值向外倾斜面。倾斜角度的旋转方向由选择基点和第二点（沿选定矢量）的顺序决定。

9.4.7　着色面

着色面是指为实体的面选择指定的颜色。执行“着色面”命令的方法有以下两种：

（1）单击“实体编辑”工具栏中的“着色面”按钮。

（2）选择 修改(M) → 实体编辑(N) → 着色面(C) 命令。

执行此命令后，命令行提示如下：

命令: _solidedit

实体编辑自动检查:　SOLIDCHECK=1

输入实体编辑选项 [面(F)/边(E)/体(B)/放弃(U)/退出(X)] <退出>: _face

输入面编辑选项[拉伸(E)/移动(M)/旋转(R)/偏移(O)/倾斜(T)/删除(D)/复制(C)/着色(L)/放弃(U)/退出(X)] <退出>: _color　　//执行着色面命令

选择面或 [放弃(U)/删除(R)]: 找到一个面　　//选择要着色的面后按回车键

系统弹出 选择颜色 对话框，在该对话框中为实体的面选择一种颜色，然后单击 确定 按钮结束命令。

着色面的效果如图 9.4.7 所示。

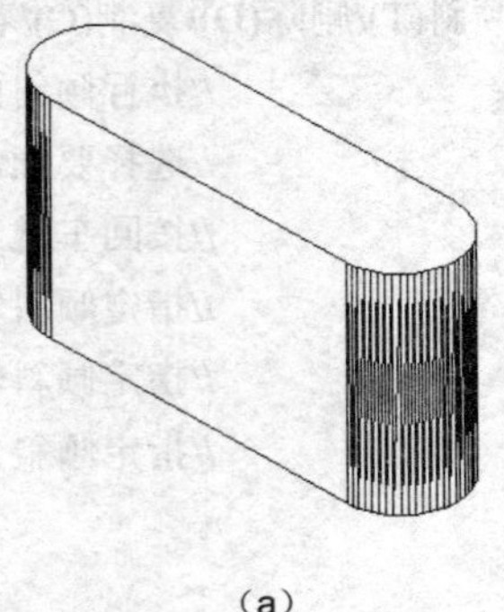

(a)

(b)

图 9.4.7　着色面

(a) 原始图形；(b) 着色面后的图形

9.4.8　复制面

复制面是指为三维实体的面创建副本。执行复制面命令的方法有以下两种：

（1）单击“实体编辑”工具栏中的“复制面”按钮。

（2）选择 修改(M) → 实体编辑(N) → 复制面(F) 命令。

执行此命令后，命令行提示如下：

命令: _solidedit

实体编辑自动检查:　SOLIDCHECK=1

输入实体编辑选项 [面(F)/边(E)/体(B)/放弃(U)/退出(X)] <退出>: _face

输入面编辑选项[拉伸(E)/移动(M)/旋转(R)/偏移(O)/倾斜(T)/删除(D)/复制(C)/着色(L)/放弃(U)/退出(X)] <退出>: _copy　　//执行复制面命令

选择面或 [放弃(U)/删除(R)]: 找到一个面　　//选择要复制的面

选择面或 [放弃(U)/删除(R)/全部(ALL)]:　　//按回车键结束对象选择

指定基点或位移:　　//指定复制面的基点

指定位移的第二点:　　//指定位移的第二点

复制面的效果如图 9.4.8 所示。

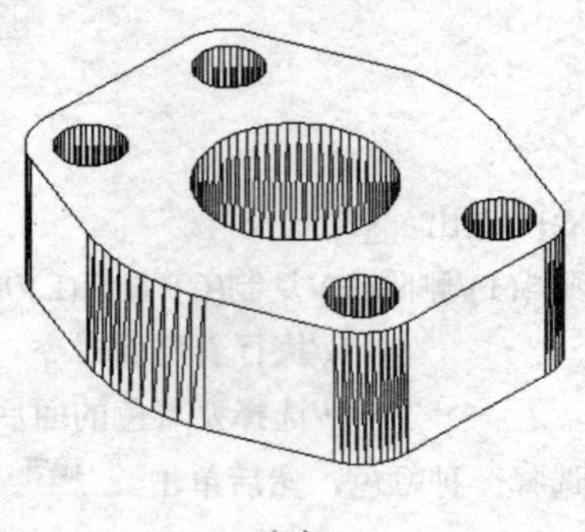

(a)

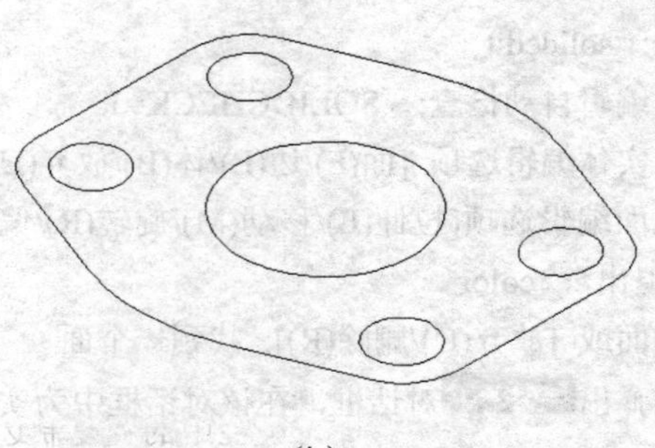

(b)

图 9.4.8　复制面

(a) 原始图形；(b) 复制面后的图形

9.5　编辑实体的边

编辑实体的边是指通过修改边的颜色或复制独立的边来编辑三维实体对象。本节主要介绍着色边和复制边命令的使用方法。

9.5.1　着色边

着色边是指通过修改实体边的颜色来编辑实体。执行着色边命令的方法有以下两种：

（1）单击“实体编辑”工具栏中的“着色边”按钮。

（2）选择 修改(M) → 实体编辑(N) → 着色边(L) 命令。

执行此命令后，命令行提示如下：

命令: _solidedit

实体编辑自动检查:　SOLIDCHECK=1

输入实体编辑选项 [面(F)/边(E)/体(B)/放弃(U)/退出(X)] <退出>: _edge

输入边编辑选项 [复制(R)/着色(L)/放弃(U)/退出(X)] <退出>: _color//执行着色边命令

选择边或 [放弃(U)/删除(R)]:　　　　　　　　　　　//选择要着色的边后按回车键

系统弹出 选择颜色 对话框，在该对话框中为实体的边选择一种颜色，然后单击 确定 按钮结束命令。

着色边的效果如图 9.5.1 所示。

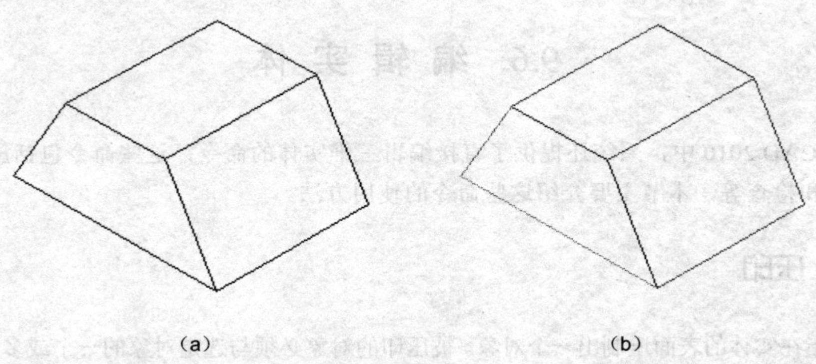

图 9.5.1　着色边

（a）原始图形；（b）着色边后的图形

9.5.2　复制边

复制边是指通过创建实体的边来编辑三维实体。根据三维实体形状的不同，复制的边有可能是直线、圆弧、圆、椭圆或样条曲线。执行复制边命令的方法有以下两种：

（1）单击“实体编辑”工具栏中的“复制边”按钮。

（2）选择 修改(M) → 实体编辑(N) → 复制边(G) 命令。

执行此命令后，命令行提示如下：

命令: _solidedit

实体编辑自动检查:　SOLIDCHECK=1

输入实体编辑选项 [面(F)/边(E)/体(B)/放弃(U)/退出(X)] <退出>: _edge

输入边编辑选项 [复制(R)/着色(L)/放弃(U)/退出(X)]<退出>:_copy　//执行复制边命令

选择边或 [放弃(U)/删除(R)]:　//选择要复制的边

选择边或 [放弃(U)/删除(R)]:　//按回车键结束对象选择

指定基点或位移:　//指定复制边的基点

指定位移的第二点:　//指定位移的第二点

复制边的效果如图 9.5.2 所示。

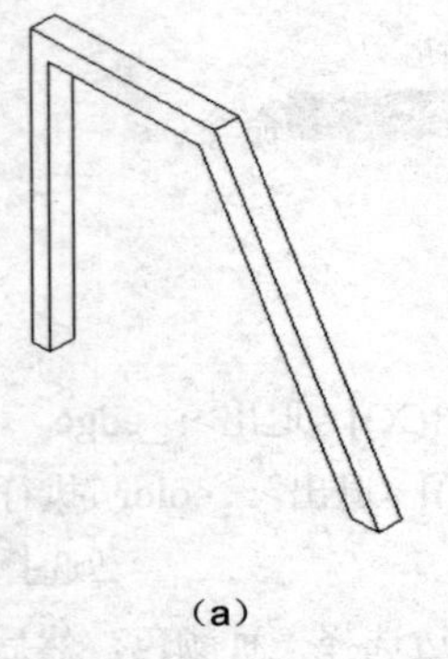

（a）

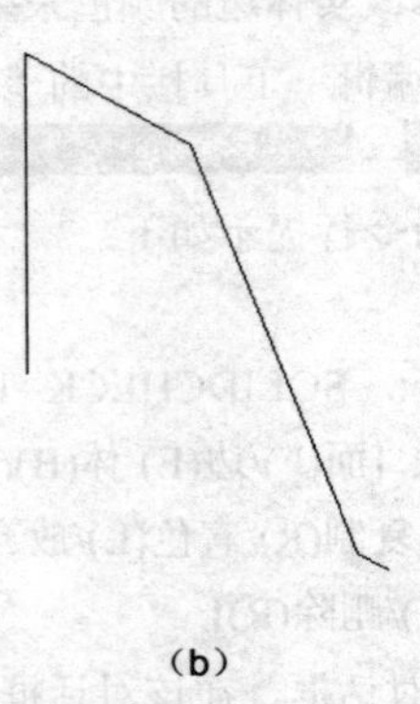

（b）

图 9.5.2　复制边

（a）原始图形；（b）复制边后的图形

9.6　编 辑 实 体

在 AutoCAD 2010 中，系统还提供了直接编辑三维实体的命令，这些命令包括压印、清除、分割、抽壳和检查等，本节主要介绍这些命令的使用方法。

9.6.1　压印

压印是指在实体的表面压制出一个对象。被压印的对象必须与选定对象的一个或多个面相交，否则将无法进行操作。可用做压印的对象仅限于圆弧、圆、直线、二维和三维多段线、椭圆、样条曲线、面域、体及三维实体。执行压印命令的方法有以下两种：

（1）单击“实体编辑”工具栏中的“压印”按钮。

（2）在命令行中输入命令 imprint。

执行该命令后，命令行提示如下：

命令: imprint　//执行压印命令

选择三维实体或曲面:　//选择三维实体或曲面

选择要压印的对象:　//选择要压印的对象

是否删除源对象 [是(Y)/否(N)] <N>: y　//选择是否要保留源对象

选择要压印的对象:　//按回车键结束命令

压印的效果如图 9.6.1 所示。

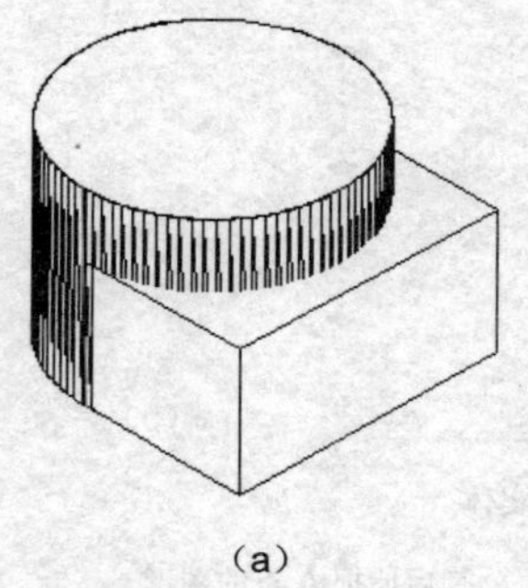
(a)

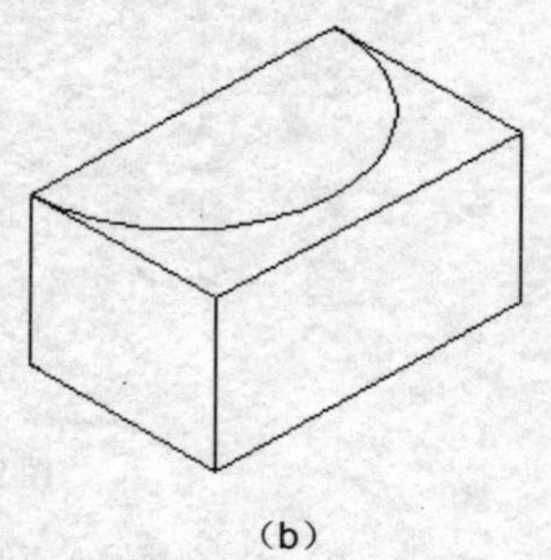
(b)

图 9.6.1　压印

(a) 原始图形；(b) 压印后的图形

9.6.2　清除

清除是指删除实体上所有多余的边和顶点、压印的以及不使用的几何图形。执行清除命令的方法有以下两种：

(1) 单击“实体编辑”工具栏中的“清除”按钮。

(2) 选择 修改(M) → 实体编辑(N) → 清除(N) 命令。

执行该命令后，命令行提示如下：

命令: _solidedit

实体编辑自动检查:　SOLIDCHECK=1

输入实体编辑选项 [面(F)/边(E)/体(B)/放弃(U)/退出(X)] <退出>: _body

输入体编辑选项[压印(I)/分割实体(P)/抽壳(S)/清除(L)/检查(C)/放弃(U)/退出(X)] <退出>: _clean　//执行清除命令

选择三维实体:　//选择要清除的三维实体，系统就将实体上多余的边和顶点、压印对象删除

9.6.3　分割

分割是指用不相连的实体将一个三维实体对象分割为几个独立的三维实体对象。执行分割命令的方法有以下两种：

(1) 单击“实体编辑”工具栏中的“分割”按钮。

(2) 选择 修改(M) → 实体编辑(N) → 分割(S) 命令。

执行该命令后，命令行提示如下：

命令: _solidedit

实体编辑自动检查:　SOLIDCHECK=1

输入实体编辑选项 [面(F)/边(E)/体(B)/放弃(U)/退出(X)] <退出>: _body

输入体编辑选项[压印(I)/分割实体(P)/抽壳(S)/清除(L)/检查(C)/放弃(U)/退出(X)] <退出>: _separate　//执行分割命令

选择三维实体:　//选择要分割的三维实体

分割实体的效果如图 9.6.2 所示。

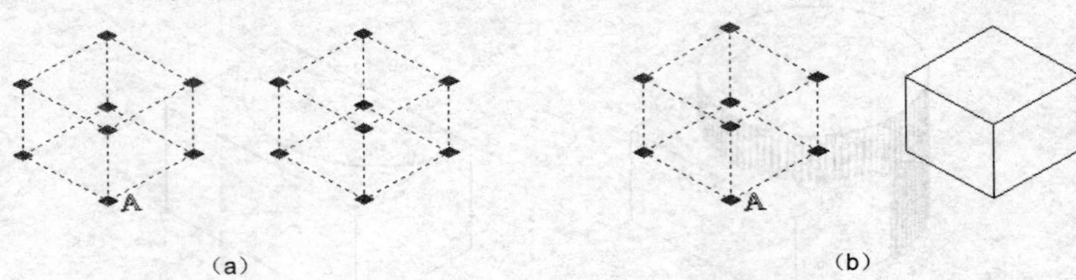

图 9.6.2 分割实体

(a) 分割前捕捉 A 点的图形；(b) 分割后捕捉 A 点的图形

分割的对象必须是不能形成单一体积的实体对象，比如对实体进行布尔运算后可能形成两个或几个不相连的实体对象，这些实体才可以进行分割操作，分割后各部分实体仍保持原对象的属性。

9.6.4 抽壳

抽壳是指以指定的厚度为实体创建一个空的薄层。执行抽壳命令的方法有以下两种：

（1）单击“实体编辑”工具栏中的“抽壳”按钮。

（2）选择 修改(M) → 实体编辑(N) → 抽壳(H) 命令。

执行该命令后，命令行提示如下：

命令: _solidedit

实体编辑自动检查: SOLIDCHECK=1

输入实体编辑选项 [面(F)/边(E)/体(B)/放弃(U)/退出(X)] <退出>: _body

输入体编辑选项[压印(I)/分割实体(P)/抽壳(S)/清除(L)/检查(C)/放弃(U)/退出(X)] <退出>: _shell //执行抽壳命令

选择三维实体: //选择要抽壳的三维实体

删除面或 [放弃(U)/添加(A)/全部(ALL)]: //选择要删除的面

删除面或 [放弃(U)/添加(A)/全部(ALL)]: //按回车键结束对象选择

输入抽壳偏移距离: //指定抽壳的偏移距离

如图 9.6.3 所示为抽壳效果。

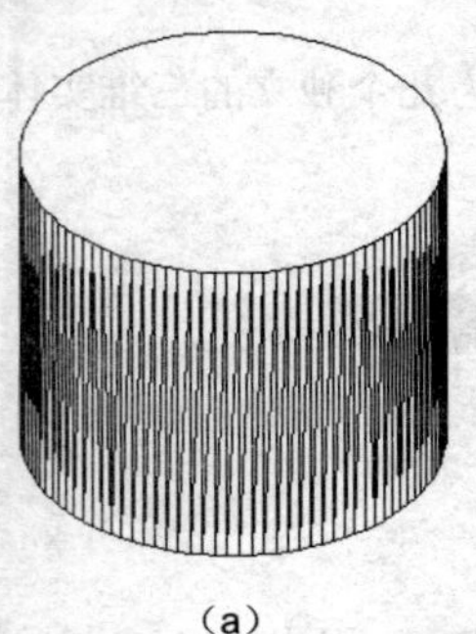

(a)

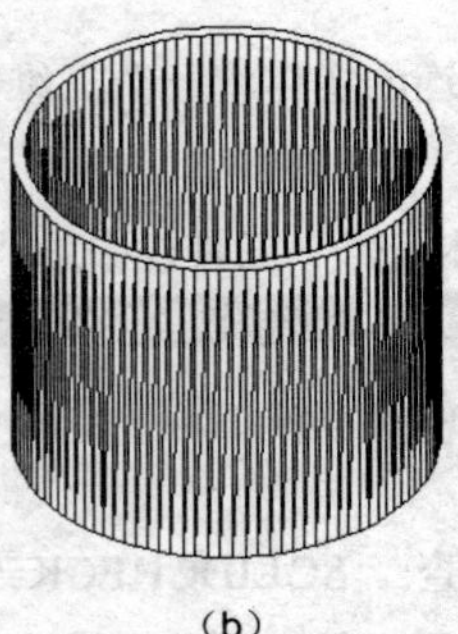

(b)

图 9.6.3 抽壳

(a) 实体对象；(b) 抽壳后的实体

如果指定抽壳偏移距离为正值，则从实体内开始抽壳；如果指定抽壳偏移距离为负值，则从实体外开始抽壳。

9.6.5　检查

检查就是验证三维实体对象是否为有效。如果三维实体有效，对其进行编辑时就不会出现错误信息；如果三维实体无效，则不能对其进行编辑。

执行检查命令的方法有以下两种：

（1）单击“实体编辑”工具栏中的“检查”按钮。

（2）选择 修改(M) → 实体编辑(N) → 检查(K) 命令。

执行该命令后，命令行提示如下：

命令: _solidedit

实体编辑自动检查:　SOLIDCHECK=1

输入实体编辑选项 [面(F)/边(E)/体(B)/放弃(U)/退出(X)] <退出>: _body

输入体编辑选项

[压印(I)/分割实体(P)/抽壳(S)/清除(L)/检查(C)/放弃(U)/退出(X)] <退出>: _check

//执行检查命令

选择三维实体:　　　　//选择需要检查的对象

如果选择的对象是三维实体，那么系统提示“此对象是有效的 ShapeManager 实体”；如果选择的对象不是三维实体，那么系统提示“必须选择三维实体。”

9.7　消隐和着色

使用消隐和着色可以形象地显示出绘制的三维实体，使其变得更加逼真。本节主要介绍这两个命令的使用方法。

9.7.1　消隐

使用消隐命令可以隐藏三维实体在当前视口中看不见的线条和边框，使其看起来更符合人们的视觉感受。执行消隐命令的方法有以下两种：

（1）选择 视图(V) → 消隐(H) 命令。

（2）在命令行中输入命令 hide。

执行该命令后，系统自动对当前视图中的所有实体对象进行消隐，如图 9.7.1 所示。

消隐只是将三维实体在当前视口中看不见的线条和边框隐藏起来，并不是将其删除。消隐后的图形还可以通过 regen 命令恢复到消隐前的状态。

9.7.2　着色

着色命令比消隐命令的功能更强，着色不仅可以达到消隐的效果，而且还可以给实体表面添加颜色。执行着色命令的方法有以下 3 种：

（1）单击“着色”工具栏中的相应按钮，如图 9.7.2 所示。

（2）选择 视图(V) → 视觉样式(S) 命令中的子命令，如图 9.7.3 所示。

（3）在命令行中输入命令 shade。

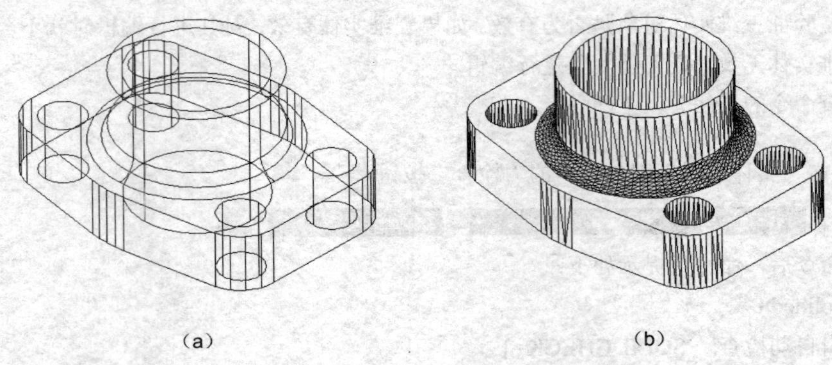

（a）　　　　（b）

图 9.7.1　消隐

（a）消隐前的图形；（b）消隐后的图形

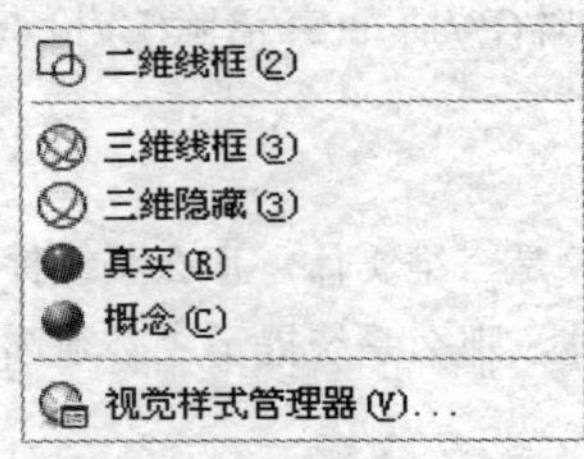

图 9.7.2　“着色”工具栏　　　　图 9.7.3　“着色”子命令菜单

执行该命令后，系统自动对实体进行着色处理。着色的类型有 4 种，分别为平面着色、体着色、带边框平面着色和带边框体着色，如图 9.7.4 所示为各种着色的效果。

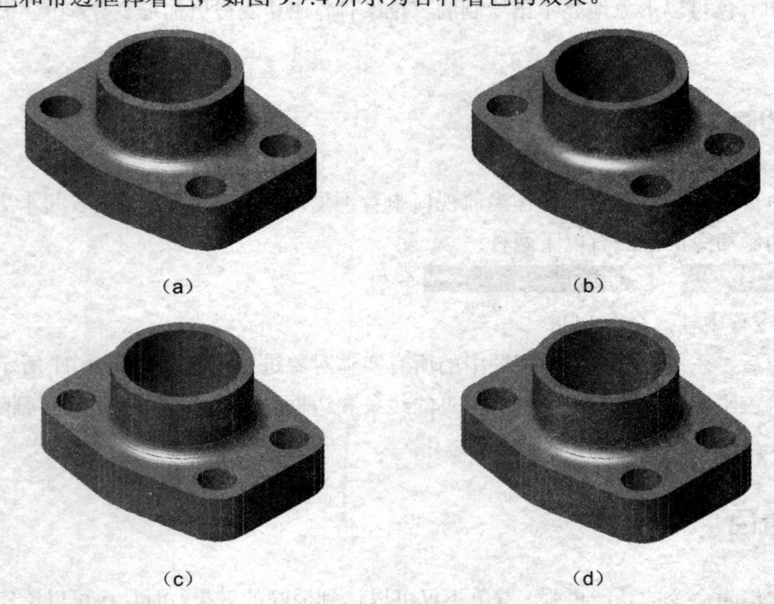

（a）　　　　（b）

（c）　　　　（d）

图 9.7.4　着色处理的效果

（a）平面着色；（b）体着色；（c）带边框平面着色；（d）带边框体着色

在命令行中输入命令 shademode 或 sha 后按回车键，命令行提示“输入选项[二维线框(2D)/三维线框(3D)/消隐(H)/平面着色(F)/体着色(G)/带边框平面着色(L)/带边框体着色(O)]<带边框平面着色>”，选择相应的命令选项后也可以对实体进行着色。

9.8 三 维 渲 染

使用渲染命令可以创建出更加逼真的三维效果。选择 视图(V) → 渲染(E) 命令中的子命令或单击“渲染”工具栏中的相应按钮，即可执行渲染以及在渲染前的各项操作，如图 9.8.1 所示。

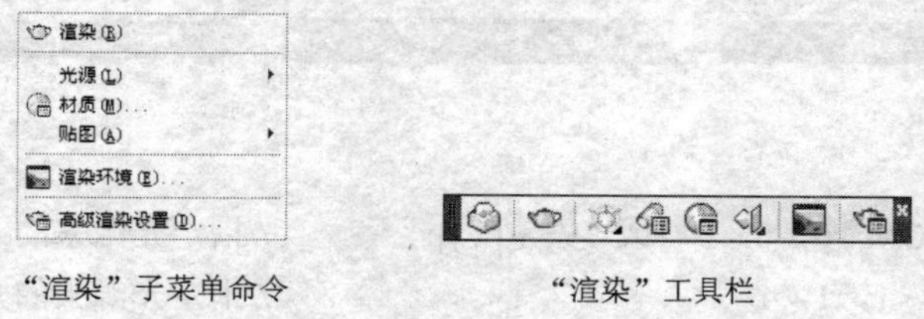

图 9.8.1 “渲染”子菜单命令和“渲染”工具栏

9.8.1 设置光源

光源是渲染过程中非常重要的一个条件，它由强度和颜色两个因素决定，直接反映了三维实体表面的光照情况。在 AutoCAD 2010 中，用户可以为三维实体设置自然光、点光源、平行光和聚光灯等一种或多种光源。单击“渲染”工具栏中的“光源”按钮，或选择 视图(V) → 渲染(E) → 光源(L) 菜单中的子命令可以创建和管理光源，如图 9.8.2 所示。

图 9.8.2 “光源”下拉列表和“光源”子菜单

1. 创建光源

AutoCAD 系统默认的光源为自然光，如果要突出表现三维对象的光照效果，还可以创建点光源、聚光灯或平行光，具体操作方法如下：

（1）创建点光源：单击“渲染”工具栏中“光源”下拉列表中的“新建点光源”按钮，或选择 视图(V) → 渲染(E) → 光源(L) → 新建点光源(P) 命令，命令行提示如下：

命令: _pointlight

指定源位置 <0，0，0>: //用鼠标指定光源位置或直接输入光源位置

输入要更改的选项 [名称(N)/强度(I)/状态(S)/阴影(W)/衰减(A)/颜色(C)/退出(X)] <退出>:

//按回车键结束命令或选择设置其他选项

（2）创建聚光灯：单击“渲染”工具栏中“光源”下拉列表中的“新建聚光灯”按钮，或选择 视图(V) → 渲染(E) → 光源(L) → 新建聚光灯(S) 命令，命令行提示如下：

命令: _spotlight

指定源位置 <0，0，0>: //指定光源位置

指定目标位置 <128，256，143>: //指定目标对象位置

输入要更改的选项 [名称(N)/强度(I)/状态(S)/聚光角(H)/照射角(F)/阴影(W)/衰减(A)/颜色(C)/退出(X)]: //按回车键结束命令

（3）创建平行光：单击“渲染”工具栏中“光源”下拉列表中的“新建平行光”按钮，或选择 视图(V) → 渲染(E) → 光源(L) → 新建平行光(D) 命令，命令行提示如下：

命令: _distantlight

指定光源方向 FROM <0，0，0> 或 [矢量(V)]: //指定光源来的方向

指定光源方向 TO <1，1，1>: //指定光源去的方向

输入要更改的选项[名称(N)/强度(I)/状态(S)/阴影(W)/颜色(C)/退出(X)]<退出>: //按回车键

2．管理光源

当在图形中创建多个光源时，可以通过单击“渲染”工具栏中“光源”下拉列表中的“光源列表”按钮，或选择 视图(V) → 渲染(E) → 光源(L) → 光源列表(L) 命令，在弹出的 模型中的光源 选项板中查看和管理所有光源，如图 9.8.3 所示。

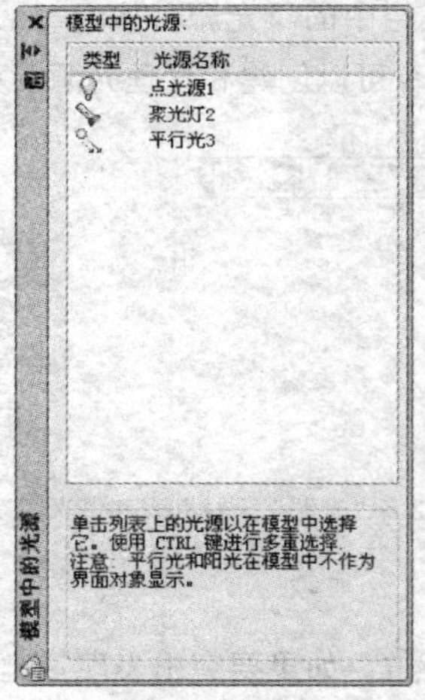

图 9.8.3 “模型中的光源”选项板

9.8.2 设置材质

在渲染对象时，可以为对象附着合适的材质，增强渲染对象的真实感。单击“渲染”工具栏中的“材质”按钮，或选择 视图(V) → 渲染(E) → 材质(M)... 命令，在弹出的 材质 选项板中可以为对象附着材质，如图 9.8.4 所示。

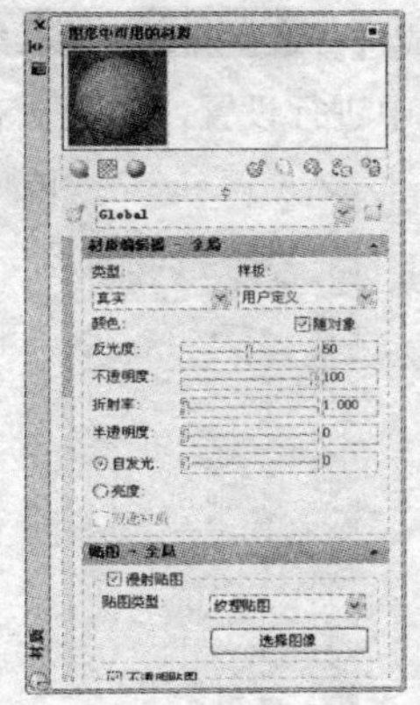

图 9.8.4　“材质”选项板

9.8.3　设置贴图

贴图是指在渲染对象时将材质映射到对象上。在 AutoCAD 2010 中，贴图的方式有 4 种，分别为平面贴图、长方体贴图、柱面贴图和球面贴图。单击“渲染”工具栏中“贴图”下拉列表中的相应按钮，或选择 视图(V) → 渲染(E) → 贴图(A) 菜单中的子命令即可设置贴图方式，如图 9.8.5 所示。

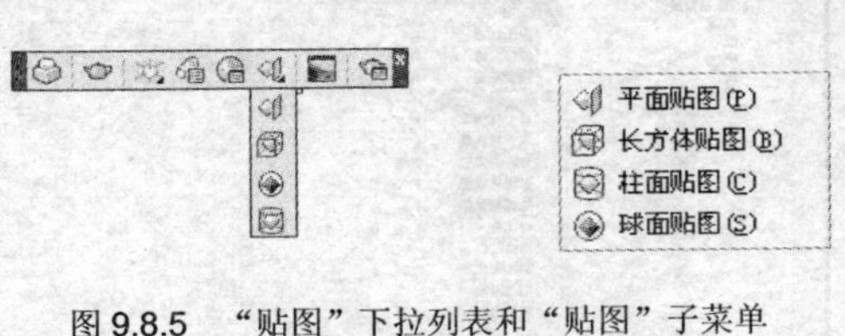

图 9.8.5　“贴图”下拉列表和“贴图”子菜单

9.8.4　渲染环境

渲染环境是指在渲染对象时进行的雾化和深度设置，单击“渲染”工具栏中的“渲染环境”按钮，或选择 视图(V) → 渲染(E) → 渲染环境(E) 命令，在弹出的 渲染环境 对话框中可以设置雾化和深度的启用或关闭、颜色、背景和距离等，如图 9.8.6 所示。

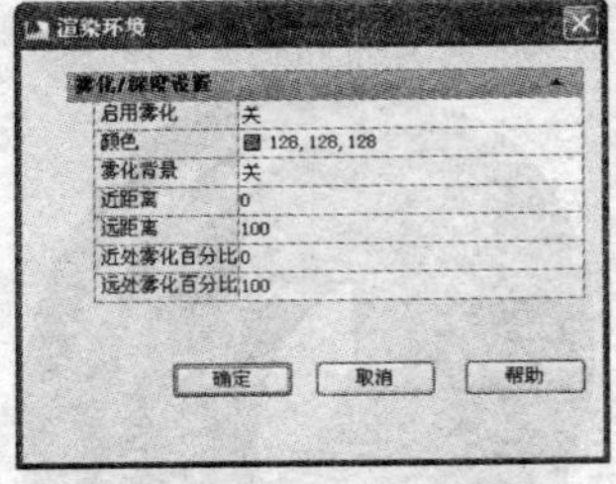

图 9.8.6　“渲染环境”对话框

9.8.5　设置高级渲染环境

渲染环境设置只对雾化和深度进行设置，如果要进一步对渲染环境进行设置，可以单击“渲染”

工具栏中的“高级渲染设置”按钮，或选择 视图(V) → 渲染(E) → 高级渲染设置(D)... 命令，在弹出的 高级渲染设置 选项板中进行设置，如图 9.8.7 所示。

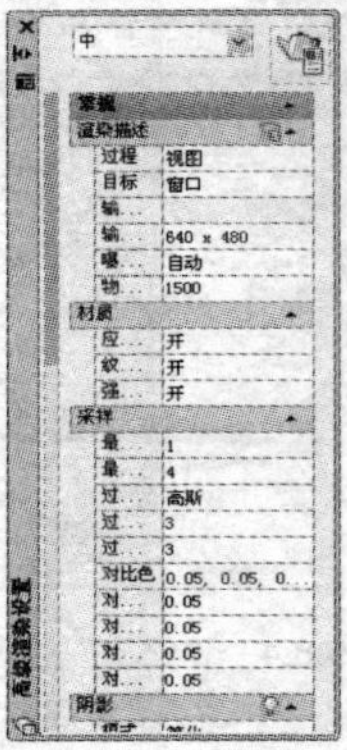

图 9.8.7 “高级渲染设置”选项板

高级渲染设置包括了渲染类型的基本、光线跟踪间接发光、诊断、处理等参数设置。高级渲染设置可以分为“草稿”“低”“中”“高”和“演示”5 种，同时还可以在“选择渲染预设”下拉列表中选择“管理渲染预设”选项，在弹出的 渲染预设管理器 对话框中自定义渲染预设，如图 9.8.8 所示。

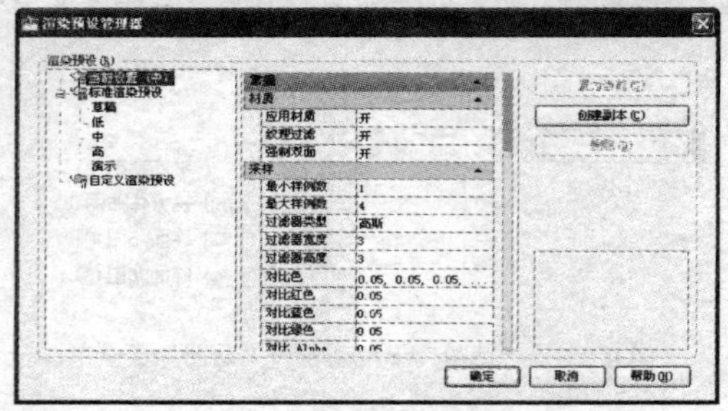

图 9.8.8 “渲染预设管理器”对话框

9.9 课堂实训——绘制皮带轮

本例将绘制皮带轮，效果如图 9.9.1 所示。

图 9.9.1 皮带轮

操作步骤

（1）切换视图到“东南等轴测”，单击“实体”工具栏中的“圆柱体”按钮，在绘图窗口中绘制一个底面半径为80，高为40的圆柱体，如图9.9.2所示。

（2）单击“实体”工具栏中的“圆环体”按钮，指定圆柱体上下底面圆心连线的中点为圆环体的中心点，绘制一个圆环体半径为75，圆管半径为10的圆环体，如图9.9.3所示。

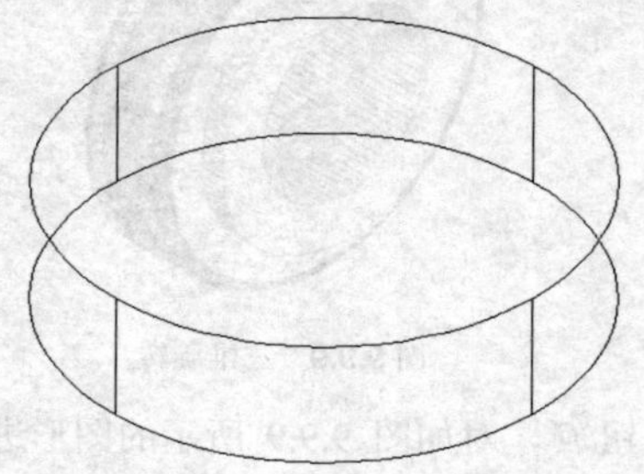

图9.9.2 绘制圆柱体

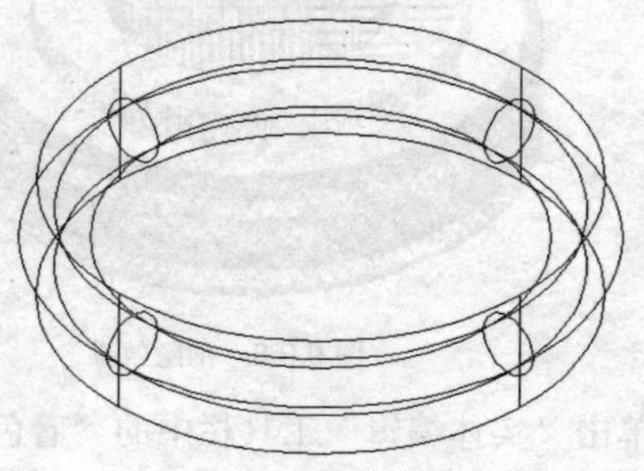

图9.9.3 绘制圆环体

（3）单击“实体编辑”工具栏中的“差集”按钮，用绘制的圆柱体减去圆环体，效果如图9.9.4所示。

（4）单击“修改”工具栏中的“圆角”按钮，对圆柱体的上下底面边缘进行圆角操作，设置圆角半径为5，效果如图9.9.5所示。

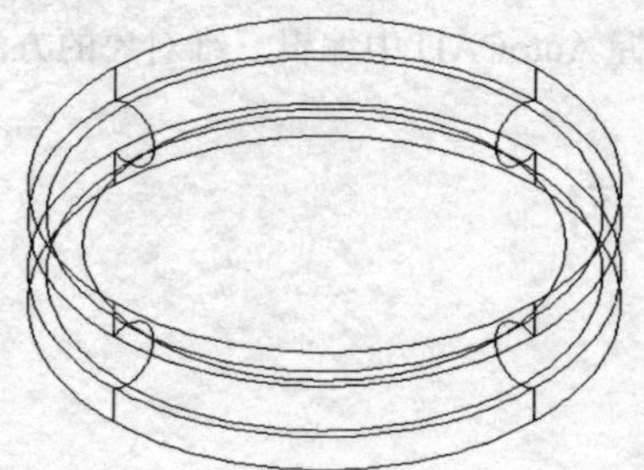

图9.9.4 差集运算

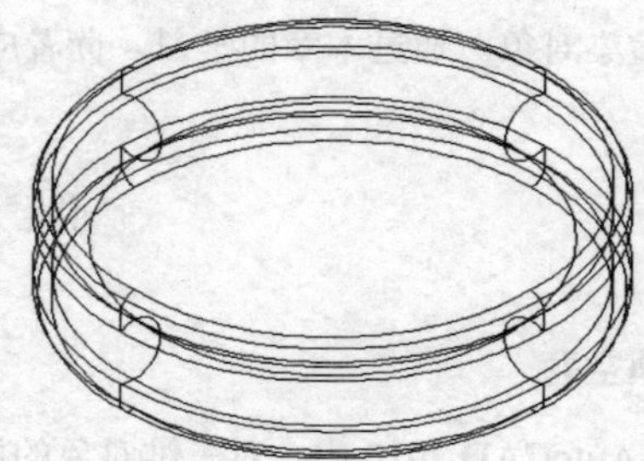

图9.9.5 圆角操作

（5）移动用户坐标系原点到如图9.9.5所示的图形下底面的圆心处。执行绘制圆柱体命令，指定圆柱体底面圆心坐标为点（0,0,-10），圆柱体底面半径为60，高为60，然后执行并集命令，对所有的实体执行并集操作，效果如图9.9.6所示。

（6）继续执行绘制圆柱体命令，指定圆柱体底面圆心坐标为点（0,0,-10），圆柱体底面半径为40，高为60，然后执行差集命令，用如图9.9.6所示的图形减去绘制的圆柱体，效果如图9.9.7所示。

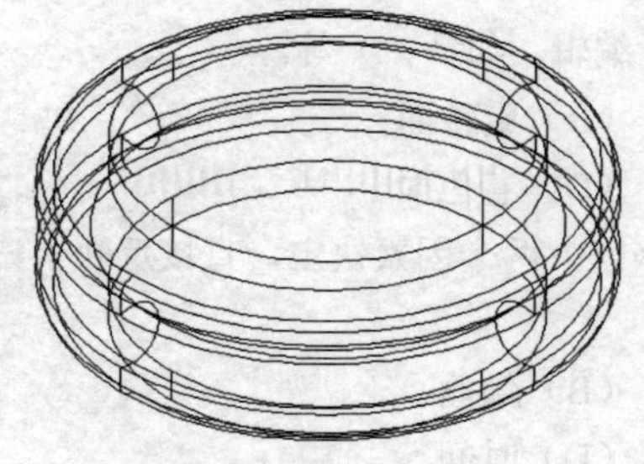

图9.9.6 绘制圆柱体

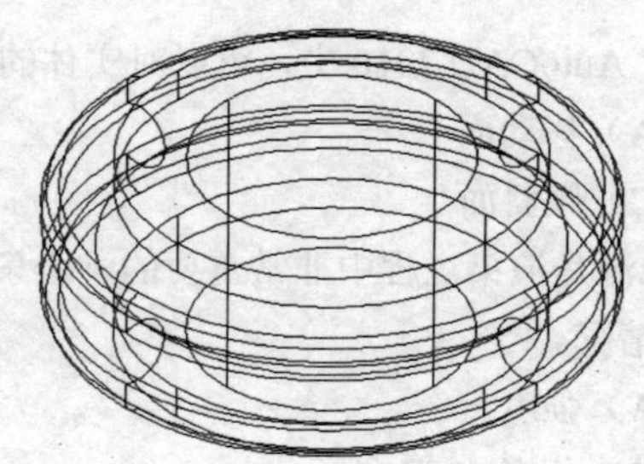

图9.9.7 差集运算

（7）执行消隐命令，消隐后的效果如图 9.9.8 所示。

（8）选择 修改(M) → 三维操作(3) → 三维旋转(R) 命令，将如图 9.9.8 所示的图形绕 X 轴旋转 90°，效果如图 9.9.9 所示。

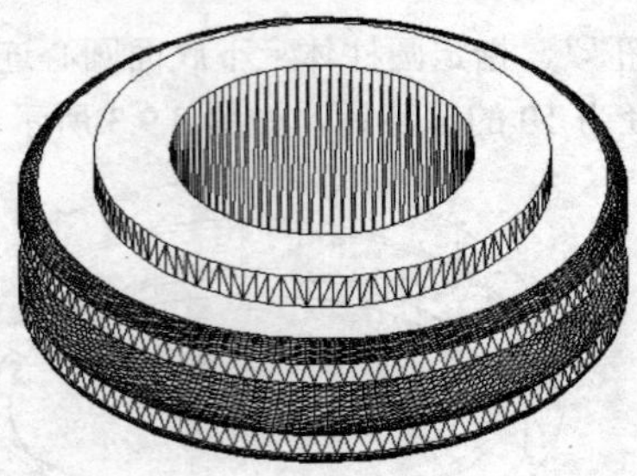

图 9.9.8 消隐效果

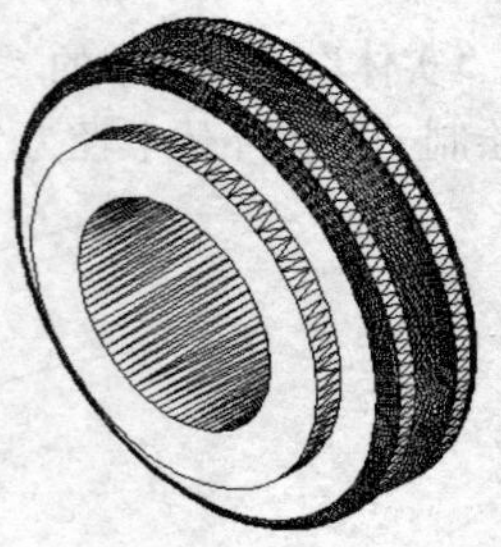

图 9.9.9 三维旋转

（9）单击“实体编辑”工具栏中的“着色面”按钮，对如图 9.9.9 所示的图形进行着色，最终效果如图 9.9.1 所示。

本 章 小 结

本章主要介绍了 AutoCAD 中三维对象的编辑方法。其中包括三维对象操作、编辑三维对象、视觉样式和渲染对象。通过本章的学习，读者应该熟练掌握 AutoCAD 中编辑三维对象的方法。

操 作 练 习

一、填空题

1．在 AutoCAD 2010 中，对三维对象的操作包括________、________、________、三维镜像和________。

2．在 AutoCAD 2010 中，可以使用________、________、________、________和________ 5 种视觉样式显示三维对象。

3．在 AutoCAD 2010 中，不仅可以直接创建基本三维实体，还可以通过________和________来创建三维实体。

二、选择题

1．在 AutoCAD 2010 中，可以对实体的面单独进行编辑，如（ ）等。

（A）移动面　　（B）旋转面

（C）倾斜面　　（D）着色面

2．光源是渲染过程中非常重要的一个条件，它由（ ）两个因素决定，直接反映了三维实体表面的光照情况。

（A）强度　　（B）颜色

（C）角度　　（D）时间

三、简答题

1．旋转命令和三维旋转命令有什么区别？

2．AutoCAD 2010 可以对三维实体的面进行哪些编辑？

3．如何对三维实体进行抽壳操作？

四、上机操作题

绘制如题图 9.1 和题图 9.2 所示的三维图形。

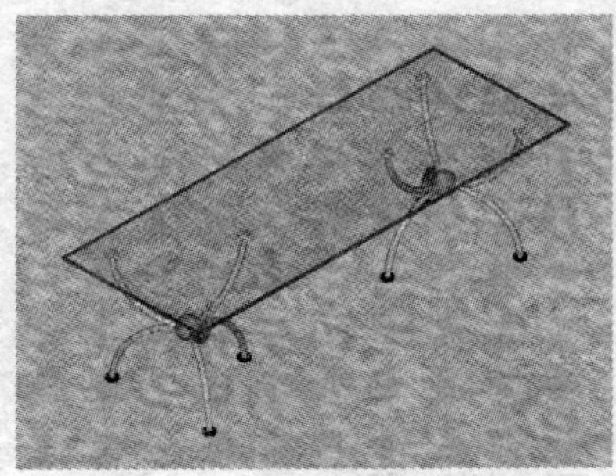

题图　9.1

题图　9.2

第 10 章 综合案例

为了更好地了解并掌握 AutoCAD 2010 的应用，本章准备了一些具有代表性的综合案例。所举案例由浅入深地贯穿本书的知识点，使读者能够深入了解 AutoCAD 的相关功能和具体应用。

知识要点

- 轴承端盖
- 轴承三视图
- 电脑桌立面图
- 户型结构图
- 机械零件模型

案例 1 轴承端盖

案例内容

本例绘制轴承端盖，效果如图 10.1.1 所示。

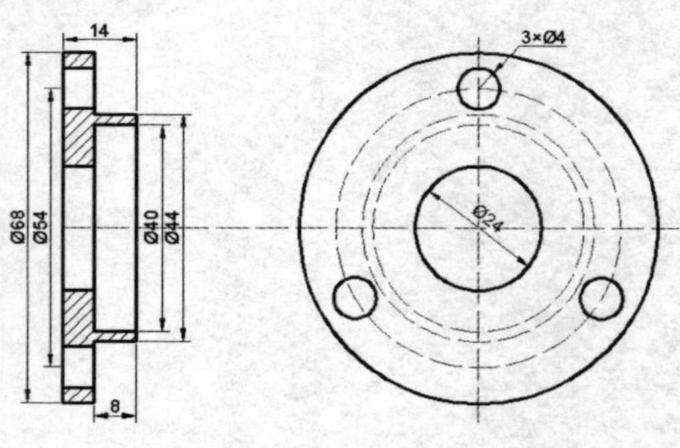

图 10.1.1 效果图

设计思路

端盖是机械图形中很常见的一种零件，本例将通过绘制轴承端盖，帮助读者掌握利用 AutoCAD 绘制此类零件的方法，并练习使用 AutoCAD 中的基本编辑命令，包括修剪、偏移、阵列和镜像等。

操作步骤

（1）单击“图层”工具栏中的“图层特性管理器”按钮，弹出 图层特性管理器 对话框。在

该对话框中新建 3 个图层，名称分别为“轮廓线”“辅助线”和“尺寸标注”，其参数设置如图 10.1.2 所示。

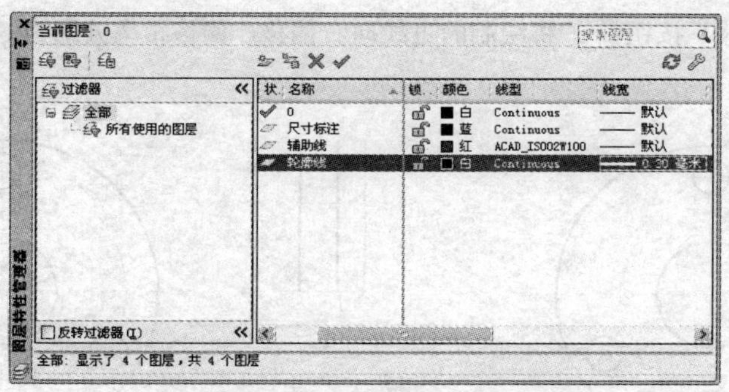

图 10.1.2　“图层特性管理器”对话框

（2）设置辅助线层为当前图层，按“F8”功能键打开正交功能。单击“绘图”工具栏中的“直线”按钮，在绘图窗口中绘制一条水平和垂直的辅助线，如图 10.1.3 所示。

（3）设置轮廓线层为当前图层，单击“绘图”工具栏中的“圆”按钮，以两条直线的交点为圆心，分别绘制半径为 12，20，22，27 和 34 的圆，如图 10.1.4 所示。

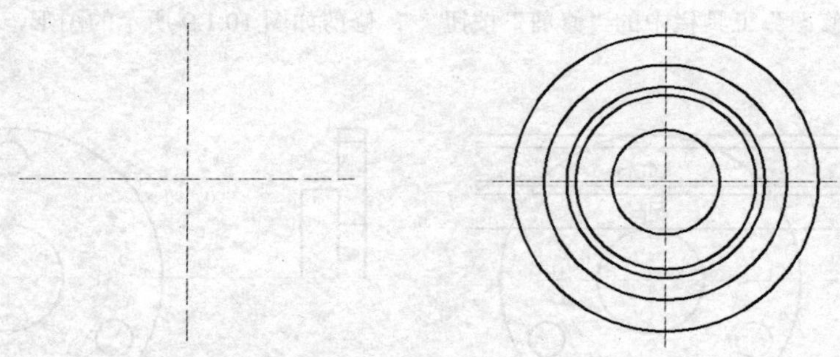

图 10.1.3　绘制辅助线　　　　图 10.1.4　绘制圆

（4）继续执行绘制圆命令，以半径为 27 的圆与垂直辅助线的交点为圆心，绘制一个半径为 5 的圆。单击“绘图”工具栏中的“阵列”按钮，在弹出的阵列对话框中选中环形阵列(P)单选按钮，以步骤（3）绘制圆的圆心为中心点，设置参数如图 10.1.5 所示，对半径为 5 的圆进行阵列操作，效果如图 10.1.6 所示。

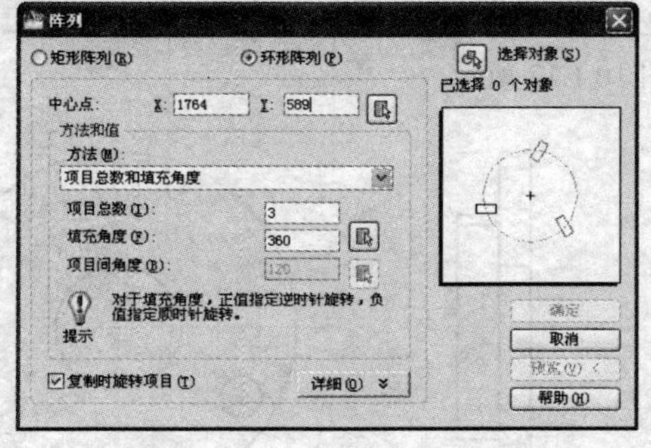

图 10.1.5　“阵列”对话框

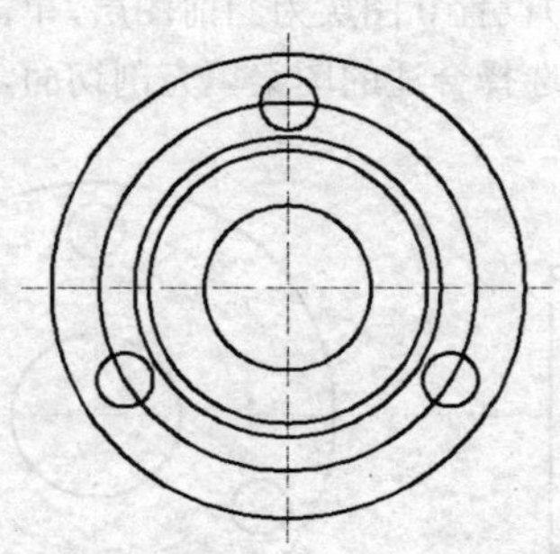

图 10.1.6　阵列圆

（5）单击“标准”工具栏中的“特性匹配”按钮，将半径为 20，22 和 27 的圆特性匹配为辅助线层的属性，效果如图 10.1.7 所示。

（6）选中水平辅助线，单击并激活其左边的夹点，在“拉伸”模式下向左拖动鼠标，延长辅助线。然后执行绘制直线命令，以水平辅助线左端点为起点，向上绘制一条长为 34 的直线。单击“修改”工具栏中的“偏移”按钮，将绘制的直线向右偏移，偏移距离分别为 6 和 8，效果如图 10.1.8 所示。

图 10.1.7　特性匹配　　图 10.1.8　绘制直线

（7）单击“绘图”工具栏中的“构造线”按钮，分别捕捉如图 10.1.9 所示的 A，B，C，D，E，F 点，绘制构造线，如图 10.1.9 所示。

（8）单击“修改”工具栏中的“修剪”按钮，修剪如图 10.1.9 所示的图形，效果如图 10.1.10 所示。

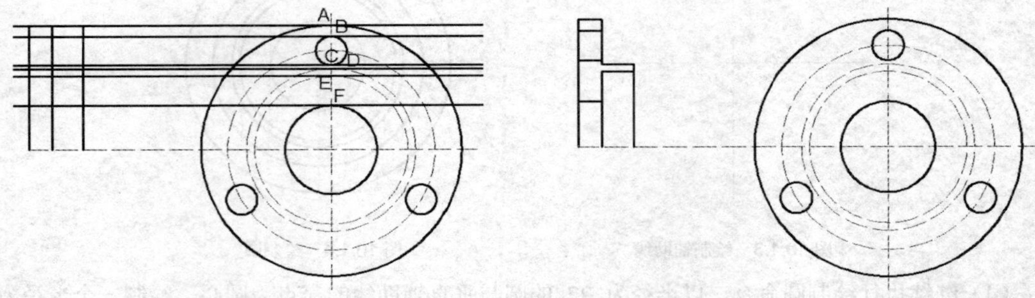

图 10.1.9　绘制构造线　　图 10.1.10　修剪端盖视图

（9）单击“修改”工具栏中的“镜像”按钮，以水平辅助线为镜像线，镜像步骤（10）修剪后的端盖视图，效果如图 10.1.11 所示。

（10）设置 0 图层为当前图层，单击“绘图”工具栏中的“图案填充”按钮，在弹出的 图案填充和渐变色 对话框中选择合适的图案填充剖切面，效果如图 10.1.12 所示。

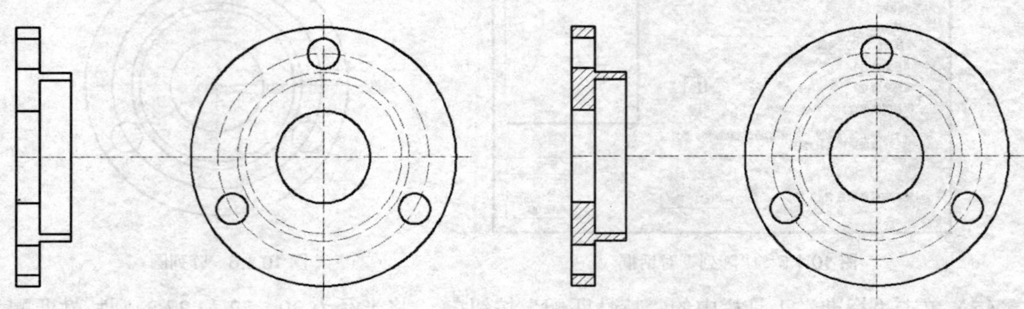

图 10.1.11　镜像处理结果　　图 10.1.12　填充剖切面

（11）设置尺寸标注层为当前图层，对图 10.1.12 所示的图层进行尺寸标注，效果如图 10.1.1 所示。

案例 2　轴承座三视图

案例内容

本例绘制轴承座三视图，效果如图 10.2.1 所示。

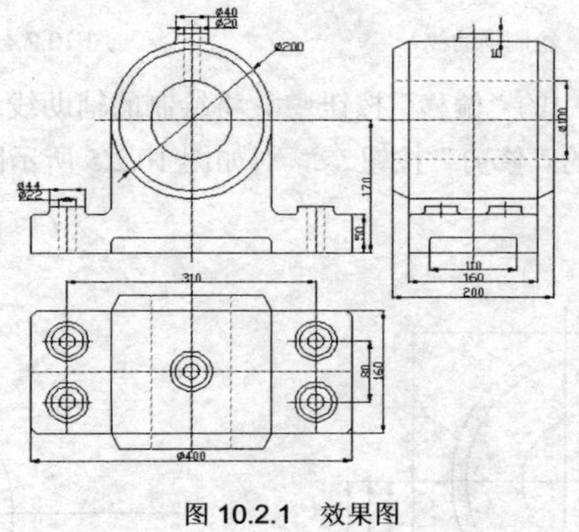

图 10.2.1　效果图

设计思路

在制作过程中，将用到偏移、修剪、圆角、倒角、复制、延伸和打断等命令。

操作步骤

（1）单击“图层”工具栏中的“图层特性管理器”按钮，弹出 图层特性管理器 对话框，在该对话框中新建 4 个图层，名称分别为“轴线”“隐藏线”“轮廓线”和“尺寸标注”，其参数设置如图 10.2.2 所示。

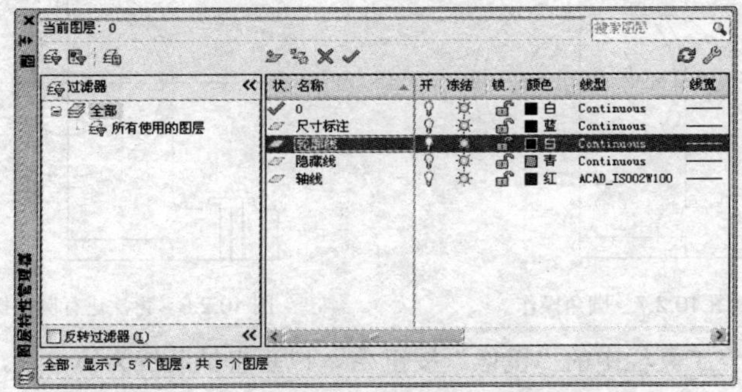

图 10.2.2　“图层特性管理器”对话框

（2）设置轮廓线层为当前图层，按“F8”功能键打开正交功能。单击“绘图”工具栏中的“直线”按钮，在绘图窗口中绘制一条水平和一条垂直的辅助线，如图 10.2.3 所示。

（3）单击“绘图”工具栏中的“圆”按钮，以辅助线交点为圆心，分别绘制半径为 50，90 和 100 的圆，如图 10.2.4 所示。

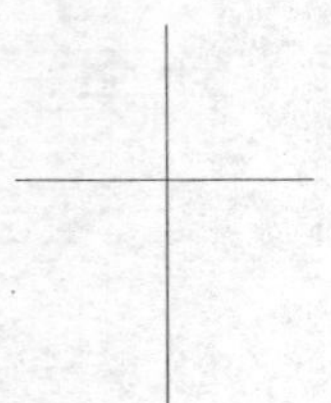

图 10.2.3　绘制辅助线

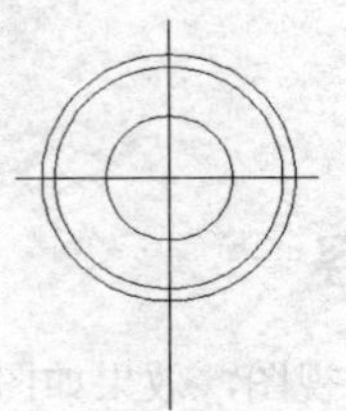

图 10.2.4　绘制圆

（4）单击“修改”工具栏中的“偏移”按钮，将绘制的辅助线进行偏移，偏移距离如图 10.2.5 所示。单击“修改”工具栏中的“修剪”按钮，对如图 10.2.5 所示图形进行修剪，效果如图 10.2.6 所示。

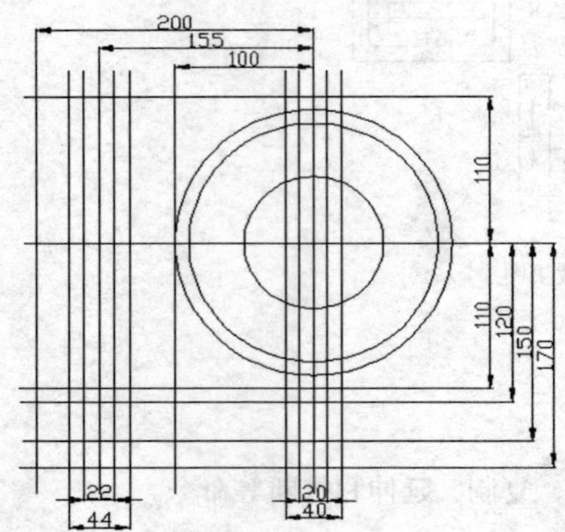

图 10.2.5　偏移辅助线

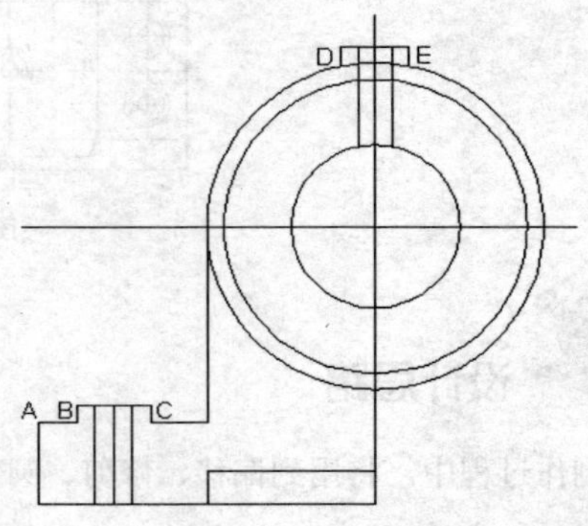

图 10.2.6　修剪图形

（5）单击“修改”工具栏中的“圆角”按钮，设置圆角半径为 5，对如图 10.2.6 所示图形中的 A，B，C，D，E 5 个角进行圆角操作，效果如图 10.2.7 所示；再次执行圆角命令，设置圆角半径为 10，对如图 10.2.7 所示图形中的 F，G 两个角进行圆角操作，效果如图 10.2.8 所示。

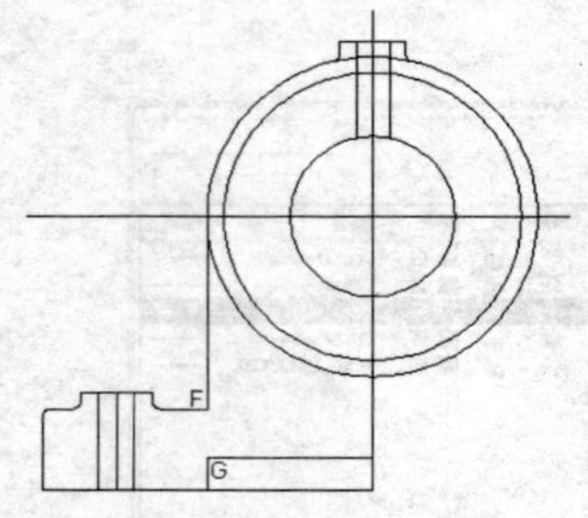

图 10.2.7　圆角操作

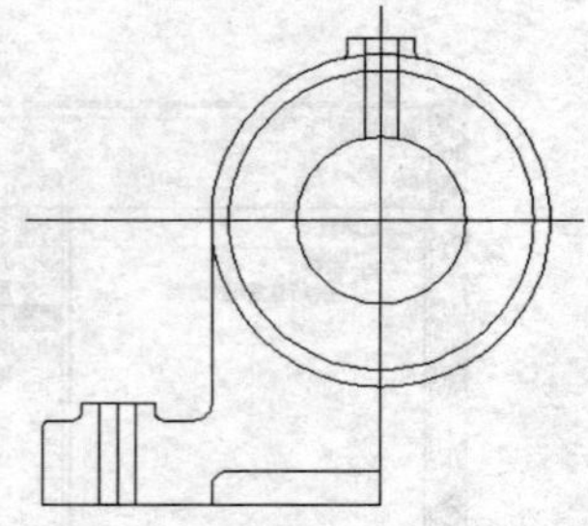

图 10.2.8　再次进行圆角操作

（6）单击“修改”工具栏中的“镜像”按钮，以垂直辅助线为镜像线，对如图 10.2.9 所示虚线框中的对象进行镜像操作，效果如图 10.2.10 所示。

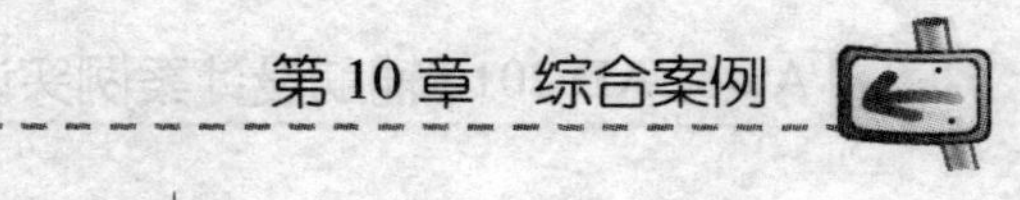

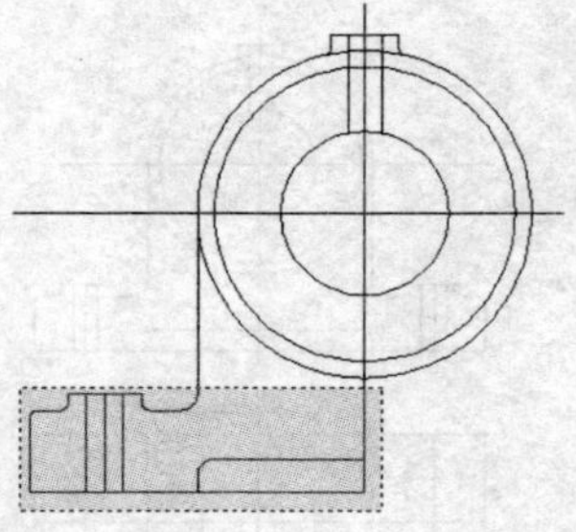

图 10.2.9　选择对象

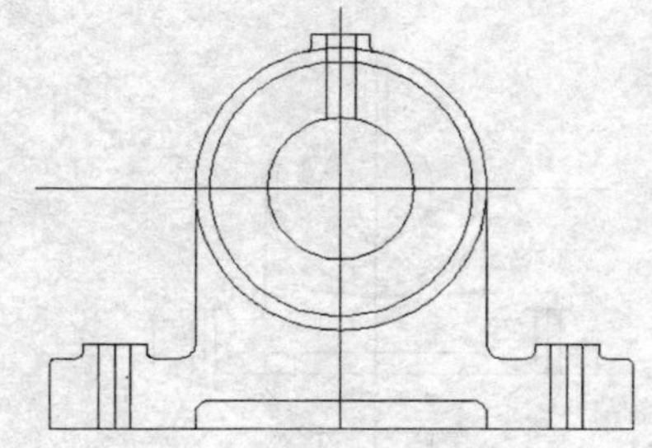

图 10.2.10　镜像操作

（7）单击“修改”工具栏中的“偏移”按钮，将如图 10.2.10 所示的水平辅助线向下偏移，偏移距离为 350；执行绘制直线命令，以如图 10.2.11 所示点 M，N，P，K 为起点，分别绘制垂直的辅助线；然后单击“修改”工具栏中的“延伸”按钮，用延伸命令绘制其他直线，如图 10.2.11 所示。

（8）单击“修改”工具栏中的“打断”按钮，将绘制的直线打断。然后再次执行偏移命令，绘制辅助线，如图 10.2.12 所示。

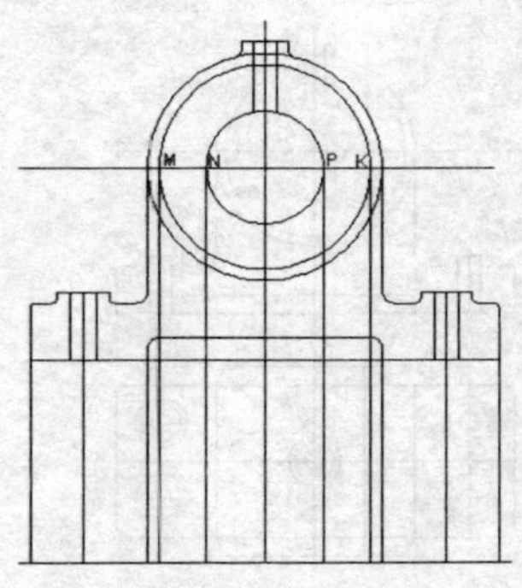

图 10.2.11　用延伸命令绘制直线

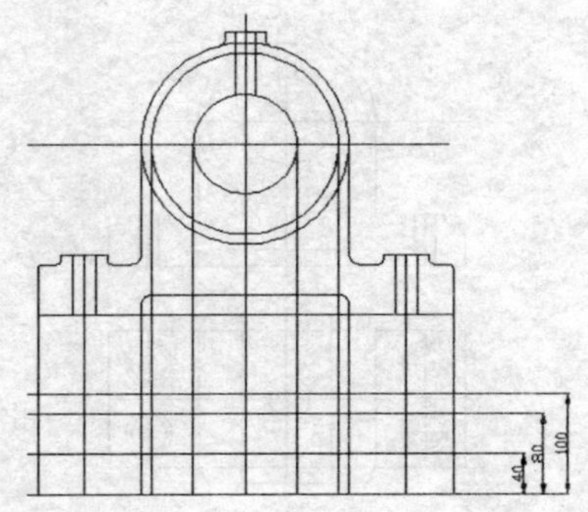

图 10.2.12　绘制辅助线

（9）执行绘制圆命令，以如图 10.2.13 所示交点为圆心，分别绘制半径为 10，20 和 26 的圆，然后单击“修改”工具栏中的“复制”按钮，将绘制的圆复制到如图 10.2.14 所示的 Q 点，执行绘制直线命令，绘制如图 10.2.14 所示的两条直线。

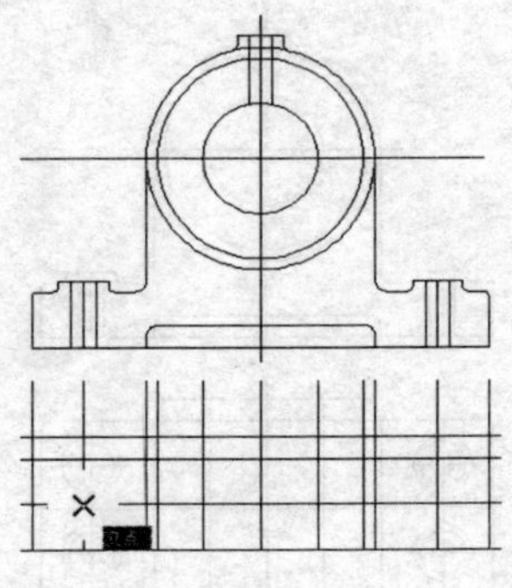

图 10.2.13　捕捉交点

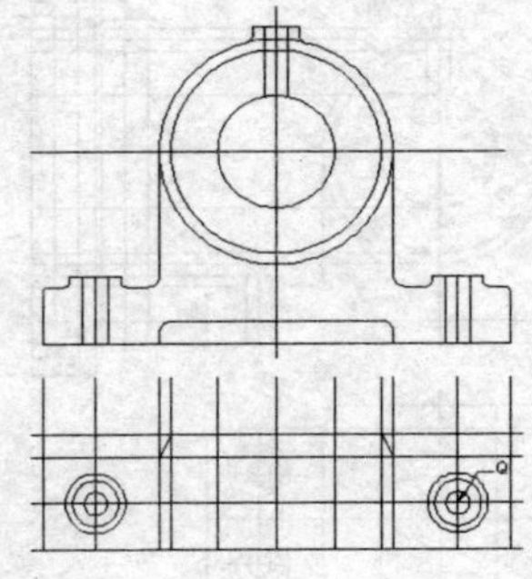

图 10.2.14　复制圆及绘制直线

（10）用修剪命令修剪如图 10.2.14 所示的图形，结果如图 10.2.15 所示。

（11）执行镜像命令，镜像步骤（10）绘制的图形，结果如图 10.2.16 所示。

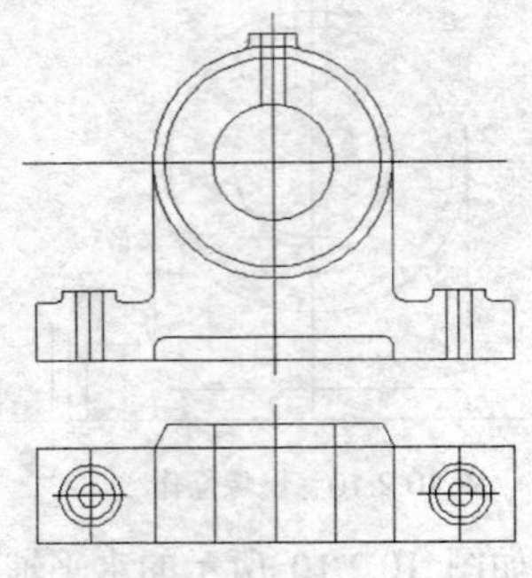

图 10.2.15　修剪图形

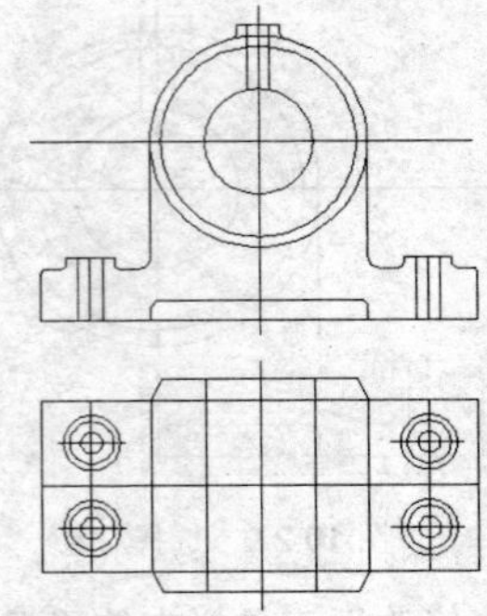

图 10.2.16　镜像图形

（12）复制步骤（9）绘制的圆，将其复制到如图 10.2.17 所示位置。

（13）执行圆角命令，设置圆角半径为 10，对如图 10.2.17 所示的图形进行圆角操作，结果如图 10.2.18 所示。

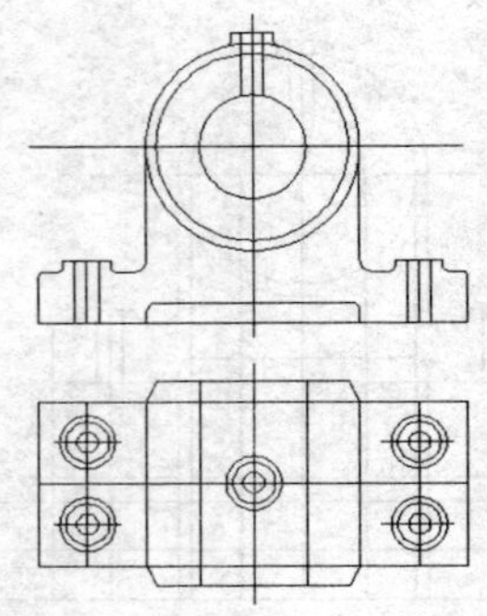

图 10.2.17　复制圆

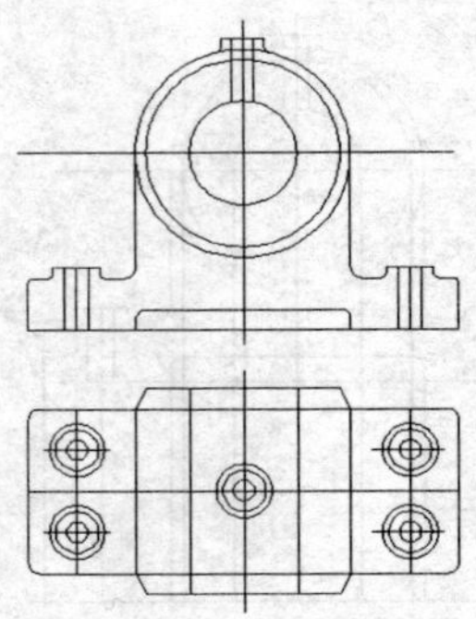

图 10.2.18　圆角操作

（14）利用偏移命令将主视图中垂直的辅助线向右偏移，偏移距离为 350；然后参照步骤（7）和步骤（8）绘制其他的辅助线，执行绘制直线命令，绘制如图 10.2.19 所示的两条直线。

（15）执行修剪命令，修剪如图 10.2.19 所示的图形，结果如图 10.2.20 所示。

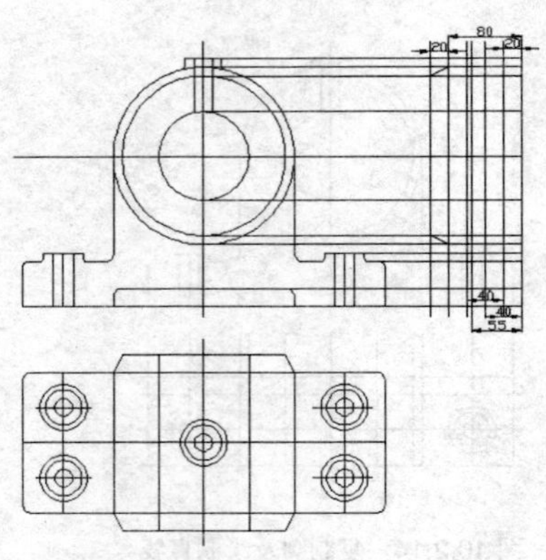

图 10.2.19　绘制辅助线

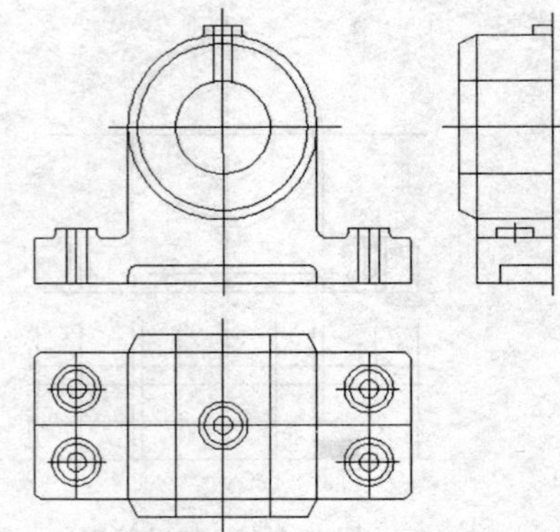

图 10.2.20　修剪后的图形

（16）执行圆角命令，设置圆角半径为 5，对图形进行圆角操作，结果如图 10.2.21 所示。

（17）执行镜像命令，镜像圆角操作后的图形，结果如图 10.2.22 所示。

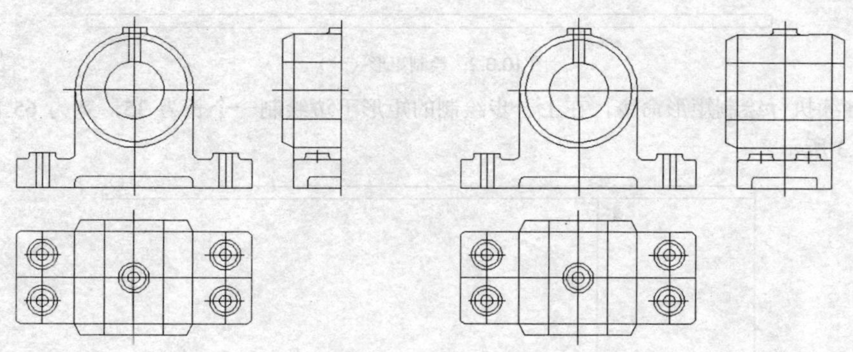

图 10.2.21　圆角操作　　　　图 10.2.22　镜像操作

（18）将轴线设置为轴线层，隐藏线设置为隐藏线层，尺寸标注层设置为当前图层，选择 格式(O) → 标注样式(D)... 命令，在弹出的 标注样式管理器 对话框中新建标注样式，对绘制的图形进行尺寸标注，效果如图 10.2.1 所示。

案例 3　电脑桌立面图

案例内容

本例主要绘制电脑桌立面图，效果如图 10.3.1 所示。

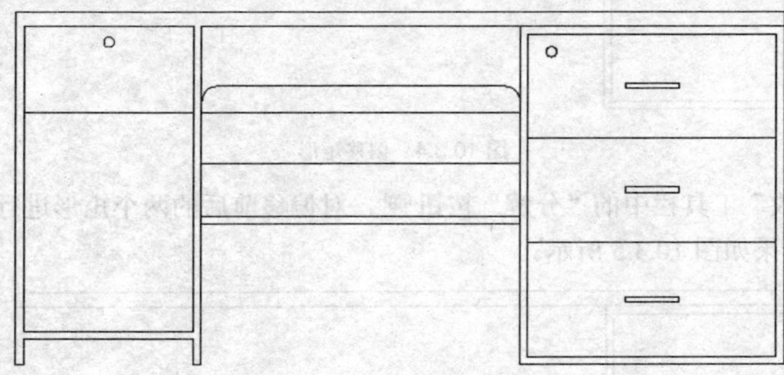

图 10.3.1　效果图

设计思路

在制作过程中，将用到矩形、直线、圆、偏移、修剪和圆角等工具。

操作步骤

（1）单击“绘图”工具栏中的“矩形”按钮，在绘图窗口中绘制一个长为 145，宽为 3 的矩形，效果如图 10.3.2 所示。

图 10.3.2　绘制矩形（一）

（2）继续执行绘制矩形命令，在上一步绘制的矩形下边绘制一个长为 35，宽为 65 的矩形，效果如图 10.3.3 所示。

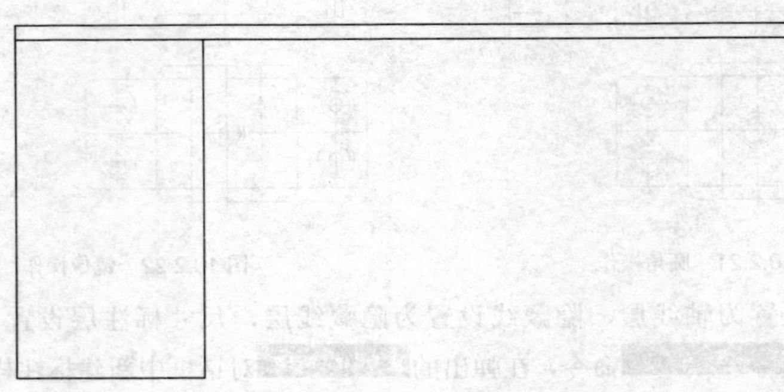

图 10.3.3　绘制矩形（二）

（3）单击“修改”工具栏中的“偏移”按钮，将绘制的矩形向内偏移，偏移距离为 1.5，效果如图 10.3.4 所示。

图 10.3.4　偏移矩形

（4）单击“修改”工具栏中的“分解”按钮，对偏移前后的两个矩形进行分解，并删除偏移后矩形的下边线，效果如图 10.3.5 所示。

图 10.3.5　分解矩形并删除下边线

（5）单击“修改”工具栏中的“延伸”按钮，将分解后矩形的两个边线延伸至下边线，效果如图 10.3.6 所示。

（6）单击“修改”工具栏中的“偏移”按钮，将分解后矩形的上边线向下偏移，偏移距离为

15；将分解后矩形的下边线向上偏移，偏移距离为 5，效果如图 10.3.7 所示。

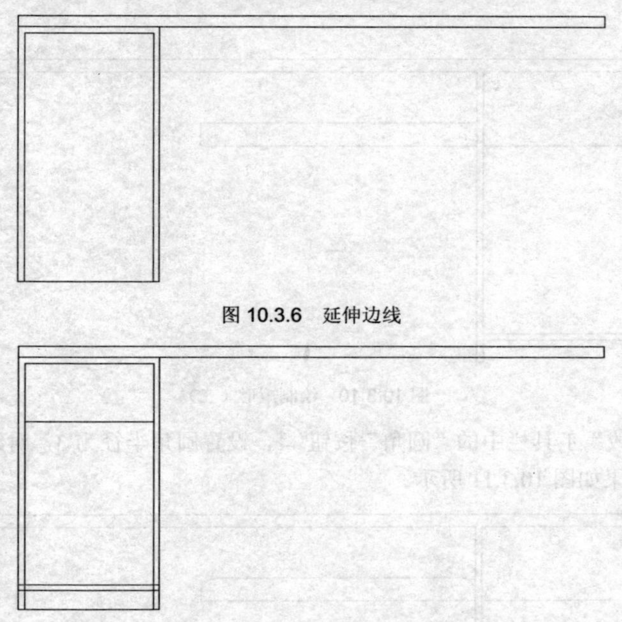

图 10.3.6　延伸边线

图 10.3.7　偏移边线（一）

（7）执行延伸、修剪和删除命令，对绘制的图形进行编辑，效果如图 10.3.8 所示。

图 10.3.8　编辑图形

（8）单击“绘图”工具栏中的“圆”按钮，在绘制的图形中绘制一个半径为 1 的圆，效果如图 10.3.9 所示。

图 10.3.9　绘制圆

（9）执行绘制矩形命令，在绘制的抽屉右边绘制一个长为 60，宽为 5 的矩形，效果如图 10.3.10 所示。

图 10.3.10 绘制矩形（三）

（10）单击“修改”工具栏中的“圆角”按钮，设置圆角半径为 3，对绘制矩形的上边两个角点进行圆角操作，效果如图 10.3.11 所示。

图 10.3.11 圆角矩形

（11）执行分解命令，对圆角后的矩形进行分解。然后执行偏移命令，设置偏移距离为 10，将分解后矩形的下边线向下偏移两次，再设置偏移距离为 1.5，将偏移后的边线再次向下偏移，效果如图 10.3.12 所示。

图 10.3.12 偏移边线（二）

（12）继续执行绘制矩形命令，在绘制的图形的右边绘制一个长为 50，宽为 65 的矩形，效果如图 10.3.13 所示。

（13）执行偏移命令，设置偏移距离为 1.5，将绘制的矩形向内偏移，然后执行分解命令，对绘制的矩形和偏移的矩形进行分解，效果如图 10.3.14 所示。

图 10.3.13 绘制矩形（四）

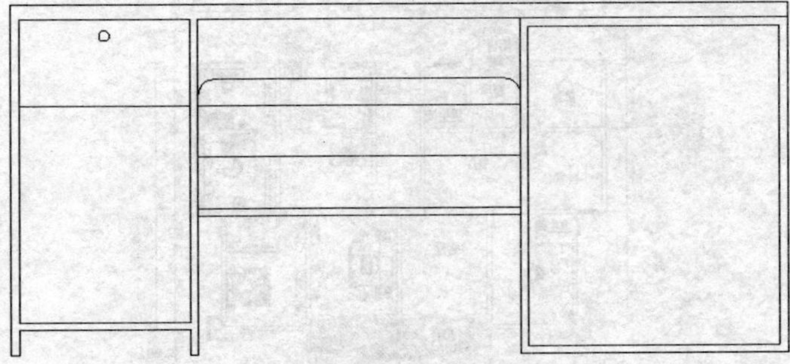

图 10.3.14 偏移并分解矩形

(14)执行偏移命令，设置偏移距离为 20，将分解后矩形的上边线向下偏移两次，效果如图 10.3.15 所示。

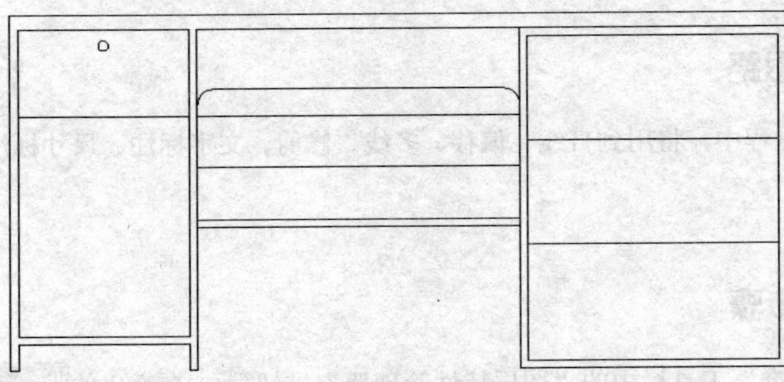

图 10.3.15 偏移边线（三）

(15)执行绘制矩形命令，在绘制的图形中分别绘制 3 个长为 10，宽为 1 的矩形，效果如图 10.3.16 所示。

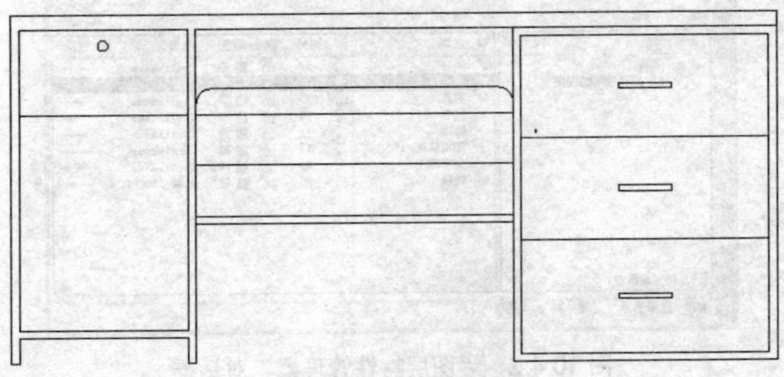

图 10.3.16 绘制矩形（五）

（16）执行绘制圆命令，在右边抽屉的左上角绘制一个半径为 1 的圆，效果如图 10.3.1 所示。

案例 4　户型结构图

案例内容

本例主要绘制户型结构图，效果如图 10.4.1 所示。

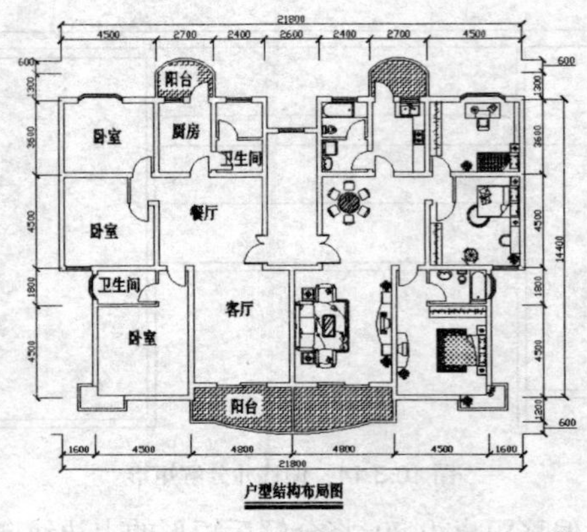

图 10.4.1　效果图

设计思路

在绘制此图的过程中，将用到直线、偏移、多线、修剪、文字标注、尺寸标注、块与图案填充等命令。

操作步骤

（1）单击“标准”工具栏中的“图层特性管理器”按钮，在弹出的“图层特性管理器”对话框中新建“轴线”“文字标注”“图案填充”“墙线”“门窗”“家具”和“尺寸标注”图层，参数设置如图 10.4.2 所示。

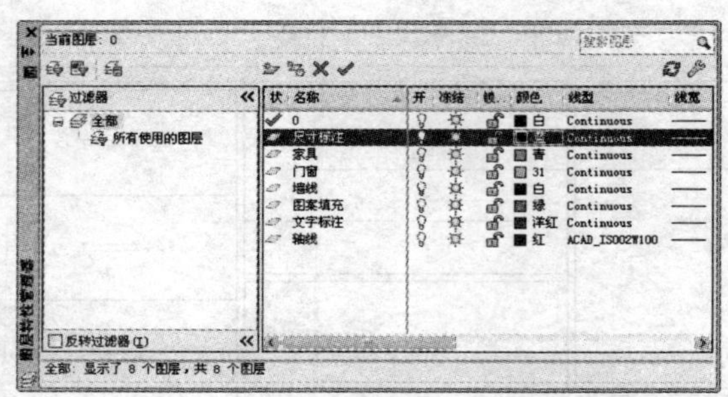

图 10.4.2　“图层特性管理器”对话框

（2）按“F8”键打开正交功能。设置“轴线”层为当前图层，单击“绘图”工具栏中的“直线”按钮，在绘图窗口中绘制两条相互垂直的轴线，水平轴线长约为 21 800，垂直轴线长约为 18 100，效果如图 10.4.3 所示。

（3）单击“修改”工具栏中的“偏移”按钮，将水平轴线依次向上进行偏移，偏移距离分别为 600，1 200，600，3 900，1 800，4 500，2 120，1 480，1 300 和 600，结果如图 10.4.4 所示；将垂直轴线依次向右进行偏移，偏移距离分别为 1 600，2 900，1 600，1 100，2 400，1 300，1 300，2 400，1 100，1 600，2 900 和 1 600，结果如图 10.4.4 所示。

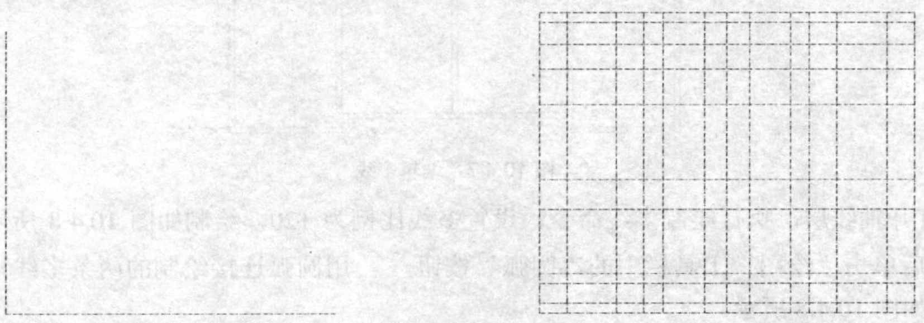

图 10.4.3　绘制轴线　　　　图 10.4.4　偏移轴线

（4）设置“墙线”层为当前图层。选择 绘图(D) → 多线(U) 命令，设置多线对正方式为“无”，多线比例为 240，沿着偏移后的轴线绘制多线，效果如图 10.4.5 所示。

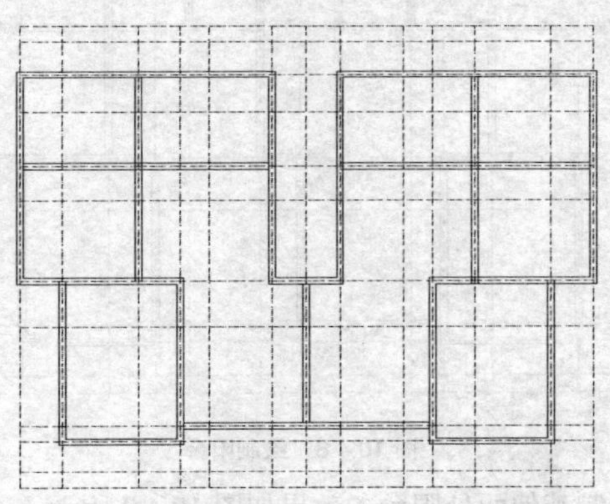

图 10.4.5　绘制多线

（5）再次执行绘制多线命令，设置多线比例为 120，绘制如图 10.4.6 所示的内墙线。

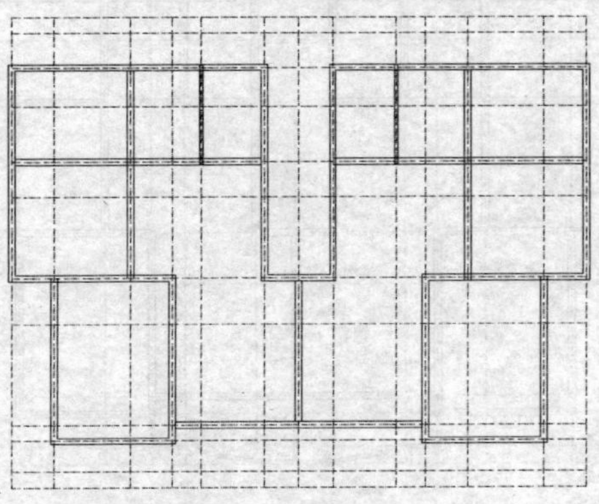

图 10.4.6　绘制内墙线（一）

（6）选择 修改(M) → 对象(O) → 多线(M)... 命令，在弹出的 多线编辑工具 对话框中选择合适的多线编辑工具，对步骤（4）绘制的多线进行编辑，关闭轴线层后的效果如图 10.4.7 所示。

图 10.4.7　编辑多线

（7）打开轴线层，执行绘制多线命令，设置多线比例为 120，绘制如图 10.4.8 所示图形中阳台的两侧，然后单击“绘图”工具栏中的“圆弧”按钮，用圆弧连接绘制的两条多线，并对其进行编辑，效果如图 10.4.8 所示。

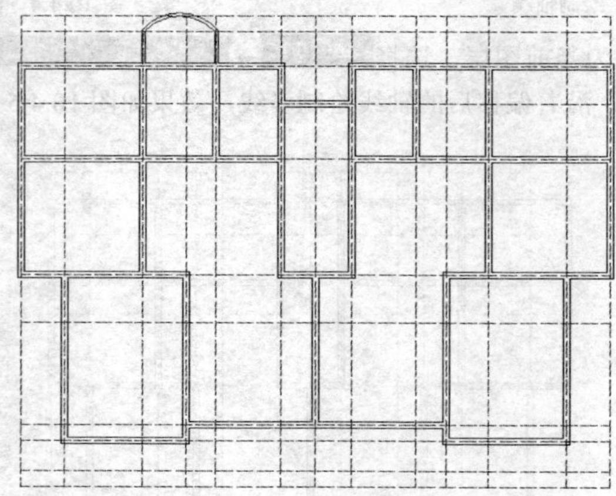

图 10.4.8　绘制阳台

（8）利用相同的方法绘制其他两处阳台，效果如图 10.4.9 所示。

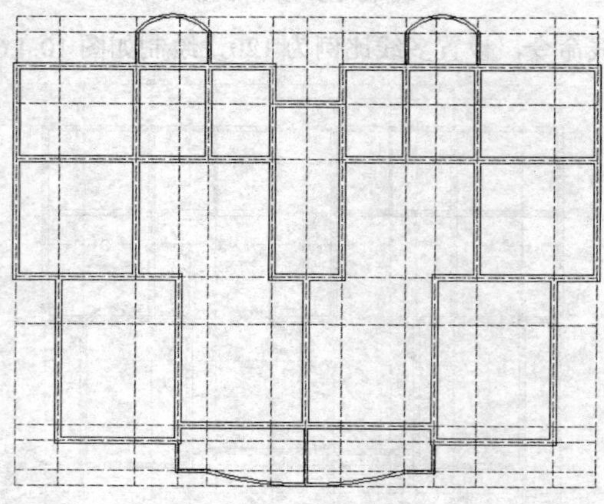

图 10.4.9　继续绘制阳台

（9）再次执行绘制多线命令，绘制内墙线并对其进行编辑，效果如图 10.4.10 所示。

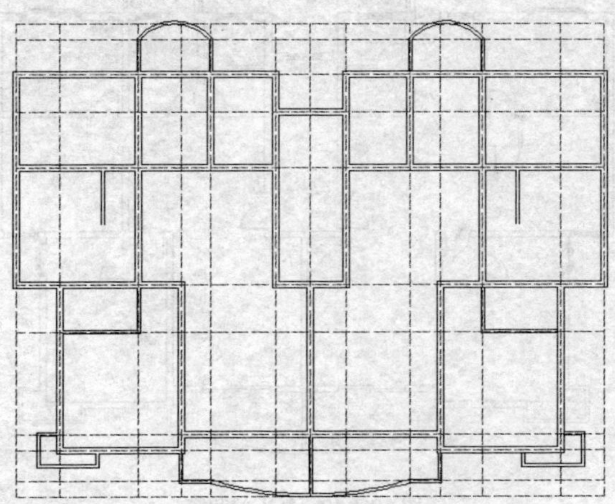

图 10.4.10　绘制内墙线（二）

（10）执行偏移命令，偏移绘制的轴线，然后用修剪命令将轴线中间的多线修剪掉，这样就绘制出了门洞和窗洞。主门宽为 1 337，其他门宽为 875 和 2 400，窗宽分别为 900 和 1 200，关闭轴线层后的效果如图 10.4.11 所示。

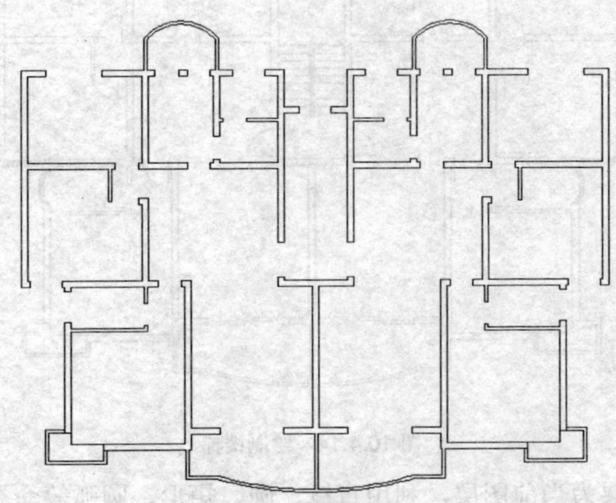

图 10.4.11　绘制门洞和窗洞

（11）设置"门窗"层为当前图层，绘制如图 10.4.12 所示的门和窗，并将其创建成块插入到如图 10.4.11 所示的图形中，效果如图 10.4.13 所示。

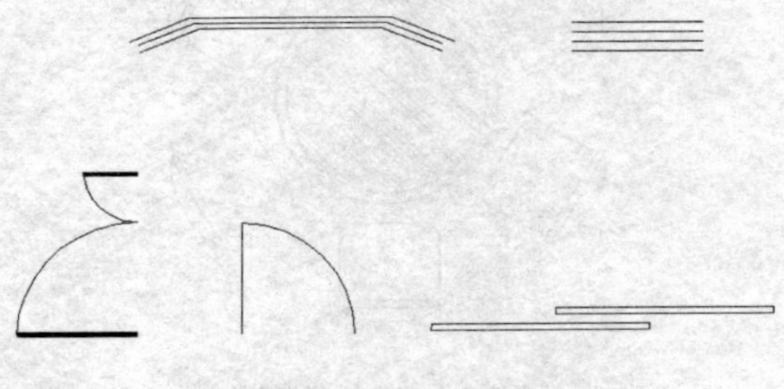

图 10.4.12　绘制门和窗

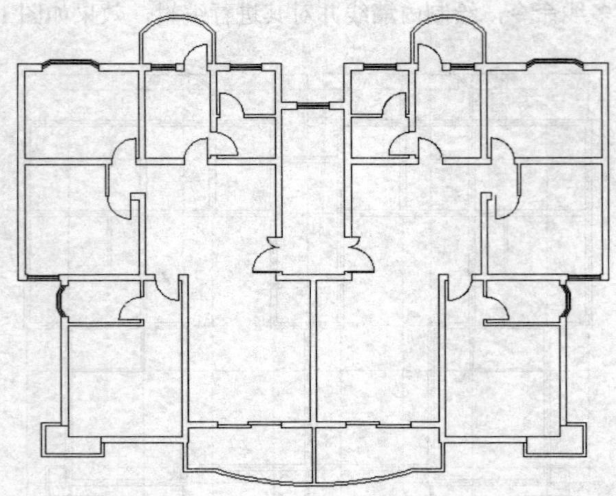

图 10.4.13 插入门和窗

（12）利用直线、矩形和修剪等命令绘制楼梯，效果如图 10.4.14 所示。

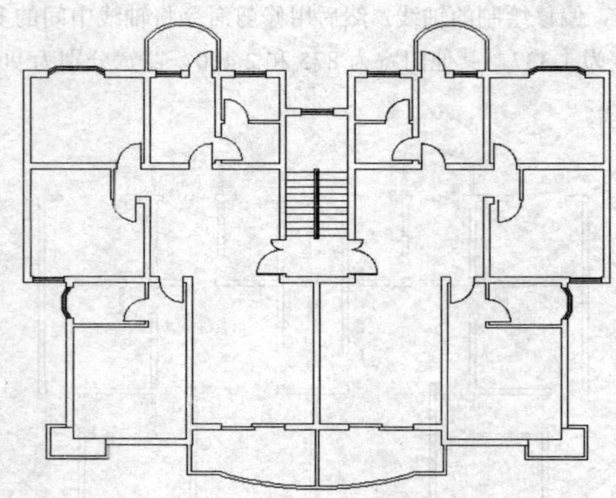

图 10.4.14 绘制楼梯

（13）设置“家具”层为当前图层，利用直线、圆、矩形、圆弧等命令绘制如图 10.4.15 所示的餐桌，然后将其创建成块插入到如图 10.4.16 所示的位置。

图 10.4.15 绘制餐桌

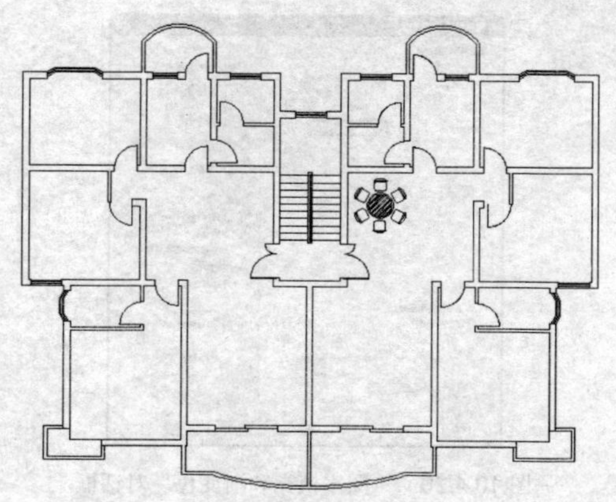

图 10.4.16　插入餐桌

（14）利用各种绘图与编辑命令绘制如图 10.4.17 所示的床，然后将其创建成块插入到如图 10.4.18 所示的位置。

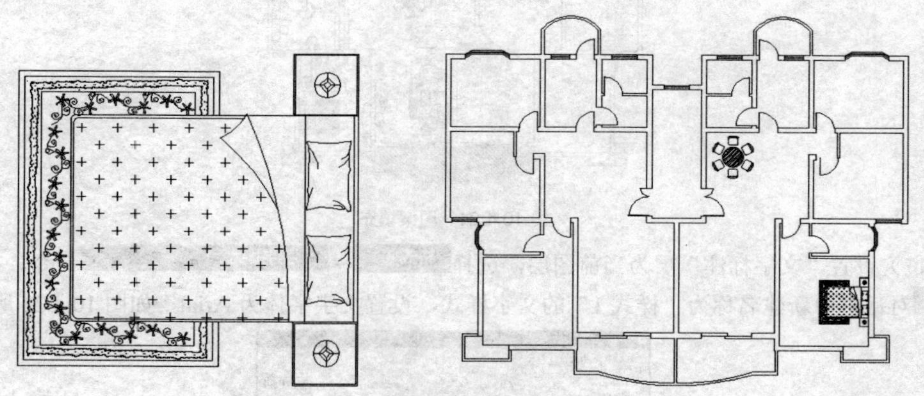

图 10.4.17　绘制床　　图 10.4.18　插入床

（15）绘制其他室内家具，并将其创建成块插入到绘制的图形中，效果如图 10.4.19 所示。

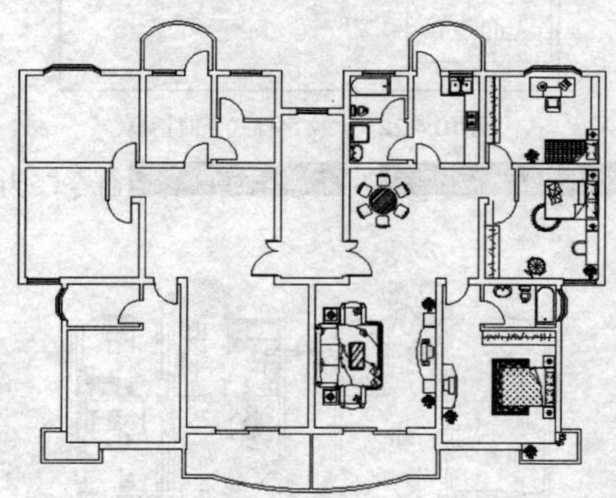

图 10.4.19　绘制家具并插入图形中

（16）设置“图案填充”层为当前图层。单击“绘图”工具栏中的“图案填充”按钮，在弹出的“图案填充和渐变色”对话框中选择一种图案，并设置合适的比例，如图 10.4.20 所示，对绘制的阳台进行图案填充，效果如图 10.4.21 所示。

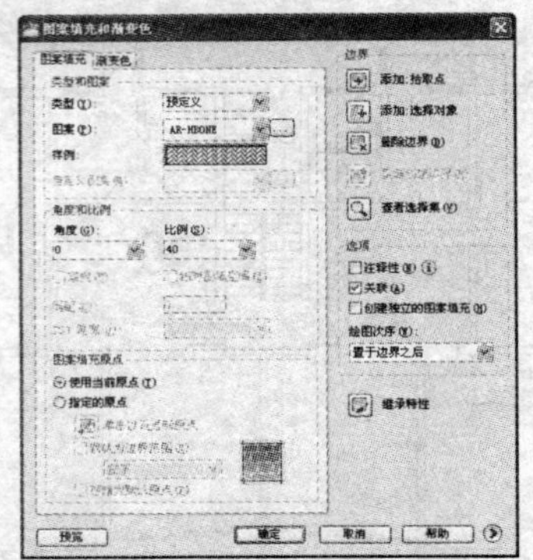

图 10.4.20 “图案填充和渐变色”对话框

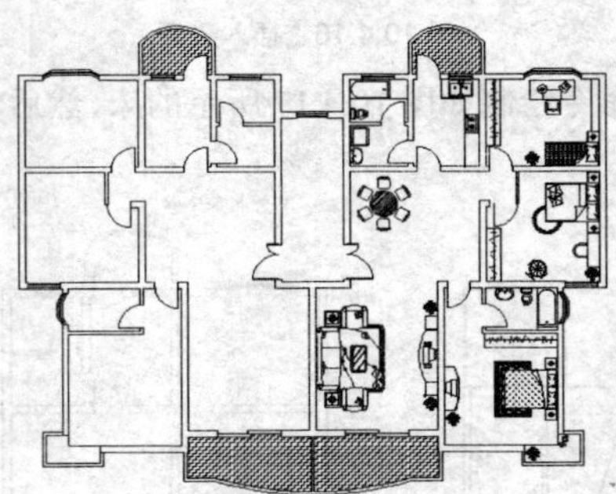

图 10.4.21 图案填充

（17）设置“文字标注”层为当前图层，选择 格式(O) → 文字样式(S)... 命令，在弹出的 文字样式 对话框中新建名称为“样式 1”的文字样式，设置文字字体为 Arial，如图 10.4.22 所示。

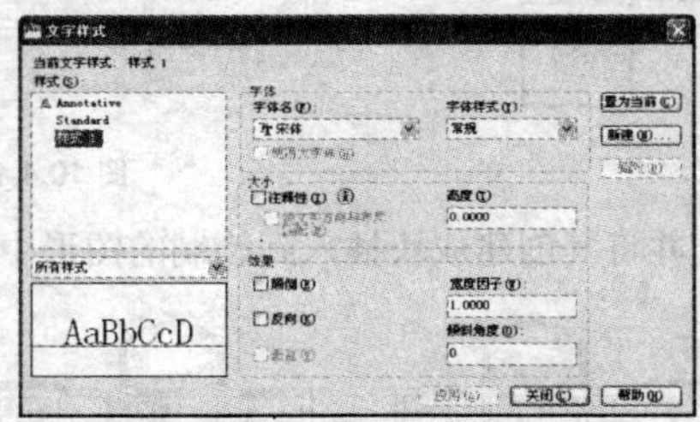

图 10.4.22 “文字样式”对话框

（18）选择 绘图(D) → 文字(X) → 单行文字(S) 命令，为绘制的图形添加文字标注，效果如图 10.4.23 所示。

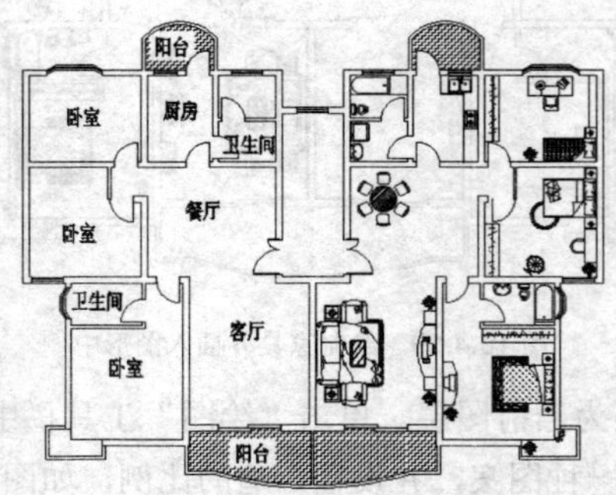

图 10.4.23 文字标注

（19）设置“尺寸标注”层为当前图层，选择 格式(O) → 标注样式(D)... 命令，在弹出的 标注样式管理器 对话框中新建名称为“副本 ISO - 25”的标注样式，如图 10.4.24 所示，设置合适的参数，对绘制的图形进行尺寸标注，效果如图 10.4.1 所示。

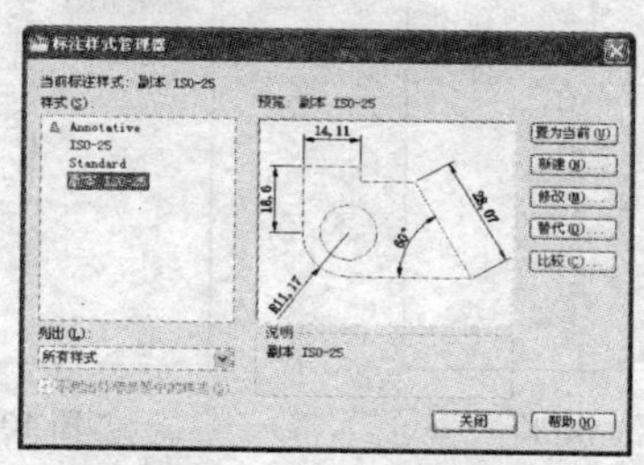

图 10.4.24 “标注样式管理器”对话框

案例 5 机械零件模型

案例内容

本例主要绘制机械零件模型，效果如图 10.5.1 所示。

图 10.5.1 效果图

设计思路

在制作过程中，将用到矩形、圆、阵列、拉伸、圆柱体和长方体等工具。

操作步骤

（1）单击“绘图”工具栏中的“矩形”按钮，在绘图窗口中绘制一个长为 200，宽为 200 的矩形，效果如图 10.5.2 所示。

（2）单击“绘图”工具栏中的“圆”按钮，以矩形的左上角点为圆心，绘制一个半径为 8 的圆，效果如图 10.5.3 所示

图 10.5.2　绘制矩形

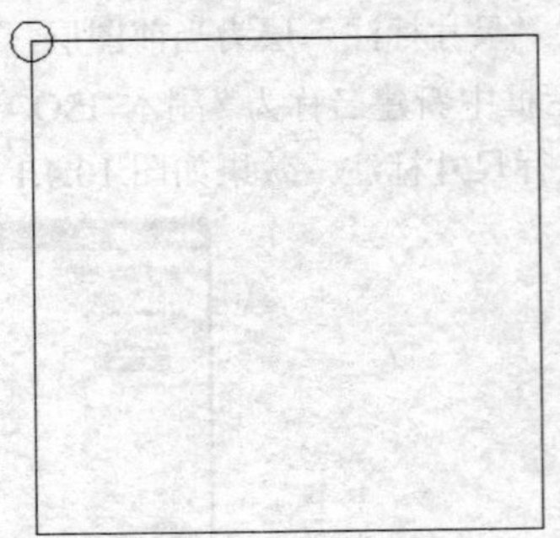

图 10.5.3　绘制圆

（3）单击“修改”工具栏中的“移动”按钮，将绘制的圆分别向右和向下移动，移动距离为20，效果如图 10.5.4 所示。

（4）单击“修改”工具栏中的“阵列”按钮，设置阵列参数如图 10.5.5 所示，对移动后的圆进行矩形阵列，阵列效果如图 10.5.6 所示。

图 10.5.4　移动圆

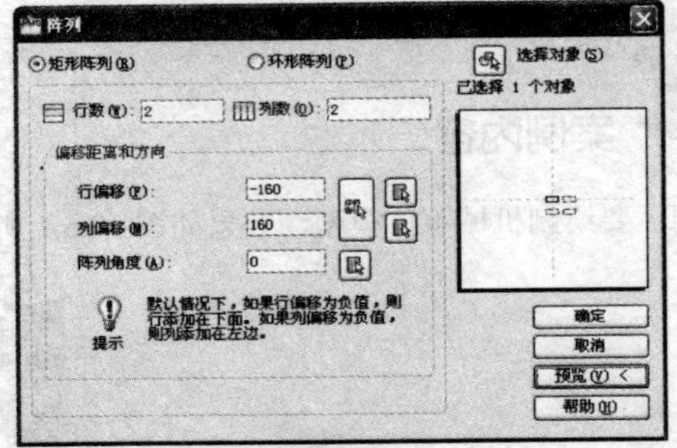

图 10.5.5　阵列参数

（5）单击“绘图”工具栏中的“面域”按钮，将绘制的图形创建成面域对象，然后单击“修改”工具栏中的“差集”按钮，用矩形面域对象减去圆面域对象。

（6）单击“视图”工具栏中的“东南等轴测”按钮，切换视图到东南等轴测视图。然后单击“建模”工具栏中的“拉伸”按钮，对绘制的图形进行拉伸操作，拉伸高度为 10，效果如图 10.5.7 所示。

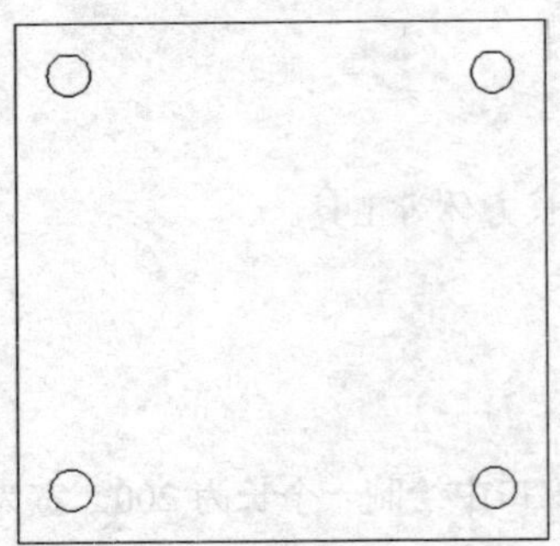

图 10.5.6　矩形阵列效果

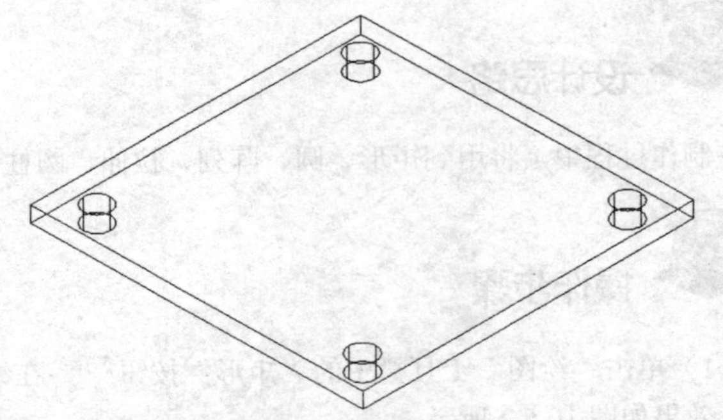

图 10.5.7　拉伸图形

（7）单击“建模”工具栏中的“圆柱体”按钮，以拉伸后图形的上表面中心点为圆心，绘制一个底面半径为 75，高为 30 的圆柱体，效果如图 10.5.8 所示。

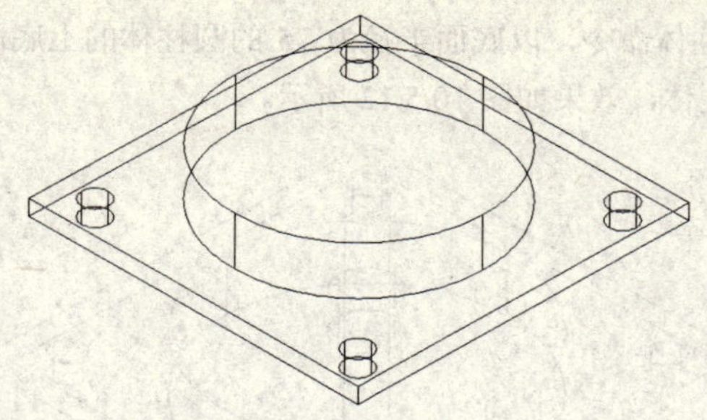

图 10.5.8　绘制圆柱体（一）

（8）单击“修改”工具栏中的“移动”按钮，将绘制的圆柱体沿 Z 轴方向移动，移动距离为-20，效果如图 10.5.9 所示。

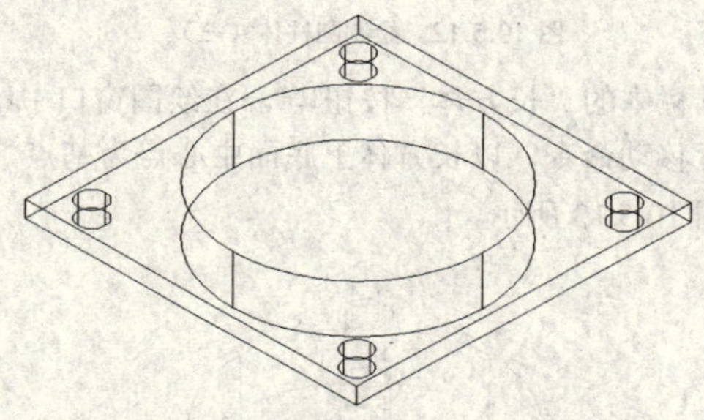

图 10.5.9　移动圆柱体（一）

（9）继续执行绘制圆柱体命令，以图形中圆柱体上表面圆心为圆心，绘制一个底面半径为 12，高为 170 的圆柱体，效果如图 10.5.10 所示。

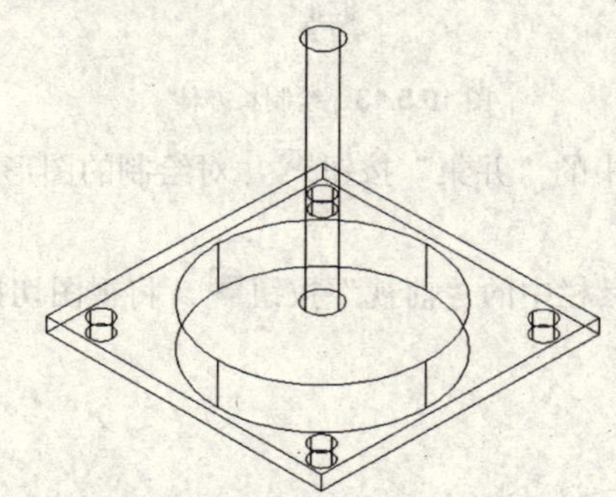

图 10.5.10　绘制圆柱体（二）

（10）执行移动命令，将绘制的圆柱体沿 Z 轴移动，移动距离为-110，效果如图 10.5.11 所示。

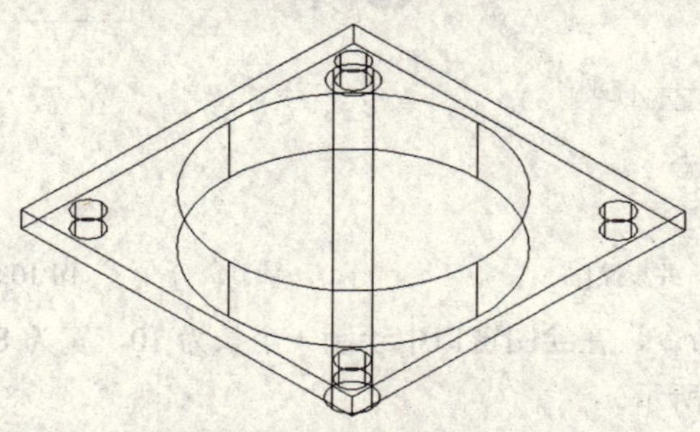

图 10.5.11　移动圆柱体（二）

（11）继续执行绘制圆柱体命令，以底面半径为 75 的圆柱体的上底面圆心为圆心，绘制一个底面半径为 15，高为 20 的圆柱体，效果如图 10.5.12 所示。

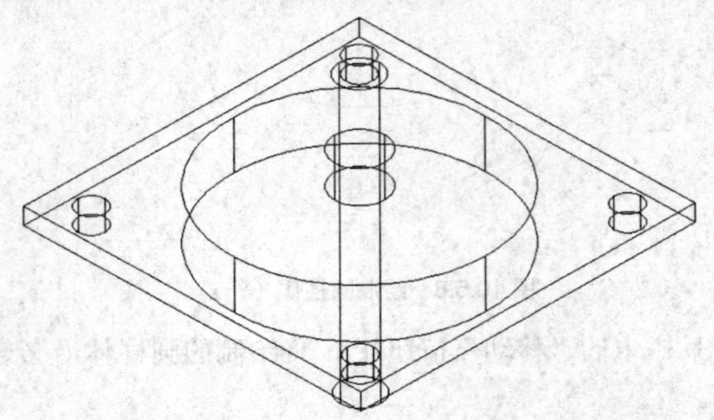

图 10.5.12　绘制圆柱体（三）

（12）单击“建模”工具栏中的“长方体”按钮，在绘图窗口中绘制一个长为 35，宽为 35，高为 17 的长方体，然后执行移动命令，以长方体上底面中心点为基点，将其移动到底面半径为 75 的圆柱体的下底面，效果如图 10.5.13 所示。

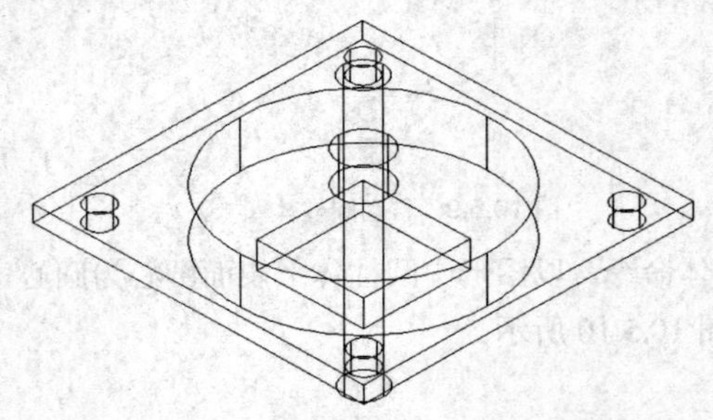

图 10.5.13　绘制长方体

（13）单击“修改”工具栏中的“并集”按钮，对绘制的图形进行并集操作，消隐后的效果如图 10.5.14 所示。

（14）单击“视觉样式”工具栏中的“前视”按钮，将视图切换到前视图，效果如图 10.5.15 所示。

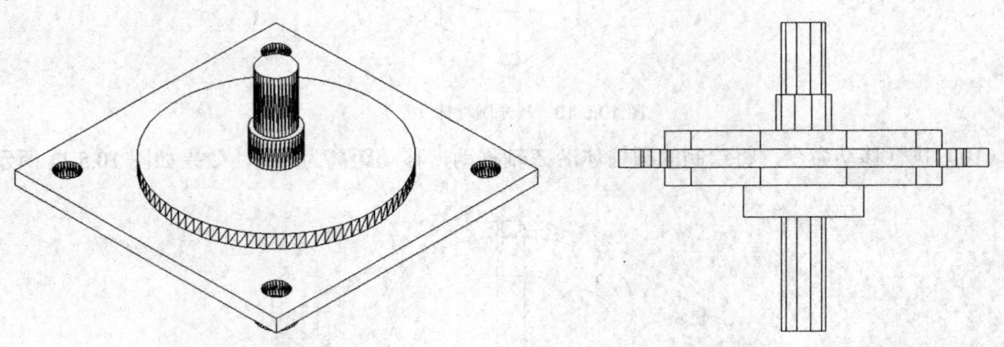

图 10.5.14　并集操作　　　图 10.5.15　前视图效果

（15）执行绘制长方体命令，在绘图窗口中绘制一个长为 10，宽为 8，高为 16 的长方体，然后新建用户坐标系如图 10.5.16 所示。

（16）执行绘制圆柱体命令，以如图 10.5.16 所示用户坐标系原点为圆心，绘制一个底面半径为 4，高为 10 的圆柱体，并将绘制的圆柱体复制到长方体的另一底面，效果如图 10.5.17 所示。

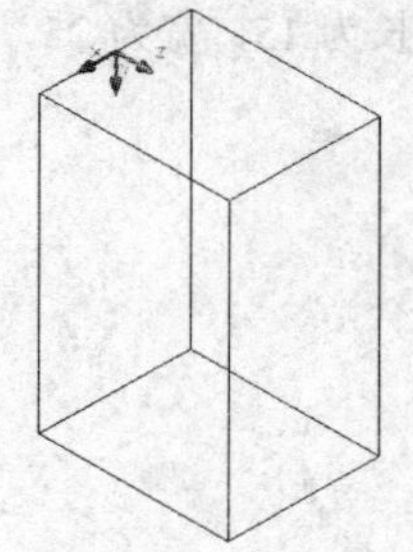

图 10.5.16　绘制长方体并新建用户坐标系

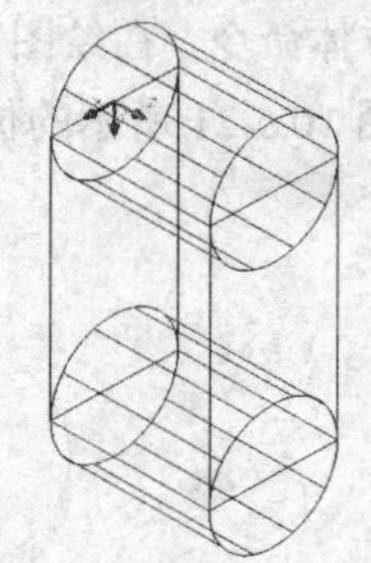

图 10.5.17　绘制圆柱体并复制

（17）用并集命令对如图 10.5.17 所示图形进行并集操作，并用移动命令将其移动到如图 10.5.18 所示位置，然后用并集命令对绘制的图形进行并集操作。

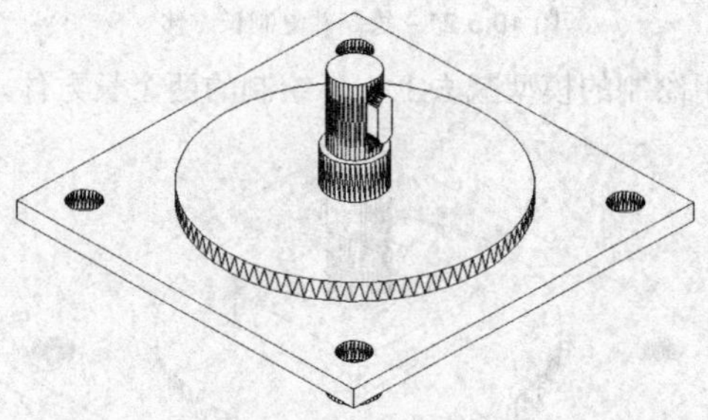

图 10.5.18　移动图形

（18）单击“修改”工具栏中的“圆角”按钮，设置圆角半径为 2，对图形上底面边缘进行圆角操作，效果如图 10.5.19 所示。

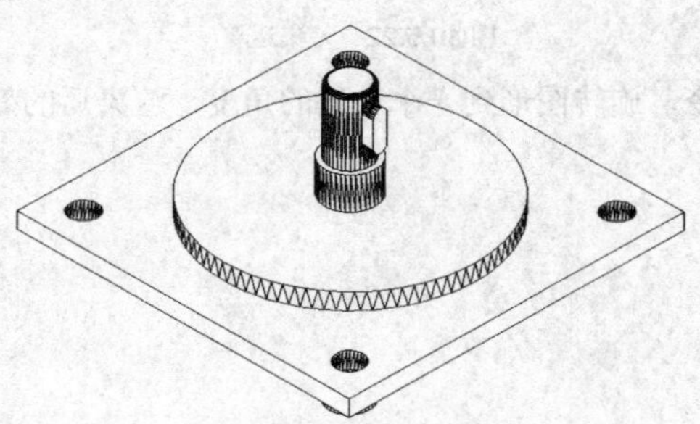

图 10.5.19　圆角操作

（19）选择 修改(M) → 三维操作(3) → 三维旋转(R) 命令，以长方体底面中心点为基点，以 X 轴为旋转轴，将创建的模型旋转 180°，效果如图 10.5.20 所示。

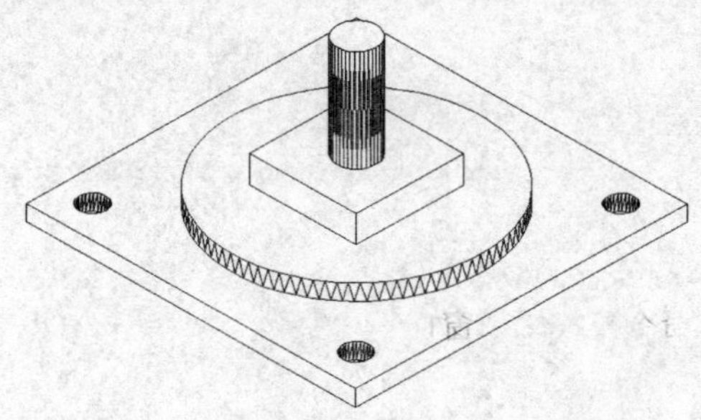

图 10.5.20　三维旋转

（20）执行绘制长方体命令，在绘图窗口中绘制一个长为 15，宽为 25，高为 30 的长方体，并用复制命令将其复制到如图 10.5.21 所示的位置。

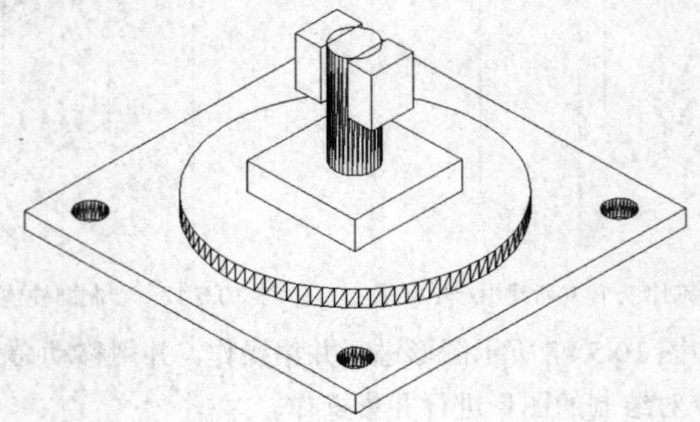

图 10.5.21　绘制并复制长方体

（21）执行差集命令，用绘制的模型减去上一步绘制的两个长方体，效果如图 10.5.22 所示。

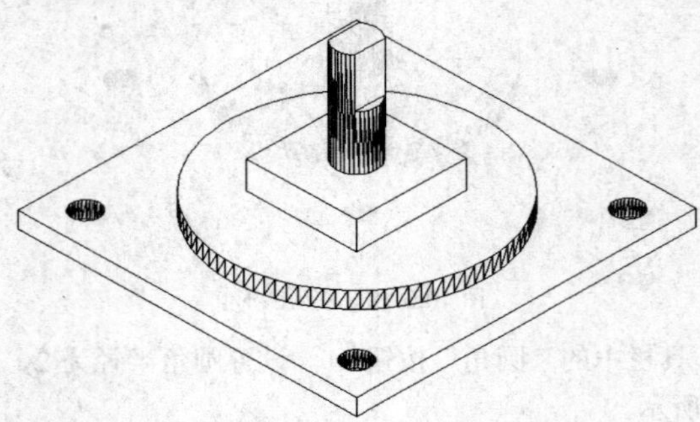

图 10.5.22　差集运算

（22）执行三维旋转命令，旋转图形到一个合适的角度，渲染后的效果如图 10.5.1 所示。

第 11 章　案 例 实 训

本章通过实训培养用户的实际操作能力，以达到巩固并检验前面所学知识的目的。

知识要点

- AutoCAD 经典界面
- 绘制二维图形
- 创建图层
- 创建文本
- 创建动态块
- 标注图形尺寸
- 绘制三维模型

实训 1　AutoCAD 经典界面

1．实训内容

了解标题栏、菜单栏、工具栏、绘图窗口、命令栏的状态栏在界面的分布情况，熟悉各个菜单栏都包括哪些工具，打开隐藏的工具栏。

2．实训目的

熟悉 AutoCAD 经典界面的组成。

3．操作步骤

（1）启动 AutoCAD 2010 程序，选择 工具(T) → 工作空间(O) → AutoCAD 经典 命令，打开 AutoCAD 经典界面。

（2）选择各个菜单工具，熟悉各菜单中都包含哪些子菜单命令，如图 11.1.1 所示为绘图菜单。

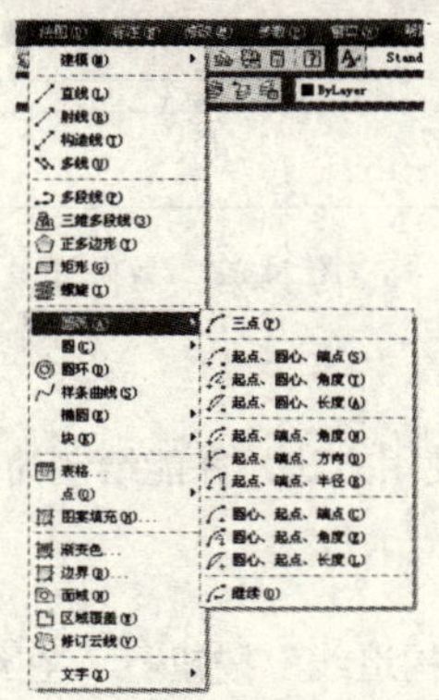

图 11.1.1　绘图菜单及其子菜单

（3）在已经显示的工具栏上单击鼠标右键，弹出快捷菜单，如图 11.1.2 所示。

CAD 标准
UCS
UCS II
Web
标注
标注约束
✔ 标准
标准注释
布局
参数化
参照
参照编辑
测量工具
插入点
查询
查找文字
动态观察
对象捕捉
多重引线
✔ 工作空间
光源
✔ 绘图
✔ 绘图次序
几何约束
建模
漫游和飞行
平滑网格
平滑网格图元
三维导航
实体编辑
视觉样式
视口
视图
缩放
✔ 特性
贴图
✔ 图层
图层 II
文字
相机调整

图 11.1.2 快捷菜单

（4）快捷菜单中前面打勾的是已经显示的工具栏，没有打勾的是隐藏的工具栏，选择“标注”选项，打开“标注”工具栏，效果如图 11.1.3 所示。

图 11.1.3 “标注”工具栏

实训 2 绘制二维图形

1. 实训内容

绘制如图 11.2.1 所示图形。

图 11.2.1 效果图

2. 实训目的

熟悉基本绘图工具和编辑工具的使用方法，并能绘制简单的二维图形。

3. 操作步骤

（1）单击“绘图”工具栏中的“构造线”按钮，在绘图窗口中绘制两条相互垂直的直线。

（2）单击“修改”工具栏中的“偏移”按钮，将水平构造线分别向上和向下偏移，偏移距离分别为 54 和 28，效果如图 11.2.2 所示。

图 11.2.2 偏移水平构造线

（3）继续执行偏移命令，将垂直构造线分别向左和向右偏移，偏移距离分别为 73，52，20 和 30，效果如图 11.2.3 所示。

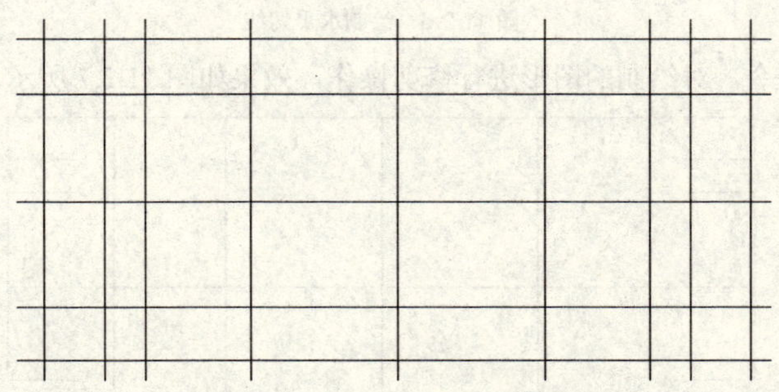

图 11.2.3 偏移垂直构造线

（4）单击“修改”工具栏中的“修剪”按钮，对绘制的图形进行修剪操作，效果如图 11.2.4 所示。

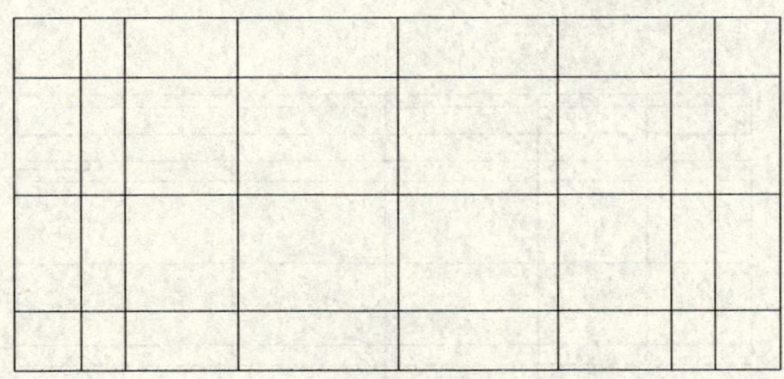

图 11.2.4 修剪图形

（5）单击“绘图”工具栏中的“圆”按钮，在如图 11.2.5 所示图形中绘制 4 个半径为 8 的圆，效果如图 11.2.5 所示。

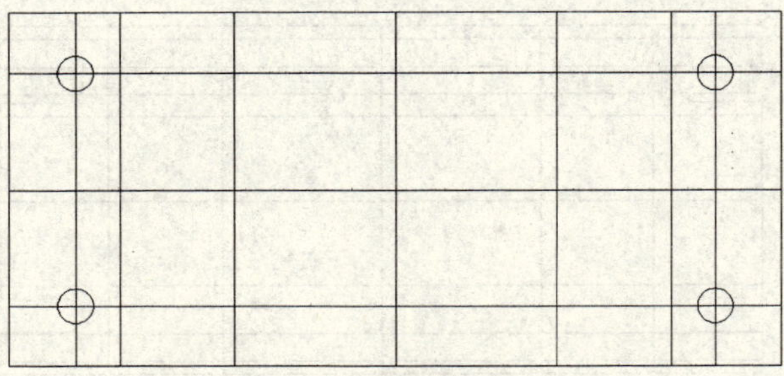

图 11.2.5 绘制圆

（6）执行绘制直线命令，分别以圆的上下切点为起点，绘制水平切线，效果如图 11.2.6 所示。

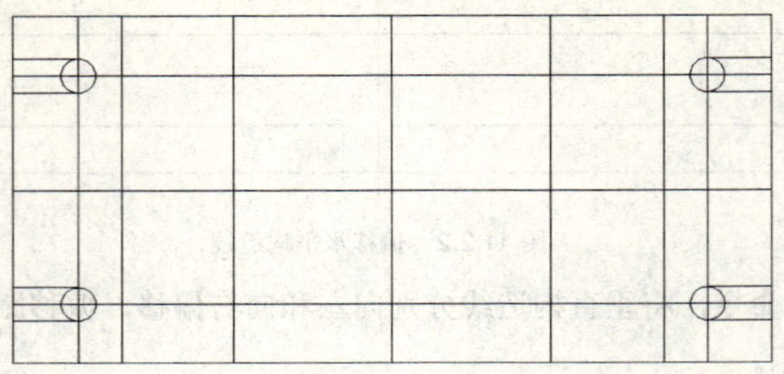

图 11.2.6　绘制水平切线

（7）执行修剪命令，对绘制的图形进行修剪操作，效果如图 11.2.7 所示。

图 11.2.7　修剪图形

（8）执行偏移命令，分别将上下两条水平直线向中间偏移，偏移距离分别为 6，13，13 和 10，效果如图 11.2.8 所示。

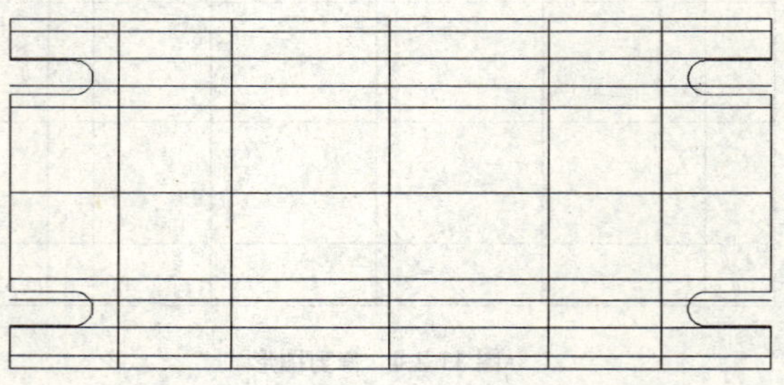

图 11.2.8　偏移直线

（9）执行绘制圆命令，在如图 11.2.9 所示位置绘制 6 个直径为 13 的圆。

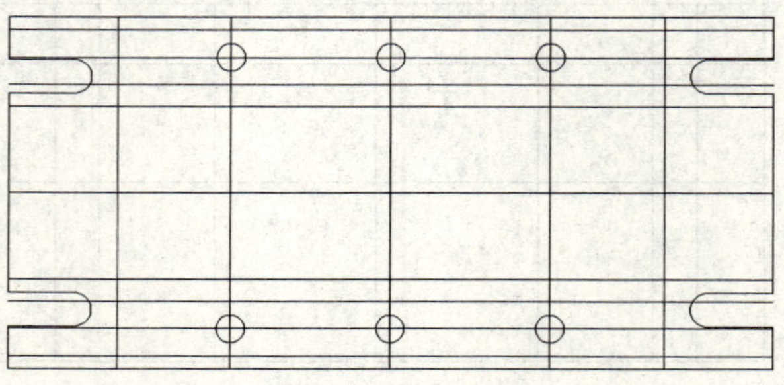

图 11.2.9　绘制圆

（10）单击“修改”工具栏中的“倒角”按钮，对绘制的图形中的直线进行倒角操作，效果如图 11.2.10 所示。

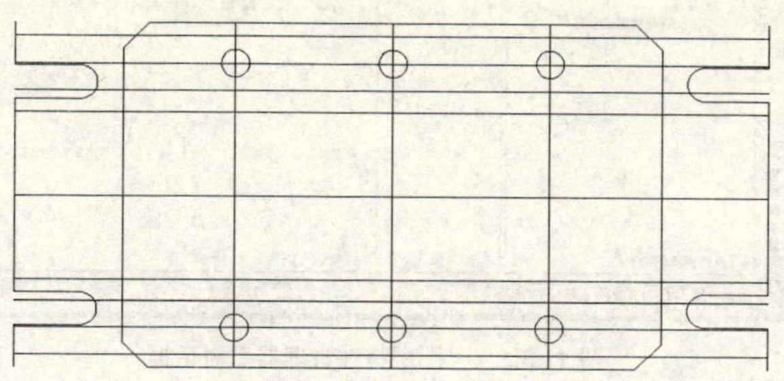

图 11.2.10　倒角操作

（11）执行修剪命令，对绘制的图形进行修剪操作，效果如图 11.2.11 所示。

图 11.2.11　修剪图形

（12）执行偏移命令，将倒角后的垂直直线分别向中间偏移，偏移距离为 16，并用修剪命令对偏移后的图形进行修剪，效果如图 11.2.1 所示。

实训 3　创建图层

1．实训内容

新建多个图层，并为各图层设置属性。

2．实训目的

掌握图层的创建方法，并能熟练设置图层属性。

3．操作步骤

（1）新建一个图形文件，单击“图层”工具栏中的“图层特性管理器”按钮，打开 图层特性管理器 对话框，如图 11.3.1 所示。

（2）单击“新建图层”按钮，新建 4 个图层，此时图层名称分别为“图层 1”“图层 2”“图层 3”和“图层 4”，修改图层名称分别为“中心线”“尺寸标注”“剖面线”和“轮廓线”，效果如图 11.3.2 所示。

（3）修改“中心线”图层颜色为“红色”，线型为“CENTER”；修改“轮廓线”图层线宽属性为“0.30 毫米”；修改“剖面线”图层线型为“ACAD_IS002W100”；修改“尺寸标注”图层颜色为“蓝色”，效果如图 11.3.3 所示。

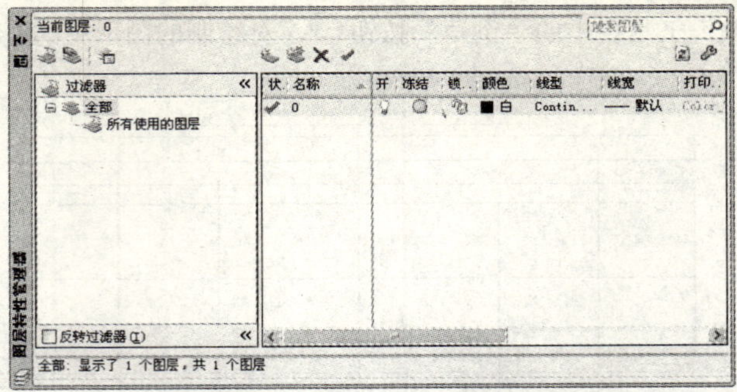

图 11.3.1 “图层特性管理器”对话框

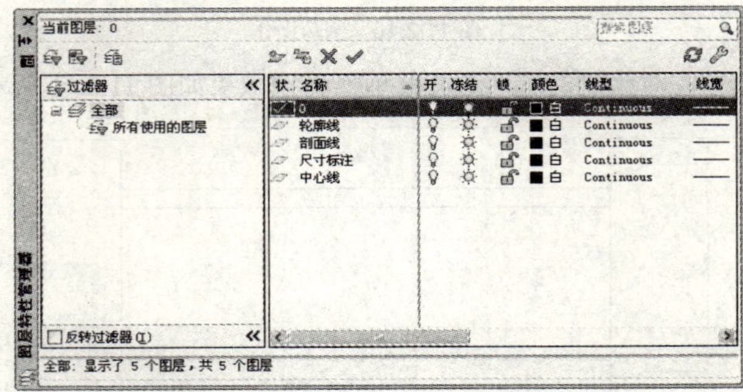

图 11.3.2 设置图层名称

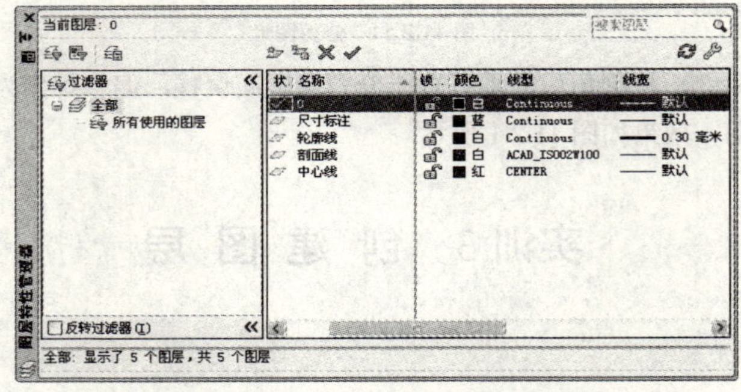

图 11.3.3 设置图层属性

（4）选中“中心线”图层，单击“置为当前”按钮，设置“中心线”层为当前图层。

实训 4 创 建 文 本

1．实训内容

新建文字样式，创建多行文字并输入特殊字符。

2．实训目的

掌握文字样式的创建方法，多行文字的创建方法以及特殊字符的输入方法。

3．操作步骤

（1）选择 格式(O) → 文字样式(S)... 命令，打开 文字样式 对话框，如图 11.4.1 所示。

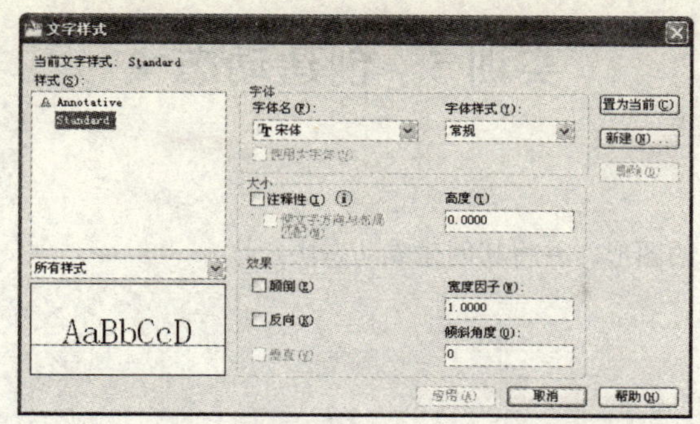

图 11.4.1　“文字样式”对话框

（2）单击新建(N)...按钮，在打开的新建文字样式对话框中设置新创建的文字样式名为“基础样式”，效果如图 11.4.2 所示。

图 11.4.2　设置文字样式名称

（3）单击确定按钮后返回到文字样式对话框，在样式(S):列表中选中新建的基础样式，设置文字样式属性如图 11.4.3 所示。

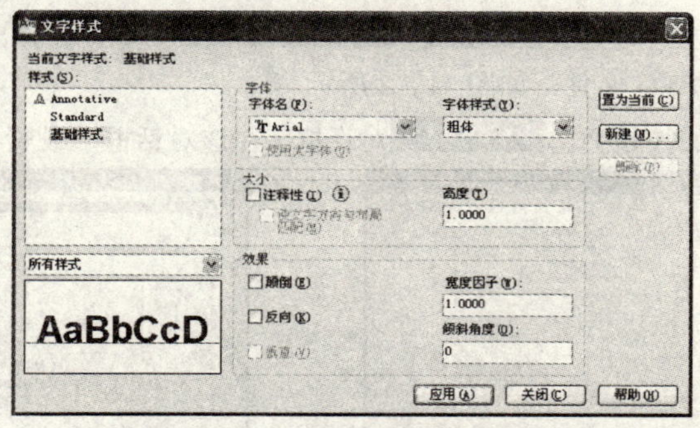

图 11.4.3　设置文字样式属性

（4）单击置为当前(C)按钮设置“基础样式”为当前文字样式，单击应用(A)按钮应用该样式。

（5）单击“绘图”工具栏中的“多行文字”按钮A，创建多行文字，并输入如下文字：

技术要求

1.铸角圆角%%C4。

2.表面粗糙度%%P0.02。

3.全部倒角 3×45%%D。

效果如图 11.4.4 所示。

技术要求

1. 铸角圆角R4。

2. 表面粗糙度±0.02。

3. 全部倒角3×45°。

图 11.4.4　“创建多行文字”效果

实训 5 创建动态块

1. 实训内容

绘制如图 11.5.1 所示的图形，并将其创建成动态块。

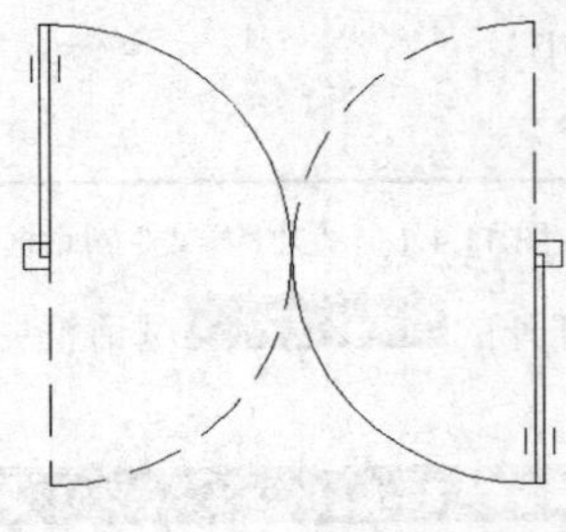

图 11.5.1 弹簧门俯视图

2. 实训目的

掌握创建动态块的方法。

3. 操作步骤

（1）新建一个图形文件，选择 插入(I) → DWG 参照(R)... 命令，在弹出的 选择参照文件 对话框中选择名称为“弹簧门”的 DWG 文件，如图 11.5.2 所示。

（2）单击 打开(O) 按钮弹出 附着外部参照 对话框，在该对话框中设置各项参数如图 11.5.3 所示。

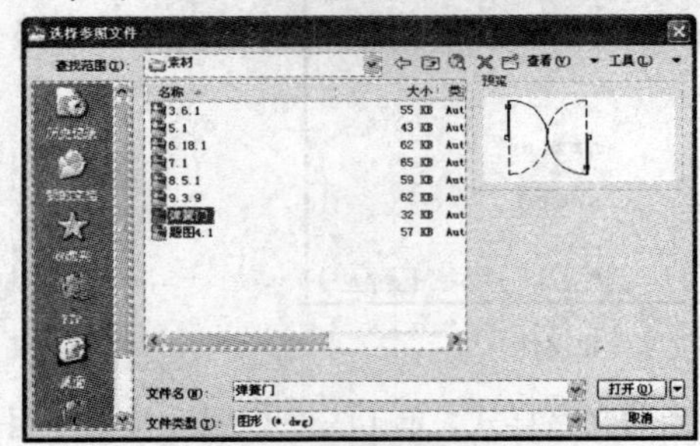

图 11.5.2 选择参照文件

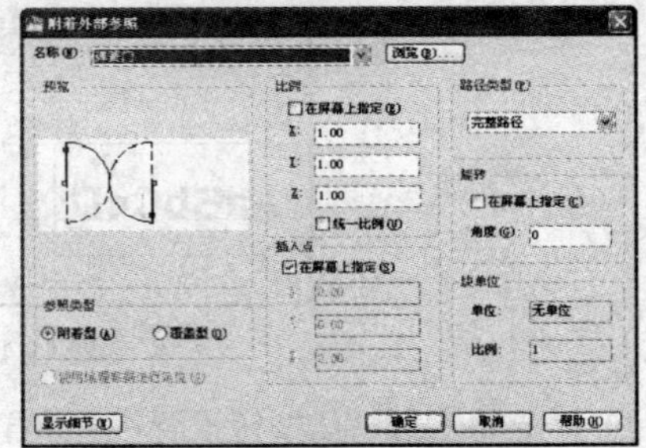

图 11.5.3 设置参照参数

（3）单击 确定 按钮插入参照文件。参照插入的弹簧门尺寸绘制一个相同尺寸的弹簧门，效果如图 11.5.4 所示。

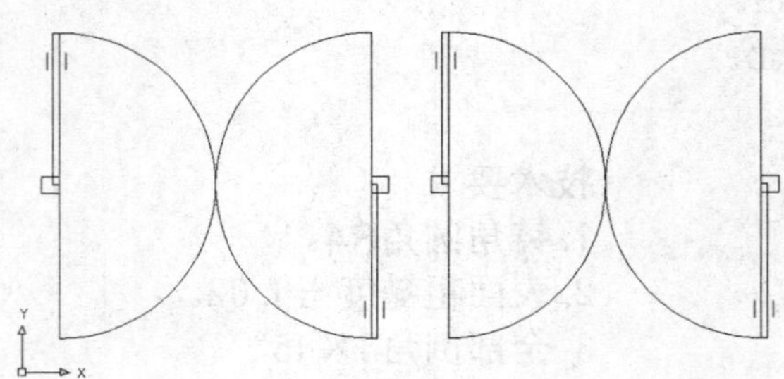

图 11.5.4 参照图形绘制弹簧门

（4）选中参照图形文件并将其删除。单击“绘图”工具栏中的“创建块”按钮，弹出块定义对话框，在该对话框中设置各项参数如图 11.5.5 所示。单击该对话框中的“拾取点”按钮，捕捉弹簧门的左下角点为基点，单击该对话框中的“选择对象”按钮，选择绘制的图形，最后选中该对话框底部的☑在块编辑器中打开(O)复选框，单击确定按钮后在块编辑器中打开绘制的图形，效果如图 11.5.6 所示。

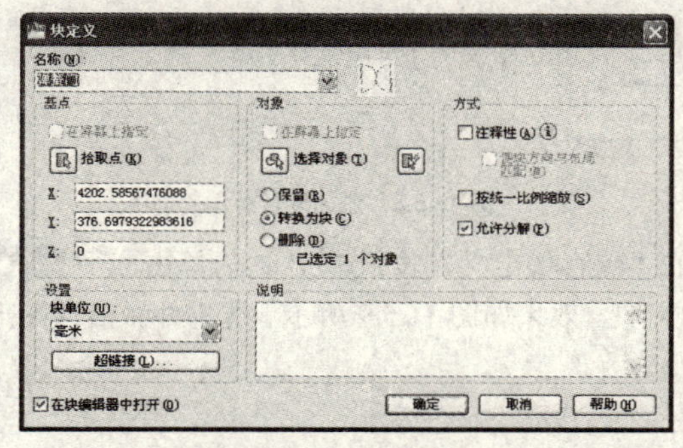

图 11.5.5 “块定义”对话框

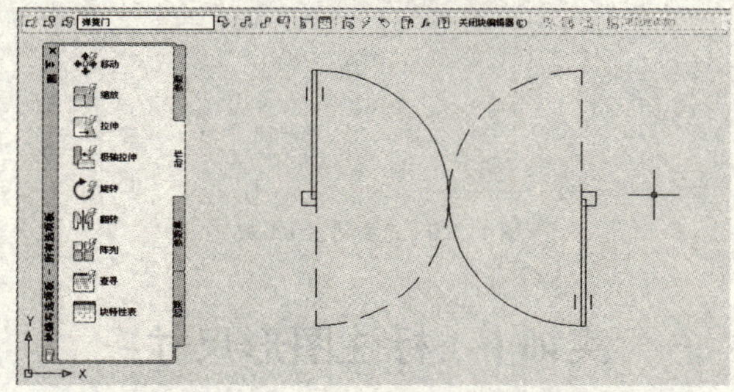

图 11.5.6 在块编辑器中打开绘制的图形

（5）单击块编辑器中的“编写选项板”按钮，打开块编写选项板 - 所有选项板选项板，在该选项板中选择“参数”选项卡，单击该选项卡中的“旋转参数”按钮，为创建的块添加旋转参数，效果如图 11.5.7 所示。

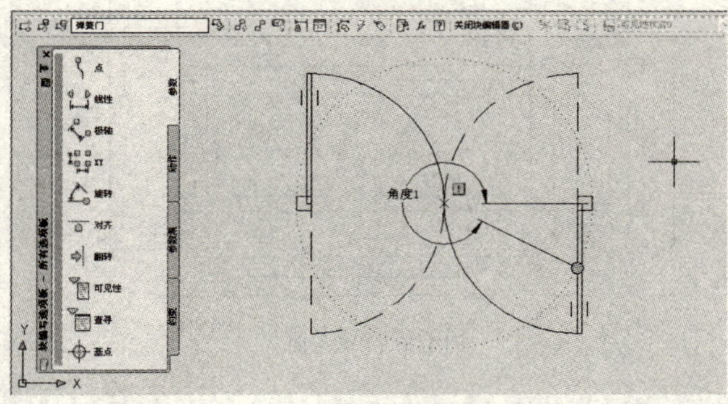

图 11.5.7 添加旋转参数

（6）选择块编写选项板 - 所有选项板选项板中的“动作”选项卡，单击该选项卡中的“旋转动作”按钮，为创建的块添加旋转动作，效果如图 11.5.8 所示。

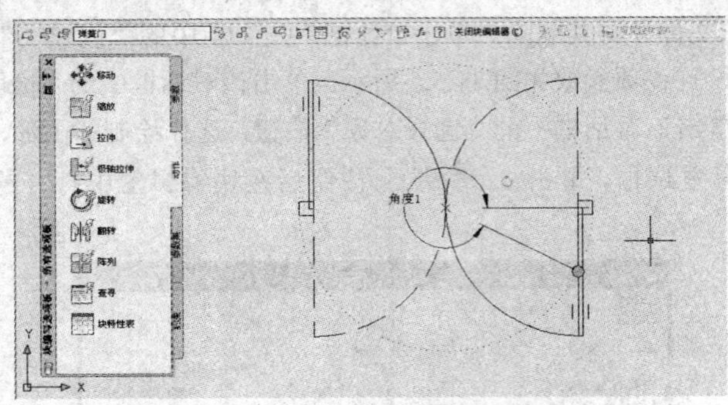

图 11.5.8 添加旋转动作

（7）单击块编辑器中的“保存块定义”按钮，然后单击关闭块编辑器(C)按钮返回到绘图窗口，在绘图窗口中选中创建的动态块，效果如图 11.5.9 所示。选中并激活该图形中的夹点 A，拖动鼠标即可任意旋转块。

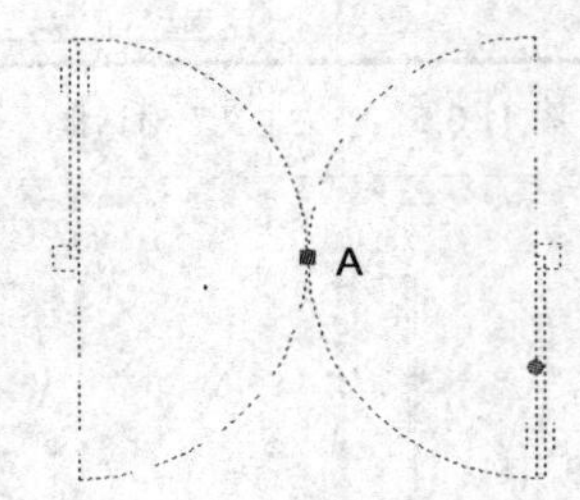

图 11.5.9 选中动态块效果

实训 6 标注图形尺寸

1．实训内容

使用各种尺寸标注命令标注如图 11.2.1 所示图形尺寸，效果如图 11.6.1 所示。

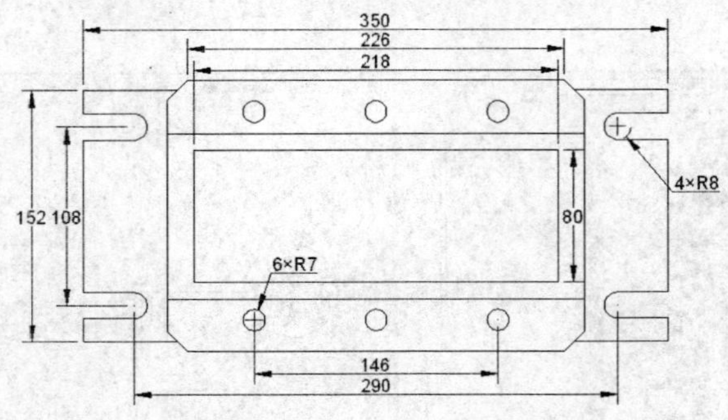

图 11.6.1 效果图

2．实训目的

掌握各种尺寸标注命令的使用方法与技巧。

3．操作步骤

（1）打开如图 11.2.1 所示图形文件，并将其另存为新的图形文件。

（2）新建一个“尺寸标注”图层，并设置图层颜色为蓝色，将新建的图层设置为当前图层。

（3）单击“标注”工具栏中的“线性”按钮，标注图形中的线性尺寸，效果如图 11.6.2 所示。

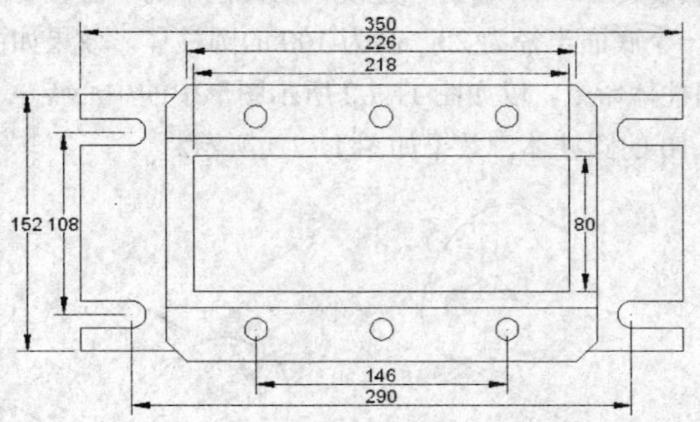

图 11.6.2　标注线性尺寸

（4）单击“标注”工具栏中的“半径”按钮，标注图形中的半径尺寸，效果如图 11.6.3 所示。

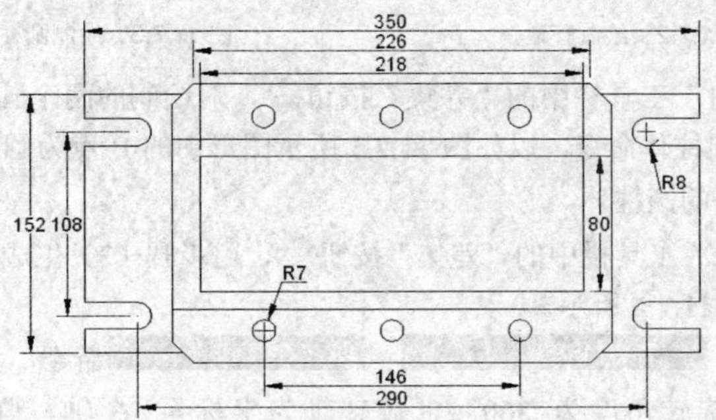

图 11.6.3　标注半径尺寸

（5）单击“标准”工具栏中的“特性”按钮，打开“特性”面板，选择标注的半径，在“特性”面板中的“文字替代”框里修改半径标注文字，最终效果如图 11.6.1 所示。

实训 7　绘制三维模型

1. 实训内容

绘制如图 11.7.1 所示的三维模型。

图 11.7.1　效果图

2. 实训目的

掌握三维模型的创建和编辑方法。

3．操作步骤

（1）将坐标系绕 X 轴旋转 90°。单击“建模”工具栏中的“圆柱体”按钮，以坐标系原点为圆柱体底面圆心，绘制一个底面半径为 20，高为 100 的圆柱体，效果如图 11.7.2 所示。

（2）再次执行创建圆柱体命令，以如图 11.7.2 所示图形中的中心点 A 为圆柱体底面圆心，绘制一个底面半径为 25，高为 10 的圆柱体，效果如图 11.7.3 所示。

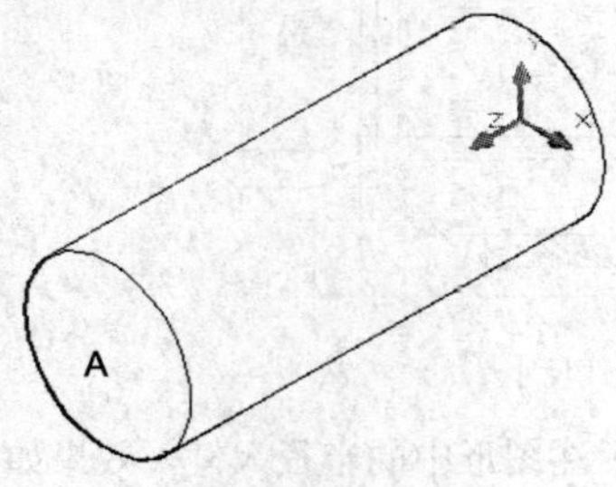

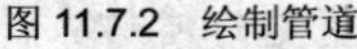
图 11.7.2　绘制管道

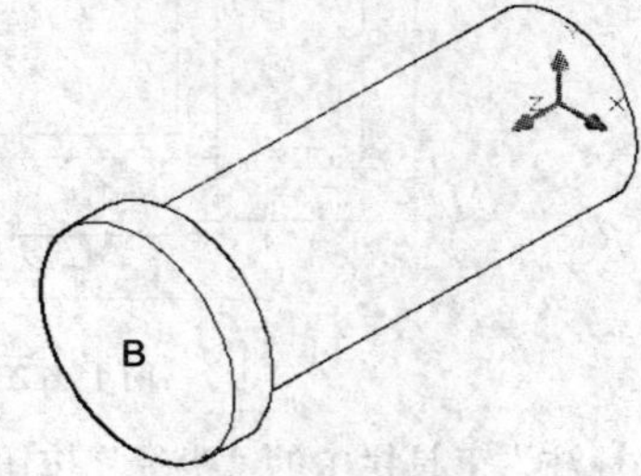

图 11.7.3　绘制圆柱体管盖

（3）单击“实体编辑”工具栏中的“并集”按钮，对绘制的两个圆柱体进行并集操作。

（4）再次执行绘制圆柱体命令，以如图 11.7.3 所示图形中的 B 点为圆柱体底面圆心，绘制一个底面半径为 10，高为-110 的圆柱体。

（5）单击“实体编辑”工具栏中的“差集”按钮，用步骤（3）生成的实体对象减去步骤（4）创建的圆柱体，效果如图 11.7.4 所示。

（6）选择 修改(M) → 三维操作(3) → 三维阵列(3) 命令，执行三维环形阵列命令，设置阵列的数目为 3，旋转角度为 360°，旋转轴为坐标系 Y 轴，阵列后的效果如图 11.7.5 所示。

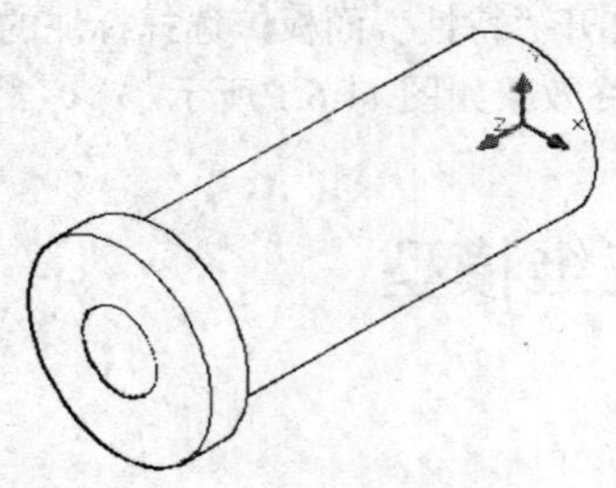
图 11.7.4　差集运算

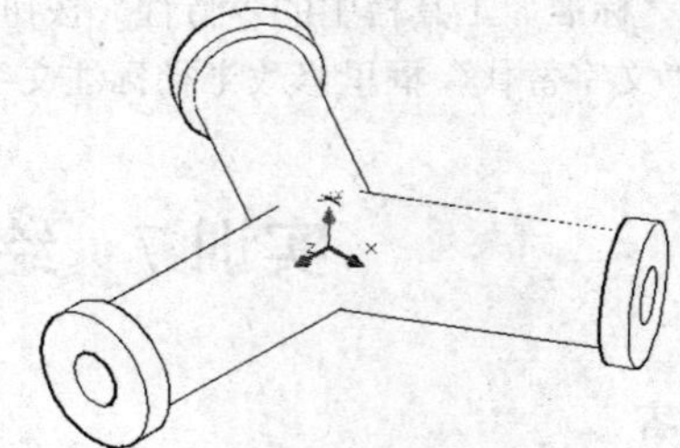
图 11.7.5　环形阵列

（7）执行并集命令，对如图 11.7.5 所示图形进行并集运算，渲染后的效果如图 11.7.1 所示。